環境行政法の構造と理論

髙橋信隆

環境行政法の構造と理論

✽ ❈ ✽

学術選書
60
環 境 法

信 山 社

はしがき

一　本書は、筆者の環境行政法に関する研究をまとめたものである。

環境法とりわけ環境行政法に関する研究は、近年、環境保全手法の多様化とも相俟って、ますます重要になってきているが、そのような状況の中で本書を刊行することには、筆者自身、若干の迷いと躊躇が付きまとっていた。とりわけ、本書に採録されている諸論稿は、その多くが一〇年以上も前に公表したものであるため、その間に環境関連の多くの法令や制度が制定・整備され、それに伴って、環境法および環境行政法の理論もかなりの変容をみせているからである。また、環境法として取り上げられる主たるテーマとの関わりでみても、本書で多くの頁を費やしている環境監査制度については取り上げられる機会もそれほど多くはないし、その意味では、「環境行政法の構造と理論」といった大仰なタイトルを掲げるには、本書の内容はあまりにも周辺領域に偏っている感を払拭できなかったためである。

そこで、これまでの筆者の研究を簡単に振り返ることにより、本書の刊行に踏み切ったことにいかなる要因もしくは背景が存したのか、そこに筆者なりのいかなる決断があったのかということにつき、改めて確認しておきたい。

二　筆者が行政法学研究の緒に就いた一九七〇年代後半から一九八〇年代前半にかけての時期は、伝統的な田中行政法理論を批判的に見直し、それに代わる行政法学の体系をいかに構築するかが、学界全体の最重要課題であった。当時、行政法学のイロハすらも十分に理解できていなかった筆者も、それをめぐって繰り広げられる刺激的な議論に触発されつつ研究者としての途を歩み始めることとなるが、そのような中にあって最初に取り組んだテーマが計画裁量論であった。そこに、行政法学としての新たな可能性を感じたからである。もっとも、計画裁量論自体は、その後、さまざまな批判に晒されつつ、少なくとも学界の表舞台からは次第に影を潜めていくことになるが、計画裁量論の理論自体というよりも、むしろその発想の仕方（以下にいう「ものの見方」）に興味を抱いてそれに取り組んだ筆者は、その後も、学界の動向如何を傍目にしつつも、その「ものの見方」の特異性を心の襞に染み込ませ続けることとなる。おそらく、幼児体験ならぬ筆者が研究の緒に就いた時期の刺激的な体験が、陰に陽に筆者の心の奥深くまとわりついて呪縛し続けたからに他ならない。修士論文である「計画裁量とその裁判的統制――行政法現象の動態的考察への一視角」立教大学大学院法学研究一号（一九八〇）、博士論文の一部を再構成した「計画の行為形式に関する一考察（一）・（二・完）」立教法学二二号（一九八四）、同二四号（一九八五）は、まさに、そのような心の奥底からの呻き声であったたし、その後の「建築線立法の展開――ドイツにおける地域計画の萌芽」熊本大学教育学部紀要（人文科学）三七号（一九八八）、「大ベルリン目的組合の設立と展開――ドイツにおける地域計画の成立（Ⅰ）――熊本大学教育学部紀要（人文科学）三八号（一九八九）、「ルール炭鉱地帯開発組合の設立と展開――ドイツにおける地域計画の成立（Ⅱ）」熊本大学教育学部紀要（人文科学）三九号（一九九〇）、「ライヒ国土整備庁の設立と展開――ドイツにおける地域計画の成立（Ⅲ）」熊本大学教育学部紀要（人文科学）四〇号（一九九一）、「戦後復興期の国土整備法制――ドイツにおける地域計画の成立（Ⅳ）」熊本大学教育学部紀要（人文科学）四一号（一九九二）と続く一連の論稿も、博士論文で取り上げたドイツ計画法の歴史的な部分を、理論的な側面というよりは、むしろ、そのこと自体に成功したかどうかはともかく、計画裁量論の研究に際して着想を得た行政法現象に対しての、伝統的理論とは異なる、もしくは、行政法学そのものを再構築するための新たな「ものの見方」を、ドイツ地域計画論の歴史的・理論的発展の中に投影し、そこに映し出される構造の中に、行政法学としての新たな可能性を探ろうとする試みであった。そこでの「ものの見方」がいかなるものであるかについては、実は、現時点に至ってもなお明確に言い表すことができないし、できれば読者において本書から「感じ取って」いただければ幸いであるが、そのような論理的には明確に割り切れない部分にこそ某かの新たな可能性が潜んでいるのではないかという稚拙な発想で取り組んだのが、これらの学位論文であった。

他方で、しかし、筆者が自らの研究の範としていたドイツ計画法の議論は、その後、国土整備法や連邦建設法をはじめとする計画関連法制の整備もあって、彼の地での関心も次第に各法令の具体的解釈に移行し、それとともに、その議論内容からも「ものの見方」といった視点は薄らいでいくことになるが、まさにそのこと故に、筆者の発想の存在意義自体が問われることにもなる。愚直なまでに「ものの見方」にこだわり続けてきた筆者にとって、それを容易に捨て去ることはできなかったからである。

研究を進めていく上での大きな壁に阻まれていた感のあったこの時期、当時在住していた熊本県の環境問題に関わる機会を得たことが、筆者のその後の研究のあり方に大きな影響を与えていくことになる。天草羊角湾の開発事業、苓北火力発電所建設の現場に多少の関わりをもつことで、研究者はもちろんのこと、現地の多くの方々との交流を通して、行政法研究者として何ができるのか、何をしなければならないのか、という課題を突きつけられたことは、まさに「ものの見方」を環境問題の現場を目の前にしていかに具体化させていくかを探るプロセスそのものであったからである。その時期の学問的関心の移ろいと従来からの問題関心とを整合させようとする試みは、「大規模農業開発と地域振興――羊角湾開発事業を素材として」文部省特定研究『地域と構造――天草を素材として』（一九八九）、「羊角湾開発事業の問題点――土地改良法との関連で」天草の自然を護る会編『よみがえれ羊角湾――羊角湾に関する現地調査報告書』（一九八九）、「水と社会」文部省特定研究『「生活科」の基本的視角と方法』（一九九二）、「『公害』から『環境』へ」熊本大学教育学部教育方法等改善経費報告書『「環境」と環境教育の課題』（一九九四）などを通して、その一部を公にすることとなるが、何よりも、この時期に現地調査への参加の折りに貴重な示唆を与えていただいた多くの先生方、とりわけ、経済学、経営学、社会学などの社会科学分野のみではなく、地球科学、精神医学、水産学などの先生方との交流の機会を得ることができたことは、筆者のその後の学問的方法論を方向づけるにあたって極めて有益であった。

環境行政法への取組みは、本書に採録されている「環境アセスメントの法的構造――ドイツの環境親和性審査法を素材として」から始まるが、その論文執筆時に、影響力を強めつつあるEU法との関係で苦悩に喘いでいるドイツの姿を垣間見たことが、当時その導入をめぐってドイツ行政法学界を根底から揺るがしかねない様相を呈していたEU環境監査制度としてのEMASとの出会いであったが、ここでも、筆者の関心のベクトルは、EMASという制度それ自体というよりも、そこに含まれている「ものの見方」に向けられる。そもそもEMASという制度がなぜ構想されたのか、それが伝統的行政法理論との関係でどのように位置づけられるのか、もしくは、伝統的理論に某かの変容を迫るものであるのか、行政法理論として新たな「ものの見方」が含まれているのか、といった筆者のEMASに関する関心は、まさに研究の緒に就いた当時から抱いていた、その意味での原体験を追体験するものであった。それを伝統的な規制的手法との関連で論じたのが、本書に採録した「環境監査の法制化と理論的課題――EUの環境監査制度を素材として」、「環境リスクとリスク管理の内部化――EUの環境監査制度の法的意義と実効性」、「環境監査の構造と理論的課題――ドイツ環境監査法を素材として」である。

それらの一連の論稿においては、それまで規制的手法と対置させ、もしくは並列的に論じられていた各々の環境保全手法を、規制的手法を補完するものとして全体的な規制的枠組の中に位置づけることによって、それらの手法を用いることの「新たな」意義を浮き彫りにするとともに、不確実なリスクにも法学的に対応しうるような「学習能力」の向上を保証しうる理論的・制度的枠組の必要性を論じた。それを伝統的な環境保全手法である公害防止協定を例に論じたのが本書の「環境保全の『新たな』手法の展開」であるが、ここに至って、ようやく、かねてよりこだわり続けていた「ものの見方」の一端を筆者なりに示すことができたと思っている。この論稿を本書の冒頭に採録したのは、まさにそれ故である。

現在、ドイツにおいては、環境法典の編纂作業が継続して行われている。そこには、EU法の影響による制度的・理論的に特異な環境行政法の発展もみられるが、絶えず伝統的行政法との関わりを意識した議論およびそれに基づく法制度の構築が模索されている点を見逃してはならない。今後、協働原則をはじめとする環境基本原則の法的位置づけ、「規律された自主規制」(regulierte Selbstregulierung) として論じられている私人による自主的取組の行政法学的位置づけ等々が、おそらくは直近の課題として議論されていくことになると思われるが、そこでの具体的素材の一つとして環境監査制度が再び脚光を浴びている。そこでは、とりわけ、環境監査などの自主的取組を伝統的な規制的手法との関わりでいかに整合的に位置づけるかが焦点とされるとともに、筆者がかつて愚直に主張し続けてきたように、まさに、全体としての規制的枠組を前提としつつ、それらの環境保全手法を規制的手法を補完するものとして位置づけることによって、そこでの国家や私人の環境保全に対する関わり方、更には command and control にとどまらない法制度のあり方、すなわち筆者の用語法に従うならば、各々の「学習能力」を高めていくことを可能とするような法制度のあり方が模索され続けている。

前述のように、本書に採録した論稿のほとんどは初出からかなりの年月を経過したものばかりであり、その刊行には絶えず躊躇の念が脳裏をよぎっていたのであるが、そのような筆者の背中を強く押してくれたのは、まさに近年におけるドイツの議論動向であった。本来であれば、本書採録の諸論稿を基礎としつつドイツにおける最新の議論内容を紹介・検討すべきであるが、筆者の特異ともいえる議論内容が当然のごとくわが国においてはほとんど顧みられてこなかった現状を考えるとき、まずは、これまでの論稿を一冊の書物にまとめ、そこでの内容が現在の議論の前提となっていることを改めて確認していただくとともに、その前提があってはじめて今日のドイツ環境行政法の動向を理解しうること、また、そこで素材とされているものの一つが環境監査制度であることを改めて提示することは、決して意味のないことではないであろうという想いが、悩んだ末に本書を刊行してみようという決断に繋がった。

本書を刊行するにあたっては、字句等の修正、用語の統一、各種データの新たのものへの差替え以外は、ほとんど変更を加えていない。筆者の問題関心やそれに基づく考え方に基本的な変化がないこと、更には、前述のように、今日のドイツにおける議論動向の前提を確認するためにはそのままの形で公にすることにも意味があると考えたのが、その理由である。

三　本書は、多くの方々から賜った学恩によるものであり、改めて衷心よりお礼を申し上げたい。

とりわけ、立教大学大学院法学研究科において指導教授としてご指導いただいた畠山武道先生には、直接的な学問的指導は言うに及ばず、日頃の何気ない会話の中からも、多くのご示唆をいただいた。とりわけ、当時先生が刊行された租税法教科書の校閲をお手伝いさせていただいた際には、その作業を通して、ものごとを考え、論理的に構成し、それを文章として著すという、おそらくは誰も教えてはくれないであろう基本的なことについて多くのことを学ばせていただいたし、それが現在の筆者の研究スタイルに反映していることはいうまでもない。また、畠山先生との出会いが、故遠藤博也教授の学風に奥深く入り込むきっかけともなり、それが修士論文での計画裁量論に繋がったが、その前後からの遠藤先生よりの幾たびにも及ぶ書簡によるご指導は、その後の筆者の研究生活の大きな財産となっている。筆者が研究者の末席を占めることができているとすれば、それは何よりも、お二人の先生のご指導のおかげである。また、熊本大学教育学部、同法学部、立教大学法学部の先生方には、常に刺激的な教育環境を与えていただいた。この場をお借りして、お礼を申し上げたい。

本書の刊行計画は、実は二〇〇六(平成一八)年に遡る。その後、学部長・研究科委員長およびそれに伴う学内行政の多忙を理由に、刊行が今日まで延び延びになってしまったが、筆者の研究をこのような形でまとめ上げることを強く勧めてくださるとともに、筆者の遅々として進まない作業を気長にお待ちいただいた信山社出版社長の袖山貴氏、編集部の今井守氏には、本書の刊行をきっかけとして更なる研究のステップへの途を開いていただいたことも含めて、改めて感謝申し上げる次第である。また、本書の校正にあたり、三重大学准教授の岩崎恭彦氏、宮崎産業経営大学専任講師の小澤久仁男氏には、内容はもちろんのこと、字句の細かな訂正等に至るまで大変お世話になった。

最後に、私事にわたるが、さまざまな面で筆者を支えてくれた亡き父と、田舎で暮らす母に、本書を捧げることをお許しいただきたい。

二〇一〇年九月

髙橋信隆

目　次

〈初出・原題一覧〉

1 環境保全の「新たな」手法の展開
……森島昭夫ほか編『環境問題の行方（ジュリスト増刊・新世紀の展望2）』（有斐閣、一九九九年）

2 環境監査の法制化と理論的課題――ＥＣの環境監査規則を素材として……熊本法学八二号（一九九五年）

3 環境監査の構造と理論的課題（上）・（下）――ドイツ環境監査法を素材として
……立教法学四八号・四九号（一九九八年）

4 環境リスクとリスク管理の内部化――ＥＣの環境監査制度の法的意義と実効性
……立教法学四六号（一九九七年）

5 改訂ＥＭＡＳと実施ガイドライン……立教法学六二号（二〇〇二年）

6 自治体によるＩＳＯ認証取得の法理論的課題……都市問題九〇巻一号（一九九九年）

7 環境アセスメントの法的構造――ドイツの環境親和性審査法を素材として
……熊本大学教育学部紀要（人文科学）四二号（一九九三年）

8 環境親和性審査と処分の効力――ドイツおよびＥＵの裁判例を素材として…立教法学七〇号（二〇〇六年）

9 循環型社会の法システム
…大塚直ほか編『環境法学の挑戦――淡路剛久教授・阿部泰隆教授還暦記念』（日本評論社、二〇〇二年）

環境行政法の構造と理論

1 環境保全の「新たな」手法の展開

はじめに――環境保全の「新たな」手法とは何か

一　公害防止協定

二　「新たな」手法としての協定の実効性確保――オランダのターゲット・グループを例に

おわりに

はじめに

――環境保全の「新たな」手法とは何か

環境問題は、「環境」の概念自体が曖昧なこともあって、その問題性すら明確に規定できない。ましてや、そこでの政策目標をどのように設定し、環境保全のためにいかなる手法を用いるべきかは、極めて困難な課題である。(1) ところで、環境保全のための手法としては、従来より、規制的手法が主として用いられてきた。そこでは、汚染原因物質ごとに排出基準等を定めて、事業者に一定の義務を賦課し、それに違反した場合には命令や罰則、あるいは代執行等が用意されている。かつての公害規制立法のほとんどは、基本的にはこのシステムに拠っている。有害物質等の排出基準を設定し、その遵守を事業者に求めるというこの手法は、確かにそれによってある程度の環境保全に貢献しうるし、実際にも激甚な公害や環境汚染にかなりの効果を発揮してきた。この場合、そこに国民の健康被害の防止や安全の確保という明確な政策目標が設定され、その目標実現のために規制的手法が用いられるという特徴がある。

もっとも、規制的手法が実効的に機能しうるためには、排出基準等が科学的に決定されていること、あるいは、そのような決定が現実にも可能であることはもちろん、それに加えて、明確な目標が設定されていること、もしくは、目標設定自体が可能であることが前提となる。しかしながら、生態系や科学技術における複雑な連鎖は、われわれが確かな経験知を未だ十分に構築できていない諸要因によって規定されていることが多いために、行政は、規制的手法をもって介入するラインを排出基準等の固定化された準則として制度化することができないだけではなく、それらを前提として事業者等に対して自主的な取組みを期待することも困難になってきている。(2) すなわち、ここでは、達成すべき目標すらも明確に設定することができない状況が生じているのである。今日、それは「リスク」の問題[3]として論じられるが、地球温暖化の原因とされる二酸化炭素やメタンなどの影響、環境ホルモンと総称される未規制の有害物質による人体への影響[4]などは、まさにこの問題領域に属する。

そこで、環境問題のうちで明確な目標が設定されていない、あるいは設定することができないものについて、いかなる手法でどのように対処すべきかが課題となる。環境保全のための手法としては、近年、環境税、課徴金、排出枠取引などの経済的手法、環境ラベリングなどの誘導的手法、行政指導や協定といった合意的手法、更には、環境監査[5]やPRTR[6]（環境汚染物質排出・移動登録）といった企業の自主的取組を促す情報的手法などの新たな手法が注目されているが、これらはまさに、明確な目標設定ができないために、規制的手法が実効的ではなくなっている前提的状況の下で、それを補完すべく登場した手法と理解しうる[7]。本書で、環境保全のための「新たな」手法というときには、この意味で用いることとする。そこで、以下では、環境保全の「新たな」手法の意義と法的位置づけにつき、とりわけ公害防止協定との関連で考察することとしたい。

一　公害防止協定

(1) 公害防止協定は「新たな」手法か

公害防止協定という方式自体は、決して新しいものではない。それが環境保全のための手法として注目されたのは、一九六四年に横浜市が企業との間に締結したものであった[8]。当時は、全国的に深刻な公害が発生し、それを規制するための法令も相当数制定されたが、いずれも対症療法的な規制にとどまり、法令の整備状況は必ずしも十分とはいえなかった。そのため、その不備を補うべく、既存法令との抵触を回避しつつ、企業の任意の同意を得ながら規制の実効性を確保することにこそ、協定を締結する意味があった。すなわち、協定には、国民の健康被害の防止や安全の確保という政策目標を実現する手法としての規制的手法の不備・欠缺を補完する役割が期待されていたのである。それゆえ、公害規制に関する法令が整備されれば、いわば苦肉の策としての公害防止協定はなくなるものとの予想が一般的であったが、それは今日もなお公害防止および環境保全のための有効な手法として存在し続けている(9)。それは、主として、以下のような理由によるとされる(10)。

すなわち、［理由①］法令による公害・環境規制は全国画一的なものであるのに対して、協定では、企業との交渉によって地域の実情を反映した規制内容を決しうること、［理由②］協定には、その都度、環境保全のための最新の科学的知見や技術を取り入れた規制内容を盛り込むことが可能であること、［理由③］景観保全などの規制的手法になじまないものについても有効に活用しうること、などである。

このうち、理由①は、規制的手法の不備・欠缺を補完する役割を果たしてきたこれまでの協定と、同様の位置づけが可能であろう。協定は、この場合には、法令の規制対象外の事項や、法令よりも厳しい規制内容を事業者に課す手法として用いられるし、地域の実情に応じて、規制内容の「上乗せ」または「横出し」を盛り込むことも可能となる(11)。

他方で、環境保全のためには、最新の科学技術の成果をも逐次採用するなどして最も効果的な対策を実施することが必要となるが、法令では、それに柔軟に対応できない場合が多い。また、行政だけでは専門的知識に限界があるだけではなく、そもそも現在の知見ではその蓋然性すら明らかではないリスクへの対応も求められる。そこでは、事業者の協力を要請し、汚染物質や最新の技術等に関する情報提供や情報交換を可能とし、および、それを踏まえて、行政と事業者双方の研究成果を規制内容に反映しうるような柔軟な枠組みが必要とされる。理由②は、まさにそのようなものとして理解することができる(12)。また、理由③は、健康被害の防止や安全の確保というよりは、むしろ、快適性などのいわゆるアメニティに関わるものであるが、それが明確な形では目標設定をすることができないものとして登場しているという意味では、理由②と共通する。そして、公害防止協定は、これらの点において、環境保全のための「新たな」手法として位置づけることができる(13)。

(2) 協定の法的性格に関する議論の有用性

公害防止協定の法的性格については、従来より、紳士協定説、民事契約説、公法上の契約説などの対立が存在する[14]。これらの諸説の違いは、協定に法的拘束力を認めるかどうかにあるが、近年では契約説が多数になりつつある。その場合に、協定が法的拘束力を有するためには、少なくとも、①合意の任意性、②義務内容の特定性、③手段の合理性、④比例原則や平等原則への適合性といったことが、その前提として要求されよう[15]。ただ、これらの条件を充足することが、直ちに行政の実力行使を容認することにつながるわけではなく、その実効性の確保には、民事法の仕組みを利用することが必要である[16]。他方、紳士協定説によれば、法的拘束力が認められない反面で、一般には、協定内容として違反者や違反事実の公表制度が含まれていることが多いため、社会的信用を重視する事業者との関係では、それが極めて有効に機能しているという現実もある。この場合、法的拘束力を承認する場合と同様に、合意の任意性や内容の特定性などは当然に要求されるであろうから、契約説を採用した場合と比較しても実質的な機能においてはほとんど差異がないとも考えられる。

ところで、公害防止協定の法的性格に関する議論の背景には、法令よりも厳しい内容の規制や法令の規制対象外の事項を規制内容とする協定について、理論的に法的拘束力をどのように根拠づけ、かつ、その実効性をいかに確保するかという現実的な課題があった[17]。その議論の方向性は、前記の理由①の局面において、今日なおも、その重要性を失ってはいない。しかし他方で、前述のように、公害防止協定が環境保全のための「新たな」手法として登場しうるのは、むしろ、理由②および理由③の局面においてであった。そうであるならば、公害防止協定の法的な性格および意義を考えるにあたっては、合意の内容それ自体だけではなく、不確実な状況の下での合意形成のための過程と協定内容の拘束力との関係に目を向けることが重要となろう。

規制的手法の機能不全を補うものとしての「新たな」手法は、行政上の規制的目標を達成・遵守するものとしてではなく、事業者の技術革新やそのための学習能力の向上、あるいは行政自身のリスク管理能力の向上に開かれたものであることが要求される。なぜなら、規制的手法は、明確な目標設定とその遵守のためのプログラムであるという点において、そもそも、リスクに対処するための手法としての限界を内在させていたし、むしろ、事業者の持続的な技術革新やその能力の向上を阻害してきたからである[18]。柔軟性および自主性を重視する公害防止協定という手法の今日的な存在意義は、まさにこの点に求めることができる。現実の協定内容は極めて多様であるため、協定の法的拘束力の有無については、結局は個別の協定の内容ごとに判断せざるをえないと指摘されているように[19]、紳士協定か契約かという法的性格に関する議論は、少なくともこの局面に関する限りは、意味をもたない。

(3)　環境保全手法としての公害防止協定の意義

公害防止協定は、一般には、行政と事業者との自由意思に基づく合意による取決めとして説明される。ただ、協定内容としては、法令が規制していない事項もしくは法令よりも厳しい規制内容が取り決められることがほとんどであるから、その点に着目する限りにおいては、合意が存在するとはいっても、協定の相手方たる事業者にとっては、その内容は決して望むべきものとはいえない。それゆえ、通常は、行政側の一方的な申込みを契機として協定締結が行われることになる。その場合、確かに、行政により提示された内容等に従うかどうかが事業者の自由意思に委ねられているという点において、協定締結は事業者の任意性を不可欠の要素とするが、協定締結の過程に着目するとき、そこには、同じく合意の任意性を要素とする民事上の契約などとは、若干異質なものが含まれている[20]。すなわち、ある特定の施策の実現のために、行政が事業者に一方的に働きかける性格を有するという点においては、むしろ、規制的手法と共通の基盤を有するからである[21]。

他方で、合意形成のための手法であるという点こそが公害防止協定の特徴として説明されることが多いが、規制行政の分野においても、利害調整や合意形成を目的とした参加の手続はかなり の程度用意されており、この点でも、規制的手法との差異は相対的なものと考えられる。このことは、これまでの協定が規制的手法の不備・欠缺を補完する役割があるとする前記の理由①からも明らかとなろう。更に、理由②および理由③の場合には、リスクやアメニティのような、明確な目標設定ができない問題へ対処するための手法として、したがってまた、規制的手法が実効的でなくなっているという前提的状況の下で、それを補完するための手法として性格づけられる。ここでも、協定は、規制的手法そのものではないが、決してそれと無関係に存在するわけではなく、規制的手法の有効性を前提としつつ、その実効性をより一層確実なものとするための手法として位置づけることが可能である。

このことは、自主的取組を促す情報的手法としての環境監査やPRTRの場合も同様である。EC規則やISO規格に基づく環境監査については、その枠組みへの参加の任意性ということをもって非規制的な手法であると性格づけられることもあるが[22]、むしろ、それは規制的手法を補完するものとしての要素が強い。ただ、公害防止協定の場合には、環境保全についての行政の監督権限を背景に、事業者の自主的規制を要請するというコンテクストの中で契約的手法が用いられるのに対して、環境監査の場合には、もはや行政自らが監督権限を十分に行使できない段階に至り、事業者の情報を広く公開することにより、国民に監督者の役割を代行してもらう点に違いがあるにすぎない。ここでも、規制的手法と合意的手法（契約的手法）との差異は相対化し、これらの「新たな」手法は、両者の性質を併有していると性格づけることもできる。

二　「新たな」手法としての協定の実効性確保
――オランダのターゲット・グループを例に

合意的手法や契約的手法は、とりわけわが国において好んで用いられるといわれるが、諸外国にも、その例がないではない。むしろ、今日では、それらの手法がかなり利用されるようになっている。その中でも、政府と産業界との合意による自主規制を重視するオランダの環境保全手法は、わが国の公害防止協定のあり方を考えるうえで参考となる。

オランダでは、一九八九年五月に、国家環境政策計画（Nationaal Milieu Beleidsplan, National Environmental Policy Plan - NEPP）が公表され、二〇一〇年までに当時の汚染物質排出量の七～八割を削減しようとする目標が掲げられている。この大胆な政策の背景には、都市部への人口集中や工業化に伴う深刻な環境汚染という各国に共通する問題に加えて、この国が地理的に周辺諸国の排出する汚染物質の被害を被る位置にあること、および、国土の約三割が海面下にあるため、地球温暖化により海水面が大幅に上昇するという予測が国民に現実的脅威を与えていることなどの事情があるといわれる。

ＥＵ諸国のうち、ドイツなどでは法令に基づく規制を中心に環境保全措置が実施される傾向にあるが、ＮＥＰＰの基本的立場は、行政の規制的手法だけでは今日の複雑化した環境問題の解決は不可能であり、企業や消費者の協力の下に、それへの対応を考えている点にある。そのため、オランダ政府は、一九九〇年三月の報告書で、各団体に環境保全への協力を要請するとともに、それらがとるべき行動内容を明確にしている。その団体は、ターゲット・グループ（target group）と呼ばれ、現在、農業、交通および輸送、工業および石油精製、電気・ガス、建設、環境関連産業、消費者および小売業者、教育研究機関、環境・労働団体が、ＮＥＰＰの対象団体として挙げられており、これらが各環境目標ごとに政府との間に自主協定を締結することになっている。協定の内容は、各環境目標およびターゲット・グループごとに異なるが、オランダ政府は、ＮＥＰＰの目標を達成するためには企業内部での環境管理システムの確立が不可欠であると考えているため、汚染物質削減のための具体的な措置やそのための最新の技術の利用のほか、それを可能とするための環境監査、さらにはＰＲＴＲについても、協定に盛り込まれることになる(23)。

ところで、わが国の公害防止協定のなかには、かなり以前に締結され、その内容に変更が加えられることなしに放置されている例もある。確かに、協定が法令の規制の不備を補うものとして登場し、現実にそれなりの効果を発揮してきたことに鑑みれば、法令の整備に伴い、協定の役割は終了したとみることもできる。しかし、実際には、法令よりも厳しい内容の義務を事業者に課す手法として協定が用いられているだけではなく、リスクやアメニティへの対処のためにも有用な手法として期待されていることは、すでに述べたとおりである。ただ、そのためには、汚染物質や最新技術等に関する情報交換とそれに基づく学習の機会が常に用意されていなければならない。この点、オランダでは、政府、学界、産業界による継続的話合いとその成果を踏まえた協定締結を可能とするために、専門の委員会が設置されており、これによって、明確な目標設定の困難な問題について、協定という「新たな」手法を用いて柔軟に対応しうる仕組みになっている。

さらに重要なのは、わが国では、規制的手法とそれ以外の手法とは、いわば選択的関係もしくは代替的関係にあるかのような認識があるが[24]、オランダでは、自主協定によって環境保全の成果が達成できない場合には、最終的に法令に基づく規制的手法による強制力の行使を予定することにより、それが規制的手法を補完するものとして明確に位置づけられている点である。これは、NEPPの目標自体が極めて厳格であることとも関連するが、協定の実効性を確保する方法として注目すべきであろう。この点は、ドイツなどでも同様である。ここでも、規制的手法と協定などの合意的手法との差異は相対化しているとみることができる。

おわりに

公害防止協定の法的性格に関する議論には、まず、規制的手法と非規制的手法との区別が存在し、協定は後者であるということを前提に契約か紳士協定かを性格づけ、協定の法的拘束力の有無を論じてきた。しかし、オランダでは、これらの間に明確な区別をもうけず、規制的手法とそれを補完する手法という、いわば全体としての規制行政の法的仕組の中で各種手法を連続的に位置づけている点に特徴がある。そうすると、協定の法的拘束力は、それが契約としての法的性格を有していることにより生ずるわけではなく、全体としての規制行政の法的仕組それ自体から生ずると解することもできる。規制的手法の中に合意形成の手続を盛り込むことによって規制の実効性を高めている例があることはすでに述べたが、ここでは、合意形成の過程そのものが拘束力を正当化する根拠となっているとみることができよう。行政計画の実施に際して行政と私人間の契約が多用されているドイツの例なども、それを示すものといいうる。環境監査やＰＲＴＲなどと同様に、公害防止協定も、規制行政の法的仕組の中に明確に位置づけることにより、環境保全のための「新たな」手法として法的に位置づけられることになる[25]。

（1）　新しい環境概念のもつ意味と、そこでの課題および手法を論じたものとして、畠山武道「新しい環境概念と法」ジュリスト一〇一五号（一九九三）一〇六頁。
（2）　原田尚彦『環境法（補正版）』弘文堂（一九九四）八六頁。
（3）　リスクの概念と環境法の役割を論じるものとして、髙橋信隆「環境リスクとリスク管理の内部化――ＥＣの環境監査制度の法的意義と実効性」立教法学四六号（一九九七）七六頁以下、特に九四頁以下（本書一四五頁以下、一六四頁以下）、戸部真澄「環境リスク規制における自己監督手法の機能性と限界」山形大学紀要（社会科学）三六巻一号（二〇〇五）一二一頁、山本隆司「リスク行政の手続法構造」城山英明ほか編『環境と生命』東京大学出版会（二〇〇五）三頁、大橋洋一「リスクをめぐる環境行政の課題と手法」長谷部恭男編『法律からみたリスク』岩波書店（二〇〇七）五七頁など参照。
（4）　環境ホルモンによる人体への影響については、さしあたり、デボラ・キャドバリー（古草秀子訳）『メス化する自然――環境ホルモン汚染の恐怖』集英社（一九九八）。
（5）　髙橋・前掲註(3)、および同「環境監査の法制化と理論的課題――ＥＣの環境監査規則を素材として」熊本法学八二号（一九九五）一頁（本書一七頁）、同「環境監査の構造と理論的課題――ドイツ環境監査法を素材として（上）・（下）」立教法学四八号（一九九八）一頁、同四九号（一九九八）五二頁（本書五三頁）、奥真美「環境管理・監査スキーム――ＥＵの事例から学べること」都市問題八八巻一号（一九九七）九九頁など参照。
（6）　『化学物質管理の新しい手法「ＰＲＴＲ」とは何か』化学工業日報社（一九九七）。
（7）　環境保全の手法については、阿部泰隆・淡路剛久編『環境法（第三版補訂版）』有斐閣（二〇〇六）四九頁、大塚直「都市環境問題をめぐる『政策と法』――環境法学の観点から」『現代の法４（政策と法）』岩波書店（一九九八）六五頁、高橋滋「法と政策の枠組み――行政法の立場から」同三頁、黒川哲志『環境行政の法理と手法』成文堂（二〇〇四）など参照。
(8) その具体的内容については、環境庁企画調整局環境管理課編『業種別公害防止協定実例集』ぎょうせい（一九九〇）、鳴海正泰「企業との公害防止協定――横浜方式」ジュリスト四五八号（一九七〇）二七九頁、人間環境問題研究会編『公害環境に係る協定等の法学的研究』環境法研究一四号有斐閣（一九八一）、芝池義一「行政法における要綱および協定」『基本法学4（契約）』岩波書店（一九八三）二八九頁以下など参照。
(9) 環境白書平成一〇年版各論によると、一九九六年一月から一九九七年三月までの協定締結総数は、約一、二〇〇件にのぼるという。一九八八年一〇月から一九九三年九月までの平均が二、五三七件であることからすると、大幅な減少傾向にあるとみることもできるが、この間の経済不況等による企業進出の鈍化、公害や環境汚染の質的・量的な変化などの事情を考慮すると、単純な比較はできない。詳細は、北村喜宣『自治体環境行政法（第五版）』第一法規（二〇〇九）五八頁以下参照。
(10) 北村・前掲書註(9)五九頁以下、松浦寛『環境法概説（全訂第四版）』信山社（二〇〇四）二二二頁など参照。
(11) 小早川光郎『行政法上』弘文堂（一九九九）二六三頁。
(12) そのような意味での「学習能力」を論じるものとして、髙橋・前掲註(3)九九頁以下（本書一七〇頁以下）、特に一〇二頁以下（本書一七二頁以下）参照。
(13) 大塚・前掲註(7)九五頁以下も同旨と思われる。
(14) 学説の対立については、原田・前掲書註(2)一六八頁以下、松浦・前掲書註(10)二二三頁以下に詳しい。なお、公害防止協定の法的性格、特にその法的拘束力のあり方についての近年の注目すべき判例として、最判平成二一・七・一〇判時二〇五八号五三頁がある。本判決を紹介するものとして、岸本太樹「公害防止協定の法的拘束力」判例セレクト二〇〇九［Ⅱ］（二〇一〇）四頁。
(15) 小早川・前掲書註(11)二六二頁、北村・前掲書註(9)六七頁。
(16) 塩野宏『行政法Ⅰ（第五版）』（有斐閣、二〇〇九）一九三頁、小早川・前掲書註(11)二六二頁。
(17) 松浦・前掲書註(10)二二二頁。
(18) 環境監査との関連でこのことに触れるものとして、髙橋・前掲註(5)立教法学四九号七九頁（本書一二九頁以下）。
(19) 北村・前掲書註(9)六七頁。
(20) この点においては、建築協定（建築基準法六九条以下）や緑化協定（都市緑地保全法一四条以下）なども同様である。なお、大橋洋一「建築協定の課題と制度設計」法政研究六八巻一号（二〇〇一）七五頁以下参照。
(21) 亘理格「行政上の命令・強制・指導――社会的合意論の視点からの展望」前掲『現代の法4』二四五頁以下は、行政による政策実現の過程を私人の法的地位に対する行政機関の働きかけの仕方に着目し、行政指導などの非権力的な作用を、権力的な命令・強制と同一範疇に属するものとして捉えるなど、きわめて示唆的である。

(22)　Vgl. D. Sellner / J. Schnutenhaus, Umweltmanagement und Umweltbetriebsprüfung („Umwelt-Audit"): ein wirksames, nicht ordnungsrechtliches System des betrieblichen Umweltschutzes?, NVwZ 1993, S. 928.

(23)　以上につき、東京海上火災保険株式会社編『環境リスクと環境法（欧州・国際編）』有斐閣（一九九六）一六六頁、一八四頁、二八五頁、大塚直編『地球温暖化をめぐる法政策』昭和堂（二〇〇四）二〇九頁以下（渡邉理絵執筆）など参照。

(24)　たとえば、高橋・前掲註(7)二〇頁以下は、そのような趣旨であろうか。なお、大橋洋一「コミュニケーション過程としての行政システム」東京大学社会科学研究所編『20世紀システム5（国家の多様性と市場）』東京大学出版会（一九九八）一七二頁以下参照。

(25)　環境監査との関連で、髙橋・前掲註(3)八六頁以下（本書一五六頁以下）、および、同・前掲註(5)立教法学四九号七二頁、七五頁、八九頁（本書一二三頁以下、一二五頁以下、一四一頁以下）など参照。なお、近年、国際的な環境管理・監査規格であるＩＳＯ一四〇〇一を認証取得する企業が増加するなかにあって、自治体もこの規格に関心をもちはじめ、環境行政の一環として企業のＩＳＯ規格の認証取得を積極的に推進したり、あるいは取得のための支援措置を講じるなどのほか、自治体自らがその取得を目指そうとする動きもみられる。ただ、本文で指摘したように、ＩＳＯ規格も含めて、環境保全のための「新たな」手法のいずれもが、規制的手法の機能不全を前提とし、それを補完すべく登場してきたものであり、それゆえ、それが規制的手法の外側に全く独自の手法として位置づけられるものではなく、むしろ、規制行政の法的仕組の中にそれを位置づけてこそ実効性を有するものとなりうる。これにつき、髙橋信隆「自治体によるＩＳＯ認証取得の法理論的課題」都市問題九〇巻一号（一九九九）四一頁以下（本書二八五頁以下）参照。

【追記】　なお、本書は、公害防止および環境保全という政策目標実現のために事業者に働きかける「規制的枠組」を前提に、従来からの狭義の規制的手法の不備・欠缺もしくは機能不全を補完するものとして公害防止協定を位置づけ、その法的性格を論じるものであり、そのような観点から、政策目標を実現するにあたり、権力的とはいえないまでも何らかの規律力ある行為や制度をもって「規制」と表現している。それゆえ、その限りにおいては、行政処分等の権力的手段を用いる場合に「規制」の語が使用されてきた伝統的用法とは異なる。これにつき、野澤正充「公害防止協定の私法的効力」淡路・阿部還暦記念『環境法学の挑戦』日本評論社（二〇〇二）一四〇頁は、「協定が法的効力を有するのは、まさにそれが両当事者の『合意』に基づくものだからである」として、協定の法的拘束力が規制行政の法的枠組それ自体から生ずるとし、したがってまた、協定は規制的手法と共通の基盤を有するとみる筆者の見解に批判的であるが、本書は、公害防止協定を他のさまざまな手法とともに環境保全のための「新たな」手法と捉え、それらを法的に統一的に位置づけようとしている点で、明らかに視点を異にする。協定の「私法的」効力の根拠を「合意」に求めること自体を否定するものではないが、そのことのみによっては、環境保全手法としての公害防止協定の法的意義を十分に理解することはできないし、ましてや、全ての「新たな」手法の法的拘束力を統一的には説明できないからである。この点では、前掲註(20)の建築協定や緑化協定などの私人間の協定を行政庁が認可するという手法も同様であり、ここでは、契約のカテゴリーを超えた考察が必要となろう。本書と同様の問題関心に基づき環境行政の手法を分析するものとして、黒川・前掲書註(7)参照。

2

環境監査の法制化と理論的課題

——ＥＣの環境監査規則を素材として

はじめに

(1)　自然環境や生活環境の汚染・破壊のかなりの部分が企業活動に起因するにもかかわらず、環境保全に関する企業の責任については、従来、それが「公害」として顕在化した場合にその結果責任を追及したり、あるいはそのような悲惨な結果を未然に防止するための法的規制や監督の手法について論じられることはあっても、企業活動それ自体の評価をも含めたいわば生態学的な収支決算報告、すなわち公害の発生や環境破壊に至る社会的もしくは市場的メカニズムそのものを点検しようとする作業は、審査の方法およびそのシステム構築の困難性という事情とも相俟って、ほとんど論じられることがなかった[1]。

もっとも、それらはもともとは企業の独自の活動領域に関わるものであるし、ましてや、自社の製品が環境へいかなる影響を及ぼすかということに関しては、帳簿上も記載されることはなく、また、それ自体が包括的な審査に服するなどということも通常はありえなかった。同様に、企業活動それ自体の環境への影響を把握し、評価するシステムも存在しなかったし、それを包括的な形で法的に規律することなど、全くといっていいほど考慮されてこなかったといってよい。しかしながら、環境保全への企業の関わり方がもともとは企業の自主規制に委ねられるべき性格のものであるとはいっても、企業の環境保全に関わる諸要請については、従来からその組織や監査システムをはじめとして各国が独自に個別の法規で規定してきたところであった[2]。

(2)　このような中にあって、ＥＣの環境閣僚理事会（Umweltministerrat）は、一九九二年三月五日のＥＣ委員会（Kommission）の最終提案（Vorschlag）をうけ、一九九三年六月二九日、環境監査制度を定めた規則（Verordnung über die freiwillige Beteiligung gewerblicher Unternehmen an einem Gemeinschaftssystem für das Umweltmanagement und die Umweltbetriebsprüfung）を採択し、加盟各国が一九九五年四月までに企業内の環境保全に関する新たなシステムを

創設すべきことを規定した。[(3)] この規則（以下、「ＥＣ規則」という）は、近年の環境政策をめぐるさまざまな動向を反映したものであるが、後述のように、とりわけ行政法学上は、企業活動によってもたらされる環境への影響を法令に基づいて命令・禁止する、いわば command and control というアプローチの有効性に対する八〇年代以降の各種の疑問を集約し、その実効性を補うものとして登場してきた[(4)]ことに目が向けられねばならない。

ところで、ＥＣが環境監査に関する規則を制定しようとした背景には、第一に、環境に関する各種情報について市民のいわゆる「知る権利」を規定した一九九〇年の指令[(5)]（Richtlinie des Rates über den freien Zugang zu Informationen über die Umwelt）の採択に伴い、企業は環境情報の公開に備えて「効果的な内部環境保全システム」の確立の必要に迫られたが、その際の中心的な手法とされたのが環境監査であり、他方で第二に、その指令との関わりで、行政側にも各種環境法令に基づく企業の情報公開要件を確立する必要があった、という事情があり、こうした背景のもとで環境監査に関する法案が準備されてきたとされている。[(6)]

環境監査をめぐるこれらＥＵの動向は、公害防止・環境保全のために、かつての command and control というアプローチを補完するものとして企業自らに環境保全のための厳格な環境管理を要請し、その管理能力の向上を行政が側面から支援するシステムとしてそれが構想されていること、および、そのシステムが各国の個別の法制度の下においてではなく、ＥＵという影響力の大きな地域で実施されようとしている点において極めて注目すべきであるとともに、環境保全手法の「新たな」方向性と可能性を提示するものとして、わが国においても十分参考になるし、また、それがＥＵという地域で実施されることによって、その主要な取引相手国であるわが国においても、ＥＵ加盟国なみの環境監査への対応を必然的に迫られることになるであろう点において重要である。

そこで、以下では、ＥＣ規則に基づく環境監査制度の内容を紹介し、ドイツ法との若干の関係をも検討しながら、わが国の環境保全システムに対しての示唆を得ることとしたい。

（1）ただ、欧米とりわけアメリカでは、従来より、企業と社会との紛争を会計の視点から解決するための手法として財務諸表の公表制度が発達してきており、財務関連情報の公表の拡大によって、経営者の無自覚や詐欺的会社経営から善良な債権者や株主を保護することが考慮されてきた。社会監査といわれるその制度は、右のごとく、社会問題に関連する企業情報の公表がその主たる役割であったが、それは、主として、女性や少数民族などのいわゆるマイノリティの雇用および昇進、職場の安全性、製品の安全性、公正な取引等の諸問題に対する企業のあり方、すなわち企業の社会的責任を問う社会的傾向を受けて理論化および制度化されたものであった。そこでは、企業の社会的責任活動の内容を年次報告書や特別の報告書により公表することが試みられ、それを実施していた企業は、そのための特別の組織をつくり、公表のための資料の収集や社会問題を恒常的に管理するシステムを構築し、それが有効に機能しているか否かを点検する監査を実施してきたとされる。これが、本書で論じようとする環境監査の原点として位置づけられる。以上については、河野正男「環境監査の展開」ジュリスト一〇一五号（一九九三）一四〇頁以下参照。

（2）これについては、東京海上火災保険株式会社編『環境リスクと環境法（欧州・国際編）』有斐閣（一九九六）二〇頁以下、一八四頁以下など参照。

（3）Verordnung (EWG) Nr. 1836/93 des Rates über die freiwillige Beteiligung gewerblicher Unternehmen an einem Gemeinschaftssystem für das Umweltmanagement und die Umweltbetriebsprüfung, vom 29. Juni 1993 (ABl. EG Nr. L 168, S. 1) (= zit. Verordnung (EWG) Nr. 1836/93). EC規則の内容については、vgl. J. Scherer, Umwelt-Audits: Instrument zur Durchsetzung des Umweltrechts im europäischen Binnenmarkt? NVwZ 1993, S. 11ff.; M. Führ, Umweltmanagement und Umweltbetriebsprüfung neue EG-Verordnung zum „Öko-Audit“ verabschiedet, NVwZ 1993, S. 858ff.; D. Sellner/J. Schnutenhaus, Umweltmanagement und Umweltbetriebsprüfung („Umwelt-Audit“) - ein wirksames, nicht ordnungsrechtliches System des betrieblichen Umweltschutzes? NVwZ 1993, S. 928ff. なお、本書の記述も、これらの諸論稿に依拠するところが大きい。

（4）これまでの公害規制および環境保全のための法的手法の実効性については、vgl. G. Lübbe-Wolff, Vollzugsprobleme der Umweltverwaltung, NuR 1993, S. 217ff. なお、北村喜宣「環境法における公共性」公法研究五四号（一九九二）二〇一頁以下、二〇五頁以下（同『環境政策法務の実践』ぎょうせい（一九九九）三頁以下所収、九頁以下）参照。

（5）Vgl. dazu NVwZ 1990, S. 844f.; vgl. auch E. Kremer, Umweltschutz durch Umweltinformation: Zur Umwelt-Informationsrichtlinie des Rates der Europäischen Gemeinschaften, NVwZ 1990, S. 843f.; R. Engel, Der freie Zugang zu Umweltinformationen nach der Informationsrichtlinie der EG und der Schutz von Rechten Dritter, NVwZ 1992, S. 111ff.; H.-U. Erichsen, Das Recht auf freien Zugang zu Informationen über die Umwelt: Gemeinschaftsrechtliche Vorgaben und nationales Recht, NVwZ 1992, S. 409ff.; A.

Scherzberg, Der freie Zugang zu Informationen über die Umwelt: Rechtsfragen der Richtlinie 90/313/EWG, UPR 1992, S. 48ff.; Rundschreiben des Bundesministers für Umwelt, Naturschutz und Reaktorsicherheit zur unmittelbaren Wirkung der EG-Umweltinformationsrichtlinie, NVwZ 1993, S. 657f.; W. Erbguth/F. Stollmann, Zum Entwurf eines Umweltinformationsgesetzes, UPR 1994, S. 81ff.; R. Haller, Unmittelbare Rechtswirkung der EG-Informations-Richtlinie im nationalen deutschen Recht: Zugleich Anmerkung zu zwei Urteilen des VG Minden und des VG Stade, UPR 1994, S. 88ff.; R. Röger, Zur unmittelbaren Geltung der Umweltinformationsrichtlinie: Anmerkung zum Urtiel des VG Stade vom 21. 4. 1993, NuR 1994, S. 125ff.; ders., Zum Begriff des „Vorverfahrens“ im Sinne der Umweltinformationsrichtlinie: zugleich ein Beitrag zur Auslegung europarechtlicher Normen, UPR 1994, S. 216.

（6） ＥＣ規則の制定経緯については、東京海上火災編・前掲書註（2）五一頁以下。なお、周知の通り、一九九四年のマーストリヒト条約の発効により、ヨーロッパ共同体（European Community - EC）がヨーロッパ連合（European Union - EU）に改組され、原則として、ＥＣ法もＥＵ法と呼ばれることになった。ＥＵとＥＣの関係については、山根裕子『新版ＥＵ／ＥＣ法』有信堂（一九九五）五頁、庄司克宏『ＥＵ法　基礎編』岩波書店（二〇〇三）三頁以下など参照。

一　環境監査の基本構造

1　環境監査の展開

(1)　わが国の電機業界は、一九九四年六月、企業活動に伴う環境への諸影響を軽減する環境管理システムを導入するため、全国レヴェルでは初めての「日本環境認証機構」なる組織を設立し、環境管理やその監査に積極的に取り組む姿勢を明らかにした。(7) それによれば、電機業界約七七〇社を対象に、企業が環境管理の内容や今後の行動計画を盛り込んだ「環境報告書」を定期的に発行し、それが国際的な規格に従っているかなどを審査し、認証する「外部監査」を実施することが目的とされている。

このようなシステムの検討はそれまでにも行われてきたが、[8] 電機業界の右の方針は、その有力な輸出相手先であるEUが一九九五年四月に環境監査を本格的にスタートさせることをにらんだものであることは明らかで、国際的な規格に基づく環境監査を整備しなければ輸出が困難になること、他方では、現実の問題としてテレビや冷蔵庫などの家電製品の廃棄に伴うフロンや粗大ゴミの処理などの環境問題が企業の経営を直撃しているという危機感から、業界独自に環境管理や監査に関するシステムを創設する必要に迫られたことなどがその背景にあった。

(2)　環境保全に関して企業がある一定の役割を果たし、貢献しうるためには、当該企業の日常的な活動の中にあって、環境保全のための企業内組織や施設およびそれら全体としての管理システムが十分に整備され、かつ機能しているかどうかが、その前提となる。それゆえ、ここでいう環境監査とは、一般には、それらの組織・施設・管理についての環境技術的・環境法的な経営審査を実施するための体系的手法、すなわち、実際の企業活動や各施設内において、環境保全のための組織や施設および全体としての環境管理システムなどがいかなる形で存在し、それがどのように機能しているか、あるいはより良い形で機能しているかを定期的に点検するための手法として理解しうる。[9]

このようなものとしての環境監査は、一九七〇年代末から八〇年代初頭にかけてアメリカで発達したものとされているが、とりわけ一九七七年から八〇年にかけて証券取引委員会（Securities and Exchange Commission - SEC）が、環境責任リスクの範囲を確定するために多くの企業に環境監査の実施を要求したことが、この制度の発達に大きな刺激を与えたとされている。もっとも、SECのそのような要求に対して、各企業は自らの環境責任等に関して各年度末の決算書等において極めて粗雑な、かつ控えめな表現をするにとどまっていたという。[10] したがって、現実にアメリカにおいて企業内環境監査に関するプログラムが明確に主張され、かつ発達してくるのは、八〇年代以降に環境に関する各種の、しかも厳格な内容を有する法律が制定されてから、とりわけ危険物の取扱いに関する諸法律が制定・施行されてからになる。この時期、主に化学工場を中心に独自の環境監査に関する企業内プログラムが策定されることになる[11]。

このようなアメリカの動向に対して、ＥＵ加盟諸国においては、環境監査という考え自体はすでに存在したものの、実務上は法的にもあるいは経営学的にもその類型および内容は必ずしも統一されたものではなかったし、むしろ、法的な規律の枠組みとしては存在しなかったといっても過言ではない[12]。

(3) 他方、ドイツにおいては、企業による環境保全の実態を行政機関が監視するための手法の一つとして、記録義務（Aufzeichnungspflicht）がいくつかの法律によって明文化されている[13]。たとえば、連邦インミッシオン防止法[14]（Bundes-Immissionsschutzgesetz）では、廃棄物の排出者や輸送業者、および処理業者の帳簿づけが法的に義務づけられているし、燃料タンクの取扱いについても、特定の石油・ガソリン貯蔵施設管理者について、その帳簿への記載が法的に義務づけられている[15]。更には、安全確保技術上の重要な施設の検査・保守・修理に関する文書・資料の作成が義務づけられており、危険物管理者についても同様の規定がある[16]。他方、自己監視（Eigenüberwachung）についての規定[17]もあり、これは、いわば行政機関に対する情報提供義務と結びついたものとして理解しうる[18]。

このように、ドイツにおいては、既存法令上も環境監査に類する規定が存在し、実際に公害の防止や環境の保全に一定の役割を果たしうるものとして機能してきた。ただ、ＥＣ規則に基づく環境監査は、個別の環境媒体ごとの規制措置にとどまらず、それが特定の施設での企業活動の環境親和性を包括的に評価するいわば集中的なコントロール措置である点において、それらとは異なるし、また、環境基準や排出基準を設定することによって遵守すべき汚染の限界値を維持しようとする静態的なコントロールにとどまらず、企業活動における資源管理の継続的な改善をも意図している点において、より積極的な内容を含んでいるといいうる。とくに、後者は、これまで一連の企業活動の最終段階で義務違反に対する命令や罰則で対応してきた行政上の規制的手法に伴うさまざまな問題点を補完する機能を果たすもの[19]として重要であろう[20]。

2 環境監査の類型

⑴ さて、以上述べたように、ＥＵおよびその加盟諸国においては、従来、明確な制度として環境監査を実施してきたわけではなかったが、アメリカやドイツなどでそれまでに実施されてきたそれに類する制度を前提とするとき、可能な環境監査の形態として、いくつかの観点からそれを類型化することができる。すなわち、まず、その監査が誰のために行われるのかという観点からは、内部監査と外部監査とに分けることができる。内部監査とは、経営者などの企業内部の者のための監査で、企業内の経営管理のあり方の一環として環境保全に資する手法を駆使するやり方であり、各企業が任意で実施する業務監査などがその典型例といえるであろう。この場合、それが実際にいかなる方法・類型・内容をもって実施されるかによってその機能が異なるが、一般には、当該企業活動が環境法令にてらして適法かどうかを確定し、環境リスクを回避・管理することによって、中長期的あるいは予防的な環境コントロールを可能とし、更には、環境に関する情報の企業内流通経路を確定するとともに、社員の環境に対する意識を昂揚させる、という機能を果たすことになる[21]。

これに対して、外部監査とは、企業の外にあって当該企業活動により何らかの影響を受ける者、すなわち企業外部の利害関係人のために行われる監査であり、例えば企業買収の際に買収者もしくはその指図で売却人によって実施されてきたものや、公認会計士が行う財務諸表の監査などが典型的な例といえる[22]。

⑵ 他方、監査の対象からは、それを実態監査と情報監査に分類することができる。実態監査が当該企業活動の内容それ自体を直接に対象とする監査であるのに対して、情報監査とは、企業活動それ自体の監査ではなく、その活動の実態を外部に報告するために作成した情報の信頼性を確保するための監査をいう。ここでは情報それ自体は企業（もしくは企業から委嘱された第三者）が独自に作成するが、その情報が企業の実態を正確に反映した内容のものかどうかを、監査人たる資格を有する者が公証するという形態をとる。公認会計士による財務諸表監査などはま

さに情報監査であるといえよう。

したがって、実態監査は、多くの場合、企業の活動を日常的にチェックしうる者によって実施される必要があるために、通常は企業内部の監査人によって行われることになる。これに対して情報監査の場合には、具体的な情報との関わりで情報作成過程の正常性等をいくつかのサンプル調査をもとに判断すれば、当該情報が企業の実態を正確に反映しているかどうかはかなりの確率で明断性を有するものとなりうるため、外部の監査人でも比較的実施しやすいといいうる。外部監査と情報監査は結びつきやすいことにもなるが、外部監査が必ず情報監査というわけではない。(23) EUの環境監査がいかなる性格および内容を有するかについては、後述する。

3　環境監査の実施方法

環境監査は、通常、それを実施するための準備、現場での実際の監査、そしてそれらに基づく報告という三つの手続段階を経て実施される。(24)

まず、実際に監査という作業を実施するにあたっては、その具体的対象との関係で監査の目標およびその対象範囲を確定し、知識や技術においてその実施内容にふさわしい監査人を選出することが必要となる。そして、この段階では環境監査の対象をいかに確定するかという作業が何よりも重要となるが、それは環境アセスメントなどで知られてきたスコーピング(25)(Scoping)に相当するものである。ここでは、企業活動から生ずるさまざまな汚染原因、とりわけ原材料や廃棄物の管理、および水管理などといった環境監査に服すべきテーマが具体的に特定されるだけではなく、実際の企業活動の成果を評価するものとしての法律上の規定および企業内の各種の規則や基準を明確にさせる作業も重要となる。(26)

以上の準備段階を踏まえて、更に、環境保全のために設けられた企業内の組織や施設、およびそれらの企業内管理の実態、そして当該企業がこれまで環境保全に果たしてきた役割や成果等に関する情報や資料の収集などの作業が実施される。そこでは、企業活動の実態や施設の状況およびその管理に関する監査はもちろんのこと、パンフレットをはじめとする社内文書もその対象とされる。そして、以上の各段階を経て、最終的に報告書作成の段階に至るが、ここでは環境に関わる各種法令や環境技術に関する基準に基づいて収集された情報や資料の監査結果の公表など、いわゆる「計画—実績比較」（Soll-Ist-Vergleich）が行われることとなる。(27)

さて、以上が環境監査の基本的構造およびその実施方法であるが、以下では、それがEC規則において実際にいかなるものとして構想され、そこにどのような特徴があるのかを、項を改めて概観することにしたい。

（7）　朝日新聞西部版一九九四年六月八日。日本環境認証機構の詳細については、http:www.jaco.co.jp/を参照。

（8）　環境監査についてのわが国の動向については、河野・前掲註(1)ジュリスト一〇一五号一四三頁など参照。

（9）　もっとも、従来は、環境監査という概念自体、必ずしも明確な意味内容をもって語られているとはいえなかった。この点については、環境監査研究会編『環境監査入門』日本経済新聞社（一九九二）七頁以下、一五頁以下など参照。

（10）　Vgl. Scherer, NVwZ 1993（Fußn. 3), S. 12.

（11）　その直接の契機となったのが、いわゆる「ラブ・キャナル（Love Canal）事件」である。これは、ナイアガラフォールズ市の一角にある運河跡に廃棄されていた化学物質が大雨によって流出し、地域住民の生命・健康が危険に晒された事件である。事件発生後、住民は、ラブ・キャナル地域から避難し、汚染地域は政府によって覆土や汚染物質の除去作業が行われたが、現在でも浄化作業は完全には終了しておらず、原状維持だけでも今後三〇年以上の作業が必要とされるだけではなく、これまでの覆土作業についてもそれが最善のものであったかどうか疑問が呈されている。この事件を語らずしてアメリカの環境法を論ずることはできないとされているが、とりわけ本書との関連では、浄化費用の負担や汚染責任をめぐり有害物質を廃棄した化学会社に対して訴訟が提起されているほか、いわゆるスーパーファンド法（Comprehensive Environmental Response, Compensation and Liability Act of 1980; CERCLA）制定の契機ともなった事件として注目される。環境監査の問題を考えるに際してのこの事件の位置づけについては、環境監査研究会編・前掲書註(9)四九頁以下。

（12）　もっとも、イギリスにおいては、通産省の外郭団体である英国規格協会（British Standard Institution: BSI）が、一九九一年六月に環境管理システム要綱（Specification for Environment Managemental System）を発表し、一九九二年三月一六日に発効している。ＢＳ規格といわれるそれは、企業が環境保全に関する独自の要件、すなわち環境法令の遵守、汚染削減目標の明示、自社の環境方針とそれを実現する組織の設置、マニュアルの作成、外部の環境監査の義務づけ等を公表し、企業が自主的にその検査を受けるというもので、内容的には、本稿で扱うＥＵの環境監査制度に近いものである。以上については、東京海上火災編・前掲書註(2)二一頁。なお、ＢＳ規格の内容、それと国際標準化機構（International Organisation for Standardisation - ISO）の国際環境規格であるＩＳＯ一四〇〇〇（以下、「ＩＳＯ規格」という）との異同などについては、髙橋信隆「環境監査の構造と理論的課題（上）―ドイツ環境監査法を素材として」立教法学四八号（一九九八）一〇頁以下（本書六二頁以下）参照。

(13) Vgl. Scherer, NVwZ 1993 (Fußn. 3), S. 15f.; M. Kloepfer/E. Rehbinder/E. Schmidt-Aßmann unter Mitwirkung von P. Kunig, Umweltgesetzbuch-Allgemeiner Teil, Berichte 7/90 des Umweltbundesamtes, 2. Aufl. 1991, S. 291.

(14) § 52 Abs. 2 u. 3.

(15) § 5 I der dritte Verordnung zur Durchführung des Bundes-Immissionsschutzgesetzes (Verordnung über Schwefelgehalt von leichtem Heizöl und Dieselkraftstoff), vom 15. Januar 1975 (BGBl. I S. 264).

(16) Vgl. z. B. § 6 der zwölfte Verordnung zur Durchführung des Bundes-Immissionsschutzgesetzes (Störfall-Verordnung), vom 19. Mai 1988 (BGBl. I S. 625).

(17) Vgl. z. B. §§ 12ff. der Erste Verordnung zur Durchführung des Bundes-Immissionsschutzgesetzes (Verordnung über Kleinfeuerungsanlagen), vom 15. Juli 1988 (BGBl. I S. 1059).

(18) Scherer, NVwZ 1993 (Fußn. 3), S. 15. 環境法のこのような側面を論じるものとして、M. Kloepfer, Umweltrecht als Informationsrecht, UPR 2005, S. 41ff.

(19) 環境監査をはじめとする環境保全のさまざまな手法をこのような立場から位置づけるものとして、髙橋信隆「環境保全の『新たな』手法の展開」ジュリスト増刊・環境問題の行方（一九九九）四八頁（本書三頁）。

(20) ところで、連邦インミッシオン防止法は、一九九〇年の改正において、環境保全に関する企業の義務についての新たな規定を追加したが、それは環境監査のあり方を議論するにあたっても重要な規定である。すなわち、五二ａ条によれば、合資会社および人的会社（Kapital- und Personengesellschaft）においては、企業を代表しているとみられる者を執行官庁に届け出るものとされ、その者が認可を要する施設に関する企業の義務について責任を有し（一項）、そして更に、代表者は、環境保全に係る諸規定をいかなる方法で遵守しようとするのかを、行政庁に報告すべきものとされている（二項）。

　このような企業の義務は、連邦インミッシオン防止法五条および六条の基本義務から派生するものと一般には理解されているが、もともと環境保全法上の諸義務を遵守していくためには、各企業がそのための必要かつ十分な組織を整備していることが前提であるし、そのような組織としての義務を企業自らがいかなる内容や方法で遂行するのかにかかっているといいうる。それは、いわば企業の道義的もしくは社会的な自己責任の範疇に属するものともいえるが、それを法律のレヴェルで明確に規定したこと自体極めて注目すべきである（ちなみに、この当時、わが国の産業界の意見としては、環境監査の法制化を急がずに、企業の自主性に任せるべきであるというのが大勢であった。朝日新聞西部版一九九四年六月二日）し、各企業がＥＵの環境監査システムへの参加を決めることになれば、従来の規制法上の義務づけとは異なったものとしての企業の法的義務が新たに登場することになる。なお、ドイツ環境法典（Umweltgesetzbuch）教授草案の環境保護取締役（Umweltschutzdirektor）および環境責任者（Umweltbeauftragte）に関する規定（§§ 94ff. UGB）について、vgl. Kloepfer, u. a. (Fußn. 13), S. 377f.

(21)　これまでに検討もしくは実施されてきた環境監査の多くはこの種のものであり、製造工程や廃棄物に関する汚染防止のための自主的管理という色彩が強い。このような監査は、単に企業のリスク・マネジメントとしてだけではなく、社会一般にとってもその安全性を確保するという意味において重要であることはいうまでもない。以上につき、環境監査研究会編・前掲書註(9)一七二頁以下。

(22)　Vgl. Scherer, NVwZ 1993 (Fußn. 3), S. 12. なお、内部監査・外部監査という区分は、本書における用語法とは異なり、監査の実施主体如何によることもあり、ＩＳＯ規格の用語法もそれに拠っている。本書の用語法は、もちろんそれらに異を唱える趣旨ではないが、後述のように、ここでの主たる関心事であるＥＣ規則による環境監査が企業内監査と環境検証人による監査とを組み合わせたものであること、更には、従来からの規制的手法との関係でＥＣ規則に基づく環境監査をいかに位置づけ、理解すべきかという観点からは、実施主体による区分ではなく、監査の目的もしくは環境保全措置全体の中での位置づけこそが重要であると考えたことなどから、本文のような区分法に拠った。

(23)　以上については、環境監査研究会編・前掲書註(9)一七二頁以下。

(24)　Scherer, NVwZ 1993 (Fußn. 3), S. 12. なお、これまでに企業において実施されてきた環境監査の具体例については、環境監査研究会編・前掲書註(9)一一一頁以下に詳細に紹介・分析されている。

(25)　これについては、たとえば、山村恒年『自然保護の法と戦略（第二版）』有斐閣（一九九四）三七九頁、Ｒ・Ｗ・フィンドレー＝Ｄ・Ａ・ファーバー（稲田仁士訳）『アメリカ環境法』木鐸社（一九九二）三四頁、および、髙橋信隆「環境アセスメントの法的構造――ドイツの環境親和性審査法を素材として」熊本大学教育学部紀要（人文科学）四二号（一九九三）二三頁以下（本書三二七頁以下）など参照。

(26)　したがって、この意味からは、たとえば多国籍企業の環境監査の場合などは、複雑かつ多様な法的問題に直面せざるをえないことにもなる。

(27)　Scherer, NVwZ 1993 (Fußn. 3), S. 12. なお、この点からは、環境監査を環境アセスメントの一形態として理解することもできる。ただ、現実の環境アセスメントをみると、少なくともわが国においては、事業に対する許認可などの行政決定を行う際の手続的な手段として実施されているにすぎず、当該開発事業にあたって現実に危機に晒されようとしている環境の価値を事業者および行政担当者に再考させるものとしての位置づけはなされていない。しかも、その多くは各事業ごとに、かつ事前調査の方法をもって実施されている。それは、従来の公害防止および環境保全の手法が行政の監督権限を背景に個別の法令や環境基準等の遵守を求める規制法的手法であったことと密接に関係することはいうまでもないが、環境監査には規制的手法の不備、欠缺を補完する役割が期待されているとみるのが、本書の基本的立場である。

二　ＥＵの環境監査制度の内容

1　環境監査制度の目標

ＥＵの環境監査制度は、その目標を端的に表現すれば、企業の環境対策面での実績の評価および改善、そしてそのための企業による環境保全システムの構築およびそのシステムの体系的・客観的・定期的評価、ならびに各種環境関連情報の公衆への提供を意図したものであるといいうる。

ＥＣ規則によれば[28]、環境監査制度の目標は、各企業が事業所所在地ごとに環境保全に関する基本方針（Umweltpolitik）を定め、それに基づく環境目標（Umweltziel）およびそれを達成するための具体的な環境行動計画（Umweltprogramm）や環境管理システム（Umweltmanagementsystem）を定立し、それらが達成されているかどうかを体系的（systematisch）・客観的（objektiv）・定期的（regelmäßig）に評価することによって、そして更には、企業が取組んでいる環境保全に関する各種情報を公衆（Öffentlichkeit）に提供することによって、企業の環境保全に対する取組みを継続的に改善していくことにある。このような制度の各企業にとっての意味は、それらの実績等を公に証明してもらうことにあるが、それについては、企業が環境保全面で行った約束や実施した対策等を内容とする環境報告書（Umwelterklärung）が作成され、公表されることになっており、その信頼性を担保するために、独立の環境検証人（Umweltgutachter）による認証がなされることになっている。また、本制度へ参加するかどうかは、企業の自由意思に委ねられているが、参加企業は、環境保全に関して、その成果を継続的に改善していく義務を負うものとされる。

以下、それぞれについて具体的にみていくこととしたい。

2　環境基本方針の策定

参加企業は、まず何よりも、環境保全に関する基本方針（Umweltpolitik）を定めなければならない。ここで企業は、すべての環境法上の関連法規を遵守し、環境保全に対しての適切な対応と、自らの経営システムを継続的に改善していくことに関する自己責任を、文書の形式で明確にする義務を負うことになる。[29] このような自己責任の内容、および企業自らが負担した義務が遵守されているかどうかについては、後の監査手続の過程で、独立の環境検証人によって判断が加えられることになる。

もっとも、環境への影響を削減するここでの義務は、削減技術の水準を維持したときに達成されるであろう内容をその義務として課しているわけではなく、最も有効な技術が経済効率上適切に使用されたときに何が達成できるかという方向からその義務を捉えており、規則の審議過程で、特にドイツの圧力により環境閣僚理事会が苦心して各国の交渉に当たった結果としての妥協の産物であることを窺わせる。[30] その限りで、ＥＣ規則の内容は、技術の水準（Stand der Technik）そのものを義務として課しているドイツ法のレヴェルに到達しないものとなっている。[31]

3　事業所所在地ごとの環境監査

⑴　本制度への参加は、企業単位ではなく、工場や倉庫などの事業所（Standort ; site）を単位として行われる。すなわち、ある企業が支店や事務所、工場等を複数保有しているときには、その全てを本制度の対象施設として参加させる必要はなく、それらのうちで最も管理の行き届いている事業所のみを参加させることも可能である。

そこでの環境監査は、各事業所ごとの現況（Ist-Zustand）を調査することから開始されるが、そこではまず何よりも、環境に重大な影響を与えると思われるデータ、すなわち使用されるエネルギーや原材料の種類・量、廃棄物の処理方法、そして汚染原因や操業に伴う騒音、さらには企業の組織状況等も含めて、監査に必要とされるデータが収集・調査される[32]。

次に、各種データに基づく事業所の現況調査に続いて、企業は、各事業所所在地ごとに環境行動計画（Umwelt-programm）を作成し、将来的に生ずることが予想される環境に対する諸影響との関連で具体的な目標や環境保全のための措置、およびそれらを実施し実現するための期間を掲げなければならない[33]。企業は、また、環境保全のための組織構造、諸権限の所在、指揮命令系統の明確化およびそれらのフローチャート、具体的手続のあり方等に関する企業内の総合的な環境管理システム（Umweltmanagementsystem）の構築に努めねばならない[34]。

⑵　企業は、事業所所在地ごとの環境保全対策およびそれを遂行するための企業内組織が十分に機能しているかどうか、あるいは何らかの改善を必要とするかについて、企業内環境監査（interne Umweltbetriebsprüfung）を実施する。それは、自ら監査するか、もしくは委託した第三者による監査として行われる[35]。これは、前述のように、従来から業務監査として実施されてきた内部監査に相当するものであるが、そこでは、法令上の環境基準や排出基準もしくは企業自らが設定した環境保全に関する諸目標がどの程度達成されているか、企業が作成した環境行動計画がその計画通りに遂行されているか、そして企業内の環境管理システムが実際の環境保全にどの程度効果的であっ

たか等に関し、体系的・客観的・定期的な評価および報告が求められる[36]。そして、その結果を経営陣が吟味し、それらが再び前述の企業の自己責任の表明および事業所ごとの環境行動計画での新たな目標設定へと結びつけられることになる。

このような企業内環境監査のサイクルは最大で三年とされており、必ずしも毎年監査が実施されるわけではないが、各事業所所在地での環境問題が大きくなればなるほど、企業内環境監査も頻繁に実施されることになろう[37]。

(3)　以上のような監査の各段階を経た後、企業は各事業所所在地ごとに環境報告書（Umwelterklärung ; Environmental Statement）を作成・公表しなければならないが、それは、公衆（Öffentlichkeit）のために各事業所ごとの環境保全の達成度（performance）についての信頼度の高い客観的な情報を提供することが目的であるから、専門的・技術的なものではなく、簡潔で理解しやすい（knapper, verständlicher）形式・内容および表現をもってなされねばならない[38]。ＥＣ規則では、環境報告書に含まれるべき情報内容について明確には規定していない。ただ、一般には、当該事業所所在地での事業活動の内容、当該事業活動に関わる全ての重要な生態学的問題についての詳細の説明、有害物質や汚染原因、廃棄物の処理方法、原材料やエネルギーおよび水の消費量などの環境に重要な要因、企業の環境基本方針や環境行動計画および当該事業所所在地との関わりでの企業の特殊な目標等に関する説明、当該事業所所在地での環境保全手法の達成度の評価、および、次回の環境報告書の呈示のための期間などが記載されることになろう[39]。もっとも、公表すべきデータについては、環境監査の過程で取り上げられたすべての環境データを公にすべきことは要求されておらず、監査結果の要約を環境報告書にまとめるかたちになっており、その意味で、それは企業秘密や取引上の各種情報の保護に配慮したものといえよう。

4　企業外からの監査

(1)　本制度に参加した企業は、以上のように、あらゆる環境データを収集・調査し、各々の監査段階を経て、最終的には環境報告書の公表をもって監査を終了することになるが、そのプロセスが適正に履践されたことを保証するために、正式に認定された独立の環境検証人（zugelassener Umweltgutachter ; accredited environmental verifier）による認証を受けなければならないとされている[40]。環境検証人による審査は、具体的には、①企業がEC規則に示された自己責任を文書により明確にし、環境行動計画や環境管理システムを適切に構築しているかどうか、②監査の初期段階である現況調査や、それに続く企業内環境監査が適正に実施されたかどうか、そして、③最終段階である環境報告書における記載内容が信頼に足るものであるかどうか、および、当該事業所所在地にとって重要なすべての環境問題について十分に検討され、かつ適切な説明が加えられているかどうか、などの内容をもって実施されることになる[41]。すなわち、それは必要書類の検閲に始まり、現地検分、企業経営陣のための報告書の作成、およびそこで取り上げられている諸問題の説明などを内容とするが[42]、とりわけ経営陣のための報告書に関しては、EC規則に対する明らかな違反の指摘、および変更や追加を要する箇所の指摘などの環境報告書の草案に対する異議もそこに含まれていること[43]が重要である。

なお、環境検証人は各企業によって選出・委託された個人あるいは監査のための専門組織であり[44]、企業が保有するすべての重要な必要書類、データだけではなく、各事業所へ具体的な形でアクセスする権利をも有するなど、監査に関しての強大な権限を付与されている。そのため、企業が保有する各種の機密データを参照することも可能であり、秘密保持の義務が当然に付随することとなる[45]。

(2)　環境検証人による環境報告書の認証[46]は、EC規則に規定するすべての要件が充足されたときにのみ行われる。もっとも、EC規則の形式上は、環境検証人が自ら積極的に情報等を収集・調査して、当該報告書の内容それ自体の正確さを証明するわけではなく、企業自らが準備し、作成した環境報告書の情報としての信頼性・妥当性を認証することを意味しているにすぎない。したがって、企業が作成した環境報告書に特別に異議がないときには、検証人は直ちにそれを妥当なものとして認証をしなければならない[47]し、また、環境報告書における叙述や表現の仕方もしくは説明の不十分さが問題となるにすぎない場合には、それを訂正・補正した後に認証がなされることになる(48)。すなわち、ここでは、環境法令や企業自らが設定した環境保全のための自主基準が現実の企業活動において遵守されているかどうかを確認し、認証することが、環境検証人の役割として位置づけられているのである。したがって、これに対して、企業の環境管理システムそれ自体に重大な欠陥が存するような場合には、企業の自主基準そのものの当否にも関わる問題でもあるため、単なる遵守状況の認証だけでは不十分であることにもなり、環境検証人はシステムそのものの改善に必要な相応の勧告を経営陣に対して行うことになる。その場合、環境報告書は、当該欠陥を除去し、その後に環境監査の各段階が企業自らにより改めて実施され、それらを踏まえて当初の環境報告書に相応の変更が加えられた後にはじめて妥当なものと認証される(49)。もっとも、その場合には、企業経営陣と環境検証人との間の見解の対立等も予想されよう(50)。

(3)　環境検証人によって認証された環境報告書は、手数料を支払うことによって(51)、国家の権限ある機関を通じて当該事業所所在地の名簿に登録される(52)。その際、企業は、当該事業所がEC規則のすべての要件を充足していることにつき疎明しなければならないが、規則上はいかなる方法で疎明すべきかについては明らかにされていない(53)。企業による疎明が十分なものであるかどうかは、環境検証人による環境報告書の認証の経緯等から推定されることになろう。

登録名簿は、毎年、実態に沿うものに改訂される(54)。その際、登録の拒否やその暫定的な取消しをめぐって、企業と行政機関との間に争いも生じうる(55)。なお、環境監査の内容が記載された名簿は、毎年末にEC委員会に送られ、委員会はそれを官報で全加盟国に対し公表しなければならない(56)。

5　参加とその宣伝的利用

(1)　環境監査制度へ参加するかどうかは、前述のように、企業の自由意思に委ねられている。EC委員会による第一次草案（一九九〇年一二月）では、一定条件を充たす企業には参加を義務づけるという内容であったが、産業界などからの抵抗もあって、とりあえずは企業の自発的意思による任意参加に落ち着いたといわれる(57)。確かに、EC規則に示された監査手続をスムーズに実施していくことは、大企業であればともかく、多くの中小企業にとってはかなり困難であることは想像に難くない。それゆえ、中小企業にとっては、参加を表明したことが名簿によって明らかになり、そのことによる何らかの利益を享受しうるとしても、それのみによっては自ら積極的に環境管理システムを構築し、充実させるために巨額の投資を行うことの十分なインセンティヴとはなりえない(58)。

そのことをも考慮して、EC規則では、本制度に参加し、監査を効果的に実施した企業については、一定の範囲で参加宣伝を行う権利を認めている。ただ、これに関しては、一九九二年三月の委員会草案等で当初予定されていたロゴ（Logo）の使用は、環境保護団体や企業の圧力もあって、EC規則には採用されなかった(59)。すなわち、ここで認められているのは、本制度に参加していることを内容とする図柄の使用にとどまり(60)、しかも、それは製品の宣伝や製品それ自体には使用することができず、また、包装紙に印刷することもできないとされている(61)。したがって、それは社内の掲示板（案内板）やレターヘッド、企業の環境報告書、パンフレット、企業のイメージ広告などに使用できるにすぎないことになる(62)。

⑵　本制度への参加を促す目的でロゴやエコ・マークの使用を認めること自体に対する批判のうち、産業界、とりわけ環境保全に関して他のEU諸国をリードする形でその施策を展開し、これまでにも多くの実績をあげてきたドイツ産業界からの批判は、極めて厳しいものがあった。それは、すなわち、本制度が規則（Verordnung；regulation）としての形式をとることによって、確かにEU法の体系上はその内容が各国に直接適用されることにはなる(63)が、現実には、ドイツにおいてはEC規則よりもはるかに厳格な基準および内容をもって実施されることになるであろうし、また、前述のように、部分的にはすでにそのように実施されていることを考えると、加盟各国の参加企業に等しくロゴ等の使用を認めることはそれらが同一の基準で審査を受けたかのような印象を与えることになり、

少なくともドイツの企業にとっては不利になるというものであった。

ＥＣ規則の規定内容はドイツ産業界からのそのような批判に応えたものたといいうるが、ただ、それに代わる図柄使用の許諾は問題の本質的解決とはいいがたく、実質的には今後の検討課題として先送りされたものと考えられる。(64)

6　情報提供義務

環境検証人によって認証された環境報告書については、前述のように、各事業所所在地の名簿への登録後、その要約を技術的・専門的にならないような内容および形式で当該加盟国の公衆（Öffentlichkeit）に周知させるとともに、それを利用できるようにすることが、本制度に参加した企業の義務であるとされている。(65) したがって、その限りでは、環境に関する各種情報への自由なアクセスを規定したＥＣ指令(66)によって示された情報公開の方向性を、更に押し進める姿勢を示したものといえよう。もっとも、当該指令は、行政が保有する情報の公開のみを想定し、かつまた、情報を収集・公開するための手法については何ら規定するところがなかった。その意味で、本規則の規定は、その規定の仕方および内容において、それらの不備を補いうるものとなっている。なぜなら、本制度に参加した企業は、少なくとも参加している期間中は、監査の対象となっている環境関連情報を調査し続けることになるし、他方で、それが企業の義務とされることによって、公衆は行政機関に対してのみではなく、企業に対しても当該情報の開示とその内容の照会請求を直接にすることができることになるからである。

ただ、これに関しては、当該請求は基本的には環境報告書の送付に限定され、したがって企業は、問い合わせに対する詳細な説明やそれに関連するデータの提供については義務づけられておらず、公衆とそれらに関して積極的な対話をする必要もないとする見解もある。(67) 公認の環境検証人による認証というシステムの存在を前提とする理解といえよう。(68)

7　参加の終了

すでに述べたように、本制度への参加は企業の自発的な意思に委ねられており、しかも企業全体としてではなく各事業所ごとに参加するか否かを決定することができる。このような任意参加制のタテマエは本制度からの脱退についても貫かれており、企業は、各々のもしくは全ての事業所について、いつでも本制度への参加を終了させることができる。この場合には、登録名簿から当該事業所に関する記述が削除されるだけではなく、参加の宣伝的利用も当然に妨げられる。参加を終了させる旨の企業決定に対しては、市民の側からの批判もしくは消極的リアクションが当然に予想されるが、本制度が現実に普及し、機能していることが一般に承認されるような状況が形成された場合には、それらの市民の反応は、企業にとっては必然的にマイナス・イメージにつながり、現実の企業活動に計り知れない影響を及ぼすことにもなろう。したがって、その意味では、任意参加制とはいうものの、本制度の普及を図ることによって事実上参加を促進もしくは強制させることにもなりうるシステムであるといいうるし、このことに立案者の意図があるといっても過言ではない。

また、参加の意思を継続的に表明している企業であっても、ＥＣ規則の条件に合致しない事業所については環境検証人による環境報告書の認証を受けることができず、その場合にはそれを行政機関に提出することができないし、名簿への登録も行われないため、当該事業所については名簿から削除されることになり、必然的に本制度への参加は終了する。(69)

(28)　Art. 1 der Verordnung (EWG) Nr. 1836/93.
(29)　Vgl. Anhang I A. 1 der Verordnung (EWG) Nr. 1836/93.
(30)　Vgl. § 5 Nr. 2 u. § 17 II BImSchG.
(31)　Vgl. Sellner/Schnutenhaus, NVwZ 1993 (Fußn. 3), S. 930, Fußn. 20; Führ, NVwZ 1993 (Fußn. 3), S. 859, Fußn. 14.

（32） Vgl. Art. 3b i. V. mit Art. 2b u. Anhang I C der Verordnung（EWG）Nr. 1836/93; dazu Scherer, NVwZ 1993（Fußn. 3）, S. 13 unter 3a）.

（33） Vgl. Art. 3c i. V. mit Art. 2c; Anhang I A. 5 der Verordnung（EWG）Nr. 1836/93.

（34） Vgl. Art. 3c i. V. mit Art. 2e; Anhang I B der Verordnung（EWG）Nr. 1836/93.

（35） Vgl. Art. 3d u. 3e; Art. 4 I der Verordnung（EWG）Nr. 1836/93.

（36） Vgl. Art. 2f der Verordnung（EWG）Nr. 1836/93.

（37） Vgl. Art. 4 II; Anhang II H der Verordnung（EWG）Nr. 1836/93.

（38） Vgl. Art. 5 II der Verordnung（EWG）Nr. 1836/93.

（39） Scherer, NVwZ 1993（Fußn. 3）, S. 13. なお、環境報告書は、たとえそれが環境検証人によってその妥当性が確認されたものではあっても、それが監査の初期段階である現況調査との関連を抜きにしてはその実体が不明であり、したがって、企業が環境監査システムに参加する際には、環境報告書によって最初の現況調査の結果に関しても公衆が教示を受けうるものでなければならない。また、環境報告書は、通常は毎年作成されるものであるため、企業内の環境監査のサイクル（一〜三年）との連続性はさしあたりは考えられていない。しかし、二度の企業内監査の間に単純化された要約を記する形で作成されるものであるから、実際には、環境報告書を毎年準備するのではなく、環境監査の実施と同じ頻度で作成されることになろう。

（40） Art. 3g der Verordnung（EWG）Nr. 1836/93.

（41） Vgl. Art. 4 III, V der Verordnung（EWG）Nr. 1836/93. 環境検証人の職務についての詳細は、vgl. Anhang III B der Verordnung（EWG）Nr. 1836/93; dazu vgl. Scherer, NVwZ 1993（Fußn. 3）, S. 14.

（42） Vgl. Anhang III B. 2 der Verordnung（EWG）Nr. 1836/93.

（43） Vgl. Anhang III B. 3 der Verordnung（EWG）Nr. 1836/93.

（44） Vgl. Art. 2m der Verordnung（EWG）Nr. 1836/93.

（45） Vgl. Art. 4 VII der Verordnung（EWG）Nr. 1836/93.

（46） ＥＣ規則による当初案では、環境報告書について「認証」（validation）ではなく「検証」（verification）が行われるものとされていたという（環境監査研究会編・前掲書註（9）九九頁）。両者の差異がどの程度のものかは明らかではないが、検証の技術的・実際的困難性はもちろんのこと、環境監査というシステムそのものが、環境保全のための法的・行政的手法としてではなく、むしろ、企業の社会的責任を果たすための経営管理の手法として登場してきたこと、したがって、そこでは企業の自己評価とその信頼性をどのように担保するかが問われていることなどが、そこに反映されているともいえよう。

(47) Vgl. Anhang III B. 4a der Verordnung (EWG) Nr. 1836/93.
(48) Vgl. Anhang III B. 4b der Verordnung (EWG) Nr. 1836/93.
(49) Vgl. Anhang III B. 4c der Verordnung (EWG) Nr. 1836/93.
(50) 企業と環境検証人は、環境監査に関して私法上の契約を締結することになるが、環境報告書の内容が妥当であることの認証を検証人が拒絶した場合には、それが民事訴訟に発展することも当然ありうるし、監査の作業自体に何らかの瑕疵等が存する場合には、損害賠償請求権が発生することにもなる。また、環境検証人としての資格認定を行政機関が行うことから、それによる責任が行政機関に生ずるかどうかが問題となりうるが、これについては、対企業との関係および対第三者との関係で個別に議論することが必要であろう。Vgl. Sellner/Schnutenhaus, NVwZ 1993 (Fußn. 3), S. 934.
(51) Vgl. Art. 11 der Verordnung (EWG) Nr. 1836/93.
(52) 各加盟国は、登録事業所を記載した名簿の管理に責任をもつ機関を、一九九四年七月までにＥＣ委員会に指定することになっている (vgl. Art. 18 I der Verordnung (EWG) Nr. 1836/93) が、その機関は、環境検証人の資格認定を行う機関と同一であってはならないとされている (vgl. Art. 6 I der Verordnung (EWG) Nr. 1836/93)。
(53) Vgl. Art. 8 I der Verordnung (EWG) Nr. 1836/93.
(54) Vgl. Art. 8 II der Verordnung (EWG) Nr. 1836/93.
(55) 環境検証人とそれを認定する行政機関との関係では、認証の付与もしくは拒否の決定および検証人に対する監督措置の適法性等が問題となるが、おそらくそれは行政訴訟により審査されることになろう。Vgl. Art. 18 II der Verordnung (EWG) Nr. 1836/93; Sellner/Schnutenhaus, NVwZ 1993 (Fußn. 3), S. 934.
(56) Vgl. Art. 9 der Verordnung (EWG) Nr. 1836/93.
(57) 環境監査研究会編・前掲書註(9)九七頁。
(58) 企業は、本制度に参加するかどうかに関わりなく、いずれにしても行政上の規制的手法に直面することになるのであって、それに加えて本制度の参加に伴うさまざまな負担を課されることは、企業活動にとっては決して望むところではない。それゆえ、ＥＣ規則の制定に際しても、何らかの現実的な利益が期待できなければ、本制度への自発的意思による参加は、実際にはかなり少ないものにとどまることも予想されていた。
　環境監査制度への参加を促す積極的要因としては、①まず何よりも、企業の活動が環境法令に違反するときには民事および刑事上の責任を問われることになるが、本制度への参加によってその危険が多少なりとも軽減されるということがあろう (vgl. Scherer, NVwZ 1993 (Fußn. 3), S. 16; Sellner/Schnutenhaus, NVwZ 1993 (Fußn. 3), S. 934)。すなわち、企業が実施した法令適合性等の監査結果に対しては公認の環境検証人が認証を行うことになっており、その際、法令違反等があればその段階で当然指摘を受けるはずで、それがない場合には法令違反もないことが公に証明されたことになるはずだからである。また、②参加企業は、単に環境保全に努力しているという評価だけではなく、法令違反等のないいわば健全な企業経営を行っているということにもなるため、企業それ自体の評価や信用引受に際しても有利に作用する。すなわち、そのことによって、保険契約の締結などに際して保険料の軽減にもつながるであろうし、そして何よりも、企業は本制度への参加を特定の製品の広告等に結びつかない限りでイメージ広告などに利用してもよいとされているので、その意味では、対消費者との関係で企業イメージの向上を図ることができるからであり、その点は大きなメリットとしてあげることができよう。

他方、本制度への参加を阻害もしくはそれに消極的に作用する要因もないではない。すなわち、本制度への参加に伴って要求される各審査段階をスムーズにこなしていくには、人件費をも含めて多額の費用を必要とするし、事業活動に関するデータを継続的に透明なものとしておかねばならないという要請も、多くの企業にとっては、自ら積極的に参加することを躊躇させる要因として働くことになる。

(59)　この経緯等については、vgl. Führ, NVwZ 1993 (Fußn. 3), S. 860.
(60)　Vgl. dazu Sellner/Schnutenhaus, NVwZ 1993 (Fußn. 3), S. 931 Fußn. 56.
(61)　Vgl. Art. 10 III der Verordnung (EWG) Nr. 1836/93.
(62)　Vgl. Scherer, NVwZ 1993 (Fußn. 3), S. 14.
(63)　以上につき、髙橋・前掲註(25)三三頁註(14)(本書三一二頁)。
(64)　Vgl. Führ, NVwZ 1993 (Fußn. 3), S. 860.
(65)　Art. 5 III der Verordnung (EWG) Nr. 1836/93.
(66)　前註(5)参照。
(67)　Vgl. Sellner/Schnutenhaus, NVwZ 1993 (Fußn. 3), S. 931f.
(68)　環境に関するデータの公表は、そのことによって企業の環境保全に対する取組みや姿勢が公の批判に晒されることにもなるため、環境面での企業活動の改良を必然的に促進することにもなる。この点については、すでに、かつて公表されたドイツ環境法典(Umweltgesetzbuch)の教授草案においても、単に企業の経営状態を開示するということだけではなく、それがどの程度環境への負荷を伴うかという視点からの報告書の作成を義務づける規定が盛り込まれている。すなわち、同草案によれば、株式会社や合資会社等の資本会社(Kapitalgesellschaft)の法形式により設立されている大企業について、残留物および廃棄物をも含め、当該施設および自己の製造物によって惹起される環境に対する重大な諸影響、およびその回避または減少のためにとられた措置等に関して、公の報告をなさなければならない旨を規定している（一四条）。

企業による情報の公開は、もともと株主および債権者保護のためのものとして展開されてきたが、それは同時に、企業の経営状態を公に知らしめる役割をも果たしてきた。しかしながら、企業の情報が公開されることによる公衆の利益は、企業の経営状態を知りうることに限られない。企業活動の環境への影響は、社会全体にとっても重要な意味を有する。それゆえ、とりわけ大企業は、自らの活動が環境に対してどの程度の負荷を伴うかについて公の報告をしなければならない。そこでの情報は、そこから企業や業務に関する秘密が推測されうるほど詳細なものである必要はない。ここで企業情報を公開することの意義は、企業の決定を公の批判に晒すということだけではなく、経営上の重要な決定が環境に対していかなる影響を及ぼすかを自主的に考慮するように企業を誘導し、そのことによって環境との調和を重視した経営を提案しようとすることにある（Kloepfer, u. a. (Fußn. 13), S. 180）。その点において、同草案の趣旨は、ここで論じられる環境監査と軌を一にするところがある（Führ, NVwZ 1993 (Fußn. 3), S. 860）。なお、同草案の内容については、vgl. Kloepfer u. a. (Fußn. 13)；H.-J. Koch, Auf dem Weg zum Umweltgesetzbuch: Der Professoren-Entwurf des Allgemeinen Teils eines Umweltgesetzbuches (AT-UGB), NVwZ 1991, S. 953ff.; H.-J. Koch (Hrsg.), Auf dem Weg zum Umweltgesetzbuch: Symposium über den Entwurf eines AT-UGB (Forum Umweltrecht, Bd. 7), 1992. なお、藤田宙靖ほか「ドイツ環境法典――総論編（案）（一）（二・完）」自治研究六八巻一〇号（一九九二）一一六頁以下および同一一号一〇五頁以下に、同草案の全訳が掲載されている。

(69) 東京海上火災編・前掲書註(2)五二頁以下。

三　ＥＣ規則の実施に伴う諸問題

さて、以上簡単にではあるが、ＥＣ規則に基づくＥＵの環境監査制度について概観してきた。環境問題は、すでに単一の国家や限定された地域もしくは企業ごとの個別的対応では如何ともしがたい段階にまで至り、国際的合意とその遵守なしには問題解決はあり得ないという認識が、ほぼ共通のものとなりつつある。その意味で、ＥＵの環境監査制度は、世界的にも初めての画期的な試みとして注目されるばかりではなく、それに従わない国家や企業は国際的枠組から排除されることにもなり、その限りでは、加盟諸国だけではなく、他の国々や企業もＥＵの制度への対応を必然的に迫られることになる。

もっとも、本制度の導入は、行政による規制的手法に依存しない環境保全のための「新たな」手法として、しかもそれがEUという影響力の大きい地域で実施される点でその運用の成果が期待される一方で、解決を要する課題も多い。とりわけ、実際にどれだけの企業がこの制度に参加するかは、各国の今後の国内法化との状況とも相俟って、その見通しに不透明な部分が多い。

そこで、以下ではまず、EC規則の規定上の若干の問題点を指摘し(70)、次いで、その行政法学上の意義と課題について簡潔に考察を加え、本制度の環境保全手法としての意義を探ってみたい。

1　環境検証人としての資格認定

環境監査のシステムを効果的に機能させ、なおかつその信頼性を確保するためには、各企業の真摯な取組みもさることながら、環境報告書について最終的な認証を行う環境検証人について、どの機関がいかなる形でその資格を認定し、その活動をどのように監督するかが重要となる(71)。この点に関して、EC規則上は、環境検証人の資格認定システムを加盟各国が本制度スタート時までに機能するよう創設すべきことを義務づけたが(72)、各国の既存の制度にかなりの差異も存するため、必ずしも共通した議論がなされているわけではない(73)。

ただ、環境検証人に要求される資質については、EC規則においてもその枠組みが一応示され、それに基づいて加盟各国が国内法によって詳細に具体化すべきことになる(74)。それによれば、人格的にすぐれていることはもちろんのこと、少なくとも環境問題や環境管理およびその情報収集等の方法に関して適切な教育や経験を有し、監査の対象となる活動に関して法的・技術的知識を十分に保持した者であることを要するが、これは極めて高度な要求であり、これら全ての要請を個人として充たす者の存在は、実際にはおそらく考えられない。それゆえ、現実的には、規則に掲げられているさまざまな領域を各々の専門家が担当し、その共同作業として全体の監査を実施する何らかの組織が必要となる。

しかし、この点については各国の事情が異なるために、一部の加盟国を除いては期限までに義務を果たしうるかどうか当初から疑問視されていたし、ドイツにおいても国内法化の期限を遵守することはできなかった。[75]そのような見通しもあったため、ＥＣ規則制定時には、すでに国際的に活動を開始しているイギリスの審議団体[76]が環境検証人として志願したり、各国の環境管理システムを統一的に規格化する動きもあったが、これらも各国の制度上の差異により実現はしていない。

2　環境検証人による認証の効果

本制度に参加した企業は各事業所ごとに環境報告書を作成し、それについて環境検証人による認証を受けることになるが、その企業は、実際の企業活動においていかなる評価を受けることになるのであろうか。

(1)　前述のように、環境報告書の認証を受けるとその旨が各国の行政庁により名簿に登録されることになっており、かつて公害や環境汚染を規制してきた行政庁が、それを補完するものとして本制度をいわば側面から支援するシステムになっている。そこに行政庁自身による「認証」という行為は介在していないものの、結果としてはそれと同様の実際上の効果がそこに含まれているといってよい。そうであれば、それは理論的には当該企業を行政庁が「環境保全に配慮している企業」として公に証明する行為と理解することができ[77]、それ以外の企業との間に行政上の取扱いにおいて何らかの差異を設けることも可能である。そこで、本制度に参加し審査を受けた企業について、例えば公共事業の委託等について何らかの優先的な配慮がなされうることになるのであろうか。現在、このことについてはＥＣ規則上明確な規定は存しないが、環境保全のための行政上の手法としてそれを位置づけるのであれば、明確化の必要が生ずるであろう。

このような問題は、現実には、複雑な様相を呈しつつ顕在化することが予想される。すなわち、前述のように本制度は指令（Richtlinie）としてではなく規則（Verordnung）として制定されているため、加盟各国において国内法化するかどうかにかかわらず、全ての加盟国に直接適用されることになる。ところが、たとえばドイツでは、他の諸国に比べて環境法令が比較的整備され、しかも内容的にも厳しいものになっているにもかかわらず、EU法上は、本制度に参加している企業については、それが外国の企業であっても差別的取扱いをしないことになっているため、参加企業はEU圏域においては全て同等のものとして扱われることになる。しかし、ドイツ企業については、そのような扱いをもってしてはドイツ国内法による規制を免れる理由とはなりえない。本制度導入にあたってのドイツ産業界による異議の主要な部分は、まさにこの点にあった。

⑵　これとの関連では、本制度への参加と登録された事業所に対しての各国ごとの規制や監督措置との関係をどのように考えるかが問題となる。これについては、たとえば一九九二年三月の最終提案においては、特に中小企業について、本制度への参加のいわば見返りとして国内法に基づく規制を緩和することが予定されていたが、環境保護団体等の圧力を受けて規則には盛り込まれなかった。もっとも、EC規則にそのような「見返り」としてのいわば不当な結びつきが明確に規定されなかったとしても、国内法化に際してそのような意図を規定に取り込む余地は、もとより制限されるものでない。その場合、本制度に参加した企業は、環境保全のための自主的規制の手段として環境監査を実施し、しかもそれについては公に認定された環境検証人による審査を定期的に受けることにもなるため、個別の環境法令による規制を行わなくとも十分なものとして扱われる。少なくとも、乏しい人材や資金によってまかなわれる行政上の規制に対して、本制度による監査の方が企業自らの豊富な資金や技術によって頻繁にかつ集中的に実施されるという点において効果的であるし、環境検証人の介在によってその内容も適正なものとなりうる。(78)

ドイツにおいては、既存の環境法令が厳格な規制内容を有していることもあって、現実の問題としてこのようなことは起こりえないが、環境法令の整備が未だ十分ではない他の加盟国においては、むしろ以上のような見方は、できる限り多くの企業をEUの環境監査制度へ参加させるものとなりうる点において、環境行政の側面からは支持されやすいといいうるし、また、個別法令による規制を多少なりとも緩和されるという点においては企業の利害とも合致することにもなる。したがって、環境監査制度を各国が導入するにあたって、そのような実際的な解決を志向することは十分にありうることといえるが、(79) 換言すれば、本制度を実効的あらしめるためには、各国の事情等に配慮しつつも、EC規則それ自体の水準を一定以上に維持しない限りは、この画期的試みはその存在意義を失うことにもなる。

3　法理論的課題

(1)　環境保全のための手法としては、従来より、環境基準や排出基準等を定めて事業者に一定の義務を賦課し、それに違反した場合には命令や罰則で対応するという規制的手法が用いられてきた。わが国における公害規制立法のほとんどは、基本的にはこのシステムに拠っている。有害物質等の排出基準を設定しその遵守を企業に求めるという方法は、確かにそれによってある程度の環境保全に貢献しうるし、実際にも激甚な公害や環境汚染にかなりの効果を発揮してきた。しかし他方で、見方をかえれば、それは排出基準までは汚染が許容されることでもあり、それについては規制および監督権限を有効に発動することはできない。もちろん、排出基準等が純粋科学的に決定されていれば、とりあえずは環境を保全するための実効的な手法として機能しえようが、わが国の場合をみても、それは最終的にはむしろ実現可能性などの政策的要素が考慮された上で決定されているのが実情である。(80) そうすると、数字の上では改善の傾向がみられても、市民の実感としてはむしろ汚染あるいは環境の破壊が進行していると評せざるをえない状況が依然として続くことになるばかりでなく、基準の設定されていない未規制物質や測定点以外での汚染の進行などについては、これらの規制的手法は有効に機能しないことにもなる。(81)

EUの環境監査制度は、規制的手法が環境保全にとって有効であることは評価しつつも、その限界を認識し、環境保全の実効性をより高める方策として、いわばその不備・欠缺を補完するものとして登場してきた。したがって、従来からの command and control というアプローチの限界もしくは欠陥を補うものとしての役割が本制度にはもともと期待されている。すなわち、企業の自主的努力とそれに対する行政の側面的支援、およびそれに賛同する市民の環境保全面での自己啓発と監視、より図式的に言い換えるならば、行政・企業・市民を従来のごとく規制者・非規制者・被害住民と位置づけ、その役割等を差別化した議論を展開するのではなく、各々がそれぞれに環境保全もしくは環境行政の主体であることを前提とし、その関係の中に情報公開や監査などの環境保全手法を組み入れようとしたものとして理解することができるからである。

⑵　しかし、もしそのようなものであるとするならば、行政による私人に対する規制とその発動権限の明確化およびそのコントロールを中心として展開されてきた伝統的行政法学が、本制度をどのように理解し、いかに位置づけるかが、理論的に解決を要する課題として登場することになる。

ここでは、それに対しての明確な解答を持ち合わせてはいないが、少なくとも今日の環境問題は、工場のような特定の大規模排出源による環境汚染だけではなく、市民の日常生活もそれに加担し、従来にはみられない複雑な構造をもつことが明らかになりつつも、それに効果的な手法を見い出せないでいることこそが、理論的には重要課題といえる。それは何よりも、被害者と加害者の二項対立の図式だけでは不十分であるにもかかわらず、それに代わりうる法律学上の有効な理論枠組を設定できずにいるからに他ならない。

企業活動に対する規制は、従来、確かに公害防止および環境保全のための有効な手法として機能してきたことは前述のとおりであるが、そこで基本的に前提とされていたことは、環境という資源は無限であり、それを企業活動のために利用することは、そのことによって重大な影響を生じさせない限りは自由であるという発想であった。それゆえ、そこでは加害者と被害者の対立のみが問題として顕在化し、それに至らないかもしくはその関係が不明確なものについては、規制の対象外とされてきた。経済学的にも、環境汚染による不経済は希釈・拡散することによって不特定多数の者が少しずつ負担することになるため、汚染者の企業活動による経済的利益ほどは強く認識されてこなかった。しかし、自然の浄化能力に余裕があった時代の話ならばともかく、規制基準を遵守するだけでは問題の解決に寄与しえなくなっている状況の下では、環境利用のあり方に関して規制的なものを補完しうる手法が要請されることになる。(82)

その際に考慮を要するのは、かつてそれほど重視されてこなかった環境汚染に伴う不経済を市民が強く認識し、それを前提として行動を起こすようになったという事実である。すなわち、たとえば市民が生活必需品を購入しようとするとき、その製造工程で環境への大きな負荷が生じているとすれば、その購買行動自体が環境汚染への加担行為でもあり、更にはそのことによって市民自らが環境汚染による何らかの影響を蒙ることにもなる。このような認識が市民のライフ・スタイルの見直しとそれに見合った商品の選択、およびそれを製造する企業の選択へと結びつき、それが消費者運動や市民運動などの組織的活動となって表面化している。企業も、そのような市民の意識変化に呼応し、かつての利益優先の考え方から、次第に社会的貢献へ向けての活動を強めつつある。環境監査という制度も、おそらくはこうしたコンテクストの中で理解しうるものと思われるが、そうであるなら行政・企業・市民からなる三面関係を強く意識した理論構成がそこに求められることになろう。(83)

4　環境保全手法としての有効性

(1)　環境監査という手法は、すでに指摘したように、これまでにも多くの企業ですでに実施され、もしくは検討されているが、そのほとんどは企業の自主的経営管理としてのそれであった。このような環境監査のあり方は、各企業のリスク・マネジメントとしてその重要性が認識されているが、他方でそれは、結果的に市民生活の安全性を確保するという意味において、社会的要請ともなりつつある。ＥＵの環境監査制度も、その基本的なスタイルとしては企業の内部監査としての環境監査であり、企業の環境基本方針への準拠と環境目標の達成のために、環境管理に関わる企業内の組織や施設が環境保全という目的のために適正に構築・運営されているかどうかを点検し，かつ定期的に客観的評価を行うという，いわば経営管理の用具として位置づけられている。

しかしながら，環境監査としての将来像を考えると，それは単に企業がリスク・マネジメントの一環として環境保全に取り組んでいるという事実のみではなく，その内容を自ら積極的に市民に公開し，その意見を反映させつつ管理のあり方を模索し，それをもって市民との間の信頼関係を築いていくものでなければ，行政による規制的手法の不備・欠缺を補うものとしての位置づけは乏しいものになる。そこで重要となるのが，企業自身による監査のほかに外部の第三者による監査という側面であるが，これに関して，ＥＵの環境監査制度は，企業内監査に基づいて作成された環境報告書を，さらに公認の環境検証人が認証するというシステムをとっている。この場合，その業務内容や関連する技術に精通している内部の検証人ならばともかくとして，企業外の検証人が，当該企業活動に関わる広範な環境問題や高度な知識を要求される技術的問題について，内容的に十分な監査を行いうるかは検討を要する課題であるが，この点，ＥＵの監査制度が環境報告書という情報監査のスタイルをとっていることは興味深い。すなわち，環境報告書に記載されている内容の正確さを環境検証人自らが情報等を積極的に収集・分析して検証するわけではなく，企業が作成・準備した環境報告書という情報の信頼性・妥当性を確認するという監査のあり方であり，これによれば，当該環境報告書の作成過程を確認していけば，ある程度はその情報の信頼性について意見を述べることも可能であるし，企業が最も恐れる機密漏洩というリスクもほとんど回避されるであろう。

このように，ＥＵの環境監査制度は，内部監査としての企業内監査と外部監査，さらには企業の実態を経営管理の側面から評価しようとする方法と情報に対する監査を組み合わせたものとして理解することができる(84)。

(2)　前述のように，ＥＵの制度に限らず，環境監査という手法そのものが従来からの規制的手法を補完するものとして登場してきたといいうる。したがって，そこでは，単に既存の環境法令の遵守を監査するという思考だけではなく，より積極的に，すなわち，よりよい環境保全のために，単に法令に違反もしくは逸脱したことによる処罰や訴追を回避するだけではなく、自らが厳しい自主基準を設定して環境の保全にあたろうとする思想の転換が内包されているということについての理解が本質的に重要である。ＥＵの環境監査制度についてもそのように理解しうることはすでに再三指摘したとおりであり、その意味で、それは経営者の経営哲学の転換の実現を目指したものということにもなろう。このような手法がどのように機能し、定着していくかは今後の運用をまつほかないが、それは企業の経営哲学のみならず環境保全に関わる行政のあり方にも必然的に思考の転換を迫ることになろうし、行政法学にとってもそれに対する理論構成が求められることになろう。

(70) 以下の議論については、vgl. Sellner/Schnutenhaus, NVwZ 1993 (Fußn. 3), S. 932.

(71) Vgl. Art. 6 I u. Anhang III A der Verordnung (EWG) Nr. 1836/93. 環境監査に関するＥＣ規則は、前述のように、加盟各国における国内法化をまつことなく直接適用される。しかしながら、それを各国において現実に適用するにあたっては、実施のための規定が必要となる。たとえば、ドイツ法上は、環境検証人の資格認定や監督は「職業への従事」(Berufsausübung) に関わるものであるために、基本法 (Art. 12 I 2 GG) により法律の留保に服するものと理解されている (Vgl. Sellner/Schnutenhaus, NVwZ 1993 (Fußn. 3), S. 932 Fußn. 70) が、それについては、少なくともドイツ法独自の規定が必要となる。Vgl. Art. 6 der Verordnung (EWG) Nr. 1836/93.

(72) Vgl. Art. 6 II der Verordnung (EWG) Nr. 1836/93.

(73) ドイツにおける議論の経緯については、vgl. Sellner/Schnutenhaus, NVwZ 1993 (Fußn. 3), S. 932f.

(74) Anhang III A. 1 der Verordnung (EWG) Nr. 1836/93.

(75) 以上につき、髙橋信隆「環境監査の構造と理論的課題（上）——ドイツ環境監査法を素材として」立教法学四八号（一九九八）二一頁（本書七四頁以下）。

(76) これは環境コンサルタント協会 (Association of Environmantal Consultancies [AEC]) に所属する機関である。Vgl. Sellner/Schnutenhaus, NVwZ 1993 (Fußn. 3), S. 933. なお、これらの動向につき、環境監査研究会編・前掲書註(9)一〇四頁。

(77) 伝統的な行政法学上の分類に従えば、それを公証として捉えることができるが、後述のごとく、問題はそれほど単純ではないように思われる。

(78) Führ, NVwZ 1993 (Fußn. 3), S. 861.

(79) Vgl. Sellner/Schnutenhaus, NVwZ 1993 (Fußn. 3), S. 932.
(80) 北村喜宣「環境基準」ジュリスト増刊・行政法の争点（新版）（一九九〇）二五六頁以下。
(81) 以上につき、北村・前掲註(4)九頁以下。
(82) 一定の基準を定め、規制的手法を用いて基準の遵守を図るという方法が、今日の公害・環境問題に対応できないことについて、倉阪秀史「環境保全活動の促進策の考え方と現状」ジュリスト一〇四一号（一九九四）三六頁以下、髙橋・前掲註(19)四八頁（本書三頁以下）。
(83) 行政法学上は、行政主体と私人との二元的対立構造を論理的前提としてその理論が構築されてきたといわれ、したがって、対立構造が存しないかもしくはその関係が不明確なもの等については、それが環境問題など極めて現代的な問題として登場し、その理論的解明に緊急を要するものであるにもかかわらず、あるいは他方で極めて現代的であるがゆえに、いまだ十分な議論がなされているとはいいがたい。とりわけ、本文で指摘したように、行政・企業・市民の三面関係をもって登場している環境監査制度が伝統的行政法学との関わりでいかに位置づけられるかは、今後の重要課題といいうる。
(84) 以上につき、環境監査研究会編・前掲書註(9)二九頁以下。

おわりに

われわれは、企業も含めて、公害防止や環境保全に対する努力を全く怠ってきたとはいいきれない。しかし、そのような各人の努力は、いわば道徳心や倫理観、更には良心といった範疇のものとして片づけられ、それが積極的に評価される局面は、少なくとも法的には極めて少なかったといってよい。むしろ、公害防止や環境保全に関する法的・行政的な規制的手法が有効なものとして機能しているときには、それらに依存する必要もなかったともいえる。

ただ、今日のごとくそれらの規制的手法が有効に機能せず、しかも汚染源や汚染の実態、環境破壊の態様等が多様化してくると、新たな環境問題にいかに対応するかが極めて重要かつ緊急の課題となるだけではなく、むしろ既存の環境法令や排出基準等の遵守率を高めることさえ困難となる。環境保全のためにいかに厳格な基準を設定しようとも、規制を受ける企業の能力が向上しなければ、それらを遵守することは不可能だからである。そのような状況の下では、行政は違反者を取り締まるだけではもはや十分ではなく、当該基準値を達成できるように企業と協力して、あるいはその活動を側面から支援するような形で、その任務にあたることが必要となる。

環境監査という手法が、従来の command and control の機能不全をどの程度補いうるかは未知数ではあるが、それが従来から環境破壊等の防止に微力ながら寄与してきたと思われる各人の努力を何らかの形で評価するシステムとして構想されていることは、極めて注目すべき点であろう。しかし、それが規制的手法の機能不全を補うための苦肉の策として登場してきたわけでは決してなく、前述のように環境問題への市民の意識の高まりを背景としつつ構想され、その観点からの制度の拡充・整備が図られようとしていることは重要である[85]。各種の経済的なインセンティヴとともに、ここでの環境倫理的なあるいは社会的なインセンティヴの制度化に関する動向を注意深く見守りたい。

(85) 少なくとも、アメリカにおいてはそうであるという(たとえば、北村喜宣『環境管理の制度と実態』弘文堂(一九九二)二〇〇頁以下参照)。

3

環境監査の構造と理論的課題

——ドイツ環境監査法を素材として

はじめに

一　環境規格の国際的動向

二　ドイツ環境監査法

三　環境保全手法としての環境監査の意義と環境法の課題

おわりに

はじめに

(1)　環境保全のための新たな手法として、近年、環境税や炭素税あるいは環境ラベリングといわれるものと並んで、環境監査（Eco-Audit：Öko-Audit）という手法が注目されつつある。ＥＵでは、かつて紹介したように、すでに「環境管理・監査スキーム」（Eco-Management and Audit Scheme - EMAS）を規定した規則[1]（以下、「ＥＣ規則」という）が発効しているし[2]、更に、国際標準化機構（International Organisation for Standardisation - ISO）の「国際環境規格」として実施されているＩＳＯ一四〇〇〇シリーズ[3]（以下、「ＩＳＯ規格」という）もかなりの実績を示しており、今後、環境監査が環境保全のための重要な手法の一つとして位置づけられていくことは明らかである。

このような国際的な流れのなかにあって、ドイツにおいては一九九五年一二月に「環境監査法[4]」（Umweltauditgesetz）が施行された。この法律（以下、「法」もしくは「本法」などという）は、後述のように、環境監査に係る右のＥＣ規則を国内法化（Umsetzung）したものであるが、これによってドイツにおいても環境監査を実施するための制度的基盤が整備されたことになる。

(2)　ところで、ドイツの環境法令は、環境保全の実効性を高めるために、従前より企業の自主的取組に期待したり、あるいはそれを前提として規制的手法を設けるなど、企業活動を積極的に利用する傾向にある。それは、現在ではたとえば企業組織についての報告義務（Mitteilungspflicht）などとして各環境関連法令に明記されるに至っているが[5]、従来から用いられてきたこれらの手法も、そこに環境監査と共通する要素を本質的に内在させており、その意味では、環境監査制度は従来からの規制的手法を中心とする環境保全手法と全く切り離して論じうるわけではない。更に、一九九〇年に公表された「環境法典―各論」（Umweltgesetzbuch-Besonderer Teil：UGB-BT）の教授草案[6]にも、危険物質についての「安全性データ集」（Sicherheitsdatenblatt）の導入を義務づけるなど、安全性のデータを企業が処理したり情報提供する場合の方法についての規定が置かれているし[7]、また、同じく危険物質について、その廃棄物の処理まで含めて、それらの環境へ及ぼす影響を全生産ラインの分析に基づいて報告する義務が規定されているが[8]、これなどは、環境保全に関する企業の取組みとそのための企業内組織の構築に法的に関与するとともに、それらを公開することで、企業によるリスク管理能力の向上およびそのための知識の獲得を意図したものであり[9]、そこには環境監査に共通する環境保全のあり方を見いだすことができる。もっとも、現時点における環境監査をめぐる議論をみたとき、それは主として環境管理（Umweltmanagement）と企業内環境監査（Umweltbetriebsprüfung）のためのシステムのあり方に集中しがちである。しかしながら、確かに実際にそれらが環境監査における一つの重要な要素であることには疑いの余地がないが、それらとても全体としての環境監査システムの一部分を構成するにすぎないことの認識が、まず何よりも必要である。

そこで、このような観点からEC規則で構想された環境監査システムをみたとき、それは、企業の環境管理システム（Umweltmanagementsystem）、実体法的な環境保全の要請（materiell-rechtliche Umweltschutzanforderungen）、独立の環境検証人（Umweltgutachter）の認定手続、そして、企業の環境報告書（Umwelterklärung）の妥当性の判断および事業所の登録（Registrierung）に必要な環境検証人による審査手続の内容および範囲という、概ね四つの要素から成り立っている。すなわち、EC規則がめざしているものは、組織や管理のシステムの構築それ自体ではない。それは単なる手段にすぎず、そこでは、「企業による環境保全の継続的改善」（kontinuierliche Verbesserung des betrieblichen Umweltschutzes）こそが環境監査の目標として明確に設定されており、環境監査をめぐる議論も、少なくともEC規則をめぐってはそのような方向からなされねばならない[10]。

(3)　さて、周知のように、ECの「規則」（Verordnung ; regulation）は、「指令」（Richtlinie ; direktive）とは異なり、その全ての要素について拘束力を有し（verbindlich）、加盟各国における国内法化の手続がなくとも加盟国に直接適用される。環境監査に関するEC規則も、まさにそのようなものとして制定されている[11]。もっとも、環境保全のための法制度の整備状況については各国間にばらつきがあり、ＥＣ規則の内容をＥＵ域内において同時に、しかも完全な形で実施することは困難であった。そのため、ＥＣ規則では、環境監査を実施する際の前提となる企業内部の環境管理システムの構築のあり方や、独立の環境検証人による外部監査の方法など、いわば環境監査の理念や制度そのものの基本的枠組については明確に規定しているもの(12)の、その具体的実施に不可欠の部分、すなわち、監査制度を全体として実効的に機能させるための環境検証人の認定やそれに対する監督のあり方、および、認証を受けた事業所を登録する機関の権能等については明確な規定を置かず、それらについては加盟各国の国内法に委ねるものとした。

まず、ＥＣ規則六条一項は、「加盟国は、独立の環境検証人の認定とその活動に対する監督（die Zulassung unabhängiger Umweltgutachter und die Aufsicht über ihre Tätigkeit）について規定しなければならない。この目的のために、加盟国は、既存の認定機関や第一八条に規定する管轄機関を利用し、または、適切な法的地位を有する他の機関を指名もしくは設立することができる。加盟国は、これらの機関の組織構造が業務の遂行に際し独立性と中立性を確保しうるよう保証しなければならない(13)」と規定し、更に、同条二項で、「加盟国は、この規則の発効日から二一ヶ月以内に、それらの機関が完全に活動しうるよう保証しなければならない」として、独立の環境検証人の認定とその活動に対する監督について具体的な規定を置くべきことを、各国に義務づけている。また、同様に、ＥＣ規則一八条一項では、認証を受けた事業所の登録やその名簿の作成・公表等の業務を責任をもって遂行する機関を指名すべきことを、各加盟国に求めている。

そこで、加盟各国は、右の趣旨に沿って国内法を整備する必要に迫られたが、本法は、まさにそのためのドイツにおける実施法(14)（Ausführungsgesetz）としての性格を有する。それゆえ、本法の内容は、基本的にはＥＣ規則で義務づけられた右の部分を規定するにとどまっている。すなわち、第一に、環境検証人を認定するための要件および認定の手続、そして認定された環境検証人に対する監督、更には認定および監督の業務を実施する機関の権限や組織構造などであり、第二に、監査によって認証された事業所の登録に関する規定である。したがって、以下の叙述も、その全文についてではなく、右の部分が中心となる。

(4) さて、ＥＭＡＳおよびＩＳＯ規格は、企業自らの具体的取組によって一層の環境保全に努めること、および、そのために各企業に対して特定の環境管理システムの構築を要求していること、更には、当該制度への参加を企業の自由意思に委ねていることなど、いくつかの共通点を有する。しかし、他方で、両規格にはその細部において重要な差異もみられる。そのような中で、ドイツにおいては、環境監査法の施行により両規格が並行して実施されることになった。そのため、ドイツあるいはＥＵ域内での両規格の関係、とりわけその具体的な実施のあり方が必然的に問題とならざるをえない。

そこで、以下ではまず、現行の主要な国際環境規格の異同を簡潔に紹介することで、環境監査システムとしてのＥＭＡＳの特徴を描き出し（一）、次いで、ＥＣ規則を実施するために国内法化されたドイツ環境監査法の内容および特徴を紹介し（二）、最後に、環境保全の手法としての環境監査制度、とりわけＥＭＡＳの意義、更には、環境監査制度の法的位置づけと環境法に求められる今後の課題についての若干の展望を示すことにしたい（三）。

（1） Verordnung (EWG) Nr. 1836/93 des Rates über die freiwillige Beteiligung gewerblicher Unternehmen an einem Gemeinschaftssystem für das Umweltmanagement und die Umweltbetriebsprüfung, vom 29. Juni 1993 (ABl. EG Nr. L 168, S. 1) (= zit. Verordnung (EWG) Nr.1836/93). なお、英文表記は、Council Regulation (EEC) No. 1836/93 of 29 June 1993, allowing voluntary participation by companies in the industrial sector in a Community eco-management and audit scheme. なお、その後、ＥＣ規則は二〇〇一年に改定されている。Verordnung (EG) Nr. 761/2001 des Europäischen Parlaments und des Rates vom 19. März 2001 über die freiwillige Beteiligung von Organisation an einem Gemeinschaftssystem für das Umweltmanagement und die Umweltbetriebsprüfung (EMAS), ABl. EG Nr. L 114 vom 24. April 2001, S. 1. これについては、髙橋信隆「改訂ＥＭＡＳと実施ガイドライン」立教法学六二号（二〇〇二）一〇八頁（本書二〇一頁）。

（2） ＥＣ規則については、髙橋信隆「環境監査の法制化と理論的課題—ＥＣの環境監査規則を素材として—」熊本法学八二号

（一九九五）一頁（本書一七頁）、奥真美「環境管理・監査スキームの可能性――ＥＵの事例から学べること」都市問題八八巻一号（一九九七）九九頁以下。Vgl. L. Kropp/S. Striegl, Umweltschutzorientierte Betriebsorganisation zur Risikominimierung, BB 1992, S. 2009ff.; M. Führ, Umweltbewußtes Management durch „Öko-Audit"?, EuZW 1992, S. 468ff.; U. Everling, Durchführung und Umsetzung des Europäischen Gemeinschaftsrechts im Bereich des Umweltschutzes unter Berücksichtigung der Rechtsprechung des EuGH, NVwZ 1993, S. 209ff.; M. Führ, Umweltmanagement und Umweltbetriebsprüfung: neue EG-Verordnung zum Öko-Audit verabschiedet, NVwZ 1993, S. 858ff.; J. Scherer, Umwelt-Audit: Instrument zur Durchsetzung des Umweltrechts im europäischen Binnenmarkt?, NVwZ 1993, S. 11ff.; D. Sellner/J. Schnutenhaus, Umweltmanagement und Umweltbetriebsprüfung („Umwelt-Audit"): ein wirksames, nicht ordnungsrechtliches System des betrieblichen Umweltschutzes?, NVwZ 1993, S. 928ff.; J. Kormann (Hrsg.), Umwelthaftung und Umweltmanagement, UPR-Special 5, 1994; G. Lübbe-Wolff, Die EG-Verordnung zum Umwelt-Audit, DVBl. 1994, S. 361ff.; A. Wiebe, Umweltschutz durch Wettbewerb: Das betriebliche Umweltschutzsystem der EG, NJW 1994, S. 289ff.; G. Förschle/S. Hermann/U. Mandler, Umwelt-Audits, DB1994, S. 1093ff.; W. Köck, Indirekte Steuerung im Umweltrecht: Abgabenerhebung, Umweltschutzbeauftragte und „Öko-Auditing", DVBl. 1994. S. 27ff.; R. Artes/J. Clausen/K. Fichter, Die guten Managementpraktiken in der EU-Audit-Verordnung, DB 1995, S. 685ff.; W. Ewer, Öko-Audit: Der Referentenentwurf für ein Umweltgutachter- und Standortregistrierungsgesetz und die Übergangslösung zur Anwendung der EG-Öko-Audit-Verordnung, NVwZ 1995, S. 457ff.; G. Feldhaus, Die Rolle der Betriebsbeauftragten im Umwelt-Audit-System, BB 1995, S. 1545ff.; K.- U. Marten/M. Treptow, Der Stand der Umsetzung der EU-Öko-Audit-Verordnung in Deutschland, DB 1995, S. 2537ff.; D. Schottelius, Das EG-Umwelt-Audit als Gesamtsystem, BB 1995, S. 1549ff.; T. Walther, EG-Umwelt-Audits: Hintergrund und praktische Konsequenzen, DB 1995, S. 1873ff.; H.-J. Müggenborg, Der Prüfungsumfang des Umweltgutachters nach der Umwelt-Audit-Verordnung, DB 1996, S. 125ff.; W. Köck, Umweltschutzsichernde Betriebsorganisation als Gegenstand des Umweltrechts: Die EG „Öko-Audit"-Verordnung, JZ 1995, S. 643ff.; H. Falk / U. Nissen, Der Inhalt der Umwelterklärung nach der EG-Umwelt-Audit-Verordnung, DB 1995, S. 2101ff.; H. Falk/S. Frey, Die Prüftätigkeit des Umweltgutachters im Rahmen des EG-Öko-Audit-Systems, UPR 1996, S. 58ff.; T. Möllers, Qualitätsmanagement, Umweltmanagement und Hafturg, DB 1996, S. 1455ff. また、環境税については、vgl. W. Köck, Umweltabgabe - Quo vadis ?, JZ 1993, S. 59ff.; D. Murswiek, Die Ressoucennutzungsgebühr, NuR 1994, S. 170ff.; ders., Ein Schritt in Richtung auf ein ökologisches Recht: Zum „Wasserpfennig"-Bechluß des BVerfG, NVwZ 1996, S. 417ff. 岩崎恭彦「環境賦課金の行政手法上の意義（一）（二・完）――ドイツ環境法典起草過程における議論を素材として」立教大学大学院法学研究二七号（二〇〇一）六三頁、二八号（二〇〇二）五五頁、同「環境保全の手法としての環境賦課金――ドイツ環境法典起草過程における議

論を素材として」環境法政策学会編『環境政策における参加と情報的手法』商事法務（二〇〇三）一五三頁、占部裕典「環境税の法律問題」大塚直ほか編『環境法学の挑戦』（淡路剛久教授・阿部泰隆教授還暦記念）日本評論社（二〇〇二）一一〇頁、岩崎政明「租税・補助金による環境対策手法の検討」大塚直編『地球温暖化をめぐる法政策』昭和堂（二〇〇四）一〇六頁、永見靖「ドイツにおける気候保護プログラム、排出量取引、環境税の動向」ジュリスト一二九六号（二〇〇五）六二頁、手塚貴大「環境税の法構造」石島弘ほか編『納税者保護と法の支配』（山田二郎先生喜寿記念）信山社（二〇〇七）四九七頁、同「環境税の法と政策（一）ドイツ租税法に見る公共政策実現手段の構築」広島法学三二巻四号（二〇〇九）七七頁、島村健「環境賦課金の法ドグマーティク」環境法政策学会編『生物多様性の保護』商事法務（二〇〇九）一八三頁など参照。

（3）　ＩＳＯ規格の概要については、吉澤正・福島哲郎編『企業における環境マネジメント』日科技連出版社（一九九六）、平林良人・笹徹『入門ＩＳＯ一四〇〇〇』日科技連出版社（一九九六）、小島郁夫『ひと目でＩＳＯ一四〇〇〇がわかる本』徳間書店（一九九六）、鈴木敏央『よくわかる環境マネジメントシステム』ダイヤモンド社（一九九六）、東京商工会議所環境委員会編『中堅・中小企業のためのＩＳＯ一四〇〇〇入門』日本経済新聞社（一九九七）、日本規格協会編『ＩＳＯ一四〇〇〇・ＩＳＯ一四〇〇四環境マネジメントシステム〈対訳〉』日本規格協会（一九九六）など参照。

（4）　Gesetz zur Ausführung der Verordnung (EWG) Nr. 1836/93 des Rates vom 29. Juni 1993 über die freiwillige Beteiligung gewerblicher Unternehmen an einem Gemeinschaftssystem für das Umweltmanagement und die Umweltbetriebsprüfung (Umweltauditgesetz - UAG) vom 7. Dezember 1995, BGBl. I S.1591 (= zit. UAG). 本法については、vgl. S. Lütkes, Das Umweltauditgesetz - UAG, NVwZ 1996, S. 230ff.; G. Lübbe-Wolff, Das Umweltauditgesetz, NuR 1996, S.217ff.; C.-P. Martens/O. Moufang, Kritische Aspekte bei der Durchführung der Öko-Audit-Verordnung, NVwZ 1996, S. 246ff.; P. W. Merten, Betriebsverfassungsrechtliche Fragen bei der Einführung des Umweltmanagementsystem nach der Umwelt-Audit-Verordnung der EG, DB 1996, S. 90ff.; D. Schottelius, Der zugelassene Umweltgutachter: ein neuer Beruf, BB 1996, S. 125ff.; M. Winzen, Die unternehmerische Mitbestimmung bei der Einführung von Qualitäts- und Umweltaudits, DB 1996, S. 94ff.; A. Vetter, Das Umweltauditgesetz, DVBl. 1996, S. 1223ff.; W. Köck, Das Pflichten- und Kontrollsystem des Öko-Audit-Konzepts nach der Öko-Audit-Verordnung und dem Umweltauditgesetz: Zugleich ein Beitrag zur Modernisierungsdiskussion im Umweltrecht, VerwArch. 1996, S. 644ff. その草案については、vgl. J.-P. Schneider, Öko-Audit als Scharnier in einer ganzheitlichen Regulierungsstrategie, Die Verwaltung 1995, S. 361ff.; なお、本法は、二〇〇一年のＥＣ規則改訂に伴い、二〇〇二年に改正されている。Gesetz zur Ausführung der Verordnung (EG) Nr. 761/2001 des Europäischen Parlaments und des Rates vom 19. März 2001 über die freiwillige Beteiligung von Organisationen an einem Gemeinschaftssystem für das Umweltmanagement und die Umweltbetriebsprüfung (EMAS) vom 10. September 2002, BGBl.

I S. 3491; das zuletzt geändert durch Artikel 11 des Gesetzes vom 17. März 2008, BGBl. I S. 399. 改正法の概略については、本書二八四頁の［追記］参照。

（5）Dazu M. Kloepfer, Zur Kodifikation des Besonderen Teils eines Umweltgesetzbuches (UGB-BT), DVBl. 1994, S. 305ff., S. 312.

（6）H. D. Jarass/M. Kloepfer/P. Kunig/H.-J. Papier/F.-J. Peine/E. Rehbinder/J. Salzwedel/E. Schmidt-Aßmann, Umweltgesetzbuch-Besonderer Teil (UGB-BT), Berichte 4/94 des Umweltbundesamtes, 1994; vgl. Kloepfer, DVBl. 1994 (Fußn. 5), S. 305ff.

（7）§ 454 UGB-BT.

（8）§§ 458ff. UGB-BT.

（9）この点を論じたものとして、髙橋信隆「環境リスクとリスク管理の内部化——ＥＵの環境監査制度の法的意義と実効性」立教法学四六号（一九九七）一二七頁（本書一四五頁）参照。

（10）Vgl. P. Kothe, Das neue Umweltauditrecht, 1997, S. 2. これについては、かつて、企業や行政の「学習能力」(Lernfähigkeit) として論じたことがある。髙橋・前掲註(9)一〇七頁、一二二頁（本書一七七頁、一九三頁）など参照。

（11）「規則」として制定された背景については、東京海上火災保険株式会社編『環境リスクと環境法（欧州・国際編）』有斐閣（一九九六）五二頁、髙橋・前掲註(9)一二三頁（本書一九四頁）参照。なお、ＥＵの環境政策は、それを現実に実施していくためには加盟国の国内法との調整が不可欠であるため、従来は「指令」の形式で立法措置がなされ、具体的な法的措置のあり方については加盟各国に委ねることが多かったが、近年では、環境監査をはじめとして「規則」によるものが増えてきている。更には、「指令」についても、欧州裁判所の判例の中には、国内法としての直接適用の余地を認めるものが現れており、ＥＵ加盟国の環境法制は、ＥＵ法の影響により大きな変革を迫られている。以上につき、山田洋『ドイツ環境行政法と欧州』信山社（一九九八）三五頁参照。

（12）ＥＣ規則の基本的な内容については、髙橋・前掲註(2)一頁（本書一七頁）以下、とくに一五頁（本書三〇頁）以下。

（13）ＥＣ規則は、英語とドイツ語とでは、その表記がかなり異なる。ただ、ここでの主たる関心がドイツ環境監査法の紹介・検討にあるということもあり、本稿における訳文は、英語表記を参照しつつも、主としてドイツ語に拠った。したがって、それは、英独いずれの原文にも正確に対応したものとはなっていない場合があることを、予めお断りしておく。

（14）Lübbe-Wolff, NuR 1996 (Fußn. 4), S. 217.

ている。

一　環境規格の国際的動向

(一)　ISO規格とBS規格

(1)　国際的な環境規格としては、右に述べたように、国際標準化機構のISO規格がすでにかなりの実績をあげている。

国際標準化機構は、各国間の物資およびサービスの流通を円滑にし、知的・科学的・技術的および経済的活動分野における国際協力を促進するための規格づくりを進めることを目的として、一九四七年に設立された国際的な非政府機構である。具体的には、電気・電子分野（これについては、別の組織として「国際電気標準会議」（International Electrotechnical Commission - IEC）がある）を除いた機械、自動車、情報処理など幅広い産業分野について、国際的な規格づくりを進めている。二〇〇八年一月現在、参加国は一五七カ国で、日本は一九五二年に加盟している。[15]

ISO規格としては、一般には写真フィルムの感度を規格化したISO一〇〇やISO四〇〇などが知られているが、それが国際的な取引きを円滑にするための規格として注目されるようになったのは、「品質管理および品質保証に関する規格」としてのISO九〇〇〇シリーズが規格化されてからである。そして、ISO一四〇〇〇シリーズとして規格化されたのが、環境管理システムや環境監査、環境ラベルなど、環境管理についての規格である。

(2)　ISOには、各々の規格制定のための組織体として「専門技術委員会」（Technical Committee - TC）が設置されることになっているが、環境管理に関する専門委員会として一九九三年に設置されたのがTC二〇七である。[16] 現在、TC二〇七は、六つの分科会（Sub Committee - SC）とTC直属のワーキング・グループ（Working Group - WG）から構成され、各SCはそれぞれ複数のWGを設置することによって規格の制定をめざした。

このうち、SC一は、「環境管理システム」（Environmental Management System - EMS）を担当する。それは、環境に関する組織の方針を定め、それを実行していくためのシステムに関わる規格であるが、具体的には、環境方針の設定、責任体制の整備、自己の環境影響把握、環境行動目標の設定、目標達成計画と実行マニュアル等の設定から成っている。

そして、ＳＣ二が「環境監査」（Environmental Audit - EA）の検討を担当した。ここでは、具体的には、環境監査の一般原則、種類、手続、環境検証人の資格基準、環境監査計画などのガイドラインについての規格づくりが行われたが、そのほとんどは、すでに一九九六年一〇月より国際規格として発効している。そのほか、ＳＣ三では、「環境ラベリング」（Environmental Labelling - EL）、ＳＣ四では「環境パフォーマンス評価」（Environmental Performance Evaluation - EPE）、ＳＣ五では、「ライフ・サイクル・アセスメント」（Life Cycle Assessment - LCA）についての規格づくりが行われた。(17)

(3)　ところで、ＩＳＯの環境管理・監査の規格化に大きな影響を与えたものとして、英国規格協会（British Standards Institution - BSI）が一九九二年三月に制定した環境管理システムに関する規格（Specification for Environmental Management Systems）、いわゆるＢＳ七七五〇（Britisch Standard 7750）(18)（以下、「ＢＳ規格」という）がある。そこで規格化されている内容は、企業の現状の予備調査から始まって、環境方針、組織の構築、環境影響評価、環境目的・目標、環境管理計画、環境管理マニュアル・文書管理、運営・管理、管理記録、監査プログラム、環境管理システムの見直し等、ほとんどの項目を網羅しており、その適用範囲は、すべての業種および組織に及ぶ。ただ、その内容に強制力はなく、企業が自社の環境管理についてその方針を確認する場合や、それを外部に公表したいと希望する場合に適用される。すなわち、企業が自主的に環境管理システムを構築しようとするときの基準あるいはツールとして利用すべく制定された規格であり、具体的な水準や目標値を示したものではない。しかし、実際にはかなりの数の企業が参加し、ＢＳＩによる審査も実施されて、相当数の企業が認証を取得して登録されている。

ＢＳ規格は、その制定時期が他の環境管理に関する規格よりも比較的早かったこともあって、ＥＵ域内ではＢＳ

規格こそがISO規格として採用されるべきであるという雰囲気もみられたが、EU諸国の中で、特にドイツとフランスはBS規格と聞いただけで拒否反応を示したといわれ、EUの標準規格としてのEMASの成立が予定よりも遅れたという事情がある。とりわけ、これまで国内法において他国よりも厳しい環境規制を実施してきたドイツ、オランダなどが、BS規格に加えて、より一層の公平性・透明性を確保する内容をISO規格に盛り込むことを要求したが、決着をみなかった。更には、BS規格の内容はあまりにも詳細でISO加盟国の全てが遵守できるか疑問であること、また、詳細であればあるほど新たな訴訟事件につながりかねないというアメリカの主張などもあって、BS規格のかなりの部分を附属書（Anhang；Annex）として規定するなどの妥協が図られ、その結果として成立したのがISO規格である。とはいえ、規格の枠組みとしては、ISO規格はBS規格に依拠しており、規定内容の詳細度を除けば、両規格はほとんど同じものと考えてよい(19)。

(二) EMASとISO規格

1 両規格の共通点

(1) すでに述べたように、EMASおよびISO規格は、ともに、各々の制度への参加を企業の自由意思に委ねることによって、企業自らが環境保全のための措置を自主的に採用して一層の環境保全に努めること、および、そのために各企業に対して特定の環境管理システムの構築を要求していることなど、共通点が多い。そして両規格により認証を受けた企業は、あくまでも事実上の利益にすぎないものの、たとえば認証を取得していない他社との関係で企業イメージが向上し、その結果としてビジネス上の有利な条件を得る（もしくは、少なくとも不利にはならない）ことができるし、また、企業内に環境管理システムを構築することによって経営上の問題への対応を迅速かつ確実に実施し、環境リスクを事前に回避したり減少させることができる。そして、そのことが企業のコスト削減にもつながり、更には、これらのシステムの導入が、全体としての企業環境の改善あるいは企業それ自体の体質改善をもたらすことにもなるなど、共通の利益を享受できる(20)。

その際、注意を要するのは、それらは法的に明確に保障されたものではないという意味では確かに事実上の利益にすぎないが、両規格への参加が企業の自由意思に委ねられていること、そして更に、環境監査という手法自体が従来からの規制的手法の機能不全を補うものとして登場してきたという事情は、それらを単なる事実上の利益とは言い切れないものにしている点である。すなわち、環境保全の手法としては、従来、市民や企業の活動によってもたらされる環境への影響を法律等によって命令・禁止する規制的手法、すなわち command and control というアプローチが主として採用されてきたが、それがさまざまな理由から十分な成果を収めていないこと、および、場合によっては規制の前提となる有効な基準設定さえも不可能であるという状況を踏まえたところに、環境監査という制度が位置づけられるからである。(21) したがって、右の各利益は、環境保全の実効性を高めるという本制度の本来的な目的から切断することのできない、いわば制度上の利益として理解することも決して不可能ではないのである。(22)

(2)　他方で、両規格の間には、その細部においていくつかの重要な差異もみられる。そして、そのことが、とりわけEMASをそれ以外の環境規格との関係で際立った存在としている所以でもあるし、そこでのEMASの特徴こそが環境監査という手法が登場してきた際の背景とも合致する。そこで、以下では、EMASとISO規格との差異、および実際の適用場面における両者の関係を明らかにすることを通して、環境監査制度としてのEMASの意義を確認することとしたい。(23)

2　両規格の相違点

(1)　まず、当然のことながら、ISO規格が国際的な規格であるのに対して、EMASは、EU域内で通用力を有するにすぎない。それゆえ、たとえば日本やアメリカに支店を有するヨーロッパの企業がEMASによる認証を取得しても、その認証は支店所在地の国では、事実上の付加価値を有することがあるかどうかはともかくとして、その認証を有することを理由として特に法的に有利な扱いを受けるわけではない。(24)

また、ISO規格では、当初から、法人か否か、公的か私的かを問わず、独立の機能および管理体制を有する企業、会社、事業所、官庁もしくは協会、またはその一部もしくは複合体は、それらが単一の事業単位として統合されうる限りで「組織」(Organisation)として証明されていたのに対して[25]、EMASでは、当初は、後述のように各事業所(Standort ; site)ごとに認証を得なければならないこととされていた[26]。したがって、たとえばドイツの自動車関連企業がドイツおよび他のEU諸国において部品を製造したり、車体を組み立てようとするとき、ISO規格では、当該企業が全体として「組織」としての認証を得れば、ドイツのみならず他国の支店や事業所についてもISO規格による認証が与えられるが、EMASでは各事業所単位で認証を得なければならないことになる。また、EMASでは、この時点においては主として製造業が対象とされていたため、商社、病院、官公庁などは原則として認証されなかったが、ISO規格によれば、これらについても認証を得ることができるものとされていた[27]。

(2) 更に、両規格は、環境保全に関する企業の取組みを継続的に改善することを目的とする点では共通するが、ISO規格の場合は、継続的改善(continual improvement)とは「組織の環境方針に沿って全体的な環境パフォーマンスの改善を達成するための環境管理システムを向上させるプロセス」であると規定されており[28]、それを環境管理システムと関連づけている点に特徴がある。ただ、このような規定内容になっているのは、ISO規格が環境保全の実績や達成度、すなわち環境パフォーマンス(Environmental Performance)の改善を期待していないということではなく、環境管理システムそのものを継続的に改善していくことによって、全ての組織の環境パフォーマンスについても継続的に改善されていくであろうという期待からであるとされている[29]。

これに対して、EMASでは、排気、排水、有害物廃棄、土地・水・燃料・エネルギーおよびその他の天然資源の利用、リサイクル、輸送、管理など、企業のあらゆる活動について、「経済的に実行可能な最善の実用技術に対応する環境レヴェルを超えない線まで環境影響を低減させるという観点から、環境パフォーマンスの継続的改善(continuous improvement)をめざす」ことが要求されている。したがって、そこでは環境管理システムの構築自体ではなく、環境パフォーマンス(環境実績)そのものの継続的向上が目的とされることになる[30]。

そして、両規格の右のような差異は、第三者による審査のあり方にも明確な違いとして現れる。すなわち、すでに述べたように、ISO規格はもともと環境パフォーマンスの水準を数値をもって示すことに主たる狙いがあるわけではなく、システムの仕様、すなわちシステムに含めるべき要求事項としてのシステム要素を規定するものであり、その目的のために「組織」の環境管理システムを定期的に監査することになっている。それゆえ、そこでは環境パフォーマンスそのものは監査の対象にはならない。この背景には、国や地域、更には各企業間の環境パフォーマンスの水準には実際上大きな格差があり、一つの水準を数値として決定することは現実に不可能であること、それゆえ、環境パフォーマンスを監査の対象とした場合には、ISO規格へ参加する組織を制限することにもなること、そこで、むしろ環境保全のためにはシステムの継続的改善を間接的に環境パフォーマンスの継続的向上に結びつけた方が実効性があるという基本的認識がある。それに対して、EMASの場合には、EC規則の共同体システムに参加しようとする企業は、環境監査を実施する際に環境パフォーマンスを評価するために必要な実際のデータの評価まで実施することが要求されており、システム審査としてよりも、むしろ実績審査としての性格が強い。そして、このことが更に、次に述べる公衆への情報提供とも結びつけられることになる。[31]

(3)　企業による継続的改善の成果については、それが公にされることによって環境保全により一層寄与することになるのはいうまでもない。もっとも、ISO規格では、「この種のシステムは、組織が環境方針および目的を設定し、それらとの適合を達成し、更にそのような適合を他者に対して実証するための手順を確立し、その有効性を評価できるようになっている。この規格の全体的な目的は、社会経済的ニーズとのバランスの中で環境保全および汚染の予防を支えることである。要求事項の多くは、同時に着手されてもよいし、いつ再検討されてもよい……。……この規格をうまく実施していることを示せば、組織が適切な環境管理システムをもつことを利害関係人に納得させることができるであろう[32]」と規定するのみで、具体的にいかなる方法で公衆への情報提供を行うべきかについては、企業に任されている。

それに対して、ＥＭＡＳの場合には、企業の取組みに対する監査の結果については、これを積極的に情報公開すべきであるということがその根幹にある。すなわち、法律上の環境基準や排出基準もしくは企業自らが設定した環境保全に関する諸目標がどの程度達成されているか、企業が作成した環境行動計画（Umweltprogramm ; environmental programme）がその計画通りに遂行されているか、そして企業内の環境管理システムが実際の環境保全にどの程度効果的であったか等に関し、体系的（systematisch）・客観的（objektiv）および定期的（regelmäßig）な評価および報告が求められる(33)。そして、それらを公開することで企業イメージを向上させ、あるいは市民の側からの提言にもつながるということだけではなく、最終的には企業を取り巻くさまざまな状況から企業それ自体を防衛することにもなるという認識がその基礎になっている。ＥＭＡＳでは、そのために、「環境報告書」（Umwelterklärung ; Environmental Statement）の作成を要求し、そこで環境管理システムや企業が取り組んできた環境保全の措置およびその成果を、公認の環境検証人（zugelassener Umweltgutachter ; accredited environmental verifier）の検証を得て、少なくとも三年ごとに公表することで、公衆（Öffentlichkeit）のために各事業所ごとの環境パフォーマンスについての信頼度の高い客観的な情報を提供するものとしている(34)。この点がＩＳＯ規格に基づく環境監査との最も大きな違いである。

3　ＥＵ域内での両規格の関係

(1)　そこで、問題となるのはＥＭＡＳとＩＳＯ規格との関係であるが、ＥＵ内では当初、ＥＭＡＳの内容はＩＳＯ規格に比べて広範囲であり、しかも情報公開のための環境報告書まで含む厳格な内容を有するため、より簡略化されたＩＳＯ規格が成立すればＥＭＡＳは消滅するであろうとの見方が一部にはあった。しかし、ＥＭＡＳそのものはＥＵの規格であり、ＩＳＯ規格の内容がいかなるものになろうともＥＵ諸国内ではＥＭＡＳが通用力を有することは制度上当然のことであるし、現実にもそれが重要視されている。それゆえ、確かにＥＭＡＳに対する取組状況はＥＵ加盟国間で多少の差異はあるものの、それが環境監査に関しての主導的役割を果たしていくことは疑うべくもない。問題は、ＥＵがＥＭＡＳの環境管理システムの規格内容をどのように決定するか、具体的にはＩＳＯ規格とＢＳ規格のいずれに準拠するのかが焦点となったが、ＥＵ諸国の中で唯一ＩＳＯ規格の採用に難色を示すとみられていたイギリスが、環境管理システムの規格としての受け入れを決めたこともあって、ＥＣ委員会がＥＭＡＳの環境管理システムの規格としてＩＳＯ規格を採用することについての障害は取り除かれ、また、内容的にみても、環境基本方針、環境計画、環境監査などの環境管理システムの構築に関する規格については、細部において若干の違いはあるものの、ＩＳＯ規格はＥＭＡＳに含まれることになるので、その点についての混乱はほとんど生じなかった。[35]

ただ、右にみたように、ＥＭＡＳの特徴は環境管理システムの構築そのものよりも情報公開のための環境報告書の作成とその公表という点にあり、その部分においてはＩＳＯ規格よりも一歩踏み出している。環境報告書の部分がＥＭＡＳに取り込まれた背景には、一つは、ドイツなどからのシステムそれ自体の透明性・公開性を求める声に応えたためであるが、他方で見逃してならないのは、環境に関する各種情報についての市民のいわゆる「知る権利」を規定した一九九〇年の環境情報公開指令[36]（Richtlinie des Rates über den freien Zugang zu Informationen über die Umwelt）の採択に伴い、企業は環境情報の公開に備えて「効率的な内部環境保全システム」の確立の必要に迫られたが、その際の中心的手法とされたのが環境監査であったこと、更には、その指令との関わりで、行政側にも各種環境法に基づく企業の情報公開要件を確立する必要があった、という事情がある。換言すれば、ＥＵの環境監査制度の誕生には、当初から情報公開の要素が内在していたといえる。[37]

⑵　もっとも、ＥＣ規則制定時には、情報公開を含めた意味でのＥＭＡＳの完全実施には無理があると考えている国も多かった。そのため、右のような特徴を有しているＥＭＡＳを各国が実際にどのように実施するかについては不透明な部分もあったが、とりあえずは大きな二つの方向性をもって動き始めることになる。すなわち、一方は、現段階では情報公開のための環境報告書についてまで実施するのは尚早もしくは無理であるとするイギリスなどの

対応である。イギリスでは、前述のように、すでに環境管理システムの規格としてのＢＳ規格が存在し、かなりの実績もあげていたため、とりあえずはＢＳ規格（もしくはそれと同内容のＩＳＯ規格）に基づいて標準的な環境管理システムの構築を促し、状況をみて次のステップとして環境報告書の作成・公表のシステムを構築しようとしたのである。(38)

他方、ドイツにおいては、以下で詳論するように、ＥＵ域内においていち早くＥＣ規則の国内実施法としての環境監査法が施行され、そこでは、ＥＭＡＳと同様に環境報告書をセットで実施することが明確に規定されただけでなく、それを現実に運用していくための法整備も着実に実施された。(39) ドイツには、これまでＥＵ加盟国の中では環境保護について主導的役割を果たしてきたという自負があり、それゆえにこそ他国に先んじて最も厳しいＥＭＡＳを完全実施しようとする意地が、そこには感じられる。

そこで、右のことを踏まえて、以下ではドイツ環境監査法について論じることとする。

(15)　ＩＳＯへは、各国ごとにその国を代表する標準化機関の一つだけが参加できることになっており、わが国では、日本工業規格（Japan Industrial Standards - JIS）の調査や審議を担当している日本工業標準調査会（Japanese Industrial Standards Committee - JISC）が、閣議決定を経て一九五二年に加盟している。環境管理システムの仕様に係るＩＳＯ一四〇〇一への事業所登録数は、二〇〇七年一月現在、一二九、〇三二件に上っており、そのうち、日本が二一、七七九、中国が一八、九七九、スペインが一一、二〇五、イタリアが九、八二五、アメリカが八、〇八一、韓国が五、八九三、ドイツが五、八〇〇、イギリスが五、四〇〇などとなっている。かつて、日本は、世界の認証登録件数の二〇～二二％を占めていたが、近年では中国の躍進が顕著で、日本のシェアは二割を下回っている。以上につき、http://www.ecology.or.jp/isoworld/ 参照。なお、ＩＳＯの組織や規格内容については、筆者がかつて属した研究会において貴重な示唆を得た。本稿も、個別の引用はしていないが、そこでのレジュメや未刊行資料等に基づいている部分がある。ＩＳＯ規格については、そのほかに、前註(3)の諸文献を参照。

(16)　ＩＳＯの組織は、総会（General Assembly）の下に一八ヶ国の代表からなる理事会（Council）があり、更にその下に技術的活動の統括的機関である技術管理評議会（Technical Management Board - TMB）が一二ヶ国の代表によって構成されている。そして、ＴＭＢの下には、国際規格原案（Draft International Standard - DIS）をはじめとする技術分野の専門的事項を審議する一八五の専門技術委員会（TC）が組織されている（数字は、いずれも二〇〇六年七月時点のものである）。
(17)　なお、SC六は、「用語および定義」（Terms and Definition）を担当する。ちなみに、SC一はイギリス、SC二はオランダ、SC三はオーストラリア、SC四はアメリカ、SC五はフランス、SC六はノルウェーがそれぞれ幹事国になっている。
(18)　BS規格は、効果的な環境管理システムの構築についての企業の義務と企業内環境監査とを結びつけた循環システムとして環境管理システムを導入すべきことを規格化している。具体的には、本文で述べるようにほとんどの項目を網羅しているが、その成果等については文書化され、BS規格との整合性等が審査されることになる。そして、その結果を踏まえて、企業の環境方針や環境目標の修正・実現などが行われることになる。なお、BS規格およびEC規則の邦訳として、日本規格協会編『環境管理・監査システム―BS七七五〇とEC規則の対訳』日本規格協会（一九九四）がある。
(19)　以上につき、東京商工会議所編・前掲書註(3)四〇頁。
(20)　H. Bohnen, Umweltmanagementsysteme im Vergleich: ISO 14000ff. und Verordnung (EWG) Nr. 1836/93, BB 1996, S. 1679ff.
(21)　これについては、かつて、繰り返し指摘したことがある。髙橋・前掲註(2)三頁、三六頁（本書二〇頁、四九頁）、および、髙橋・前掲註(9)七九頁、八七頁、一〇六頁以下（本書一四九頁、一五七頁、一七六頁以下）など参照。
(22)　筆者は、かつて、「本制度の創設によって、企業による自己規制的なリスク管理が法的制度としてより一層強力に推進されることとなるが、「むしろ、それを法の枠組みの下におくことによって、それが完全に市場経済的論理に委ねられるものではないということ、換言すれば、企業による自己制御的なリスク管理を法的に促進させること、したがって、企業自身のリスク管理を法的に評価することを明確にすることを意味する」と述べたことがある（髙橋・前掲註(9)一二一頁（本書一九二頁））が、リスクに対処するための学習能力を高める企業自身の取組みとそれを可能とする企業内組織の構築を法的に支えるものとして環境監査制度が存する以上、そこから生ずる利益が企業の自主的取組に基づく結果としての、その意味での事実上の利益にすぎないものではあっても、それは本制度自体が当初から予定している本来的な利益でもある。本文において「制度上の利益」と表現したのはまさにそのような意味においてであるが、環境監査という手法が環境保全のための重要な手法の一つであること、および、それゆえにこそ本制度に基づく企業の自主的取組を積極的に評価すべきことについては、今日、ほぼ共通の法的確信が形成されつつあるといってよい。したがって、その限りでは、それは従来述べられてきたような意味での事実上の利益とは明らかに異なる。
(23)　Vgl. Bohnen, BB 1996 (Fußn. 20), S. 1679ff.
(24)　ただし、前註(22)参照。
(25)　ISO 14001 Ziff. 3. 12. すなわち、ISO規格の対象は組織であるが、それは産業界だけを対象としているのではなく、官公庁、学校、商社、スーパー・マーケット、工場、ＮＧＯ・ＮＰＯなど、管理機能があればすべて対象になりうる。いかなる組織であっても環境へなにがしかの影響を及ぼしているはずであるから、すべてが公平に役割を分担しようという発想がそこにはみられる。

(26) Art. 2 i) der Verordnung (EWG) Nr. 1836/93.

(27) Vgl. Art. 2 i) i. V. mit dem Anhang der Verordnung (EWG) Nr. 3037/90. 但し、この点は後に、「組織」を認証・登録の対象とすべく改訂され、また、それに伴い、銀行、商社、官公庁、サービス業なども認証を得ることができるようになった。Vgl. Verordnung (EG) Nr. 761/2001 des Europäischen Parlaments und des Rates vom 19. März 2001 über die freiwillige Beteiligung von Organisation an einem Gemeinschaftssystem für das Umweltmanagement und die Umweltbetriebsprüfung (EMAS), ABl. EG Nr. L 114 vom 24. April 2001, S. 1. これについて、詳細は、髙橋・前掲註(1)一三九頁以下（本書一四三頁以下）参照。

(28) ISO 14004 Ziff. 3. 1; vgl. Ziff. 4. 5. 3.

(29) 平林ほか・前掲書註(3)一七頁、四七頁。

(30) Vgl. Art.3 a) i. V. mit Anhang I B u. C der Verordnung (EWG) Nr. 1836/93. なお、両規格の continual と continuous との違いを指摘するものもある。東京商工会議所編・前掲書註(3)四一頁など参照。なお、その際に、両者は「最善の実用技術」(best available technology ; best verfügbare Technik) をもって継続的改善を図るべきことを規定するが、この概念の解釈についてはなおも不明確な部分が存する。

(31) なお、両規格ともに継続的改善という要素をその中心に据えているが、ＩＳＯ規格は、その際、監査プログラムにおいて環境管理システムの監査の頻度が確定されねばならないとだけ規定し、監査のサイクルについて具体的には明示していない (ISO 14001 Ziff. 4. 5. 4)。それに対して、ＥＭＡＳは、企業監査のサイクルは長くとも三年とされており、その点に関する企業の裁量判断の余地はない。以上につき、髙橋・前掲註(2)一八頁（本書三三頁）。

(32) Vgl. ISO 14001 Introduction.

(33) Vgl. Art. 2 f) der Verordnung (EWG) Nr. 1836/93.

(34) 以上につき、髙橋・前掲註(2)一八頁以下（本書三三頁以下）、および、髙橋・前掲註(9)一一七頁以下（本書一八九頁以下）。

(35) 手続的には、かりに欧州標準化委員会（Commission for European Normalization - CEN）がＩＳＯ規格をＥＣ規格（ＥＭＡＳの環境管理システムの規格）として認定すれば、加盟各国は協定により国内規格を廃止する義務を負うことになるため、その限りではＢＳ規格も例外ではなかった。もっとも、これについて、ＢＳＩは「しかしながら、イギリスの諸々の認証機関が

BS七七五〇に基づいたスペックで、（認証の対象とはならないであろうが）アセスメントを引き続き行うことを止めるものは何もない」（東京商工会議所編・前掲書註(3)四二頁）という認識を示していたという。ここには、イギリスの微妙な立場および感情があらわれているが、前述のように、ISO規格自体がBS規格を簡略化した内容であったこともあり、現実にもほとんど混乱は生じなかった。なお、その後、EC委員会はCENに環境管理のための欧州規格の作成を命じたが、結果的にはISO規格が欧州規格（EN　ISO一四〇〇一）として採用されることになる。詳細は、髙橋・前掲註(1)一五〇頁以下（本書二五七頁以下）参照。

(36)　ABl. 1990, Nr. L 158 S. 56ff. Vgl. E. Kremer, Umweltschutz durch Umweltinformation: Zur Umwelt-Informationsrichtlinie des Rates der Europäischen Gemeinschaften, NVwZ 1990, S. 843f.; R. Engel, Der freie Zugang zu Umweltinformationen nach der Informationsrichtlinie der EG und der Schutz von Rechten Dritter, NVwZ 1992, S. 111ff.; H.-U. Erichsen, Das Recht auf freien Zugang zu Informationen über die Umwelt: Gemeinschaftsrechtliche Vorgaben und nationales Recht, NVwZ 1992, S. 409ff.; A. Scherzberg, Der freie Zugang zu Informationen über die Umwelt: Rechtsfragen der Richtlinie 90/313/EWG, UPR 1992, S. 48ff.; Rundschreiben des Bundesministers für Umwelt, Naturschutz und Reaktorsicherheit zur unmittelbaren Wirkung der EG-Umweltinformationsrichtlinie, NVwZ 1993, S. 657f.; W. Erbguth/F. Stollmann, Zum Entwurf eines Umweltinformationsgesetzes, UPR 1994, S. 81ff.; R. Haller, Unmittelbare Rechtswirkung der EG-Informations-Richtlinie im nationalen deutschen Recht: Zugleich Anmerkung zu zwei Urteilen des VG Minden und des VG Stade, UPR 1994, S. 88ff.; R. Röger, Zur unmittelbaren Geltung der Umweltinformationsrichtlinie: Anmerkung zum Urtiel des VG Stade vom 21. 4. 1993, NuR 1994, S. 125ff.; ders., Zum Begriff des Vorverfahrens im Sinne der Umweltinformationsrichtlinie: zugleich ein Beitrag zur Auslegung europarechtlicher Normen, UPR 1994, S. 216; T. Schomerus/C. Schrader/B. W. Wegener, Umweltinformationsgesetz: Kommentar, 1995; E. Meyer-Rutz, Das neue Umweltinformationsgesetz-UIG, 1995; R. Röger, Umweltinformationsgesetz: Kommentar, 1995. なお、本法は二〇〇二年に改正されている。Verordnung über das Verfahren zur Zulassung von Umweltgutachtern und Umweltgutachterorganisationen sowie zur Erteilung von Fachkenntnisbescheinigungen nach dem Umweltauditgesetz（UAG-Zulassungsverfahrensverordnung - UAGZVV）vom 12. September 2002（BGBl. I S. 3654）, die durch geändert Artikel 1 der Verordnung vom 3. Juli 2009（BGBl. I S. 1723）. 本法の内容を紹介・検討したものとして、山田・前掲書註(11)四五頁以下、藤原静雄『情報公開法制』弘文堂（一九九八年）二二一頁以下、同訳「資料 ドイツ改正環境情報法（UIG）」自治研究七九巻三号（二〇〇三）一五五頁以下、大久保規子ほか訳「ドイツ新環境情報法」環境研究一四号（二〇〇七）六四頁以下など参照。

(37)　以上につき、髙橋・前掲註(2)四頁（本書二〇頁）、および、髙橋・前掲註(9)一一九頁以下（本書一九〇頁以下）。

(38) 吉澤ほか・前掲書註(3)七〇頁以下。

(39) 本法を実施するための法規命令として、以下のものが公布・施行されている。Verordnung über das Verfahren zur Zulassung von Umweltgutachtern und Umweltgutachterorganisationen sowie zur Erteilung von Fachkenntnisbescheinigungen nach dem Umweltauditgesetz (UAG-Zulassungsverfahrensverordnung - UAGZVV) vom 12. September 2002 (BGBl. I S. 3654), die durch geändert Artikel 1 der Verordnung vom 3. Juli 2009 (BGBl. I S. 1723); Verordnung über die Beleihung der Zulassungsstelle nach dem Umweltauditgesetz (UAG-Beleihungsverordnung - UAGBV), vom 18. Dezember 1995 (BGBl. I S. 2013) (=zit. UAGBV), die durch geändert Artikel 1 der Verordnung vom 13. September 2001 (BGBl. I S. 2427); Verordnung über Gebühren und Auslagen für Amtshandlungen der Zulassungsstelle und des Widerspruchsausschusses bei der Durchführung des Umweltauditgesetzes (UAG-Gebührenverordnung - UAGGebV) vom 4. September 2002 (BGBl. I S. 3503), die durch geändert Artikel 1 der Verordnung vom 1. Dezember 2006 (BGBl. I S. 2764).

二　ドイツ環境監査法

(一)　成立経緯と本法の構成

1　成立経緯

(1)　ドイツ環境監査法は、一九九五年一二月にＥＣ環境監査規則を国内法化する手続を経て成立したが、その制定経緯は、本法および各規定の性格を理解するうえで極めて興味深いものがあるので簡単に紹介しておきたい。

ところで、前述のように、ＥＣ「規則」は、そのすべての要素について拘束力を有し、加盟国の国内法化の手続がなくともすべての加盟国において直接適用される。それゆえ、ＥＣ規則が実際に効力を生ずるためには本来的な意味での国内法化は必要とされず、現に、ＥＣ環境監査規則は一九九五年四月一日から加盟各国において発効している。しかしながら、ＥＣ規則六条および一八条の規律内容に関しては、規則自体が加盟国による手続法および実体法の整備を要請している。すなわち、具体的には、独立の環境検証人（Umweltgutachter）の認定（Zulassung）とその検証活動の監督（Aufsicht）、監査を受けた事業所（Standort）の登録（Registrierung）およびそれについて権限を有する機関の指名に関して、ＥＣ規則が成立した一九九三年六月を起点として、前二者については二一ヶ月、後者については一二ヶ月以内に国内法を整備すべきこととされていた。(40)

しかしながら、ドイツでは、ＥＣ規則の国内法化にあたって実際には右の期間を遵守することができなかった。その理由は、国内の各層において国内法化の最も適切なあり方をめぐって争いが存し、それが期限切れ間近まで互いに妥協の用意もなく対立していたためである。すなわち、ＥＣ規則の施行後直ちに環境検証人の認定およびその監督について権限を有する機関をどのように決定すべきかについて議論が開始されたが、一方では連邦環境省（Bundesministerium für Umwelt, Naturschutz und Reaktorsicherheit - BMU）が権限を有すべきであるとする「官庁モデル」（Behördenmodell）と、他方では、それらの事項に関しては経済的解決（wirtschaftliche Lösung）を優先し、したがって商工会議所（Industrie - und Handelskammern）こそがその権限を有すべきであるとする「私的自治モデル」（Selbstverwaltungsmodell）とでもいうべき考え方が鋭く対立し、期限切れを目前にした一九九五年一月になってようやく経済界寄りのモデルに基づく政治的妥協が成立し、それを契機として国内法化への途が開かれたという経緯がある。(41)

⑵　その結果、環境検証人の認定・監督については、私法上の法人が権限を有することとなり、本法の制定に先立って、一九九五年五月に、連邦環境省の監督の下で業務を遂行する「環境検証人の信任・認定協会」（Deutsche Akkreditierungs - und Zulassungsgesellschaft für Umweltgutachter mbH - DAU）が設立された。ＥＣ規則に規定されている認定機関としての任務を実施するために設立された本協会（以下、「ＤＡＵ」という）は、実際に、ＥＣ規則施行後から本法の施行に至るまでの間、環境検証人の暫定的な認定業務に従事してきた。すなわち、加盟国はＥＣ規則の施行後その内容を国内で実施する必要に迫られたが、ドイツにおいては、各州が国家権能の行使および国家的任務の遂行をその固有事務として行うべきことが基本法上規定されているために、(42)国内法化が実現するまでの間は、

ＥＣ規則の現実的な執行は各州に義務づけられることとなった。そこで、ＤＡＵは、州との公法上の契約（öffentlich-rechtlicher Vertrag）に基づいて、いわば行政の助手（Verwaltungshelferin）として認定申請の書類審査を実施してきたのであった。[43] そして、その審査結果をうけて州の行政庁が暫定的な認定裁決（Zulassungsbescheide）を行うことになるが、この認定裁決は本法施行後も期限付きながら有効なものとして通用するとされている。[44]

そして、ＥＣ規則の国内法化の期限が経過し、その対応に迫られていた連邦政府は、一九九五年四月四日、「環境検証人の認定および事業所登録法」[45]（Umweltgutachterzulassungs- und Standortregistrierungsgesetz - UZSG）の草案を決定した。その後、この草案は、その最終的な取扱いの段階においていくつかの重要な変更が加えられ、更には「環境監査法」（Umweltauditgesetz）という簡潔な表現に変更されて本法が成立することになる。

以上のような経緯を経て、ドイツ環境監査法は一九九五年一二月一四日に公布され、翌一五日から施行された。[46]

2　本法の構成と適用範囲

(1)　本法は、概ね三つの部分から構成されている。

まず第一は、法律の目的（Zweck des Gesetzes）（一条）や概念規定（Begriffsbestimmungen）（二条）などを中心とした総則規定（Allgemeine Vorschriften）の部分である。ここでは、とくに、企業外から監査を実施する「公認の環境検証人」（zugelassene Umweltgutachter）について、ＥＣ規則が「個人もしくは組織」（Person oder Organisation）という表現にとどまっているのに対して、[47] 本法二条二項および三項では個人としての環境検証人（Umweltgutachter）と組織としての環境検証人機構（Umweltgutachterorganisation）とを予め区別して規定し、その各々について概念規定を行うとともに、独自の位置づけをしている点が重要である。なぜなら、この区別が後の部分に規定されている認定の要件および手続に関する規定の基礎を成しているからである。[48] 他方、第二および第三の部分は、ＥＣ規則で国内法化を義務づけられた内容に対応する。すなわち、まず第二の部分は、環境検証人および環境検証人機構を認定するための要件（Zulassungsvoraussetzung）およびそのための手続[49]（Zulassungsverfahren）、そして環境検証人および環境検証人機構に対する監督[50]、更には、認定および監督を実施する機関の組織構成[51]などについての規定であり、そして第三の部分は、監査を受けた事業所の登録（Registrierung）に関する規定[52]である。

このうち、本法がEC規則の実施法であることからすれば、右の後二者の部分が重要であることはいうまでもないが、ここではまず、第一の部分に規定する本法の適用範囲について概観し、第二および第三の部分については項を改めて論ずることとしたい。

(2) 本法二条には、この法律を適用するにあたっての重要な概念規定がおかれている。このうち、同条一項は本法の適用範囲を明らかにした規定であるが、それは基本的にはEC規則の内容を受け継いだものとなっている。すなわち、環境監査システムに参加することができるのは、EC規則によれば、営業活動（gewerbliche Tätigkeit）を行っている全ての企業である[53]。ここでいう営業活動とは、具体的には、一九九〇年一〇月九日のEC理事会規則[54]に規定されているECの経済活動の分類のC項およびD項に記載された全ての活動、すなわち、岩石・土壌の採掘・産出（Bergbau und Gewinnung von Steinen und Erden）、食糧事業（Ernährungsgewerbe）、繊維・衣料品産業（Textil- und Bekleidungsindustrie）、木材産業（Holzgewerbe）、製紙・印刷業（Papier- und Druckgewerbe）、化学工業（chemische Industrie）、ゴム・合成物質品の製造（Herstellung von Gummi- und Kunststoffwaren）、ガラス産業（Glasgewerbe）、金属製造（Metallerzeugung）、機械組立て（Maschinenbau）、通信工学（Nachrichtentechnik）、車輌建造（Fachzeugbau）である。そして、更にそれに加えて、電力、ガス、蒸気および熱水製造などのエネルギー製造（Energieerzeugung）、および、固体または液体廃棄物の再利用（Recycling）・処理（Behandlung）・破壊（Vernichtung）および最終貯蔵（Endlagerung）などの廃棄物業（Abfallwirtschaft）などに従事する企業も含まれる[55]。

右からも明らかなように、ここでいう営業活動という概念は、通常よりも狭い意味で使用されており、それは主として製造業に従事する企業もしくは事業所ということになる。問題となるのは、それ以外の、すなわちここに含まれない非製造業あるいは官公庁の活動などである。この点に関し、EC規則は、「加盟国は、実験的な形で、この環境管理および監査システムに類似した規定を、製造業以外の分野、たとえば流通業（Handel；distributive trade）および公共サービス（öffentliche Dienstleistung；public service）について発布することができる」として、それらが本システムへ参加しうる途を開いている。それゆえ、この可能性を利用するかどうか、どのように利用するかは、加盟各国に委ねられることになるが、これをうけて規定された本法三条一項は、非製造業をも本制度に組み入れるかどうかも含めて法規命令（Rechtsverordnung）で規定しうる旨を連邦政府に授権していたが、この当時からすでに流通業、商社、銀行、自治体の公企業、病院などが本制度への参加に積極的な関心を示していたといわれ、その後の推移が注目されていたところである。[56]

㈡　環境検証人および環境検証人機構

1　環境検証人の概念

⑴　ＥＣ規則は、六条の要件および手続によって認定される「検証を受ける企業から独立した個人もしくは組織」（eine vom zu begutachtenden Unternehmen unabhängige Person oder Organisation）を「公認の環境検証人」（zugelassene Umweltgutachter；accredited environmental verifier）として規定するが、[57] ＥＣ規則自体としては環境検証人の認定に際しての要求事項やその任務について規定するのみで、[58] その認定のあり方やそれに対しての監督などの具体的事項については、各国ごとの規律に委ねている。

本法は、まず、ＥＣ規則が個人もしくは組織を環境検証人と総称しているのに対して、「この法律の意味での環境検証人とは、自然人（natürliche Personen）である」と規定するとともに、[59] それとは別に、登記済みの社団（eingetragene Verein）、株式会社（Aktiengesellschaft）、株式合資会社（Kommanditgesellschaft auf Aktien）、有限会社（Gesellschaft mit beschränkter Haftung）、登記総有組合（eingetragene Genossenschaft）、個人会社（offene Handelsgesellschaft）、合資会社（Kommanditgesellschaft）、合名会社（Partnerschaftsgesellschaft）などの組織については、「環境検証人機構」（Umweltgutachterorganisation）という語を用いて、自然人としての環境検証人とは区別している。[60]

両者のこのような規定の差異が何に起因するのか、そして実際上どの程度の違いをもたらすのかについては、必ずしも明らかではないが、EC規則の規定の仕方は、おそらく、環境検証人としての実際の任務の内容からすれば、多くの専門的スタッフを抱えた組織のみがその任務を十全に遂行しうるという前提的理解に基づいているものと思われる。[61] この趣旨は、ＥＣ規則の他の規定にも現れており、たとえば附属書では、個人の認定（Zulassung von Einzelpersonen）について、環境検証人としての任務を遂行するのに必要な能力および経験を有しているときには、その対象分野の性質と範囲を限定して認定を与えることができる旨が示されている。[62] そして、このことが、本制度への参加および認証・登録を各事業所単位にしたこととも結びつくし、[63] したがって個人としての環境検証人にとくに重きを置いた規定の構造にはなっていない。それに対して、本法では、検証活動についてはあくまでも個人としての環境検証人をその基本に据えており、それのみによっては検証活動が十分に行えないときに備えて、後述の他の資格保有者などと同じレヴェルで環境検証人機構を位置づけている。[64] この点は、職業選択および行使の自由（Freiheit der Berufswahl und -ausübung）についての法律留保（Gesetzesvorbehalt）との関わりで環境検証人の位置づけが議論されてきたことと深く関わるものといえよう。[65]

⑵　さて、すでに述べたように、[66] ＥＣ規則によれば、環境保全を継続的に改善していくために、企業は、そのための環境管理組織を企業内に構築し、環境基本方針（Umweltpolitik）および環境行動計画（Umweltprogramm）を策定し、それに基づいて環境監査を実施するとともに、その結果を環境報告書（Umwelterklärung）としてまとめて外部の環境検証人（Umweltgutachter）の審査を受け、更には公衆（Öffentlichkeit）に入手しやすいものとしなければならない。[67] ここには、企業自身による環境保全への取組みの評価および改善と並んで、それに関する情報を公衆に提供することが、環境監査に関わる重要な課題として認識されている。

その際、公認の環境検証人には、環境報告書を妥当（gültig）と宣言する任務が与えられているが、そのためには、環境基本方針、環境行動計画、環境管理システムおよび企業内の監査手続が、ＥＣ規則の要請を充たしていることが必要となる。環境検証人は、それらについて環境報告書に含まれている記載内容が「信頼できる」(zuverlässig)かどうかを審査しなければならないが、同時に、このような環境検証人の任務が環境保全のための企業組織の継続的改善を目的とする本制度の目的と密接に結びついている点を重視すると、環境検証人の活動には、企業による環境保全活動を継続的な改善に向けさせるある種の保証機能が与えられているとみることもできる。そして、このような環境検証人のきわめて特徴的な、そして本制度の目的達成のために重要な地位との関わりで、環境検証人の認定に関してさまざまな要請が派生することになる。

2　環境検証人の認定要件

(1)　ＥＣ規則によれば、環境検証人は、まず何よりも技術的・生態学的・法的諸問題について(in technischen, ökologischen und rechtlichen Fragen)、そして、審査の方法および手続に関して(in bezug auf Überprüfungsmethoden und -verfahren)、十分な専門知識(ausreichendes Fachwissen)を有していなければならない(68)。すなわち、具体的には、少なくとも環境監査の方法論(Methodologien der Umweltbetriebsprüfung)、管理情報および方式(Managementinformation und -verfahren)、環境問題(Umweltfragen)、関連法規および規格(einschlägige Rechtsvorschriften und Normen)、検証活動に関わる技術的知識(technische Kenntnisse)について、適切な資格(Qualifikation)、教育(Ausbildung)および経験(Erfahrung)を有していることが要求されている(69)。

専門性に関するこのような要件につき、本法は、「環境検証人は、その教育、職業上の教養形成(berufliche Bildung)および実務経験(praktische Erfahrung)に基づき、彼に課された任務を整然と遂行するのに適任であるときには、必要な専門性を有する(70)」と規定する。このうち、教育に関しては、経済学、行政学、自然科学あるいは工学、生態学、法学の分野で大学の課程を修了していれば、さしあたりは専門性を有するものとみなされるが(71)、それだけでは足りず、実際にも環境監査の方法および実施(Methoden und Durchführung der Umweltbetriebsprüfung)、経営管理(betriebliches Management)、経営に関連する環境問題(betriebsbezogene Umweltangelegenheiten)、検証される企業活動に対する技術的関連（technische Zusammenhänge）、更には、関係法規等について十分な専門知識（ausreichende Fachkenntnisse）を有していることが必要とされる。[72]

(2) なお、ここで要求されている法的な知識の中に、関係法規（einschlägige Rechtsvorschrift）に係る専門知識、すなわち法律・命令およびそれらに関連する最高裁判決や学説等にとどまらず、行政規則（Verwaltungsvorschrift）に関する知識も含まれているのが注目される。本法の草案にはこの点についての記述はなかったが、審議過程での連邦参議院の強い要求で挿入されたものといわれる。[73] 確かに、環境関連法規の解釈および適用に際して、行政規則が実務上重要な役割を果たしていることは、わが国のみならずドイツにおいても同様であるし、実際にも、環境検証人は検証活動を行うに際して行政規則に配慮せざるをえないであろう。しかし、いわば私人としての環境検証人にそれを十分に考慮したうえでの行動を法的に義務づけるとなれば、従来少なくとも行政内部のものとして性格づけられてきた行政規則の性質とは一致しなくなるのではないかという疑問も生じる。すなわち、行政規則は、国家行政の内部領域を規律するものであり、それゆえ行政にとっては拘束的ではあるが、私人に対しては少なくとも直接的には拘束力を及ぼさないと一般には解されてきたはずだからである。[74] おそらくは、この点にこそ、ＥＵの環境監査制度の特徴が示されているとみてよい。

というのも、ＥＵの環境監査システムによるリスク管理は、すでに述べたように、[75] その制度の創設によって企業による自己制御的なリスク管理が法的制度としてより一層強力に推進されることとなり、その結果として国民の生命・健康等を保護すべき国家の義務を側面支援するものとして機能することが期待されているが、その意味するところは、規制法上の枠組みを市場経済的論理に全面的に委ねることでは決してなく、むしろ逆に、環境保全に向けた企業の自主的取組を明確にある一つの制度の中に組み入れようとするものとして理解しうるからである。そして、企業に対する直接的な command and control の手法によることなく、環境監査を実施する環境検証人に対する拘束的規律を通じて、企業による自主的取組を尊重しつつもそれを全体としての制度として運用していこうとするところに、本制度の意義があるからである。[76]

(3) 環境検証人は、専門的な資格を有するだけではなく、信頼性（Zuverlässigkeit）および独立性（Unabhängigkeit）も有していなければならない。[77] ただ、EC規則によれば、環境検証人に要求される人物的要素としては、独立性のほかに客観性（Objektivität）が規定されているにすぎず、信頼性については、少なくとも直接かつ明確には要求されていないし、更に他方では、環境検証人はその独立性および完全性（Unabhängigkeit und Integrität）を脅かす素地が存在しないことを証明しなければならない、という規定が置かれている。[78] すなわち、EC規則の法文の構造上は、完全性と対応するのは客観性の要求であって、本法で要求されている信頼性と必ずしも一致するわけではない。ただ、ここで環境検証人について要求されている完全性は、一般には信頼性の要求と同じものとして理解されている。[79] そして、本法五条一項では、「環境検証人が、その人的属性（persönliche Eigenschaft）、行動（Verhalten）および能力（Fähigkeit）からして、彼に課された任務の整然とした遂行に適任である」時には、必要とされる信頼性を有するものとされ、更に、同条二項では、信頼性を疑いうるいくつかの例が示されているが、要するに、本法では法規違反および第三者への損害の有無が信頼性の存否のための基準とされている。

(4) 他方、環境検証人が独立性を有すべきことについては、EC規則で随所に規定されているが、とくに附属書には、環境検証人が独立かつ中立（unabhängig und unparteiisch）でなければならないこと、および、その判断に影響し、もしくは、その活動に際しての独立性および完全性への信頼を疑わしめる商業的・財政的もしくはその他の圧力に服さない（keinem kommerziellen, finanziellen oder sonstigen Druck unterliegen）こと、そして、適用されるすべての規定に従うことを証明しなければならないことが明記されている。[80]

環境検証人による監査は、それが企業の経営能力などに関しても実施され、その限りにおいては、必然的に、監査を受ける企業の競争力にも直接に影響することになるし、そのこともあって、環境検証人はさまざまな利害対立の局面に晒されることにもなる。そこで、本法六条一項では、「経済的、財政的もしくはその他の圧力に服さない」

（keinem wirtschaftlichen, finanziellen oder sonstigen Druck unterliegt）ときにのみ独立性を有するものと規定している。これは、右のEC規則の表現とは若干異なるものの、内容上は同一のものとみてよい(81)。

3　認定手続

(1)　環境検証人を認定するための手続は、法一一条および一二条、更には法一一条五項に基づく法規命令(82)（Rechtsverordnung）に従って行われる。それによれば、まず、環境検証人として認定を受けようとする者が書面による申請（schriftliche Antrag）を行い、そこで自らの専門性についての形式的な要件、すなわち学歴もしくは教育歴、実務経験歴、そして信頼性を充たしていることの申告、更には独立性の証明に関する各種の要求事項、すなわち特定の企業との関係で契約等に基づいて何らかの指図（Weisung）を受けていないこと、および犯罪歴がないことなどについて明らかにしなければならない(83)。

申請人の専門性については、更に、認定機関に設置された審査委員会（Prüfungsausschuß）による口頭審査（mündliche Prüfung）を受けねばならない(84)。ここでの審査においては、申請人の専門領域と環境検証人の業務の中から実例などが示され、それらについての判断能力が試される(85)。

(2)　審査委員会の構成メンバーは、各認定手続ごとに、後述の環境検証人委員会（Umweltgutachterausschuß）により示された審査員リストに基づいて、認定機関によって選出される(86)。審査員が、申請の対象となっている専門領域について専門性を有していなければならないのは当然であるが、とりわけ法分野を担当する審査員については、裁判官の職（Richteramt）に従事しうるだけの能力を有することが要求されている(87)。審査委員会の構成は、審査を行う専門領域の数などによって異なるが、少なくとも三人、最大で五人のメンバーによって構成され、また、審査員のうち少なくとも一名は、公認の環境検証人でなければならない(88)。

4　認定機関

(1)　環境検証人の認定について権限を有する機関、すなわち認定機関（Zulassungsstelle）については法二八条に規定されているが、この規定は、すでに述べたように、本法の制定過程において最も激しい争いが存したものの一つである。[89] 本法の制定にあたっては、その基本的方針のあり方をめぐってさまざまな対立が存在し、国の思惑とは異なり、結局は経済界寄りの妥協が成立したことは前述のとおりであるが、その結果として、法二八条は、連邦環境省による法規命令の制定を通じて私法上の法人（juristische Personen des Privatrechts）に認定機関としての任務を授権しうる、と規定した。これをうけて、連邦環境省は、一九九五年一二月一八日に授権のための委任命令（UAG-Beleihungsverordnung）を公布し、一二月二九日から施行したが、この命令によって認定機関としての資格を付与されたのが、ドイツ産業連合会（Bundesverband der Deutschen Industrie - BDI）、ドイツ商工会議所連合会（Deutscher Industrie - und Handelstag - DIHT）、ドイツ手工業中央連合会（Zentralverband des Deutschen Handwerks - ZDH）、ドイツ自由業連合会（Bundesverband Freier Berufe）から構成される前述のＤＡＵである。[90]

ＤＡＵは、すでに述べたように、本法の制定以前から暫定的にではあるが環境検証人の認定に従事してきたが、この命令によって認定機関としての権限を公式に行使しうることになった。それに伴い、ＤＡＵは、それ自体としては従前と同様に私的法主体としての地位を有するものの、少なくとも環境検証人の認定という業務の範囲においては国家行政の一部を担うことになった。すなわち、それは連邦行政手続法一条四項でいうところの行政庁（Behörde）であり、したがってまた、その権限内において行政行為（Verwaltungsakt）など、高権的な措置を行いうるところの、いわば連邦法によって創設された広義の行政担当者（Verwaltungsträger）として位置づけられることになる。[91]

(2) 認定機関（ここではＤＡＵ）は、したがって、国家との関係においては、いわば公法上の委任関係（öffentlichrechtliches Auftragsverhältnis）にあり、委任者としての国家（ここでは連邦環境省）の監督に服することになる。連邦環境省の認定機関に対する監督（Aufsicht über die Zulassungsstelle）については、法二九条に規定されているが、それによれば、その監督は、環境検証人としての認定および監督活動の法適合性（Rechtsmäßigkeit der Zulassungs-

und Aufsichtstätigkeit）、検証活動の禁止（Untersagung）、更には認定や専門知識証明の撤回（Widerruf）などに及ぶ。したがって、それは、主として認定機関に対する法的監督（Rechtsaufsicht）に限られ、認定機関が行う専門的な判断に対しては、原則として監督権は行使しえない。

ただ、後述のように、認定を行うに際しては、申請人がはたして環境検証人としての能力を具備しているのかどうか、すなわち、とりわけそこで要求される専門知識を有するかどうかの判断が不可避であるし、その限りでは、そこに認定機関の専門的な視点からの裁量判断の余地が生ずることにもなる。この場合に、それを認定機関の全くの自由な裁量であるとするのであればともかく、そうでない限りはその判断に対する専門的な視点からの監督も必要となる。そこで、法二九条二文では、その監督が認定機関の裁量判断の目的適合性についても行われうることを認めている。(92)

(3)　ところで、ＥＣ規則によれば、環境監査という制度は、本来は決して経済活動のマーケティングの手法としてではなく、環境保全に対する企業の取組みを継続的に改善するための手法として観念されている。それゆえ、環境検証人を認定する機関は、環境監査システムが環境保全のために十分有効に機能しうるように、環境検証人に必要とされるさまざまな資質を法的な視点から要求し、なおかつ、更に必要とあらば、経済活動や検証人に固有の利益と正面から衝突するような、たとえば認定の不許可、取消し、撤回といった判断も行いうる立場になければならない。

このような視点から認定機関のあるべき性格をみたときに、本法のような解決の仕方がはたして適切なものであったかどうかについては、なお議論の余地がある。すなわち、本制度の趣旨およびそれに基づく認定機関の任務の性格に鑑みるとき、ここで求められているのは、環境保全を実効的に実現しようとする本制度の公共的性格を代表する、たとえば連邦環境省のような機関であって、ＤＡＵのような経済界をはじめとする各層の特殊利害を代表する者によって構成される機関ではないともいいうるからである。その点だけからすれば、認定機関について経済

界寄りの妥協が成立したことには問題があろうし、それをめぐる議論は今後もなお継続されることが予想される。(93)

5 環境検証人機構およびその他の資格保有者

(1) すでに述べたように、本法は、検証活動を行いうる者として、自然人としての環境検証人以外にも環境検証人機構という組織について規定しているほか、専門知識証明や課程証明の保有者、更にはその他の資格証明の保有者も、公認の環境検証人および環境検証人機構と協力して検証活動を行いうるとしている。また、他のEU諸国の国内法によって認定された環境検証人も、ドイツ国内での検証活動が認められている。

(2) このうち、まず、環境検証人機構（Umweltgutachterorganisation）の認定要件については法一〇条に規定されているが、それによれば、無限責任社員（persönlich haftender Gesellschafter）、共同経営者（Partner）、取締役（Vorstand）もしくは業務管理者（Geschäftsführer）の少なくとも三分の一が環境検証人として認定されているか、あるいは専門知識の証明を有する複数の者と少なくとも一名の環境検証人によって構成されているときには、当該組織は環境検証人機構として認定される。(94) したがってまた、有資格者の資格内容に応じて、当該組織の環境検証人機構として活動しうる範囲も異なることになる。(95)

ところで、EC規則の趣旨からすれば、環境検証人としての認定を得ようとする者は、実際に監査を実施する事業所との関係で専門知識や能力を有していることを証明しなければならない。換言すれば、原則的には、当該事業所に限定された認定を得ることができる。(96) したがって、当該事業所もしくは企業が自らの専門とは異なる活動を行っているときには、環境検証人は、それとの関係では原則として検証活動を実施することはできないことになる。ただ、法九条一項はそのことに対する例外を認め、環境検証人自らが必要とされる専門性を有していない企業領域であっても、それについて専門性を有する他の環境検証人や専門知識証明もしくは課程証明を受けた者を雇用することによって検証活動を行いうる余地を認めている。(97) そのことによって、環境検証人は、他の環境検証人および専門知識や課程の証明を受けた者を通じて、その活動の範囲を拡大することができる。このような環境検証人の認定のためのシステムは、ＥＵの環境監査システムに取り込まれるであろう企業部門の多様性を反映したものであり、一般に「ユニット・システム」(Baukastensystem)と呼ばれている。[98]

ＥＣ規則の場合には、すでに述べたように、検証活動が多くの領域に及ぶときには、その対象分野の性質と範囲を限定して環境検証人としての認定を与えることができるとされているため、他の専門領域については、別の環境検証人によって、あるいはその者を雇い入れることによって検証活動が行われることになる。それに対して、本法では、検証活動が他の専門領域に及ぶ場合に、他の環境検証人を雇用することで当該事業所を検証する資格を得るのではなく、資格証明を保有しているかどうかということに結びつけられることになっているために、必ずしも環境検証人を雇用する必要はない。すなわち、前述のように、対象となっている事業所の専門的事項について、少なくとも一名の環境検証人を中心として組織全体が検証活動を行いうる態勢にあれば、それを環境検証人機構として認定しうることとしている。そのことが、「個人もしくは組織」として環境検証人の認定を構想しているＥＣ規則との違いであり、そのことによって、自然人および法人（もしくは個人および組織）としての環境検証人だけではなく、専門知識や課程の証明を受けた者などをも検証活動に従事させることができるシステムの構築が可能になったといいうるし、実際の検証活動から生ずるさまざまな要求にも柔軟に対応しうるものとなっている。このシステムによって、更に、最終的な環境報告書（Umwelterklärung）の妥当性の認証の是非についても、個々の環境検証人の責任を論ずる必要がなく、対外的には法人としての環境検証人機構に責任が帰属し、個別の責任については環境検証人機構内部で論ずれば足りることになる。[99]

(3)　そこで、環境検証人としての認定を得た者以外に、いかなる資格を有する者が検証活動を行いうるかであるが、本法はまず、専門知識証明の保有者（Inhaber von Fachkenntnisbescheinigungen）を検証活動に加えることができる旨を規定する。このようないわば認定の細分化[100]（Untergliederung der Zulassung）については、ＥＣ規則では必ずしも明確には意図されていなかったものであるが、右に述べたように、環境検証人の活動が現実には学際的な性格を帯び、それに伴って極めて広範な専門知識が必要とされることを考慮すると、特定分野のスペシャリストに一定の資格を付与し、その者が実際の検証活動に協力する途を開いたことは、実務上の要請からすれば至極妥当な方法ともいえる。それによって、専門的な知識を有する者は、環境検証人と協力して、検証人としての活動を行うとともに、環境報告書の認証やその妥当性の宣言をも責任をもって行うことができることになった。

この点は、しかしながら、ＥＣ規則の法的性格を考慮するときには若干の説明が必要となる。すなわち、ＥＣの環境閣僚理事会（Umweltministerrat）が環境監査について規則という形式を選択したことによって、ＥＣ規則は全ての加盟国に直接適用されることになるが、その場合、ＥＣ規則が明確に意図していないことを加盟各国において独自に国内法化することができるかどうかが議論になりうるからである。この点については、確かに原則論としては否定的に解さざるをえないともいえようが、他方では、ＥＣ規則自体が環境検証人の認定および監督の具体的内容、更にはそれらに関して権限を有する機関について手続法的および実体法的に詳細化すべきことを加盟各国に要請していることもあって、ＥＣ規則は一般には指針的性格（Richtliniencharakter）を有するものとして理解されている。したがって、ＥＣ規則上は、各国が独自の規定を置くことを妨げるものではなく、むしろ逆に、もともと各国において異なった制度になっている資格・教育などを環境検証人の要件として規定していることからするならば、ＥＣ規則自体が各国による独自の制度化を推奨しているものとみることもできる。そして、そのように理解することが、欧州を全体として統合しようとする動きと、他方ではそれにもかかわらず各国の主権を尊重しようとするＥＵという枠組みそれ自体に当初から存する二面性にも合致することにもなろう。それゆえ、環境検証人の活動や権限そのものが矮小化されない限りは、認定の細分化は法的には何ら問題はないという理解が一般的のようである。

ところで、環境検証人については、前述のように信頼性と独立性が要求されていたが、専門知識証明の保有者についてもそれは同様であり、そのことは法文上も明らかである。また、教育歴や実務上の経験についても、環境検証人の場合と異なるところはない。それに対して、環境検証人については法七条二項に示されている全ての領域、すなわち、環境監査の方法および実施、経営管理、経営に関連する環境問題、検証される企業活動についての技術的関連、および、関係法規定等について専門知識を有することを証明しなければならないことについてはすでに述べたが、専門知識証明の保有者は、少なくともそのうちの一つについての知識があれば十分である。このことは、前述のユニット・システムからすれば当然のことである。

なお、知識証明の手続は、環境検証人の認定手続にほぼ準じて行われ、とくに口頭審査にも合格しなければならない[106]。合格に際して付与される証明書には、いかなる専門領域について専門知識が存するかが明記される。そして、実際の検証活動は、環境検証人と共同でのみ行うことができる。

(4)　他方、右の各種の専門知識は、口頭審査によらなくとも、課程証明（Lehrgangsbescheinigung）によっても保証される[107]。すなわち、後述の環境検証人委員会が作成する審査指針（Prüfungsrichtlinie）に合致し、書類審査を終了したときには、認定機関は、環境検証人委員会と協議のうえで、当該課程が専門知識を保証することを承認することができる。環境検証人等について要求されている教育歴や実務経験、更には信頼性・独立性は、課程証明を取得するに際しては必要とされない。それらの要件は、その証明を得た上で、環境検証人や専門知識証明の保有者と共同で検証活動を行う者について、その限りでのみ必要とされるからである[108]。なお、認定機関は、課程証明と同じように、その他の資格保証（sonstige Qualifikationsnachweis）も行うことができる[109]。

(5)　さて、EC規則によれば、ある加盟国で認定を受けた環境検証人が他の加盟国で検証活動を行おうとする場合、その国の認定システムに事前に通知をし、その活動がその加盟国の認定システムの監督に服するという条件つきで、他の全ての加盟国において検証活動を行いうる旨を規定する[110]。そこで、本法では、他のEU諸国で認定された環境検証人および環境検証人機構についても、ドイツの認定機関による監督下に置くこととし、とりわけ実際の検証活動を開始する前に認定機関に通知しなければならないものとしている[111]。ただ、EC規則では、環境検証人および環境検証人機構の全てに「関係法規および規格」（einschlägige Rechtsvorschriften und Normen）についての知識を求めているため[112]、環境検証人が実際に他国で検証活動を行う場合に、はたしてどの程度の知識が要求されるのかが問題となる。

これに関して、本法は、事業所の監査を実施するに際しては、「関連法規と並んで、それについて発せられた官庁により公示された連邦および州の行政規則も」(neben den einschlägigen Rechtsvorschriften auch die hierzu ergangene amtlich veröffentlichten Verwaltungsvorschriften des Bundes und Länder) 考慮しなければならないとし、更に、ドイツ国内の環境検証人および環境検証人機構と同様の義務にも服する、と規定する[113]。そうすると、ドイツの認定機関は、他国の環境検証人についてもドイツ国内の環境検証人と同様に、定期的に、少なくとも三六ヶ月の間は、外国での認定がその後有効かどうか、更には、ドイツで行われる検証活動の質 (Qualität der im Bundesgebiet vorgenommenen Begutachtungen) についても審査を実施することになる[114]。その結果として、外国での認定がドイツの認定機関によって取り消されたり撤回されたりすることはもちろんないが、具体的状況との関連でドイツ国内での検証活動を指図したり禁止したりすることは、これらの規定からすれば可能であろう。EC規則の趣旨からすれば、もちろん、全ての加盟国の法規等についての正確な知識までも要求するものではないと考えられるが、右の規定の限りでは、本法は、他国の環境検証人に対して、おそらくはEC規則で想定している以上の極めて高度の要求をしているともいえる。

6 環境検証人の登録および監督

(1) ドイツ環境監査法は、以上のように、環境検証人の認定の要件および手続について、EC規則よりも詳細かつ厳格な規定を置いているが、環境監査という制度それ自体が実効的に機能するためには、更に、認定を受けた環境検証人が認定に際して具備していた諸要件を引き続き充足していること、および、実際の検証活動を内容的にチェックするシステムが存在しなければならない。それが、環境検証人の登録および監督のための規定である。

(2) 環境検証人、環境検証人機構および専門知識証明の保有者に対する監督は、認定機関の権限であり、それは、認定登録簿（Zulassungsregister）への登録を通じて行われる。認定登録簿には、登録される個人および組織の名称（Name）、住所（Anschrift）、認定および証明の対象（Gegenstand der Zulassungen und Bescheinigungen）が記載され、認定機関は、半年ごとに、登録されている環境検証人および環境検証人機構の新たなリストを、連邦環境省を通じてEC委員会に送付しなければならない[115]。

また、法一四条二項によれば、全ての人が、環境情報法（Umweltinformationsgesetz）に基づいて、その登録簿を閲覧する権利を有する。実際に閲覧請求権を有する者の範囲は、環境情報法四条一項によって決せられることになる。請求は認定機関に対して行われ、登録簿に記載されている事項については、原則的に公開しなければならない。なお、この登録簿は、環境検証人を監視する目的を有していることはもちろんではあるが、同時に、市民に対する情報提供という面でも重要な機能を果たすことになる。本制度の趣旨からすれば、むしろこの側面の方が有意義ともいえる。

⑶　他方、環境検証人等に対する監督については、法一五条に規定されている。それによれば、認定機関は、少なくとも三六ヶ月ごとに、前述の法九条および一〇条の認定要件、更には法八条の専門知識証明の付与のための要件が継続して存するかどうかを審査しなければならず、その際には、実際に行われた検証活動およびその内容の質の審査（Überprüfung der Qualität der vorgenommenen Begutachtungen）も行うことになっている[116]。この目的のために、環境検証人は、検証の対象および範囲に関する企業との協定（Vereinbarung mit den Unternehmen über Gegenstand und Umfang der Begutachtung）、企業業績に関する報告書（Berichte an die Unternehmensleistung）、妥当と宣言した環境報告書（für gültig erklärte Umwelterklärung）、そして、企業敷地への訪問および従業員との会談に関する記録（Niederschriften über Besuche auf dem Betriebsgelände und über Gespräche mit dem Betriebspersonal）など、自らが書き記したものの副本（Zweitschrift）を、認定機関の審査が終了するまで（ただし五年を超えない期間）保管し、求めに応じて呈示する義務がある。また、認定あるいは専門知識証明に影響のある全ての変更内容について、認定機関に

報告しなければならない[117]。

(4) 環境検証人等に課せられた右のさまざまな義務との関連で、それに違反した場合の認定機関に認められた制裁措置の内容は、極めて多様である。まず、環境検証人、環境検証人機構および専門知識証明の保有者に対して「必要な措置」(erforderliche Maßnahmen)を行いうるものとし[118]、とりわけ、EC規則や本法に基づく義務、および認定機関による実施可能な指示(Anordnung)に明らかに違反している場合には、認定機関は、検証活動の継続を「全部あるいは部分的に当分の間禁止する」(ganz oder teilweise vorläufig untersagen)ことができる[119]。もっとも、このような監督措置は、違法状態が解消されたり、それが今後も継続される危険性が存しなくなったような場合には、直ちに中止しなければならないとされており、その限りでは、必ずしも徹底したものとはいえない。このような内容になったのは、おそらく、実際の認定機関であるDAUの構成メンバーおよびそのことから生ずるその組織としての性格に起因するものであろう。

また、認定および専門知識の証明の取消し(Rücknahme)および撤回(Widerruf)については、法一七条に規定されている。このうち、取消しは、その専門領域との関連で、認定や証明の付与が当初からなされるべきではなかったことが事後的に明らかとなった場合についてのみ行われる[120]。この点は撤回についても同様で、EC規則四条六項に違反するような環境報告書の認定が繰り返し行われた場合であっても、認定や証明の撤回は行われない[121]。ただ、認定や知識の証明の撤回については、行政手続法(Verwaltungsverfahrensgesetz)の撤回原因によることになっているので、取消しと比較すれば若干要件が緩やかであるとみることもできる[122]。これとの関連では、法三七条一項は過料を課することのできる場合についての規定を置いているが、環境報告書の認定がその対象になっていない。今後の焦点の一つになるであろう。

7　環境検証人委員会

(1) 法二一条によれば、本法の解釈および適用、更には環境検証人の認定などについての指針を作成する機関として、連邦環境省の下に環境検証人委員会（Umweltgutachterausschuß）を置くことになっている、この組織については EC 規則では触れられておらず、本法によって導入された全く新たな制度である。

環境検証人委員会の構成メンバーをめぐっては、各界・各層の主張が激しく対立したが、結局は、経済界や環境保護団体などの各々の連邦上部機構（Bundesdachverbände）および関係行政庁の申し出に基づいて、三年の期限で連邦環境省によって任命されることになった[123]。具体的には、産業界（企業もしくはその上部機構）から六名、環境検証人もしくは環境検証人機構から四名、連邦の環境行政の代表が二名、連邦の経済行政の代表が一名、州の環境行政担当者が四名、州の経済行政担当者が二名、労働組合の代表が三名、環境保護団体の代表が三名、計二五名によって構成される[124]。

(2)　環境検証人委員会は、環境検証人の認定や専門知識証明の付与に関する本法の規定およびそれに基づく法規命令の解釈および適用のための指針（Richtlinien für die Auslegung und Anwendung）の発布、認定機関に設置される審査委員会（Prüfungsausschuß）を構成する審査員リスト（Prüferliste）の管理、異議審査委員会（Widerspruchs-ausschuß）のメンバーの推薦、その他全ての認定および監督事務において連邦環境省に助言を行うことなどの任務を有する[125]。

このうち、特に重要なのは指針の発布である。それは認定機関に委ねられている認定・監督活動のための指針であり、したがって、性質上は認定機関のみを拘束する行政規則[126]であるが、ただ、認定機関の各種行為は、必然的に環境検証人の活動それ自体にも影響を及ぼすことになるため、この指針自体も、実質的には、認定機関だけではなく環境検証人にとっても拘束力を有することになる。そして、重要なのは、本委員会が組織されることによって、国（行政）は認定機関の認定・監督活動を拘束する独自の権限を放棄するに至ったことである。もちろん、本委員会のメンバーとして国の環境・経済行政の代表が含まれているので、それらを通じて国の意向を反映させることは可能ではあるものの、メンバーの構成比は明らかに産業界寄りの陣容となっており、国は少数派にとどまる。拘束的指針の発布などの重要事項の決定に関しては、本委員会は三分の二の多数をもって事を決することになっている[127]ため、論理的には確かに環境サイドとみられる九名（環境行政担当六名、環境保護団体三名）もしくは労組代表を含めた一二名が統一行動をとれば、委員会の決定に影響を及ぼしうる立場にはある。しかし、それでもなお過半数には届かないし、何よりも彼ら全員が環境サイドに与するという保証はどこにもない。したがって、現実には、経済的利害が環境的利害との関係で優位に立っていることは否定しがたい。その意味で、決定機関としての本委員会の性格は、本法それ自体が経済界寄りの妥協の産物として成立したことと、大きく関わっているといえよう[128]。更に、本委員会の活動に対する連邦環境省の監督も法的監督（Rechtsaufsicht）に限られ、実体的・専門的な内容までは踏み込むことはできないとされているため[129]、間接的なものとならざるをえない。

(3) ただ、そうはいっても、環境監査という制度の本来的な趣旨からすれば、環境検証人委員会の役割としては、やはり国家的利益と社会的諸利益との間の重要なインターフェイス（Schnittstelle）としての機能が期待されている[130]。すなわち、本制度への参加は企業による自由意思に任されているため、参加しない企業はＥＣ規則に拘束されることはない。しかし、それでは環境保全にとっては不十分であるとの配慮から、企業による環境保全の新たな手法としての環境監査を公衆に広範に受容させるべく具体化する任務をこの委員会は有している。そして、本委員会のこのような任務は、そこに与えられた権限を責任をもって行使することによって、換言すれば、各種団体の個別の利害によってその決定が影響されないことによってはじめて達成しうるものとなる。ただ、そうであるからこそ、本委員会が「官庁モデル」と「私的自治モデル」との妥協の産物として成立したことには、批判の余地があろう[131]。

㈢ 事業所の登録

ＥＵの環境監査制度へ参加するかどうかは、前述のように、企業の自由意思に任されている。当初の案では、一定条件を充たす企業には環境監査を義務づけるという内容であったが、産業界などからの抵抗もあって、とりあえずは企業の自発的な意思による任意参加に落ち着いたといわれる。確かに、企業にとっては、参加をしたことが名簿等によって明らかになり、そのことによって何らかの利益を享受しうるとしても、それだけでは企業が自ら積極的に環境保全システムを構築するために多大な人的・物的投資を行うことの十分なインセンティヴとはなりにくい。(132) そのことをも考慮して、EC規則では、本制度に参加し、監査を効果的に実施した企業については、一定の範囲で参加宣伝（Teilnahmeerklärung）を行う権利を認めている。(133) しかし、EC規則および本法では、それ以外の参加促進措置については具体的に触れるところがなく、単に登録について権限を有する機関、およびその要件・手続等を規定するにすぎない。

1　登録機関およびその権限

(1)　まず、EC規則は、「各加盟国は、この規則、とくに第八条（事業所の登録）および第九条（登録事業所名簿の公表）に定められた任務を責任をもって遂行する管轄機関を指名し、その旨をEC委員会に通知しなければならない(134)」と規定し、審査を受けた事業所の登録について権限を有する機関を指名すべきことを加盟国に義務づけている。これをうけて、本法は、この任務を、産業・商工会議所（Industrie- und Handelskammer）および手工業会議所（Handwerkskammer）に委ね(135)、更に、毎年更新される名簿をEC委員会に通知する共通の機関（gemeinsame Stelle）を右の各会議所が文書による協定（schriftliche Vereinbarung）で指名するものとしている。(136) また、右の各会議所は、登録業務の全部もしくは一部をこれらの会議所の一つに委ねることを、文書によって協定することもできる。(137)

繰返し述べるように、本法そのものがドイツでは経済界に歩み寄る形で制定されたこともあって、監査制度との関連で生じた行政課題は経済の自治事務の領域に属するという理解が経済界を中心に広まっているが、登録機関に係る右の各規定も、まさにそのような理解に基づいて制定されたものである。ここでも、右のような規定内容がEC規則の趣旨に合致するかどうかについては、さまざまな疑問が呈示されている。

(2)　まず、本法は登録の任務を複数の機関に委ねているが、それは確かに協定をもって一つの機関に権限を集中させることができることについては右にみたとおりであるものの、EC規則が各加盟国ごとに一つの機関を想定していることとは一致しない。そのような委任の仕方は、仮にドイツ国内では有効に機能しえても、環境監査制度が実効的に機能するためにとりわけ重要なEU域内における全体としての統一性それ自体を妨げることにもなりかねないからである。[138]

更に、本法では、右の各会議所が登録手続に関して自主法規（Satzung）をもってより詳細に規律しうることを認めている[139]ため、その内容とEC規則の内容とが一致しない事態も当然に生じうる。ただ、EC規則が直接に妥当するのは登録の実体的要件の部分であり、手続に関しては各国が独自に規定しうると理解すれば、右の不一致はそれほど問題にはならない。[140]

むしろ、問題なのは、登録の権限を産業・商工会議所および手工業会議所に委ねたことそれ自体である。すなわち、EC規則では、登録機関については独立性と中立性が保証されねばならないとされているが、[141]そもそもこれらの機関には、法律上、当該業界の利益代表（Interessenvertretung）としての性格が認められている。[142]したがって、各種利害が対立する厳しい判断に迫られるような場合に、その任務を中立に、かつ利益代表としての立場を離れて公平に遂行しうるかどうかについて、疑問を払拭し去ることはできない。[143]とりわけ、後述の登録の拒否や抹消、取消しなどが問題となるときには、それらの問題点がより一層顕在化することにもなろう。

2　登録の要件および抹消

(1)　登録の要件および抹消についてはEC規則の八条に規定されており、その限りでは、加盟国にはそれらを独自に規律する余地はなく、もっぱらEC規則を具体化することに限られることになる。

まず、EC規則によれば、事業所の登録（Standortregistrierung）は、環境検証人によって認証された環境報告書（Umwelterklärung）を登録機関（Regierungsstelle）に提出し、登録料（Eintragungsgebühr）を支払い、更に当該事業所がEC規則の規定する全ての要件を充足していることを疎明（Glaubhaftmachung）した後に行われる。[144]EC規則では、いかなる方法で、何についてどの程度の疎明が行われるべきかについては明らかにされていないが、環境監査制度、とりわけ独立の環境検証人によって事業所の監査が実施されるという本制度の意義および目的からすれば、まず何よりも、環境検証人によって行われた検証が十分なものとみなされなければならないので、疎明は環境検証人の認定および専門性について行われるべきことになろう。(145) したがって、本法によれば、環境報告書の妥当性宣言が公認の環境検証人もしくは環境検証人機構によって責任をもって行われなかったとき、あるいは、環境報告書の妥当性宣言を共同で行った者が環境検証人としての認定さらには専門知識証明もしくは課程証明の内容からして、当該事業所の検証に必要な専門性を有しないときには、疎明が行われたとはいえないことになる。(146)

(2)　ところで、ドイツでの国内法化に際しての議論では、とりわけＥＣ規則八条四項が問題となった。すなわち、それによれば、登録機関は、権限ある執行官庁により当該事業所が環境関連法規に違反している旨の通知がなされた場合には、事業所の登録を拒否し、あるいは一時的に登録を取り消さねばならない。(147) そしてまた、他方で、法違反の状態が是正され、その再発を防止するための十分な対策が講じられているという保証を執行官庁より得た場合には、登録機関は、登録の拒否あるいは中止の措置を撤回しなければならない。(148) その結果、環境関連法規に忠実な事業所のみが登録されることになるため、その意味では、これらの規定こそが、監査システムを実効的に機能させるための中核に位置するともいえる。

もっとも、ドイツの国内法化に際しては、当初、企業が法違反の存在を否認している場合には、権限ある執行官庁は、行政行為（Verwaltungsakt）によって法違反の存在を確定するか、あるいは行政行為により法違反の除去に必要な措置をとることによってのみ、当該違反を登録機関に通知することができるという草案が準備されていた。これは、見方によっては環境官庁の決定への登録機関の厳格な拘束をより明確に表現したものともいえるし、その限りでは、ＥＣ規則の内容を更に徹底することを意図していたともいえよう。

しかしながら、このような厳格な留保条項はＥＣ規則には含まれていないし、そのことによって、逆に、現実には行政機関の介入は極めて困難になることも予想される。すなわち、草案の規定の趣旨は、換言すれば、企業の法違反の存否の決定権限について、実質的には企業寄りの解決を図ろうとしたものであったからである。そのため、法案審議の過程で大幅な修正が施され、最終的には、環境関連法規違反に係る決定権限は環境官庁に属するということを明確にする形での決着をみた[149]。すなわち、本法は、登録機関が権限ある環境官庁に四週間の期間内に意見を述べる機会を与えることにより、環境官庁の関与を登録のための手続的要件とし[150]、更に、環境官庁が事業所の法違反を認定しているにもかかわらず、関係企業がそれに異議を唱えているときには、登録の許否に係る判断は、その争いが解決するまで延期されねばならないとしている[151]。このような方向での決着は、当該事業所が環境法規に違反しているかどうかを判断するのに必要な専門知識を、少なくとも公には環境官庁のみが有しているということを前提とするものであり、おそらくは適切であったといえよう[152]。

そこで、右のことを踏まえて、以下では、環境保全手法としての環境監査制度、とりわけＥＭＡＳおよびドイツ環境監査法の意義、更には、環境監査制度の法的位置づけと環境法に求められる今後の課題について、若干の考察を行うこととする。

(40) Vgl. Art. 6 Abs. 1, 2 u. Art. 18 Abs. 1 der Verordnung (EWG) Nr. 1836/93. なお、後に「事業所」が「組織」に改訂されたことは、前註(27)のとおりである。

(41) Vgl. Lütkes, NVwZ 1996 (Fußn. 4), S. 230ff., S. 231; Ewer, NVwZ 1995 (Fußn. 4), S. 457ff., S. 458; Lübbe-Wolff, DVBl. 1994 (Fußn. 1), S. 361ff., S. 368; Sellner/Schnutenhaus, NVwZ 1993 (Fußn. 1), S. 928ff., S. 932f. なお、このような妥協的解決については、ＥＣ規則の国内法化はまさに環境検証人の認定のシステムを制度化し、事業所の登録についての権限とそのための手続を規律することになるはずのものであるから、それは監査システムの行政上の枠組みを定めるものに他ならず、その意味では経済界寄りの妥協に基づいて制定された本法の規定それ自体が問題であるとする見方もある。Vgl. Lübbe-Wolff, NuR 1996 (Fußn. 4), S. 217ff., S. 218f.

(42) Art. 30 u. 80 GG.

(43) Vgl. Lütkes, NVwZ 1996 (Fußn. 4), S. 230ff., S. 231; Ewer, NVwZ (Fußn. 4), S. 457ff., S. 460. このような暫定的措置に対する

批判として、Lübbe-Wolff, NuR (Fußn. 4), S. 217ff., S. 219.

(44) § 38 Abs. 4 UAG.

(45) Gesetz über die Zulassung vom Umweltgutachtern und Umweltgutachterorganisationen sowie über die Registrierung geprüfter Betriebsstandorte nach der Verordnung (EWG) Nr. 1836/93 des Rates vom 29. 6. 1993 (Umweltgutachterzulassungs- und Standortregistrierungsgesetz - UZSG); vgl. Vetter, DVBl. 1996 (Fußn. 4), S. 1223ff., S. 1224.

(46) § 39 UAG. なお、ここで注目すべきは、本法が英語圏の用語である Audit の語を使用したことである。確かに、学説はもちろん連邦政府内においても Audit の語が使用されることはこれまでにもあったが、少なくともそれが公式に用いられることはなかったし、むしろそれに代わるものとして Umweltbetriebsprüfung という語が用いられるのが通例であった。そこには、例えばすでに述べたような対イギリスとの関係での感情的な要因も含まれていたのではないかと推測されるが、本法の制定にあたって Audit の語を用いたのは、後述の本法の内容からも明らかなように、環境保全に関して企業が自主的に内部監査を実施するという意味合いの強い Umweltbetriebsprüfung に代えて、外部の公認環境検証人が企業内監査の正確さおよびその内容的妥当性を検証するとともに、利害関係人の聴聞や外部への公表まで含めて理解されている Audit の概念を使用することに、積極的意義を見い出したからではなかろうか。

(47) Art. 2 m) der Verordnung (EWG) Nr. 1836/93.

(48) 環境検証人の認定については、vgl. §§ 4-7, 9, 11 Abs. 2 u. 3, § 12 UAG. 環境検証人機構の認定については、vgl. § 10 UAG.

(49) Teil 2 (Zulassung von Umweltgutachtern und Umweltgutachterorganisationen sowie Aufsicht; Beschränkung der Haftung, Verwendungsverbote für Teilnahmeerklärungen und Graphik), Abchnitt 1 (Zulassung): §§ 4-14 UAG.

(50) Teil 2, Abschnitt 2 (Aufsicht): §§ 15-20 UAG.

(51) Teil 2, Abschnitt 3 (Umweltgutachterausschuß, Widerspruchsausschuß): §§ 21-27 UAG und Abschnitt 4 (Zuständigkeit): §§ 28-29 UAG.

(52) Teil 3 (Registrierung geprüfter Betriebsstandorte, Kosten-, Bußgeld-, Übergangs- und Schlußvorschriften), Abschnitt 1 (Registrierung geprüfter Betriebsstandorte): §§ 32-35 UAG.

(53) Art. 3 Abs. 1 der Verordnung (EWG) Nr. 1836/93.

(54) Verordnung (EWG) Nr. 3037/90 des Rates vom 9. 10. 1990, ABl Nr. L 293 vom 24. 10. 1990, S. 1.

(55) Art. 2 i) der Verordnung (EWG) Nr. 1836/93.

(56) この点が、当初から商社、病院、官公庁などの参加も認めていたＩＳＯ規格との重要な差異の一つであったが、その後の推移等も含めて、髙橋・前掲注（1）参照。

（57） Art. 2 m) der Verordnung (EWG) Nr. 1836/93.

（58） Art. 6 u. Anhang Ⅲ der Verordnung (EWG) Nr. 1836/93.

（59） § 2 Abs. 2 UAG.

（60） § 2 Abs. 3 UAG.

（61） 同趣旨として、Sellner/Schnutenhaus, NVwZ 1993 (Fußn. 1), S. 928ff., S. 933; Schottelius, BB 1995 (Fußn. 1), S. 1549ff., S. 1552.

（62） Anhang Ⅲ A. Nr. 2 der Verordnung (EWG) Nr. 1836/93.

（63） Dazu vgl. Lübbe-Wolff, DVBl. 1994 (Fußn. 1), S. 361ff., S. 366.

（64） Art. 12 Abs. 1 GG.

（65） 以上につき、vgl. Sellner/Schnutenhaus, NVwZ 1993 (Fußn. 1), S. 928ff., S. 932 Fußn. 70. 東京海上火災編・前掲書註（11）五三頁。なお、Köck, VerwArch. 1996 (Fußn. 4), S. 667は、ドイツ環境監査法が環境検証人の認定要件について個人に関連したアプローチ（individualbezogener Ansatz）を採用しているのに対して、他の多くの加盟国は、組織に関連したアプローチ（organisationsbezogener Ansatz）を前面に押し出しているとし、少なくとも検証過程の複雑性を考慮したときには、ドイツ法の態度には問題がないわけではないという。

（66） 監査および検証手続の概略については、髙橋・前掲註（2）一五頁以下（本書三〇頁以下）参照。

（67） Vgl. Art. 1 Abs. 1 der Verordnung (EWG) Nr. 1836/93.

（68） Anhang Ⅲ A. Nr. 2 Abs. 2 der Verordnung (EWG) Nr. 1836/93.

（69） Anhang Ⅲ A. Nr. 1 der Verordnung (EWG) Nr. 1836/93.

（70） § 7 Abs. 1 UAG.

（71） § 7 Abs. 2 Nr. 1 UAG. なお、この場合の大学の課程とは、大学大綱法（Hochschulrahmengesetz - HRG）一条でいうところの大学を指し、したがって、課程の修了は総合大学（Universität）だけではなく、単科大学（Fachhochschule）においてでもよい。

（72） § 7 Abs. 2 Nr. 2 UAG. なお、他のEU諸国においては、大学の課程ではなく、実務上の知識や経験をより重要視しているという。Vgl. Köck, VerwArch. 1996 (Fußn. 4), S. 668 Fußn. 113.

（73） Vgl. Lütkes, NVwZ 1996 (Fußn. 4), S. 230ff., S. 234.

（74） Vgl. H. Maurer, Allg. VerwR 17. Aufl., 2009, § 24 Rdn. 16.

(75) たとえば、髙橋・前掲註(9)一二〇頁以下（本書一九一頁以下）。
(76) 後述のように、本法一五条二項が、環境検証人等に対する監督につき、関連法規について発布された行政規則を考慮すべきことを義務づけていることも、同様の趣旨といえる。もっとも、このことを伝統的な行政法理論との関係でどのように説明するかは、それ自体が一つの大きな課題である。
(77) § 5 u. 6 UAG.
(78) Anhang Ⅲ A. Nr. 1 Abs. 2 der Verordnung（EWG）Nr. 1836/93.
(79) Lütkes, NVwZ 1996（Fußn. 4）, S. 230ff., S. 232. したがって、ここでいうところの完全性とは、別の表現をするならば、その者が他からのさまざまな圧力等に服さない、もしくは影響されない、そして過去にもそのような事実がなかったという意味での清廉性もしくは清廉潔癖性である。
(80) Anhang Ⅲ A. Nr. 1 der Verordnung（EWG）Nr. 1836/93.
(81) 以上の信頼性および独立性について、詳細は、vgl. Kothe（Fußn. 10）, S. 135ff.
(82) UAGZVV. 前註(39)参照。
(83) 詳細については、vgl. § 1 Abs. 1 u. 2 UAGZVV.
(84) §§ 11 Abs. 2, 12 Abs. 1 S. 1 UAG.
(85) § 5 UAGZVV.
(86) § 21 Abs. 1 S. 2 Nr. 2 UAG.
(87) § 12 Abs. 3 S. 2 u. 3 UAG.
(88) § 12 Abs. 3 S. 5 UAG.
(89) 本条の制定過程における議論については、vgl. Ewer, NVwZ 1995（Fußn. 2）, S. 457ff., S. 458.
(90) § 1 Abs. 1 UAGBV.
(91) たとえば、認定作業等について手数料（Gebühren）を徴収することもできる。Siehe UAGGebV.
(92) Vgl. §§ 16 Abs. 2, 17 Abs. 3 Nr. 2 und 18 Abs. 2 S. 3 UAG; vgl. auch Lütkes, NVwZ 1996（Fußn. 4）, S. 230ff., S. 232; Kothe（Fußn. 10）, S. 145f.
(93) 以上につき、vgl. Lübbe-Wolff, NuR 1996（Fußn. 4）, S. 217ff., S. 220.
(94) § 10 Abs. 1 Nr. 1 UAG. この内容は、公認会計士法（Wirtschaftsprüferordnung - WPO）二八条に倣ったものである。
(95) § 10 Abs. 1 Nr. 2 UAG.

(96) Anhang Ⅲ A. Nr. 2 Abs. 2 der Verordnung (EWG) Nr. 1836/93.
(97) § 9 Abs. 1 S. 1 Nr. 1 a bis c UAG.
(98) ユニット・システムについては、vgl. Vetter, DVBl. 1996 (Fußn. 4), S.1223ff., S. 1227f.; Lütkes, NVwZ 1996 (Fußn. 4), S. 230ff., S. 233.
(99) ただし、後述するように、このような規定の仕方がEC規則に合致するかどうかについては疑問が示されているし、現に、立法手続の段階でも争いがあった部分である。Vgl. Bohnen, Das Umweltauditgesetz im Streit zwischen Bundesrat und Bundestag, BB 1995, S.1757ff., S.1757f.; Lübbe-Wolff, NuR 1996 (Fußn. 4), S. 217ff., S. 222.
(100) Kothe (Fußn. 10), S.148; Lütkes, NVwZ 1996 (Fußn. 4), S. 230ff., S. 233.
(101) Art. 6 Abs. 1 u. Art. 18 Abs. 1 der Verordnung (EWG) Nr. 1836/93.
(102) Lütkes, NVwZ 1996 (Fußn. 4), S. 230ff., S. 230f.; Schneider, Die Verwaltung (Fußn. 4), S. 361ff., S. 374f.
(103) 以上につき、vgl. Kothe (Fußn. 10), S. 148.
(104) § 8 Abs. 1 S. 1 UAG; vgl. §§ 5 u. 6 UAG.
(105) § 8 Abs. 1 S. 2; vgl. § 7 Abs. 2 Nr. 1 u. 3.
(106) §§ 11 Abs. 4, 12 UAG i. V. mit § 3 UAGZVV.
(107) § 13 Abs. 1 UAG.
(108) Vgl. §§ 9 Abs. 1 S. 2 Nr. 1 c), 10 Abs. 1 Nr. 2 c) UAG. 以上につき、vgl. Kothe (Fußn. 10), S. 149.
(109) § 13 Abs. 2 UAG.
(110) Art. 6 Abs. 7 der Verordnung (EWG) Nr. 1836/93.
(111) § 18 UAG.
(112) Anhang Ⅲ A. Nr. 1, 4 der Verordnung (EWG) Nr. 1836/93.
(113) §§ 15 Abs. 2 Nr. 5, 18 Abs. 2 S. 3 UAG.
(114) § 18 Abs. 2 UAG.
(115) Vgl. § 14 UAG; Art. 7 der Verordnung (EWG) Nr. 1836/93.
(116) § 15 Abs. 1 S. 2 UAG.
(117) § 15 Abs. 2 UAG. なお、法一五条三項によれば、環境検証人や専門知識証明の保有者だけではなく、課程証明やその他の資格保証の保有者についても、継続的に教育を受けるべきことが義務づけられている。

(118) § 16 Abs. 1 UAG.
(119) § 16 Abs. 2 UAG.
(120) § 17 Abs. 1 UAG.
(121) § 17 Abs. 2 UAG.
(122) § 17 Abs. 3 UAG.
(123) § 22 Abs. 3 UAG.
(124) § 22 Abs. 1 UAG.
(125) § 21 Abs. 1 S. 2 UAG.
(126) Vgl. Art. 86 GG.
(127) § 23 Abs. 3 UAG.
(128) 以上につき、vgl. Lütkes, NVwZ 1996 (Fußn. 4), S. 230ff., S. 234.
(129) § 27 UAG.
(130) Lütkes, NVwZ 1996 (Fußn. 4), S. 230ff., S. 234.
(131) 以上につき、vgl. Kothe (Fußn. 10), S. 156ff. なお、環境検証人としての認定、専門知識証明の付与、およびさまざまな監督措置は、いずれも認定機関の行政行為（Verwaltungsakt）として扱われ、したがって、それらの行為に対しては、連邦環境省の下に設置される異議審査委員会（Widerspruchsausschuß）による法的救済が与えられる（法二四条）。すなわち、行政裁判所法（Verwaltungsgerichtsordnung）七三条一項一号によれば、行政行為に対する異議に関しては、直近の上級行政庁が決定しなければならないとされており、本委員会もそのために設置されたものである。本委員会の委員長および委員長により任命される二名の委員は有資格法曹（Volljurist）によって構成され、いずれも連邦環境行政に携わる公務員である。本委員会に対する異議によって権利救済が図られない場合には、他の行政行為の場合と同様に行政裁判の途が開かれる。なお、異議審査の手続は、法二五条以下および行政裁判所法六八条以下に従って行われる。Vgl. Kothe (Fußn. 10), S. 158ff.
(132) 以上につき、環境監査研究会編『環境監査入門』日本経済新聞社（一九九二）九七頁以下、髙橋・前掲註(9)一一九頁以下（本書一九〇頁以下）参照。
(133) Art.10 der Verordnung (EWG) Nr. 1836/93. ただ、一九九二年三月の委員会草案等で当初予定されていたロゴ（Logo）の使用は、環境保護団体や企業の圧力もあって、ＥＣ規則には採用されなかった。この経緯等については、vgl. Führ, NVwZ 1993 (Fußn. 2), S. 858ff., S. 860. ここで認められている参加宣伝は、本制度に参加していることを内容とする図柄（vgl. Anhang IV

der Verordnung (EWG) Nr. 1836/93）の使用であり、それは製品の宣伝や製品それ自体には使用することができず、また包装紙に印刷することもできない。したがって、それは社内の掲示板（案内板）やレター・ヘッド、企業の環境報告書、パンフレット、企業のイメージ広告などに使用できるにすぎないことになる。Vgl. Scherer, NVwZ 1993 (Fußn. 2), S. 11ff., S. 14.

本制度への参加を促す目的でロゴやエコ・マークの使用を認めること自体に対しての批判のうち、産業界、とりわけ環境保全に関して他のＥＵ諸国をリードする形でその施策を展開し、これまでにも多くの実績を積み重ねてきたドイツ産業界からの批判は、極めて厳しいものがあった。それは、すなわち、本制度が規則としての形式をとることによって、確かにＥＵの法体系上はその内容が各国に直接適用されることにはなるが、現実には、ドイツにおいてはＥＣ規則よりもはるかに厳格な基準および内容をもって実施されることになるであろうことを考えると、参加企業に等しくロゴ等の使用を認めることはそれらが同一の基準で審査を受けたかのような印象を与えることになり、少なくともドイツの企業にとっては不利になるというものであった。ＥＣ規則の規定内容は、ドイツ産業界からのそのような批判に応えたものだといいうるが、ただ、それに代わる図柄の使用の許諾は問題の本質的解決とはいいがたく、実質的には今後の検討課題として先送りされたものと考えられる。なお、ドイツ産業界の右のような懸念は、環境監査法の成立により現実のものとなりつつある。

(134) Art. 18 Abs. 1 der Verordnung (EWG) Nr. 1836/93.
(135) § 32 Abs. 1 UAG.
(136) § 32 Abs. 2 UAG.
(137) § 32 Abs. 3 UAG.
(138) Lübbe-Wolff, NuR 1996 (Fußn. 4), S. 217ff., S. 224. 確かに、ＥＣ規則一八条一項の文言上は、このような批判は当然のものとして生じえよう。ただ、同条二項によれば、複数の権限ある機関（die zuständigen Stellen）を指名することも可能であるし、そもそも、複数の機関に任務を委任することにより、制度それ自体の機能性が阻害されるとは一概に結論づけられない。その限りでは、この種の批判は、必ずしも的を得ているとはいえない。
(139) § 35 UAG.
(140) Vgl. Kothe (Fußn. 10), S. 109.
(141) Art. 18 Abs. 2 S. 1 der Vaerordnung (EWG) Nr. 1836/93.
(142) § 1 Abs. 1 Gesetz über die Industrie- und Handwerksordnung; § 90 Abs. 1 Handwerksordnung.
(143) Lübbe-Wolff, NuR 1996 (Fußn. 4), S. 217ff., S. 224; Kothe (Fußn. 10), S. 110f. Rdn. 346f.
(144) Art. 8 Abs. 1 der Verordnung (EWG) Nr. 1836/93.

(145)　Sellner/Schnutenhaus, NVwZ 1993 (Fußn. 1), S. 928ff., S. 931 は、すでにＥＣ規則の草案段階でこのことを指摘していた。
(146)　§ 33 Abs. 1 S. 1 UAG.
(147)　Art. 8 Abs. 4 S. 1 der Verordnung（EWG）Nr. 1836/93.
(148)　Art. 8 Abs. 4 S. 2 der Verordnung（EWG）Nr. 1836/93.
(149)　以上につき、詳細は、vgl. Kothe（Fußn. 10), S. 113ff.; Lübbe-Wolff, NuR 1996（Fußn. 4), S. 217ff., S. 225.
(150)　§ 33 Abs. 2 S. 1 UAG.
(151)　§ 33 Abs. 2 S. 2 UAG.
(152)　ＥＣ規則によれば、すでに登録されている事業所が、登録後に環境法規に違反していると登録機関が結論づけた場合には、公簿から抹消され、違反している旨を権限ある環境官庁により報告を受けたときには、その事業所の登録が一時的に中止される。これについて、法三四条は、企業が適切な理由を示して違反の存在に異議を唱え、登録の抹消もしくは一時的な中止が企業にとって重大な経済的もしくはその他の損害を生ぜしめることを疎明した場合には、法違反の存在を明らかにする行政行為もしくは過料、更には有罪判決が存在するときにのみ、登録の抹消等を行いうると規定しており、ＥＣ規則とは若干ニュアンスを異にしている。
　ＥＣ規則では、確かに、登録機関の抹消や取消しの決定に対して、国内法によって企業に暫定的な権利保護を認めることまでは排除していない。しかし、ＥＣ規則で意図されていない規律を行うことは認められないはずである。そうすると、環境関連法規に違反している旨を関係機関が明らかに適切な形で確定しているにもかかわらず、抹消等が必ずしも行われるわけではないことを規定する本法の内容は、少なからず問題であるともいいうる。

三　環境保全手法としての環境監査の意義と環境法の課題

(一)　環境監査の意義と環境保全手法としての実効性

1　環境監査の基本システム

(1)　ＥＣ委員会は、一九九二年三月、一九九三年から二〇〇〇年までを計画期間とする第五次環境行動計画（Das Fünfte Umweltpolitischen Aktionsprogramm ; The EC's Fifth Environment Action Programme）を提案し、一九九三年二月一日に正式に発効した。

この行動計画においては、予防的な環境政策に基づく「持続可能な発展」(sustainable development) が目標として掲げられ、生活環境にとって脅威となる大気汚染、水質汚濁、廃棄物汚染、危険性の高い産業による各種の汚染等に対しての事後的な対策ではなく、汚染を未然に防止する行動へと政策の転換を図り、資源の効率的利用、生産量の削減と生産物の効率的活用、再利用および再生、廃棄物の安全かつ合理的な処理などに配慮することの必要性が指摘されている[153]。

このうち、本書との関連で重要なのは、右の目標を達成するための政策手法の多様化が考えられている点である。すなわち、そこでは、環境保全のためには規制的措置の実施を各加盟国に義務づけることにのみ関心が向けられるべきではなく、EUおよび加盟各国、更には自治体、企業、消費者および一般市民などのすべての関係者が共通の認識の下に協力していくべきことの必要性が強調されているからである。そのための具体的手法としては、環境税、炭素税および環境証などが考えられているが、環境ラベリングや環境情報の公開などとともにいち早く明確な政策として示されたのが環境監査であった。EC規則に基づく環境監査制度は、この観点からは、国家、社会および産業界、更には消費者や一般市民の協働行為に依存した環境保全のための枠組みとして特徴づけることができる[154]。

(2) ところで、EC規則の前文には、「産業界 (Industrie) は、その活動の環境へ及ぼす結果を克服するための自己責任 (Eigenverantwortung) を有する」旨が規定されている。したがって、環境の保全は、ここでは企業の自主的取組を通じて実現されるべきことになるし、それを規則上明確にすることによって、環境保全が企業の最重要課題の一つとして位置づけられるだけではなく、それを可能とするための企業内組織の構築、およびその活動実績を点検するシステムが法的に要求されることにもなる。それゆえ、実際の環境監査の制度および具体的運用のあり方についても、少なくともEMASとの関連では、右のような意味での企業の自己責任との密接な結びつきの下に、それが論じられねばならない。

もっとも、環境監査という観念自体は、かつて論じたように[155]、決してEUの立法者が独自に着想を得たものではない。すなわち、環境保全に関してはともかく、監査あるいは管理という考え方自体は、企業実務においてはかなり以前から広く普及しているし、そこでは、企業あるいはその経営を特定の視点の下に、とりわけ企業製品の品質管理という視点の下に詳細に調査することによって、経営のプロセスや生産工程を最大限に効率化したり、達成すべき水準を持続的に維持・向上することが試みられてきたからである。とりわけ、アメリカにおいては、企業と社会の紛争を解決するための手法として、外部監査人である公認会計士が会計の視点から財務諸表を公表する財務監査の制度が発達してきており、財務関連情報の公表の拡大を通じて、経営者の無自覚や詐欺的会社経営から善良な債権者や株主を保護することが試みられてきた。社会監査といわれるその制度は、右のごとく、社会問題に関連する企業情報を公表することに、その主たる役割があったが、それは公害や環境の問題だけにとどまるものではなく、女性や少数民族などのいわゆるマイノリティの雇用および昇進、職場の安全性、公正な取引等、広範な社会問題に対する企業の現実的取組について、企業の社会的責任を問う世論の動向をうけて理論化および制度化されたものであった。

そのような手法が環境問題との関連で顕著な発達をみせるのは、一九七〇年代末から八〇年代初頭にかけてであるとされている。とりわけ、アメリカ証券取引委員会（Securities and Exchange Commission - SEC）は、一九七七年から八〇年にかけて、環境責任リスクの範囲を確定するために多くの企業に環境監査の実施を要求したが、このことが本制度の発達に大きな刺激を与えたとされている。環境監査は、その時期すでに、企業の組織・施設および管理について、環境技術的・環境法的な経営審査を実施するための体系的な手法、すなわち環境保全のための組織や設備、および全体としての環境管理システムなどがいかなる形で構築され、それがどのように機能しているか、あるいはより適切に機能しているかを定期的に点検するための手法としての理解が確立されている[156]。このようなものとしての環境監査が、今日、ＩＳＯ規格などに採用されることによって、環境保全のための重要な手法の一つとして位置づけられるに至っていること、更には、EMASが、これまでに展開されてきた、もしくは現時点において国際的な環境規格として示されている他の環境監査のモデルといくつかの点において異なることはすでに論じたところであるので[157]、ここでは繰り返さない。

ただ、ここでは、EMASが企業による環境情報の公開の要請との密接な結びつきの下に構想されてきたこと[158]、したがって、そこでは市民に提供される企業の環境情報の信頼性こそが重要な要素とならざるをえず、その信頼性を保証する具体的なシステムのあり方が問われること、そして、そのようなシステムの中に企業の自由意思による参加を組み込むことによって、環境保全に対する企業の自己責任をより明確なものとして表現しうること[159]、更には、企業の自己責任とはいうものの、それは決して市場経済的論理にすべてを委ねるものではなく、それを法的制度として明確に位置づけることによって自己責任に基づく企業行動を法的に評価しうる仕組みとして構想されていること[160]、それゆえにまた、その点にこそ、企業内の環境管理システム構築のためのツールとして構想されているISO規格やBS規格との本質的差異があり、その意味では、これまで論じられてきた「経済的手法」とは明らかに異質であることについて、とりあえず確認しておきたい[161]。

2　本制度への参加可能性

(1)　本制度は、右にみてきたように、従来からのcommand and controlという規制的手法の行き詰まりもしくは機能不全を補うものとしての役割を期待されて登場してきた。それゆえ、確かに法理論的にみたときにはいまだ重要な課題が残されているものの、制度の理念としては、その期待に応えようとする枠組みがそこに用意されているとみてよい。しかしながら、本制度への参加が企業の自由意思に委ねられているために、企業自らが本制度への参加を自発的に決心しない限りは、EC規則および本法の規定内容に拘束されることはないし、本制度に従来からの規制的手法に代替しうる環境保全手法としての機能を期待する余地もない。そのため、はたしてどの程度の企業もしくは事業所が本制度への参加表明をすることになるのかが、本制度を実効的に運用できるかどうかということとも関わって、大きな関心とならざるをえない。

この点、二〇〇九年一二月三一日の時点で、ＥＵ全体では七、五八二事業所が環境報告書の認証を取得し、登録されているが、そのうち、ドイツの認証登録数が一、八五五事業所で、イタリアの一、四五九、スペインの一、四四二、オーストリアの六一九、ベルギーの四二八、イギリスの三三二など、他のＥＵ加盟国のそれを大きく引き離しているが[162]、これのみをもって、ドイツの企業だけが環境保全に熱心に取り組んでいるとか、組織としての能力に優れているといった判断をすることは、もちろん正確ではない。なぜなら、すでに述べたように[163]、たとえばイギリスではこれまでにもＢＳ規格に基づいて環境管理システムの認証を行ってきた実績があるし、ＥＭＡＳの発効後も、とりあえずは環境報告書の作成および公表の部分を切り離して従来通りの運用にとどめることを決定しているため、そこで認証を取得した事業所の数がＥＭＡＳに基づく認証実績を示す数字に反映されることは、おそらくありえないからである。

⑵　しかも、ドイツにおいて実際に認証を取得している事業所のほとんどは、従業員五〇〇人以上の大企業であり、また、業種別にみると、食品産業は本制度へ積極的に参加する傾向にあるが、たとえば化学工業などはそれほどでもないという指摘もある[164]。

このうち、中小企業の参加がそれほど期待できないであろうことは、ＥＣ規則の制定当初から予想されていたことであった。その最大の理由は、本制度への参加に伴ってさまざまな費用の支出を余儀なくされ、それが製品コストにも反映することによって、企業経営そのものが成り立たなくなるのではないかという不安を払拭できないことにある。実際、これまでに本制度の要求に見合うだけの環境管理システムを構築してこなかった多くの中小企業にとっては、まず何よりも、その構築のために外部の者に助言を求めることが必要となるかもしれないし、システム構築後も、企業内監査のための専門家の採用、環境検証人の選任、環境報告書の作成や公表など、新たな財政的負担を強いられるのは明らかである。しかも、たとえば環境検証人についていうならば、ＥＣ規則や本法も十分に認識しているように、実際の検証活動は個人の専門知識だけではおそらく不可能であるため、複数の環境検証人やその他の専門家も含めたひとまとまりの、すなわちドイツ法でいう環境検証人機構といったものに依存せざるをえない。中小企業にそれだけの財政的な余裕があるかどうかという問題は、確かに本制度への参加を躊躇させる要因ではある。それゆえ、本制度への自由意思による参加の問題は、しばしば、財政的負担の問題に収斂されて議論されることになる(165)。

しかしながら、行政費用や製品コストの上昇に対する不安という要因は、本制度への参加可能性を論ずるにあたっての唯一の視点とは、必ずしもいえない。なぜなら、経営学的にみるならば、長期的な視点に基づく損益の改善こそが短期的に生ずる利益の最大化よりも優先されるべきことは、おそらく自明のことだからである。それゆえ、この観点からは、本制度への参加に伴ってどの程度の費用を必要とするかということよりも、むしろ、環境監査という手法を利用することによって何がもたらされるのかが重視されることになる。したがって、短期的には利益の増大やコストの削減といった目に見える形での成果をあげることができなくとも、長期的にみてそれを補って余りあるだけのメリットがあるならば、本制度への参加は、中小企業にとっても十分な経済的インセンティヴとして作用しうることになる(166)。

(3) それでは、長期的にみたときに、本制度へ参加することによって、企業には実際にいかなる利益がもたらされるのであろうか。

これについては、通常、競争上の利益、リスクの最小化、コスト回避の可能性などが指摘される。すなわち、本制度への参加によって、当該企業は、単に環境保全に努力しているというだけではなく、法令違反等のない健全な企業経営を行っているという評価を得ることにもなるであろうし、そのことによって、企業それ自体の評価や信用引受に際しても有利に作用し、何よりも競争関係にある他の企業との関係で企業イメージの向上を図ることができる。また、企業内の環境管理システムを適切に構築し、その継続的改善を図ることによって、リスク克服に必要な新たな専門知識の獲得を可能とする組織としての能力を向上させることができ、更には、リスクを最小化することによって、結果的にはコストを減少させることも可能となりうるからである。

しかしながら、それらは確かに単なる事実上の利益というにとどまらず、本制度への参加によっておそらくは必然的に生ずるであろうところの「制度上の利益」として性格づけることができるが[167]、そのような利益を現実に獲得することができるかについては、何らの保証もない。むしろ逆に、従来の規制的手法の下では、行政による命令・禁止に従ってさえいれば、行政上の目標としての環境基準や排出基準の達成が可能であるという前提があっただけではなく、たとえそれが実際の環境改善に結びつかなくとも、少なくともそのことゆえに企業自身の法的責任を問われることはなかったし、社会的な批判を浴びることも、通常は考えにくかった。それゆえ、本制度への参加に伴う右のような利益が何らかの形で明確なものとして保証されるのでなければ、本制度へ積極的に参加しようというインセンティヴは働かないことになる。

しかし、他方で、環境監査という環境保全のための新たな手法が提唱されてきた背景には、従来からの規制的手法によっては環境保全の成果を十分に示しえないという事情があったことも見逃されてはならない。すなわち、経済学的もしくは経営学的には、単に行政上の規制に従っているという事実のみではなく、製品の安全性や環境親和性など、企業の社会的責任を問う傾向をうけて、自社製品の品質や企業内組織それ自体を公表することによって自らの環境問題に対する積極的姿勢を明らかにする必要に迫られ、それに応えるべく環境管理システムのあり方が議論され、それが発展してきたという事情、そして何よりも重要なのは、環境保全の手法としてこれまで支配的であったcommand and controlというアプローチの実効性に対する法律学的な視点からの疑問が提起されはじめてきたという事情があるからである。

その際に、とくに規制的手法の実効性との関わりでいえば、そこでの前提的状況が必ずしも明確ではなくなってきていること、すなわち、規制の対象領域である生態系や科学技術における複雑な連鎖は、われわれが経験知を未だ十分に構築できていない諸要因によって規定されているために、行政は、環境的価値およびそれを保護するために規制的手法をもって介入するラインを、環境基準や排出基準などの固定化された準則として制度化することが困難になっていること、それゆえ、命令・禁止のための拠り所としてそれらの基準が存在する場合であっても、それが環境保全のための有効な基準であるかどうかさえ断言できないこと、また、かりに有効な基準設定が可能であったとしても、それが企業の能力からして実施困難であると判断されるときには、現実には実現可能な基準設定で満足せざるをえず[168]、したがって、基準の達成が必然的に環境の保全もしくは改善につながるという保証がないこと、更には、積極的に不確実なリスクを克服するための方途を模索し続けなければ、いずれは企業自らが大きなコスト負担を強いられる状況が顕著になっていることなど、ここでは、かつて規制的手法が依拠していた前提的状況が欠落しつつあるという点に、とくに目が向けられねばならない。その意味では、命令・禁止にさえ従っていれば責任を問われることはないという保証すらも、そこには存在しなくなっているのである。環境監査制度は、まさにこのような状況の下で提唱されてきたものであるがゆえに、従来の手法の下で考えられてきた企業活動のインセンティヴに関する議論を、そのまま本制度への参加についてあてはめることは、おそらく不適切である。ここでは、環境保全をめぐる法それ自体に対する理解の差異こそが問題とされねばならないのであるが、これについては、後に簡潔に触れることとする。

3　参加促進措置

(1)　ところで、前述のように、本制度への中小企業の参加が少ないであろうことは、ＥＣ規則の制定当初からある程度予想されていたことであった。その点を考慮して、ＥＣ規則では、当初より特別に一ヶ条を割いて、その参加の促進を図るべきことを規定していた。

すなわち、改訂前のＥＣ規則一三条では、企業とりわけ中小企業の参加の促進（Förderung der Teilnahme von Unternehmen, insbesondere von kleinen und mittleren Unternehmen）と題して、「加盟国は、技術的な支援対策のための措置および機関設立（Maßnahmen und Strukturen zur technischen Hilfsleistung）を行い、もしくはそれを促進し、同時に、企業がこの規則で定められた規律、手続を遵守し、とくに環境基本方針、環境行動計画および環境管理システムを展開し、経営監査を実施し、環境報告書を準備し、そしてその妥当である旨の認定を受けるために、必要な専門知識と援助を提供することによって、企業とりわけ中小企業の環境管理・監査システムへの参加を促進しうる。」「EC委員会は、中小企業のこのシステムへの参加の増加を目的として、とくに情報、教育および組織的・技術的支援を通じて（insbesondere durch Information, Ausbildung sowie strukturelle und technische Unterstützung）、および監査手続と環境検証人による審査に関して、理事会に適切な提案を行う」と規定していた。更に、改訂されたEC規則一一条においても、中小企業に対する技術的支援（technische Hilfe）やそれらに関する情報へのアクセス（Zugang zu Informationen）等につき、加盟国に何らかの措置を積極的に採用すべく義務づけている。したがって、これらの規定に基づいた各種の措置が実際にどのようなものとして実施されるかが、中小企業を参加させるための一つの重要な鍵になろう。

他方、わが国の場合もそうであるが、中小企業とりわけ下請けの中小企業に対する大企業の影響力には極めて大きなものがある。とくに製品の品質については、下請企業は大企業の指示通りに部品等を製造することになるから、その影響力を無視することはできない。それゆえ、このような現実を重視すると、本制度への参加が大企業に極端に偏っているというドイツの現実は、決して過小に評価されるべきではない。むしろ、EC規則上は、参加企業はその下請企業についても生態学的な諸要求が遵守されるよう配慮すべきことを規定しているので[169]、参加企業が自らの環境行動計画や環境管理システムにこの点を明確に採用することになれば、それを通して、不参加の中小企業も実質的には本制度へ組み入れられることにもなる。

(2)　ところで、本制度への参加を促す措置としてEC規則自体が当初から明確に採用していたのは、事業所の登録と、本制度へ参加していることを内容とする図柄の使用であったが、このうち後者については、すでに述べたように、[170]製品の宣伝や製品それ自体には使用できないこともあって、本制度への参加にとってどれほどの誘因になるかについては懐疑的な見方もあった。ただ、ＩＳＯ規格やＢＳ規格の場合のように単に適切な環境管理システムを構築することによって環境保全に努力しているという評価だけではなく、ＥＭＡＳでは、法令適合性をも含めた環境パフォーマンスの検証も行われることになるため、参加企業は法令違反等のない健全企業であるとの評価を受けることにもなるし、更には、企業は本制度への参加を特定の製品の広告等に結びつかない限りでイメージ広告などに利用してもよいとされているので、その限りでは、対消費者との関係で企業イメージの向上を図ることはできよう。しかしながら、問題は、本制度への参加によって、他企業との関係で現実に競争上優位に立てるかどうかである。[171]

この問題は、製品としてのアイディアやそれが消費者に与えるインパクトを別にすれば、通常は企業製品の品質の優良性によって決まるものであるから、環境監査制度に基づいて企業の環境対策やそのパフォーマンスを検証することよりも、製品に対する品質保証の方が、実際上はより大きな意味を有する。そして、まさにこのような視点から規格化されたのが「品質管理および品質保証に関する規格」といわれるＩＳＯ九〇〇〇シリーズであったが、環境規格としてのＩＳＯ一四〇〇〇シリーズも、その基本的な方向としては、環境管理を全体としての品質保証戦略の一部として理解しているとみてよい。[172]しかし、環境監査という手法が発達してきた背景に製品の安全性に対する要請が含まれていたことは別にして、少なくともＥＭＡＳについては、制度の建前としては、このような視点は含まれていない。それゆえ、本制度への参加によって、現実にも参加企業が他の企業に対して競争上優位に立てるかどうかは、少なくとも右の視点からは予測できない。ただ、たとえば責任保険の契約に際しては、当該企業が実際にいかなるリスク対策を実施しているかということが重要な基準なるであろうから、企業自らの意思で本制度へ参加することによって環境管理システムを構築し、それに基づいてリスク管理のためのさまざまな措置を講ずることになれば、そのことに関する企業能力を適正に評価されることによって契約を有利に締結しうる可能性はあるし、更に、もちろんそこでは行政が環境保全を最優先課題として位置づけることが前提ではあるが、公共工事の指名や財政支援の供与などに際して、本制度に参加して認証を取得した企業を優遇する合理的な根拠にもなりうる[(173)]。

今日、環境問題に関する市民意識が高揚し、それに伴って自らのライフ・スタイルの見直しとそれに見合った商品の選択、更にはそれを製造する企業の選択が行われつつある。その結果、製造工程や製品の社会・環境親和性（Sozial- und Umweltverträglichkeit）が、かつてないほど企業活動の重要な要因になっており、企業はその活動や製品に対する提案・批判に機敏に反応し、自ら積極的に社会的責任を果たさざるをえない。ＥＭＡＳは、まさに、このような市民の意識変革と、その状況下での競争に生き残ろうとする企業の自己変革の意識とに支えられたものといいうる。そして、そこに環境検証人による環境報告書の認証や登録のシステムを加えることで、企業によって提供される情報に信頼性を与え、企業間の公正な競争が確保される仕組みになっている。換言すれば、本制度には、企業間の私的な競争が本質的に内在しているともいえるのである[(174)]。

(3)　さて、本制度の基本的な枠組みを簡潔に表現するならば、それは、企業の環境保全に対する自主的な取組みとその実績を公に証明するものといいうるが、その観点からは、本制度へ参加し、環境検証人による認証を取得することによって、自らの活動によって生ずる結果についての責任が回避もしくは軽減されうるのかどうかという点が、企業にとっての最大の関心事となる。

そこで、この点に関して問題となるのが、一九九一年一月一日から施行されている環境責任法[(175)]（Umwelthaftungsgesetz）との関係である。とりわけ、同法六条一項は、「ある施設が具体的状況との関連で生じた損害を惹起する性質を有する（geeignet）場合、その損害は当該施設により発生させられたものと推定される（wird vermutet）」と規定し、当該施設が損害を惹起する性質を有するかどうかについては、操業経過（Betriebsablauf）、使用された設備（verwendete Einrichtung）、投入され放出された物質の種類と濃度（Art und Konzentrazion der eingesetzten und freigesetzten Stoffe）、地理的状況（meteorogische Gegebenheiten）、損害発生の時間と場所（Zeit und Ort des

Schadenseintritts）、損害の形態（Schadensbild）、およびその他一切の事情を考慮して判断されるとして、因果関係の推定規定を置くとともに、同条二項では、「規則に従って操業がなされていた場合」（bestimmungsgemäß betrieben wurde）には右の推定が働かないことを規定している。そのため、企業が本制度へ参加したことによって、はたして因果関係の推定を免れることができるかどうかが問題となる。

かつて論じたように[176]、今日の環境法をとりまく状況において特徴的なのは、まず何よりも、企業活動や開発行為に伴う環境への影響を伝統的な因果律に基づき十分な内容をもって予測することが以前にもまして困難になってきていること、および、そこには不測の事態による損害発生の危険性、すなわち不確実性（Ungewißheit）あるいは「環境リスク」（Umweltrisiko）といわれるものが必然的に随伴する点である。企業は、ここでは、そのような不確実な状況を前提として活動しなければならない。したがって、もし右の問題について肯定的に解することができるならば、すなわち本制度への参加によって因果関係の推定を免れうるとするならば、そのことは企業が本制度へ参加するための、ある意味では決定的な誘因となる可能性がある。

この問題の検討には、ドイツの不法行為法などのこれまでの展開をも視野に入れた議論が必要であるため、その詳細については別の機会に譲ることとするが、結論的にいうならば、本制度へ参加し、環境検証人により環境報告書の認証を受け、名簿に登録されたという事実のみをもってしては、不法行為法およびその他の法律上の義務を履行したことの証明として、なお不十分であるように思われる。すなわち、ドイツ不法行為理論においては、従来より社会生活上の義務（Verkehrspflicht）といわれるものが判例上確立され、加害企業が環境関連法規や行政上の規制を遵守して操業していたとしても、それとは別に、企業には社会の構成員として遵守すべき社会生活上の義務があり、法令や行政上の規制に違反していないということが、直ちに民事上の違法性までも阻却するものではないとされているからである[177]。ただ、おそらくこの理論は、従来の規制的手法を前提としたうえで、そこから生ずる義務を履行してもなお生ずる損害についていかなる責任を負うかということに関するものと理解しうるから、その理論がそのまま右の問題にもあてはまるかについては更なる検討を要するし、他方では、今後この制度が普及するにつれて、環境管理・監査システムの構築およびその継続が、事業者の免責証明のための必須条件となる余地がないではない。今後の検討課題としたい。

4　環境行政への影響

(1)　ドイツ環境法体系における環境監査の位置づけをめぐっては、その議論の当初から常に、環境行政上の規制緩和に結びつけることができるかどうか、すなわち、環境規制の質的・量的な増大に伴って、それに要するいわゆる環境行政費用が増加したり、行政上の許認可手続の複雑化および遅延化が生じていることもあって、本制度への参加が、たとえば行政上の監督措置の削減や部分的廃止につながるのかどうか、あるいは、特定の規制法上の義務やそれと結びついた具体的な法的地位を本制度への参加の有無によって決定しうるのかどうかということとの関わりで論じられてきた[178]。このような議論が、とくに産業界から積極的になされてきたことはある意味で当然のことではあるが、とりわけ、本制度への参加自体に付随するリスクゆえに躊躇している中小企業にとっては、その見返りとして何らかの規制緩和措置が示されれば、本制度への参加を促す重要な、そして決定的な要因となる可能性もある。他方、行政にとっても、本制度が全体としての環境法体系の中に適切に位置づけられ、かつ実効的に機能することになれば、規制やそれに伴う監視などの煩雑さや機能不全を回避できるであろうし、また、「スリムな国家」(schlanker Staat) という現代的要請にも応えることにもなるから、むしろ歓迎されるべきものであることはいうまでもない[179]。

ただ、この点については、若干の留保が必要である。なぜなら、環境監査という手法は、従来からの命令・禁止による環境保全の手法ではなく、市場の可能性や市場をコントロールする法的な枠組みに依存するものであるが、もしそうであるならば、エネルギー利用や廃棄物処理等に要する費用を上げたり、規制法上の義務の程度を高めることの方が、むしろ企業は環境保全のための合理化や投資の措置を検討することにもなるはずだからである。環境税などの経済的手法は、まさにそのようなものとして性格づけることができる。そして、その場合には、それらの措置は行政上の環境規制措置を補完したり、側面支援するものとして位置づけられることになるため、規制緩和の議論とも直接結びつくことになる。そこでは、各施設や各事業所ごとに示される環境目標や具体的な環境行動計画などについて、それが内容上適正なものかどうかについて規制法的なコントロールが行われることになる。環境監査の場合には、すでに述べたように[180]、企業による環境保全の継続的改善の促進をその目標として掲げてはいるものの、具体的にいかなる目標を設定し、企業内において具体的にいかなる措置を講ずるべきか、およびそれら相互の優先順位をどのように決すべきかについては、直接的には何ら触れるところがない。それらの確定は、あくまでも企業の自己責任に委ねられている。その限りでは、環境監査は、規制主義的な枠組みを前提とし、その機能不全を補うものである点においては、他の経済的手法と共通する面はあるものの、今日の環境規制をめぐる法の全体としてのコンセプトからは、明らかに異質であるともいえる[181]。これについては、後述する。

(2) とはいえ、現在までの本制度の位置づけをめぐる議論をみると、右のような異質性にもかかわらず、あるいはもしかしたら異質であるがゆえに、環境行政上の規制緩和の可能性を積極的に模索する傾向にあるといってよい。これまでにもすでに、本制度との関わりで各種の許認可手続を将来的には簡略化し、迅速化しようとする議論が活発に行われているし、その中には、参加企業を他企業と比べて優遇すべきであるという議論も存する。そこには、企業により作成された環境報告書が環境検証人により妥当と宣言され、認証を取得することで、それが法律上の各種要請を充足していることの証明になること、更には、そのことが行政と企業との信頼関係を形成することに役立つという認識が前提として存在し、そのことに規制緩和の議論を結びつけようという意図がみられる[182]。もっとも、このような議論の方向性それ自体は、一九九二年三月五日のEC委員会によるEC規則の最終提案にも、中小企業に限ってではあるが、その執行コントロール（Vollzugskontrolle）の緩和として、国内法に基づく規制を緩和する内容が規定されていたところであった。しかし、この部分については、環境行政当局や環境保護団体等の圧力で、最終的にはＥＣ規則には盛り込まれなかったという経緯がある。[183]

もっとも、その後のドイツにおける議論をみると、ＥＭＡＳへの参加を条件として行政による規制や監督を軽減しようとする動きは各州においてみられたところであり、そこには、企業内監査の実施とそれに対する環境検証人のコントロールを組み合わせた体制を企業の自由意思によって確立するという環境監査のシステムそのものが、長期的にみた場合には、行政による規制や監督を企業の自己責任による自主的統制へと移すための信頼へとつながるという認識が存在しているといえよう。[184]そして、実際にも、本制度へ参加した企業は、環境検証人による審査を定期的に受けることになるため、個別の環境法令による規制を全て実施しなくともさほど問題とはならないであろうし、更には、乏しい人材や資金によってまかなわれる行政上の規制よりも、むしろ本制度に基づく監査の方が、企業の豊富な資金や技術を駆使して頻繁にかつ集中的に実施されるという点においては効果的であるし、環境検証人による審査がそこに介在することによって、その内容も適正なものとなりうる。それゆえ、そのことからすれば、本制度への参加のいわば見返りとして、そこに規制緩和を結びつける余地は十分にある。[185]

このような中にあって、連邦レヴェルでは、一九九六年一〇月九日に「インミッシオン防止法上の認可手続の促進および簡素化についての法律[186]」（Gesetz zur Beschleunigung und Vereinfachung immissionsschutzrechtlicher Genehmigungsverfahren）が制定され、それに伴い、インミッシオン防止法上の認可を申請する者が環境監査システムに参加している場合には、認可行政庁は提出を要する申請書類の記載内容を簡略化しうる旨、法規命令が改正された[187]のを嚆矢として、このような意味での規制緩和の措置は、すでに廃棄物処理について、「循環経済・廃棄物法[188]」（Kreislaufwirtschafts- und Abfallgesetz）を実施するためのいくつかの法規命令にも規定される[189]など、かなりの数に上っているが、これらの動きに拍車をかけたのは、連邦政府に対して既存の環境行政法を原則的に簡素化もしくは規制緩和するための具体的な見通しを示すことを求めた連邦議会の決議であった。[190]したがって、今後も、本制度に参加し、登録されている事業所を対象とした規制緩和のあり方について、具体的な議論が継続的に展開されるであろうことは、ほぼ間違いない[191]。

(3) 他方で、規制緩和を実施するための新たな法令等が制定されなくとも、各法律上の義務履行との関連で、環境監査の基本的理念がそこに取り込まれる余地は十分にあり、その場合には、当該法律の実施命令等の改正のみで、本制度への参加と規制緩和措置とが明確に結びつけられることにもなる。すなわち、たとえば連邦インミッシオン防止法[192](Bundes-Immissionsschutzgesetz) 五二a条によれば、認可を必要とする施設の経営者は、環境保全を着実に遂行するための措置を計画的に準備し、それを適切な形で文書化しなければならず、また、認可について権限を有する行政庁は、施設の経営に際して法令等の遵守がいかなる方法で実施され、また保証されるのかについて報告を受けることになっているが[193]、これなどは、そこに情報公開の要素が明確な形で加わりさえすれば、制度の理念としては環境監査そのものである。そうすると、当該企業が本制度へ参加することになれば、環境目標や環境行動計画の作成、更にはそれを実施していくための企業内の環境管理システムの構築など、右の法律上の要請とほぼ同じ内容のものを重複して実施することになるから、その限りでは、現行法の下でもそこに環境監査を結びつけることが可能となる。その意味では、むしろ、連邦インミッシオン防止法の右の規定は、従来からの規制的手法の機能不全を補うべく、本制度の理念を先取りする形で制定されたものと位置づけることもできよう。

また、同様の例は、循環経済・廃棄物法にもみることができる。すなわち、同法は、環境親和的な循環型経済を実現するために、廃棄物の処理よりも、その発生の抑制および利用を優位させ、その基本理念として製品のライフサイクル管理の考え方を導入しているが、具体的には製品の開発・製造・加工・処理および販売業者に対し、循環型経済の目標を実施し、製品の製造および使用に際して廃棄物の発生を可能な限り抑制し、使用後に発生する廃棄物が環境親和的方法で利用・処分できるよう義務づけている[194]。これによって、たとえば製造業者は、製品の耐久性、再利用の可能性、修理可能性等に関する設計、製造工程、流通経路、製品としての本来的利用を終了した後の利用可能性等について、製造段階で明確に対応することが求められることになる[195]。そして、同法は、これを促進するために多くの企業に廃棄物管理構想（Abfallwirtschaftskonzept）の作成を義務づけ、そこでは、特定の廃棄物について、その種類・量・所在、およびその抑制・利用・処分のために実施し、計画している措置などについて説明しなければならないものとしている。[196] そして更に、廃棄物管理構想の作成義務者は、毎年、利用または処分した廃棄物の種類・量・所在に関するバランスシート（Abfallbilanz）を作成し、それを所轄官庁に示さねばならないとされている。[197]

右のような例は、現段階では極めて限られたものにとどまってはいるものの、そこには環境監査と共通の認識が存在しているし、それゆえに、本制度への参加を、企業に課せられている各種義務の緩和、および認可手続に際しての各種緩和措置と結びつける動きは、今後ますます加速されていくものと思われる。

(二)　環境監査と環境法の課題

1　規制的手法の限界と環境監査

(1)　今日に至るまでの環境法の生成・発展の歴史は、それを行政法学的にみるならば、そのまま古典的な（営業）警察法上の理論枠組を見直し、警察の概念に包摂することが困難な環境規制という新たな行政作用に対応させるべく、それを再構築しようとする過程であったと特徴づけても過言ではない。[198] すなわち、学説上は、古典的な意味での警察とは異なる新たな種類の環境行政上の現象を把握し、その領域での行政決定や私人の権利保護のあり方等のあるべき姿を探るべく、さまざまな試みがなされてきたのであった。そこでは、たとえば伝統的な「危険の除去」（Gefahrenabwehr）に代わる包括的なリスク管理（Risikomanagement）を可能とする法や法学のあり方を模索したり、[199] 日々増大する安全性に対する期待に応えるために「予防」（Prävention）もしくは「事前配慮」（Vorsorge）という概念を用いることによって、あるいはそのための具体的措置を要求することで、そこでの環境リスクに対処したり、[200] 更には、有害物質等の末端処理（end-of-pipe）的な規制から環境親和性（Umweltverträglichkeit）に配慮したいわば順応的な環境保全（proaktiver Umweltschutz）への重心移動の必要性、および固有の環境法および環境政策の領域のみならず他のすべての政策領域にも環境保全の要請を明確に組み込むことの必要性を主張するなどして、伝統的な command and control という手法ではもはや克服できない不確実な状況における環境リスクの制御のあり方が、絶えず議論されてきたのであった[201]。立法や行政の実務においても、そうしたさまざまな要求に敏感に反応してきたことは周知の通りである。

もっとも、それらはいずれも、ある程度明確に設定された環境政策上の基準値をクリアすれば、そのことによって実効的な環境保全を図ることができるということを前提としつつ、それを効率的・合理的に実現するために、企業や市民をも取り込んだ決定のあり方を論ずるものであった。その意味では、経験的に獲得された「危険」(Gefahr) の概念を前提とし、その除去のあり方を新たな問題状況に適合させるべく補完もしくは再編しようとするものであって、その限りでは「危険除去の法」(das Recht der Gefahrenabwehr) としての警察法もしくは規制法の延長線上にある[202]。規制法および規制的手法は、これらの議論においても、依然として環境保全のための基本的な理論枠組であり続けている。

⑵ そのことは、今日盛んに議論されている排出枠取引や環境証などの経済的手法についてもあてはまる。従来の経済的手法に代えて主張されているそれらの新たな手法は、要するに、汚染物質の排出について各企業（もしくは各国）の許容排出量を設定し、それを超えて汚染物質を排出することになる企業は他の企業より排出枠を購入し、他方、汚染物質の排出量が許容量よりも少ない企業は他の企業に余剰分を売却できるという仕組みであるが、そこには、排出枠や汚染枠を証明する「環境証」を交付することによって、それが需給バランスに基づいて排出枠の分配をもたらす一方で、排出枠を有している企業は、その譲渡を可能とすることによってそれによる利益を受けることになるから、許容排出量を下回る場合であっても環境保全のための技術を導入する経済的インセンティヴをもつはずであるという認識が存する[203]。

これらの手法は、企業の経済的利害に働きかけることで企業行動を変更させたり、企業間の競争に刺激を与えようとする方法であり、環境保全のための費用を誰が負担するかという従来の議論をさらに押し進め、経済制度全体を環境保全型のものへと変換させることを意図している点で、それまでの経済的手法よりも優れているとされるが、その最大の特徴は、行政的に規制された市場秩序を前提としたところに環境問題の解決を構想していることにある[204]。その際、企業には、市場経済システムの中で行政による環境政策の目標および規制値を実現し、規制・監督の実効性を補完する役割が期待されており、したがって、それらの経済的手法は、従来の規制的手法の行き詰まりを明らかにするとともに、それを補完することに役立つことになる。

しかしながら、そこにはなお、従来からの規制主義的な論理が暗黙裡に前提とされているように思われる。すなわち、それらは経験的に獲得された「危険」を除去すべく基準を設定し、それを市場のフレキシブルなメカニズムを利用することによって、すなわち「強制」ではなく「刺激」を与えることによって達成しようとするものであり、その点では規制的手法と表裏をなす。

同様のことは、環境税についてもあてはまる。これをめぐっては、現在さまざまな方向からの議論がなされており、その中には、税金さえ支払えば環境を汚してもよいと受け取られかねないといった、いわば倫理的な側面からの反対論もみられるが、一般には、企業等の環境利用者は漫然と高い税金を支払うよりも、税額よりも少額の範囲で環境改善のための装置を設置して税金を節約する行動をとるであろうと期待されている。ここでも、ある一定の基準を、command and control という「強制」によってではなく、金銭という「刺激」を与えることによって達成しようとするもので、まさにその意味では規制的目標が暗黙裡に前提とされている[205]。

(3)　もちろん、このようにいうことは、環境問題解決のための制度的枠組が不要であるとか、行政による規制的介入が全く意味をなさないということでは決してない。これらの経済的手法は、環境問題の解決が市場のフレキシビリティを通じて無理なく実現されることを論じた従前の経済的手法と明確に区別されるだけではなく、規制的手法によっては十分な成果を達成できない部分について市場メカニズムを利用しようとするものであり、その意味では、規制主義的な枠組みを前提としつつその機能不全を補うものとして性格づけることができる[206]。ただ、規制的手法の問題点は、少なくとも法理論的には、経験知によって獲得した基準を固定化して環境リスクに対処しようとする点にあった。すなわち、ここでは、不確実な状況に対応できない制度的・理論的枠組を前提として不確実性に対処しようとしているパラドクス的状況の問題性こそが、まず何よりも認識されねばならない。

規制的手法が実効的に機能しえなくなってきている要因としては、かつて論じたように、生態系や科学技術における複雑な連鎖がわれわれの経験知によっては規定できない不確実性を伴うものであるために、行政が規制的手法によって問題を解決しようとする場合に、そのための明確なラインを環境基準や排出基準などの固定化された準則として示すことがそもそも困難になっていること、換言すれば、「専門的もしくは経験的な知」によっては基準の定立さえも十分にできず、したがってまた、その不十分な基準に基づくcommand and controlによっては十分な成果を挙げることができないという、いわば「規律の欠缺」[207](Regelungsdefizit)と、更には、かりに有効な基準設定が可能であったとしても、それを実現するためには、行政にとっても人的および組織的能力が要求されるだけではなく、具体的施策を実現するためのかなりの費用が必要とされるし、また、企業の能力からして実施困難であると判断されるときには、現実には実現可能性を考慮した基準設定にならざるをえないという、いわゆる「執行の欠缺」[208](Vollzugsdefizit)こそが問題なのであり、このような前提的状況が存在するがゆえに、市場メカニズムの活用が、すなわち企業による自発的な環境保全への取組みと技術革新が要請されてきたのであった。したがって、そのことに対する理解を欠いたところに新たな手法を提唱しても、おそらくは問題の本質的解決にはつながらない。なぜなら、基準それ自体の誤謬性もしくはそれに基づく執行の不完全性に対する疑念を払拭できないからである[209]。環境税などの経済的手法も、企業による自発的な環境保全への取組みと技術革新を促すインセンティヴとしては有効であろうし[210]、したがってまた、企業に起因する「執行の欠缺」を埋めるには実効的に機能しうるかもしれないが、それが伝統的な意味での規制主義的枠組にとどまる限りは、とりあえず設定された規制的目標が達成された場合には、企業にとってはそれ以上に技術革新を図ろうとするインセンティヴに欠けることになるし、他方では、目標や基準値それ自体の有効性を検証する仕組みはそもそも存在しないため、「規律の欠缺」をも含めた意味での規制的手法の機能不全を補うものとしての役割には限界がある。ここでは、むしろ、規制主義的な枠組みを前提としつつも、それを超えて企業が継続的に技術革新を図り、更には不確実な環境リスクにもフレキシブルに対応しうるような制度的・理論的な枠組み、換言すれば、企業および行政が、ともに不確実な状況に継続的に対応しうるようその能力を向上させていくことのできる何らかの枠組みこそが求められている。(211) 環境監査という制度は、それが今後の展開においてそのようなものとして機能するかどうかはともかくとして、少なくともそうした要請の下で登場してきた手法であるとの認識は必要であろう。

2　環境監査にみる環境法の役割

(1)　では、右の見地からは、EUおよびドイツの環境監査に関する制度は、いかなるものとして存在し、どのように性格づけられるのであろうか。

環境監査については、これまでBS規格による実績が先行し、更に、現在では全世界的な標準規格としてのISO規格が発効していることもあって、一般には、企業が環境管理システムを構築する際のツールとして理解されてきた。そこでは、環境管理システムを継続的に改善していくことによって、全ての組織がある一定の環境水準を達成しうることになるはずであるという期待から、環境管理システムに含めるべき要求事項を規定し、それに基づく組織の構築を支援するとともに、構築された環境管理システムがその要求事項に合致しているかどうかを定期的に監査する仕組みになっている。(212) この点、EMASでも、環境管理システムの構築ではなく環境パフォーマンスそれ自体が監査の対象になるという違い(213)はあるものの、システム構築のツールとしての性格を有することには変わりはない。(214)

(2)　EC規則は、当初から、本制度の位置づけについて「環境規制（Umweltkontrolle）のために共同体もしくは各国の既存の法規や技術規格、更には、これらの法規や技術規格に基づく企業の義務は、本制度の影響を受けない」[215]と規定し、ここで実施される環境監査が、これまでの規制的手法から全く独立したものとしてではなく、それを補うものとして位置づけられることを明らかにしていた。また、ドイツ環境監査法でも、企業が環境基本方針(Umweltpolitik)を策定する際には「関係するすべての環境法規の遵守」(die Einhaltung aller einschlägigen Umweltvorschriften)が要求され、更に、環境検証人および環境検証人機構としての資格についても、「関係法規および規格」(einschlägige Rechtsvorschriften und Normen)についての知識が必要とされているが[216]、これも右と同じ趣旨である。

したがって、確かに本制度は環境保全に関する企業の自己責任を明確に規定しているために、企業自らが環境保全の継続的改善のために努力すべきことを要求し、参加企業もこの要求に応えるべく自ら環境目標を設定し、それを達成するための企業内組織を構築することによって、その時々の最善の環境保全技術を駆使しつつ可能な限り環境への影響を減少させるべく努力しなければならないが、他方で、右の各規定からするならば、監査を実施することによって達成されるべき環境目標の設定は、それが企業の全くの自由意思に委ねられているわけではなく、むしろ、全体としての国家の環境政策およびそれに基づく各種法令、更にはそこで具体的に示された準則を通じて、絶えず行政による規制・監督に服することが当然の前提とされている[217]。すなわち、環境監査に関する法は、この限りでは依然として「危険除去の法」として存在している。しかし、環境監査という手法が登場してきた背景を考慮すると、このように理解するだけでは、その意義を十分に把握することはできないように思われる。

環境監査という手法が提唱されてきた背景には、先にみたように、いわゆる「規律の欠缺」と「執行の欠缺」という前提的状況があった。すなわち、環境基準などの固定化された準則が環境保全にとって有効かどうか検証しえないこと、したがってまた、それに基づく command and control が実効性を有するかどうかも不明であること、更には、環境基準などの設定がかりに有効になされうるとしても、現実には企業の技術能力などのさまざまな政策的要素を考慮した実施可能な基準設定にならざるをえないことなどの状況を前提として、本制度が登場しているからである。そうすると、ここでは、より有効な基準値を設定したり不確実な環境リスクにも柔軟に対応しうる行政の能力、および法令上設定された基準値を達成しうる企業の能力を継続的に向上させ、更には、基準を達成してもなお技術革新を図ることによって環境リスクを減少させようとする企業の取組みを支援するような制度的・理論的枠組が求められることになる。環境監査という手法については、それらに寄与しうるものとしての理解がなければ、従来の規制的手法の機能不全を補いうるものとはなりえないし、それが提唱された背景にも合致しない。

(3)　そこで、この点に関して重要な意味を有するのが、本制度が企業操業に伴う環境等への影響に関して企業内監査を実施すること、およびそれを可能とするための環境管理システムを構築することのみではなく、その具体的内容やパフォーマンスの情報開示を含む制度として構想されていることである。

すでに述べたように、ＥＣ規則および本法によれば、自発的な意思により本制度への参加を決定した企業は、環境目標を達成するための環境管理システムを構築し、自らの活動の環境へ及ぼす影響について企業内監査を実施するとともに、それらが実際の環境保全にどの程度効果的であったか等に関し、体系的・客観的・定期的な評価および報告をするために環境報告書（Umwelterklärung）を作成し、環境検証人による認証を経たうえで、少なくとも三年ごとにそれを公表することになっている。すなわち、そこでは、企業内の環境管理システムの構築のみではなく、それを情報公開と結びつけることによってこそ、本制度の日標である「企業による環境保全の継続的改善」（kontinuierliche Verbesserung des betrieblichen Umweltschutzes）が可能となることが明確に意識されているからである。換言すれば、環境監査は、ここでは企業自身による環境問題への積極的取組とそれを継続的に改善していく能力の向上を支援するツールであると同時に、その情報を公表することによって市民生活の保護にも貢献し、更には、市民からの疑問・質問に答える企業サーヴィスなどを通じて、環境への影響についての企業自身の知識を改善するシステムとしても構想されている[218]。

ＥＭＡＳでは、このように、参加企業は企業内監査を実施するに際して環境パフォーマンスの評価まで実施することが要求され、更には、環境パフォーマンスの達成状況についての信頼度の高い情報を公衆に提供することによって、新たな目標の設定と企業内組織の改善へと結びつけることが意図されている。すなわち、ここでは、環境パフォーマンスの検証と情報の開示という二つの大きな要素がセットになってはじめて従来の規制的手法の行き詰まりを補うことができるという理念の下に、環境管理システムが構想されていることになる。ＩＳＯ規格およびBS規格では、右の要素が環境管理システム内で十分にリンクされておらず、その意味では、これまでの枠組みを踏み出たものとはなっていないことについては、すでに指摘したとおりである。[219]

(4) さて、そうすると、本制度へ参加した企業は、まず何よりも規制法上の「関係するすべての環境法規の遵守」を義務づけられ、それを履行するために環境目標を定立するとともに、その達成を可能としうる環境管理システムを構築することによって、絶えず企業自身の技術革新能力を向上させねばならない。そして更に、ここに情報の開示という要素が加わることによって、企業は新たな環境保全技術の開発やそのための環境管理システムの改善に関する情報を市民に積極的に公開するとともに、その意見を反映させつつ持続的に組織としての能力を高めていかねばならない。その際、環境パフォーマンスの達成状況を三年ごとに公表することになっているため、そのつど新たな環境目標を設定して環境保全に取り組んでいる姿勢をみせなければ、おそらく市民からの信頼は得られないし、状況次第では、法令等による規制値を上回るような環境目標の設定が要求されることも、可能性としてはありうることになる。他方で、企業がリスク管理に関する知識をより多く獲得し、リスク管理能力を向上することになれば、その分だけ行政の知識も向上することになるから、環境保全にとってのより実効的な基準設定が可能となるし、新たな状況にフレキシブルに対応する能力も向上することになる。そして、おそらくは、この点こそが規制的手法の機能不全を補うものとしての環境監査の存在意義であるといいうる。[220] すなわち、「危険」のラインを環境基準等の固定化された準則として示すことがそもそも困難になっているという状況の下で、行政にも企業にも不確実な状況に対応しうる能力が要求されるとともに、その能力向上を可能とする制度としてのフレキシビリティも求められているからである。それゆえ、環境監査に関する法は、ここでは、「企業による環境保全の継続的改善」を可能とするような、企業の組織としての自己展開能力とそのプロセスを支えるものとして存在していることになる。情報公開という要素を含んだＥＭＡＳは、まさにこの点において他の環境監査規格と決定的に異なる制度として存在するといえよう。

他方で、行政は、カルカー（Kalkar）決定が指摘するように、「実践理性の限界の彼方にある不確実性」（Ungewißheiten jenseits dieser Schwelle praktischer Vernunft）に対処するために、「科学的・技術的に代替可能な全ての認識（alle wissenschaftlich und technisch vertretbaren Erkenntnis）を考慮に入れ、恣意に流れぬように（willkürfrei）」決定すべきことが義務づけられる[221]ため、行政自身のリスク管理能力を絶えず向上させうるよう努めなければならない。しかし、現実には、行政自身の知識のみならず、企業の技術革新によって得られた知識にも依存しなければ有効な基準設定さえもできない。したがって、ここでは、より有効な基準の設定のために、企業による技術革新の成果を積極的に採用しうるような、あるいは環境リスクにフレキシブルに対応しうるような、それ自体として自己修正の余地を当初から内包したものとしての法の存在が要求されることになる。そのことによって「代替可能な全ての認識」を考慮に入れた決定が可能となるし、経験的な知識によって獲得された明確な基準に従って命令・禁止を行う規制的手法の限界を補うものとして機能することにもなるからである。右の限りでは、環境監査に関する法は、行政や企業の能力の向上を側面から支援するものとして性格づけられる。

(5)　これまでの考察から明らかなように、規制的手法の機能不全を補うものとして要求される法は、その存在形式としては、それが強制であれ刺激であれ、行政上の規制的目標を達成・遵守させるものとしてではなく、あくまでも企業自身の技術革新およびそのための学習能力を高めうるものとして存在しなければならない。敢えていえば、これまでの環境法は、明確な準則の達成および遵守のためのプログラムであったがゆえに、したがってまたその準則それ自体が企業の技術革新能力と密接に結びついて設定された静態的なものであったがゆえに、環境保全のための手法として当初から限界を内在させていたし、かえって企業の持続的な技術革新の促進およびその能力の向上をも阻害してきたともいいうる。

これに対して、本制度は、確かに今後の実際の運用がいかなる形で展開していくのかについて不透明な部分もあるが、少なくとも制度の趣旨としては、前述のように「企業による環境保全の継続的改善」を可能とすべく、環境問題に対する企業の積極的取組とそれを継続的に改善していく能力の向上とを、法的に支援するシステムとして理解することができる。法は、ここでは、企業の組織としての自己展開能力とそのプロセスを支えるものとして存在しているにすぎない。しかし、そうであるからこそ、法はそれ自体として不確実な状況に対応可能な自己修正の余地を当初から内包するところのフレキシブルな決定のプロセスとして存在しうるとともに、経験的な知識によって獲得された明確な基準によって命令・禁止を行う従来の規制的手法の行き詰まりを補うものとしての機能も果たしうることになる。(222)

(153) ＥＣの第五次環境行動計画については、東京海上火災編・前掲書註(11)二二頁以下、阿部泰隆・淡路剛久編『環境法（第三版補訂版）』有斐閣（二〇〇六）八六頁以下など参照。なお、その後、二〇〇二年七月二二日には、二〇〇二年から二〇一二年の一〇年間を計画期間とする第六次環境行動計画が採択され、気候変動問題、自然保護と生物多様性、環境と健康、天然資源の持続的利用と廃棄物、という四つの重点領域を掲げ、更には、それらを実現するための戦略的アプローチとして、既存の法制度の確実な実施、各種政策における環境配慮、市場メカニズムの活用、市民の役割、土地利用計画や意思決定手続のグリーン化を定めている。詳細は、http://ec.europa.eu/environment/newprg/index.htm 参照。これを紹介したものとして、たとえば、河村寛治・三浦哲男編『ＥＵ環境法と企業責任』信山社（二〇〇四）三六頁以下、和達容子「政策文書の紹介と解説ＥＵ第六次環境行動計画の概略と方向性」慶應法学三号（二〇〇五）一一九頁以下など参照。

(154) ＥＵ環境法の全体的な動向については、東京海上火災編・前掲書註(11)三三頁以下、とくに四〇頁以下に詳しい。なお、近年のＥＵ環境法の動向については、河村ほか編・前掲書註(153)のほか、庄司克宏編著『ＥＵ環境法』慶應義塾大学出版会（二〇〇九）など参照。

(155) 髙橋・前掲註(2)四頁以下（本書二一頁）参照。

(156) 以上については、河野正男「環境監査の展開」ジュリスト一〇一五号（一九九三）一四〇頁以下、環境監査研究会編・前掲書註(132)七頁以下、一五頁以下など参照。

(157)　髙橋信隆「環境監査の構造と理論的課題（上）」・立教法学四八号（一九九八）八頁、とくに一二頁以下（本書六二頁、六五頁以下）。

(158)　本制度創設の背景として、環境に関する各種情報について市民のいわゆる「知る権利」を規定した一九九〇年のＥＣ指令の採択が大きな役割を果たしていることについては、再三指摘してきたところである。髙橋・前掲註(2)四頁、髙橋・前掲註(9)一一九頁、および、髙橋・前掲註(157)一六頁（本書二〇頁、六九頁、一九〇頁）など。

(159)　なお、自由意思による参加の是非等の議論については、髙橋・前掲註(9)一二三頁（本書一九四頁）註(106)、およびそこに掲記の諸論稿を参照。

(160)　ドイツ環境監査法が本制度の運用を完全に市場メカニズムに委ねるのではなく、本法を制定することによって間接的にではあるにせよ行政の監督下に置いていること、および、そのことゆえに企業の自己責任に基づく環境保全措置の実効性が法的に担保される仕組みになっていること、更には、そのような手法を採用したことの必然的な結果として、本制度へ参加した企業および事業所に対する規制緩和の議論が結びつけられることについては、後述一一七頁参照。

(161)　以上につき、髙橋・前掲註(157)四頁、三二頁（本書五六頁、八五頁）など参照。

(162)　各国の登録数については、http://ec.europa.eu/environment/emas/about/participate/sites_en.htm. なお、後述のように、後のＥＭＡＳ改訂により、「事業所」（Standort; site）のみではなく「組織」（Organisation）も認証の対象となったが、組織の登録数は、二〇〇九年一二月三一日現在、ＥＣ全体で四、四三四、そのうちドイツが一、三七九、スペインが一、一五九、イタリアが一、〇三七などとなっており、ドイツの登録数が圧倒的に多いことには変わりがない。

(163)　髙橋・前掲註(157)一〇頁以下、一七頁（本書六三頁以下、六九頁）。

(164)　Vgl. Köck, VerwArch. 1996 (Fußn. 4), S. 644ff., S. 676.

(165)　以上につき、Kothe (Fußn. 10), S. 13f. Rdn. 26.

(166)　Vgl. Kothe (Fußn. 10), S. 14, Rdn. 27.

(167)　ここでの「制度上の利益」ということの意味については、髙橋・前掲註(157)一一頁（本書六四頁）、および一八頁（本書七一頁）註(22)参照。

(168)　これについては、かつて、「危険」概念の変質として論じたことがあった。また、わが国の場合をみても、環境基準や排出基準は、最終的にはむしろ実現可能性などの政策的要素が考慮されたうえで決定されているのが実状である。北村喜宣「環境基準」ジュリスト増刊・行政法の争点（新版）（一九九〇）二五六頁以下。企業活動や開発行為に伴う環境への影響すなわち環境リスクについて、それがいかなる内容および程度の危険性を有し、もしくはそれがどの程度の環境汚染や破壊を招来し、結果的に生命・健康等へいかなる被害・損害をもたらすかを予測し、それをどのように定式化するかという問題は、もともとは自然科学的課題であるともいえるが、そこでの自然科学的知見に基づいていかなる規制を実施するかという価値判断レヴェルに係る決定は優れて政策的な課題であるため、現実には実現可能性を考慮したうえでの基準設定にならざるをえないのは、その意味ではやむを得ない。しかしまた、そうであるからこそ、そこに規制的手法の限界も内在しているといえる。以上につき、髙橋・前掲註(9)九一頁以下、とくに九三頁以下（本書一六二頁以下、特に一六四頁）参照。

(169) Anhang I B Nr. 4 Abs. 1 Buchst. b der Verordnung (EWG) Nr. 1836/93.

(170) 髙橋・前掲註(2)二一頁以下（本書三五頁以下）。

(171) Vgl. dazu Sellner/Schnutenhaus, NVwZ 1993 (Fußn. 2), S. 928ff., S. 934. 本制度に参加した企業について等しく図柄の使用を認めることは、これらの企業がすべて同一の基準で審査を受けて認証を取得したかのような印象を与えることにもなるため、本法がＥＣ規則よりもはるかに厳格な基準および内容をもって実施されることになったことなどを考慮すると、少なくともドイツの企業にとっては歓迎されるべきこととはいえない。本制度に参加した企業についてはロゴ（Logo）の使用を認めるという一九九二年三月のＥＣ委員会草案が環境保護団体や企業の圧力でＥＣ規則に正式に採用されなかったという事情があるが、その当時のドイツ企業の懸念は、本法の成立によってより現実味を帯びるに至っているともいえよう。この経緯等については、vgl. Führ, NVwZ 1993 (Fußn. 2), S. 858ff., S. 860. また、髙橋・前掲註(2)二一頁以下（本書三五頁以下）。なお、その後のＥＣ規則改訂に際しては、参加企業への規制緩和措置の是非につき議論がなされたが、規則にそれを盛り込むことは見送られた。これについては、髙橋・前掲註(1)一六三頁（本書二七二頁）参照。

(172) この点は、ＩＳＯ規格に大きな影響を与えたＢＳ規格においてより明瞭に示されている。なお、平林ほか・前掲書註(3)一八頁以下は、「ＩＳＯ 九〇〇〇シリーズの審査登録を受けることによって、その企業の品質システムが一定の基準に達していることが客観的に保証されることになり、国際的な事業活動を展開する際の一種のパスポートのように関係者から評価され、信頼を手に入れることができる。同様にＩＳＯ一四〇〇〇シリーズについても、審査登録を受けた企業で作られた製品は環境関連の法規を遵守し、環境に配慮していることを社会から評価されることになる。したがって、内外の顧客に安心してこれらの製品を使用してもらえる土台ができたといえる」という。すなわち、両者の規格内容には共通の部分が多く、したがって、そこには「すでにＩＳＯ九〇〇〇シリーズで品質システムを導入して体制整備が完了し、審査登録をした企業に対し、その経営風土の上にＩＳＯ 一四〇〇〇シリーズの環境マネジメントシステムを導入することは、比較的スムーズに受け入れられる」であろうという規格制定者の意図が存する。

(173) もっとも、ＥＣ規則制定時のドイツでの議論のレヴェルはここまで至っていなかった。Vgl. G. Küpper, Welchen Einfluß haben Haftung und Versicherung auf die Unvestitionstätigkeit der Unternehmen im Umweltbereich?, BB 1996, S. 541ff.; vgl. auch Köck, VerwArch. 1996 (Fußn. 4), S. 644ff., S. 677. むしろ、当時の傾向としては、このような形で特定の企業を優遇することの問題性を指摘する者が多かったともいいうる。Vgl. Lübbe-Wolff, DVBl. 1994 (Fußn. 2), S. 361ff., S. 373; Sellner/Schnutenhaus, NVwZ 1993 (Fußn. 2), S. 928ff., S. 932. その後、ドイツにおいては、ＥＣ規則および環境監査法の改訂を承けて、連邦環境省が、連邦経済省とともに、連邦の官庁およびその全ての機関に対して書簡を送り、特定の公的事業を委託する際にはＥＭＡＳ取得を条件とするよう呼びかけている。Vgl. http://www.bmu.de/de/1024/js/presse/2004/pm258/.

(174) H. Hill, Kommunikative Problembewältigung bei umweltrelevanten Großvorhaben, DÖV 1994, S. 279ff., S. 283; C. Koenig, Internalisierung des Risikomanagements durch neues Umwelt- und Technikrecht?: Ein Plädoyer für die Beachtung ordnungsrechtlicher Prinzipien in der umweltökonomischen Diskussion, NVwZ 1994, S. 937ff., S. 941.

(175) Umwelthaftungsgesetz (UmweltHG), vom 10. Dezember 1990 (BGBl. I S. 2634). なお、この法律については、春日偉知郎・松村弓彦・福田清明「ドイツ環境責任法」判例タイムズ七九二号（一九九二）一八頁以下、吉村良一「ドイツにおける新環境責任法」国際比較環境法センター編『世界の環境法』国際比較環境法センター（一九九六）二四〇頁以下、Kris Pollet（河村寛治他訳）「ＥＵ環境法の新展開（６）・（７）――ＥＵ環境責任法制の枠組みについて（上・下）」国際商事法務三〇巻一〇号（二〇〇二）一四四二頁、同一一号（二〇〇二）一五九五頁、東京海上火災編・前掲書註(11)一一三頁以下など参照。また、環境責任法制定に至るまでのドイツにおける公害・環境汚染にかかわる民事責任論の動向を検討するものとして、吉村良一「ドイツにおける公害・環境問題と民事責任論の新しい動向」立命館法学二二〇号（一九九二）七二三頁以下（同『公害・環境私法の展開と今日的課題』法律文化社（二〇〇二）五五頁以下所収）がある。

(176) 直接的には、髙橋・前掲註(9)九四頁以下（本書一六四頁以下）参照。

(177) T. Möllers, Qualitätmanagement, Umweltmanagement und Haftung, DB 1996, S. 1455ff., S. 1460f.; Köck, VerwArch. 1996 (Fußn. 4), S. 644ff., S. 678. なお、ドイツにおける環境責任論については、vgl. J. Klass, Zum Stand der Umwelthaftung in Deutschland: Umwelthaftungsrecht als Spiegelbild der gesellschaftlichen und politischen Verhältnisse: Kritische Bilanz und Ausblick, UPR 1997, S. 134ff.; J. Simon, Schadenssteuerung durch Umwelthaftung, in: M. Ahrens/J. Simon (Hrsg.), Umwelthaftung, Risikosteuerung und Versicherung, 1996, S. 13ff. P. Salje/J. Peter, Umwelthaftungsgesetz, 2005.

(178) Vgl. z. B. Köck, VerwArch. 1996 (Fußn. 4), S. 644ff., S. 679; Lübbe-Wolff, NuR 1996 (Fußn. 4), S. 217ff., S. 225ff. 他方、このような議論の方向性に対する批判として、vgl. R. Steinberg, Zulassung von Industrieanlagen im deutschen und europäischen Recht,

NVwZ 1995, S. 209ff., S. 210f. なお、これらの議論は、二〇〇一年のEC規則改訂、および二〇〇二年のドイツ環境監査法の改正にあわせて更に活発化することになるが、初期の議論も含めての詳細、法制度および課題等については、vgl. W. Kleesiek, Deregulierung und Substitution des Umweltfachrechts für EMAS registrierte Organisationsstandorte, 2006.

(179) Köck, VerwArch. 1996 (Fußn. 4), S. 644ff., S. 679.

(180) 髙橋・前掲註(157)一三頁（本書六六頁）など。

(181) ただし、このことが本制度の運用を完全に企業の自由に委ねる趣旨でないことについては、髙橋・前掲註(9)八六頁以下、一二〇頁以下（本書一五六頁以下、一九一頁以下）参照。

(182) Vgl. Fluck, Aspekte des Verwaltungsverfahrens in der Unternehmenspraxis, VerwArch. 1995, S. 467ff., S. 479; Schottelius, BB 1995 (Fußn. 2), S. 1549ff., S. 1553. なお、前註(173)参照。

(183) Vgl. Martens/Moufang, NVwZ 1996 (Fußn. 4), S. 246ff., S. 247; Sellner/Schnutenhaus, NVwZ 1993 (Fußn. 2), S. 928ff., S. 932. なお、髙橋・前掲註(2)三二頁（本書四五頁以下）参照。

(184) 以上につき、Kothe (Fußn. 10), S. 18 Rdn. 36. また、今日に至るまでのそれらの動向については、vgl. Kleesiek (Fußn. 178), S. 23ff.

(185) Führ, NVwZ 1993 (Fußn. 2), S. 858ff., S. 861；髙橋・前掲註(2)三二頁以下（本書四五頁以下）参照。

(186) BGBl. I S. 1498.

(187) § 4 Abs. 1 der 9. Verordnung zur Durchführung des Bundes-Immissionsschutzgesetzes (Verordnung über das Genehmigungsverfahren - 9. BImSchV); Art. 3 Nr. 3 des Gesetzes zur Beschleunigung und Vereinfachung immissionsschutzrechtlicher Genehmigungsverfahren.

(188) Gesetz zur Förderung der Kreislaufwirtschaft und Sicherung der umweltverträglichen Beseitigung vom Abfällen (Kreislaufwirtschafts- und Abfallgesetz - KrW/AbfG) vom 27. September 1994 (BGBl. I S. 2705), das zuletzt geändert durch Artikel 3 des Gesetzes vom 11. August 2009 (BGBl. I S. 2723).

(189) Vgl. §§ 5 Abs. 2, 13 Abs. 1 der Verordnung über Verwertungs- und Beseitigungsnachweise (Nachweisverordnung - NachwV) vom 20. Oktober 2006 (BGBl. I S. 2298), die durch geändert Artikel 4 des Gesetzes vom 19. Juli 2007 (BGBl. I S. 1462); §§ 13 Abs. 4 Nr. 1, 15 Abs. 2 der Verordnung über Entsorgungsfachbetriebe (Entsorgungsfachbetriebeverordnung - EfbV) vom 10. September 1996 (BGBl. I S. 1421), die zuletzt geändert durch Artikel 5 der Verordnung vom 24. Juni 2002 (BGBl. I S. 2247); § 7 Abs. 1 der Verordnung über Abfallwirtschaftskonzepte und Abfallbilanzen (Abfallwirtschaftskonzept- und -bilanzverordnung - AbfKoBiV)

vom 13. September 1996 (BGBl. I S. 1447).

(190) Vgl. Kothe (Fußn. 10), S. 18f. Rdn. 37.

(191) 他方で、このような傾向に否定的な見解として、vgl. Lütkes, NVwZ 1996 (Fußn. 4), S. 230ff., S. 235; Lübbe-Wolff, NuR 1996 (Fußn. 4), S. 217ff., S. 225.

(192) Gesetz zum Schutz vor schädlichen Umwelteinwirkungen durch Luftverunreinigungen, Geräusche, Erschütterungen und ähnliche Vorgänge (Bundes-Immissionsschutzgesetz) vom 15. März 1974, BGBl. I S. 721, das zuletzt geändert durch Artikel 3 des Gesetzes vom 11. August 2009, BGBl. I S. 2723.

(193) 髙橋・前掲註(157)三頁（本書五五頁以下）参照。なお、環境法典教授草案（各論）には、危険物質（gefährliche Stoff）について、人間と環境の保護（Schutz der Menschen, der Umwelt）にとって必要不可欠なものをまとめた「安全性データ集」（Sicherheitsdatenblatt）の導入を義務づけるなど、安全性のデータを企業が処理したり情報提供する場合の方法についての規定が置かれている（§ 454 UGB-BT）。また、同じく危険物質について、その廃棄物の処理までも含めて、それらの環境へ及ぼす影響を全生産ラインの分析に基づいて報告する義務（Mitteilungspflicht）が規定されている（§ 458ff. UGB-BT）。以上につき、vgl. Kloepfer, DVBl. 1994 (Fußn. 5), S. 305ff., S. 312.

(194) すなわち、同法によれば、廃棄物の発生を抑制することが廃棄物の利用に優先するものとされ、そのために、まず何よりも廃棄物の発生量を抑制し、有害性を低減すべきものとされている（四条一項）。また、連邦インミッシオン防止法では、認可を必要とする施設について、施設操業に際して廃棄物の発生を抑制すること、もしくはそれができないときには法令に適合しかつ有害性のない形で利用する義務、そしてそのいずれもが技術的に不可能な場合には公共の福祉を侵害しないよう処分する義務が規定されている（同法五条一項三号）が、これとの関連で、製造業者は、原材料を循環利用するとともに、廃棄物ができるだけ発生しないような製品および製造方法を開発することが求められることになる（二二条）。また、連邦官庁その他の公的機関も、日用品調達、建築計画等の段階で、耐久性、修理・再利用可能性に優れていること、廃棄物発生量が少ないこと、廃棄物中の有害物質が少ないこと等を考慮して、廃棄物発生の抑制に資するような製品の需要喚起を図ることが求められる（三七条）。

他方、廃棄物の発生を抑制できない場合には、原則として処分よりも利用を優先する（五条二項）。利用の方法としては、物質としての利用とエネルギー回収とがあるが、利用に際しては、廃棄物の種類、性状に応じて高価値利用に努めること、および、より環境親和的な方法を選択することが求められる。

また、廃棄物の処分は、公共の福祉を侵害することのないように実施されねばならず、人の健康や動植物に危害を及ぼすとき、水域や土壌に影響を与えるとき、大気汚染や騒音等の有害な環境影響をもたらすとき、地域開発・都市計画等の関連事項が遵守されていないときなどは、当該処分は違法となる。

(195) § 22 KrW/AbfG.

(196) § 19 KrW/AbfG. 廃棄物管理構想の作成を義務づけられているのは、年に二トンを超える要特別監視廃棄物または二〇〇〇トンを超える要監視廃棄物を発生させる事業者である。

(197) §§ 20, 40 KrW/AbfG.

(198) 古典的な警察法（Polizeirecht）上の核心的概念としての「危険」（Gefahr）概念との関連でこのことを検討するものとして、髙橋・前掲註(9)九一頁以下（本書一六二頁以下）参照。

(199) Vgl. K.-H. Ladeur, Das Umweltrecht der Wissensgesellschaft: von Gefahrenabwehr zum Risikomanagement, Schriften zur Rechtstheorie, Heft 167, 1995, S. 9ff., S. 69ff. このような議論に大きな影響を与えたのが、高速増殖炉の建設許可をめぐる一九七八年八月八日の連邦憲法裁判所決定、いわゆるカルカー(Kalkar) 決定（BVerfGE 49, 89; NJW 1979, 359）である。この決定の意義については、髙橋・前掲註(9)九六頁以下（本書一六七頁以下）参照。

(200) これについては、髙橋・前掲註(9)九五頁以下（本書一六五頁以下）、および、一一〇頁（本書一八〇頁）註(46)に掲記の諸論稿のほか、米田雅宏「危険概念の解釈方法（1）～（4）——損害発生の蓋然性と帰納的推論」自治研究八三巻八号（二〇〇七）九五頁以下、同一〇号（二〇〇七）八七頁以下、同一一号（二〇〇七）一一八頁以下、同八四巻一号（二〇〇八）一〇三頁以下、戸部真澄『不確実性の法的制御』信山社（二〇〇九）など参照。

(201) Vgl. S. Krieger, Das technische Umweltrecht der Gemeinschaft nach neuen Konzeption, UPR 1992, S. 401ff.; K.-H. Ladeur, Risikooffenheit und Zurechnung: insbesondere im Umweltrecht, in: W. Hoffmann-Riem/E. Schmidt-Aßmann (Hrsg.), Innovation und Flexibilität des Verwaltungshandelns, 1994, S. 111ff.

他方で、たとえば行政行為論との関係では、現代社会の複雑多様化に対応すべく、それまでの行政主体と私人の二分法に基づくその意味では極めて単純な行政行為概念とともに、あるいはそれに代えて「複雑な行政決定」（komplexe Verwaltungsentscheidung）などの概念を用いることによって、たとえばリスク調査における行政と私人との役割のあり方、更には審議会などの外部の専門家の意見を制度の中に明確に位置づけるなどの「協働的行政手続」（kooperative Verwaltungsverfahren）について論じられることもあったが、それらは、環境問題との関連でいうならば、市民および企業を義務づけるだけではなく、むしろ両者を環境保全の味方につけて政策の実現を図ろうとするものであって、規制的手法によっては不十分であった実効的な環境保全のより一層の実現を意図するという意味においては、それらの議論は、本制度との関連でも極めて有益な視点を提供する。Vgl. E. Schmidt-Aßmann,Verwaltungsverantwortung und Verwaltungsgerichtsbarkeit, VVDStRL 34 (1976), S. 221ff., S. 223ff.; R. Steinberg, Komplexe Verwaltungsverfahren zwischen Verwaltungseffizienz und Rechtsschutzauftrag, DÖV 1982, S. 619ff.; U. Di Fabio, Verwaltungsentscheidung durch externen Sachverstand, VerwArch. 1990, S. 193ff.; J.-P. Schneider, Kooperative Verwaltungsverfahren, VerwArch. 1996, S. 38ff., S. 40f.; W. Hoffmann-Riem, Verfahrensprivatisierung als Modernisierung, DVBl. 1996, S. 225ff.

(202)　髙橋・前掲註(9)九二頁以下（本書一六三頁以下）参照。

(203)　なお、アメリカでは一九九〇年に大気清浄法（Clean Air Act）が改正され、そこには二酸化硫黄（SO_2）を対象とする排出枠取引制度が導入されている。具体的には、発電所からのSO_2排出量を、二〇〇〇年までに一九八〇年レヴェルの約半分にあたる八九五万トンに減らすという目標を掲げ、発電所ごとに一年間に排出できる割当量を、特別の計算式に従って決めている。割当量は、脱硫装置の設置や硫黄分の少ない石炭の使用など、いかなる方法で達成してもよいが、それができないときには、排出枠取引市場でSO_2の排出枠を買うことになり、発電所ごとに最も安価な方法を選択することができる。アメリカ環境保護庁（Environmental Protection Agency - EPA）によれば、目標を達成するために必要なコストは、当初、これまでの規制的手法による場合には年間五〇億ドル、排出枠取引システムによった場合には四〇億ドルと試算されていたが、最近の試算では、年間二〇億ドル以下で済むという。排出枠は、シカゴの商品取引所で毎年競売にかけられているが、電力会社のみではなく、小中学校や大学、更には環境保護団体までもが排出枠を購入しているという。「排出権取引――温暖化会議へ米が主張」朝日新聞一九九七年一一月六日付け朝刊、大塚直「アメリカ法における二酸化硫黄排出権取引プログラム――一九九〇年修正大気清浄法と施行規則」国際環境法センター編・前掲書註(175)一頁以下、櫻井泰典「アメリカの一九九〇年改正大気浄化法と排出権取引」社会科學研究六〇巻二号（二〇〇九）一〇一頁以下など参照。なお、一九九五年からは、大気清浄法に基づいて、二酸化硫黄に関する排出枠取引制度（酸性雨プログラム）（Acid-Rain-Programm）が開始されている。これにつき、戸部・前掲書註(200)一六九頁以下、特に一七三頁註(109)。

(204)　このことの意味については、髙橋・前掲註(9)八六頁以下（本書一五六頁以下）。

(205)　たとえば、小山茂樹「環境税導入をためらうな」朝日新聞一九九七年一一月六日付け朝刊では、二酸化炭素（CO_2）の抑制については、『温暖化防止責任法』など政府による監視、拘束の実施なども報じられているが、このような直接的に規制する手法は行政コストを高くするだけではなく、規制緩和や官僚の権限縮小が強く望まれている今日、その流れに逆行するもので」あり、「結局、市場メカニズムの機能を生かした経済手法の採用しか選択肢は残されていないのではないか。省エネ・新エネルギーの開発などのコストを市場内部に取り込むことがぜひとも必要である。そのためには大胆な環境税（炭素税）の導入は避けて通れない。これによってエネルギーコストは増大するが、技術革新や省エネは大きく前進するだろう」とする。ただ、その場合、具体的には「二〇一〇年に一定のCO_2削減という政策課題実現のためには、化石燃料に対してどの程度の炭素税の賦課が必要であるかを明確にし、目標年に向かって年々数％ずつ炭素税をかけていくべき」である、というのであるから、本文で述べたように、ある一定の基準を「強制」によらずに達成しようとするものであり、規制的手法と表裏をなす。なお、大塚直「環境賦課金――環境保護のための間接的（経済的）手段（一）～（六・完）」ジュリスト九七九、九八一、九八二、九八三、九八六、九八七号（一九九一）、中里実「環境政策の手法としての環境税」ジュリスト一〇〇〇号（一九九二）一二六頁など参照。また、村上淳一「ポストモダンの法秩序」同『〈法〉の歴史』東京大学出版会（一九九七）一六三頁以下所収、一六七頁、一六九頁、および、前掲註(2)掲記の諸論稿など参照。

(206) 炭素税や環境税など、近年提唱されている新たな経済的手法の特徴、およびそれと従来からの手法との差異などについては、髙橋・前掲註(9)八五頁以下（本書一五六頁以下）。

(207) これは、カルカー決定で用いられた表現である。すなわち、同決定は、立法者は本来的には「科学および技術の水準」(Stand von Wissenschaft und Technik) といった不確定法概念 (unbestimmter Rechtsbegriff) を用いることなく、決定の内容をより詳細に決めておくことが望ましいが、他方では、あまりにも固定的でいわば加速度的に発展する技術革新に柔軟に対応できないような規定では、かえって基本権の保護にとってはマイナスであるという認識の下に、不確定概念を用いることは「明確性の要請」(das Gebot der Bestimmtheit) という憲法上の要請に反せず、しかしその場合には、行政庁と裁判所は、その規定を具体的状況と適合させるべく、規範レヴェルの規律の欠缺を埋め合わせねばならない、と判示している。カルカー決定については、髙橋・前掲註(9)九六頁以下（本書一六七頁以下）。

(208) 環境法における執行の欠缺については、近年しばしば論じられているが、さしあたり、vgl. L. Krämer, Defizite im Vollzug des EG-Umweltrechts und ihre Ursachen, in: G. Lübbe-Wolff (Hrsg.), Der Vollzug des europäischen Umweltrechts, 1996, S. 7ff.; F. Ekhardt, Steuerungsdefizite im Umweltrecht, 2001.

(209) 以上につき、たとえば髙橋・前掲註(9)八七頁以下（本書一五七頁以下）など参照。

(210) なお、いうまでもないことではあるが、環境税などの税制措置は企業活動についてのみ実施されるわけではない。たとえば、二酸化炭素（CO_2）などの温室効果ガスの削減との関連でいうならば、わが国のCO_2排出量の四分の一を占めるのが、家庭やオフィスビルなどの業務を合わせた「民生分野」で、九〇年からの五年間で一六パーセントもの伸びを示しているという（朝日新聞一九九七年一〇月一七日付け朝刊）。したがって、この点からいえば、民生分野での税制を見直すことにより、相対価値の変化に対する消費者の適応を促すことも効果的といえる。ただ、この場合でも、炭素含有量に応じて製品の税率が変更されることになるから、消費者が税率の低い安価な製品を選択すると同時に、企業としても消費者のそのような動向に対応すべく製品の開発を迫られるという意味では、技術革新のためのインセンティヴとして作用することになる。なお、近年のわが国の温室効果ガス排出量については、http://www.env.go.jp/earth/ondanka/ghg/index.html 参照。

(211)　これについては、かつて、国家および企業の「学習能力」(Lernfähigkeit) の向上そのものを保証するようなリスク管理のあり方が必要であり、そこでは、不確実性という状況にフレキシブルに対応し、決定に際してより多くの「知」をその都度学習しながら獲得しようとする試みそのものが、法的規律の対象とされねばならないことを指摘したことがある。髙橋・前掲註(9)一〇二頁以下、一〇七頁以下（本書一七二頁以下、一七七頁以下）など参照。

(212)　これについては、髙橋・前掲註(157)一〇頁（本書六三頁以下）。

(213)　ＩＳＯ規格およびＢＳ規格とＥＭＡＳとの差異については、髙橋・前掲註(157)一二頁（本書六五頁以下）。

(214)　とりわけ、後のＥＣ規則改訂において、欧州標準化委員会（ＣＥＮ）がＥＭＡＳの環境管理システムの規格としてＩＳＯ規格を採用したため、環境管理システムの構築に係る規格ついてはほぼ同じ内容であるし、しかも、ＩＳＯ規格自体はＢＳ規格に基本的には依存しているから、環境管理システム構築のためのツールというＢＳ規格の性格は、そのままＥＭＡＳにも引き継がれることになった。以上につき、髙橋・前掲註(157)一五頁（本書六八頁以下）、髙橋・前掲註(1)一五一頁以下（本書二五七頁以下）。

(215)　Art. 1 Abs. 3 der Verordnung (EWG) Nr. 1836/93.

(216)　Vgl. z. B. § 7 Abs. 2 Nr. 2 UAG.

(217)　すなわち、企業には、市場経済システムの中で行政による環境政策の目標および規制値を実現し、規制・監督の実効性を補完する役割が期待されているのであって、したがってその場合の企業によるリスク管理は、それが自己責任に基づいて実施されるものであっても、そこには明確な規制法上の枠組みが前提とされており、従前の経済的手法などで主張されたようなコストの内部化に尽きるものではない。したがって、それは、「企業による環境保全の非規制法上のシステム」(nicht ordnungsrechtliches System des betrieblichen Umweltschutzes) (Sellner/Schnutenhaus, NVwZ 1993 (Fußn. 2), S. 928) という理解とは異なることになる。

(218)　以上につき、髙橋・前掲註(157)一五頁（本書六八頁）。

(219)　髙橋・前掲註(157)一五頁（本書六八頁）。

(220)　この点については、かつて「ここでは、企業による自己制御的なリスク管理のあり方、とりわけ、それを規制法の枠組みの中で理解しうるようなものの見方」が必要とされていると述べたことがある（髙橋・前掲註(9)一〇六頁（本書一七六頁））

が、この表現の意図するところは本文摘示のごとくである。

なお、環境監査については、前述のように、企業が環境管理システムを構築する際のツールとしての理解が一般的であり、その視点からは、監査を実施することによって環境に配慮した企業であるとの社会的評価を獲得しうるとか、企業のリスク管理能力が向上するといった評価がなされることになる。しかし、環境監査は、企業内でのみその機能を発揮すべく構想されているわけではない。むしろ、それが規制的手法の機能不全を補う役割を担って登場してきたことを重視するならば、それを実施することによって環境の保全といういわば公的利益の実現につながるとの理解が必要である。そして、本制度は、環境保全という公的利益の実現が企業のリスク管理能力の向上という私的利益の実現過程に組み込まれることによって、公的利益と私的利益との垣根を取り払い、双方の利益を実現すべくその内容が構想されているが、その際に重要な役割を果たすのが、情報公開という要素である。すなわち、本制度に情報公開という要素が加わることによってはじめて、従来の規制主義的な枠組みを超えて、企業の自発的な技術革新を促し、不確実な環境リスクにフレキシブルに対応しうる制度的・理論的枠組として性格づけられることになる。

(221) 髙橋・前掲註(9)九八頁(本書一六八頁以下)など参照。

(222) ただ、このシステムが十分に機能するためには、環境検証人が自らに課せられた任務を遂行しうるかどうかが決め手となる。すなわち、すでに述べたように、環境検証人による環境報告書の認証は、主として企業の監査システムについて、企業が作成した環境報告書という情報の信頼性・正当性を確認するというスタイルをとるが、実際には、その前提として企業が定立した環境行動計画や環境管理システムそれ自体が何らかの環境関連法規に違反するものであってはならない。したがって、その審査は、企業がそれらの規定を遵守したかどうかについても実施されることになる。そこで、これとの関連で、EC規則および本法は環境検証人の認定要件として関係法規についての専門知識を要求しているが、前述のように、ここには法律や命令についての知識のみではなく、それをめぐっての最高裁判例および学説、更には行政規則に関しての知識も含まれる。しかし、法律の専門家であればともかく、個人としての環境検証人にそこまでの知識を要求することは、そもそも無理がある。したがって、実際の検証活動は、どちらかというと組織としての環境検証人機構に委ねざるをえないことになる。

ここで重要なのが、本法でいう環境検証人機構がいかなるものとして構想されているかである。すでに述べたように、EC規則の規定の仕方は、検証活動が多方面に及ぶとき、あるいは自らの専門知識が不足するときは、他の環境検証人が、あるいはその者を雇い入れることによって検証活動が実施される。それに対して、本法では、少なくとも一名の環境検証人を中心として組織が全体として検証活動を行いうる態勢にあれば、それを環境検証人機構として認定しうることとし、そのことによって、自然人および法人としての環境検証人だけではなく、専門知識や課程証明を有する特定分野のスペシャリストも検証活動に従事させることができる仕組みになっている。すなわち、本法のような規定内容によって、環境検証人機構は個人としての環境検証人の集合体よりも優れた能力を備えた組織として活動しうることになる。

おわりに

(1) わが国では、一九九三年一一月一二日、環境基本法が制定され、同月一九日に公布・施行された。そこでは、従来の排出規制を中心とした公害対策、ゾーニング規制を中心とした自然環境保全施策では十分な対応が難しく、環境そのものを総合的にとらえ、社会システムやライフスタイルを変革するための新しい政策手法を盛り込んだ法制度が必要であるという基本的認識の下に、今後、経済的手法をはじめとして多様な環境保全手法が展開されるべきことが指摘されている。そして、そのための具体的手法の一つとして、同法一五条では環境基本計画に関する規定を置いたが、そのことからも明らかなように、今日、かつての公害規制から環境管理への環境政策の転換と総合的・計画的な施策の展開が求められているし、とりわけ、規制的手法を補完する新たな手法の導入が必要であることは、ほぼ共通の認識になっているといってよい(223)。このような意味からも、EMASは、実効的な環境保全のために採用されるべき手法の選択肢の一つとして位置づけられることになるであろう。

(2) 環境監査という手法が、今後いかなる方向に展開するのかを予測することは、現段階においては極めて困難であるが、あるべき方向性としては、概ね二つの可能性が考えられている(224)。

すなわち、第一は、環境監査をこれまでの規制的手法に依存しない全く新たな手法として性格づけ、全体としての環境法体系の中での独自の位置づけを模索する方向性である。これは、まさに、従来の規制的手法の限界を直視し、それに依存しない、したがってまたそれとは異なる、その意味での非規制的な企業による環境保全の手法として性格づけ、EC規則やドイツ環境監査法はそれらを支援する法的枠組として理解する方向である。

他方で、第二に、環境監査は、確かに従来の規制的手法の限界もしくは機能不全を克服するために登場してきたものではあるが、それは決して規制的手法の外側に、全く独自の手法として位置づけられるものではなく、むしろ、規制的手法の有効性を前提としつつ、その実効性をより一層確実なものとするために、新たな規制法のあり方を模索する試みの中に環境監査を位置づけようとする方向性である。

環境監査という制度および手法が、既存の環境関連法規およびそこでの規制的手法といかに調和するのかに関しては、法理論的にみて解決すべき問題点も多いし、ましてや、この手法が環境法の新たな方向性を示しうるものとなりうるかどうかについても、いまだ不透明な部分も多い。ただ、ＥＣ規則によれば、環境保全のために従来から存する法規範や技術規格、更にはそれらに基づく企業の環境保全義務は、本制度の実施によっても何ら影響を受けることはない。したがって、環境保全の「新たな」手法としての環境監査は、既存の規制法上の手法に、その機能不全を補うべく付け加わることになる。すなわち、それは、規制的手法そのものではないし、しかし他方で、規制的手法と全く無関係に存在するわけでもない。ここに、環境監査の環境保全手法としての独自性および特殊性が存するし、そのことの認識なくして、その実効性を正当に評価することはできない。そのためには、まず何よりも、環境問題における法の役割、換言するならば、かつて述べたように「伝統的な因果律によっては判断できない、まさに『不確実性もしくはカオスの合理化』とでもいうべき非直線的なカオス的作用連関を合理化しうるような、非線形的モデル」[225]としての法の存在が求められているのである。それなくしては、いかに従来からの規制的手法に代替しうる新たな手法が提唱されようとも、そこに存する問題性を克服しうるようなものとしての機能を期待することはできない。環境監査には、単なる環境保全手法としての斬新さだけではなく、環境問題における法そのものの存在意義や役割をも問う発想が内在しているのではないだろうか。

(223) たとえば、奥・前掲註(2)一一四頁など参照。

(224) Vgl. Köck, VerwArch. 1996 (Fußn. 4), S. 644ff., S. 681.

(225) 髙橋・前掲註(9)一二七頁(本書一九八頁)。

【追記】 近年、ドイツにおいては、環境法はもちろんのこと、メディア法(Medienrecht)、製品安全法(Produktsicherheitsrecht)、経済法(Wirtschaftsrecht)などの分野で「規律された自主規制」(Regulierte Selbstregulierung)につき盛んに論じられているが、そこでの議論内容が環境保全の「新たな」手法としての環境監査の意義を論ずる本書とほぼ共通すること、更には、本書の議論内容が「協働」(Kooperation)をめぐる近年の議論なども通じるものであることを、さしあたり確認しておきたい。なお、ドイツにおける規律された自主規制の議論については、vgl. A. C. Thoma, Regulierte Selbstregulierung im Ordnungsverwaltungsrecht, 2008; とりわけ、ＥＭＡＳとの関係で論じるものとして、vgl. C. Leifer, Das europäische Umweltmanagementsystem EMAS als Element gesellschaftlicher Selbstregulierung, 2007.

4

環境リスクとリスク管理の内部化

――ＥＵの環境監査制度の法的意義と実効性

はじめに
一　環境保全をめぐる法と経済
二　法問題としてのリスク管理
三　リスク内部化制度としての環境監査
おわりに

はじめに

(1)　ドイツ連邦環境庁（Umweltbundesamt）は、環境に関わる各領域ごとの特殊性に配慮しつつも、それらを全体としての統一的理念の下に論理的に体系化し、立法化すべく、一九九四年の研究報告として「環境法典（各論）」（Umweltgesetzbuch-Besonderer Teil : UGB-BT）の教授草案を公表した。(1)　そのうち、法典編纂の基本方針（Leitgedanken der Kodifikation）の項には、厳格な強制的手法によることなく、市場メカニズムを積極的に利用し、協働的（kooperativ）にかつフレキシブル（flexibl）な手法を強化することによってより実効的な環境保全を実現しようとする意図を看取することができる。すなわち、草案起草者によれば、環境法典は市民および企業を環境保全の実現のために規制し、義務づけるだけでなく、むしろ、両者を味方につけて環境保全政策の実現に誘い込もうとするものであり、市場メカニズムを積極的に利用しつつ協働的かつフレキシブルな手法を強化することの本質的意義・機能もその点にある。そして、そのことによって、市民や企業など利害関係人の環境保全に協力する用意（Kooperationsbereitschaft）と技術革新能力（Innovationsfähigkeit）を利用することが可能となるだけでなく、厳格な規制法（Ordnungsrecht）が必ずしも必要とされない領域では「僅かな強制を通じてのより実効的な環境保全」（mehr Umweltschutz durch weniger Zwang）を基本とすべきであることを指摘する。(2)

(2)　ところで、このような草案起草者の考え自体は、すでに一九九〇年の「環境法典（総論）」（Umweltgesetzbuch-Allgemeiner Teil : UGB-AT）においても、「市場調和性」（Marktkonformität）という見地から、環境保全のための手法は原則として市場と調和した介入手法に限定されるべきであり、「市場経済の機能（Funktionsfähigkeit der Marktwirtschaft）を明らかに妨げるような措置は、これを排除する」ということが確認されていたところであった。(3)　すなわち、「総論」の第六条は、まず第一項で「環境の保全は、市民および国家に信託される。行政庁には、憲法、法律、または法律に基づいて課された任務を果たすことが義務づけられる。行政庁は、環境の十分な保全が市民によっては行われえないか、あるいは行われない場合にのみ、行動すべきものとする。その場合、とくに、環境保全のための協定（Vereinbarung）の可能性が考慮されねばならない」と規定し、第二項で、「第一項第二文にいう任務を達成するために、行政庁および関係者は、それぞれの規定に従って協働しなければならない」という協働原則（Kooperationsprinzip）を明示的に採用している。

もっとも、この原則は、事前配慮原則（Vorsorgeprinzip）や原因者負担原則（Verursacherprinzip）とともに環境政策および環境法の基本的要素としてしばしば強調されているにもかかわらず[4]、従来、その法的内容について包括的かつ詳細に説明し、かつそれを環境法の体系の中に明確に位置づけるものはなかった。そのためもあって、「総論」では、協働原則が環境保全に際しての国家と社会との共同作業であること、とりわけ、環境保全についての国家とくに行政権の責任を基本的に考慮したうえで、その環境政策上の意思形成・決定過程への社会的諸勢力の関与にその核心があることを、一般的に記述し、確認したものといえる。したがって、環境保全は基本的には国家に課された課題ではあるが、決してその義務および責任によってのみ実現されるべきものではなく、むしろ、国家とくに行政庁は市民の環境保全に協力する用意とそのための技術革新能力とを利用することによって、その政策を遂行すべきである、ということになる。「各論」も、当然のことながら、その延長線上に起草されたものであった[5]。

しかしながら、両草案は、以上のように確かにその基本的方向としては環境保全についての私人のイニシアティヴを尊重する途を選択したが、そのことは、環境保全に関する国家の役割や責任を軽減しようとするものでは決してない。むしろ、学説上の一般的な理解に従えば、国民の生命・健康等が危険に晒されることのないよう制御することは国家の義務であり、したがって、そのような視点からの環境保全については、国家が直接に自己固有の責任でその課題を遂行しなければならない[6]。両草案ともに基本的にはそのことを確認するが、そうすると、環境法の領域における国家による規制的手法の意義および役割は依然として重要であることになる。ただ、その際に、国家による環境保全が個々の市民や社会の諸団体の協力がなければ十分にその課題を実現できない状況が出現していることに鑑み、両草案はそれを協働原則として明示したものといえよう。(7)

(3)　さて、このように、一方では市民や企業の活動によってもたらされる環境への影響を法律によって命令・禁止する、従来からのいわゆる command and control というアプローチを軸とし、それをより一層精緻化する理論枠組、および、その前提としての基準設定を合理化する手続的・実体的判断のあり方は、今後も模索され続けねばならない。しかし他方で、両草案も認識するごとく、憲法および規制法上の国家の環境保全義務は、現実には企業をはじめとする私人の主体的取組に大きく依存せざるをえない。市民や企業の協力がなければ、基準の達成だけではなく有効な基準設定さえも不可能な現実が存するからである。もっとも、企業等の努力は、それを積極的に促すような何らかのインセンティヴがなければ、それを期待すること自体無理である。それゆえ、ここでは、企業努力が環境保全のためのより実効的な手法として制度上機能しうるように、少なくともそれを企業に対する何らかのインセンティヴとともに制度化することが必要となる。

そこで、このような方向から近年積極的に展開されているのが、環境問題の政策的解決に経済的手法を導入すべきであるとする主張である。(8)ただ、従来の議論をみると、それは主に経済学（環境経済学）的な視点が中心に据えられ、これまで環境政策の中心的な手法であった規制的手法、とりわけ行政法学上の規制法原理の意義およびそれとの関係については、しばしば等閑視されてきた。他方で、規制法上の視点からも、国民の生命・健康等の確保という課題は国家の憲法上の義務に関わる事項であるという認識もあってか、伝統的な環境法においては、環境問題の経済学的議論は必ずしも十分な議論がなされてきたとは言い難い。本稿は、まさにそのような「規制主義と経済分析主義」(9)という両者の議論の中間に位置するものとして、もしくはそれとは異なる視点を提供するものとして、近時EUおよびその加盟国で制度化されるに至った環境監査制度(10)およびそれをめぐるドイツの議論を参照しつつ、両者の若干の意思疎通を試みようとするものである。(11)

（1） H. D. Jarass/M. Kloepfer/P. Kunig/H.-J. Papier/F.-J. Peine/E. Rehbinder/J. Salzwedel/E. Schmidt-Aßmann, Umweltgesetzbuch-Besonderer Teil (UGB-BT), Berichte 4/94 des Umweltbundesamtes, 1994; vgl. M. Kloepfer, Zur Kodifikation des Besonderen Teils eines Umweltgesetzbuches (UGB-BT), DVBl. 1994, S. 305ff. なお、現時点においては、環境法典は未だ立法化されるには至っていない。この間、教授草案以降の各種草案の趣旨を反映させつつ個別領域での法改正作業がなされたものもあるが、近年になって、法典化に向けた動きが再び活発化している。Vgl. M. Kloepfer, Sinn und Gestalt des kommenden Umweltgesetzbuchs, UPR 2007, S.161ff.; T. Brandner/C. Franzius/K. von Lewinski/K. Messerschmidt/M. Rossi/T. Schilling/P. Wysk, Umweltgesetzbuch und Gesetzgebung im Kontext: Liber discipulorum für Michael Kloepfer zum 65. Geburtstag, 2008. また、二〇〇八年五月二〇日には環境法典参事官草案（Referentenentwurf）が公表されている。Vgl. http://www.umweltgesetzbuch.de. これらは、いずれも法典化には至っていないが、各時点におけるドイツ環境法および環境法学の理論的到達点を示すものであり、極めて興味深い。

（2） Vgl. Jarass u. a. (Fußn. 1), S. 3ff.; Kloepfer, DVBl. 1994 (Fußn. 1), S. 305f.

（3） M. Kloepfer/E. Rehbinder/E. Schmidt-Aßmann unter Mitwirkung von P. Kunig, Umweltgesetzbuch-Allgemeiner Teil, Berichte 7/90 des Umweltbundesamtes, 2. Aufl., 1991, S. 14. なお、本草案の内容およびその解説については、vgl. H.-J. Koch, Auf dem Weg zum Umweltgesetzbuch: Der Professoren-Entwurf des Allgemeinen Teils eines Umweltgesetzbuches (AT-UGB), NVwZ 1991, S. 953ff.; H.-J. Koch (Hrsg.), Auf dem Weg zum Umweltgesetzbuch: Symposium über den Entwurf eines AT-UGB, Forum Umweltrecht Bd. 7, 1992; M. Kloepfer/P. Kunig/E. Rehbinder/E. Schmidt-Aßmann, Zur Kodifikation des Allgemeinen Teils eines Umweltgesetzbuches (UGB-AT), DVBl. 1991, S. 339ff. また、本草案の策定に至るまでの議論の成果については、vgl. M. Kloepfer, Systematisierung des Umweltrechts, Berichte 8/78 des Umweltbundesamtes, 1978; M. Kloepfer/K. Meßerschmidt, Innere Harmonisierung des Umweltrechts, Berichte 6/86 des Umweltbundesamtes, 1986. なお、藤田宙靖「ドイツ環境法典草案について」自治研究六八巻一〇号（一九九二）三頁以下参照。

（4） 東京海上火災保険株式会社編『環境リスクと環境法（欧州・国際編）』有斐閣（一九九六）九九頁参照。なお、近年の協働理論の動向を総括的に論じるものとして、山本隆司「日本における公私協働の動向と課題」新世代法政策学研究二号（二〇〇九）二七七頁、ドイツにおける「協働」の規範的意義について批判的に検討するものとして、D・ムルスヴィーク（神橋一彦訳）「環境法におけるいわゆる「協働原則」（Kooperationsprinzip）について――その法原則としての適格性に関する疑問」ドイツ憲法判例研究会編『先端科学技術と人権』信山社（二〇〇五）八九頁以下、また、ドイツの環境法原則一般については、勢一智子「ドイツ環境法原則の発展経緯分析」西南学院大学法学論集三二巻二・三号（二〇〇〇）一四七頁以下、更に、近年の参事官草案を素材としつつ、環境法典編纂作業における協働原則を含めた環境原則の取扱いに係る近年の動向を紹介・分析するものとして、髙橋信隆「環境法上の基本原則と法典化への課題――ドイツ参事官草案を素材として」立教法学八〇号（二〇一〇）三五二頁以下など参照。

（5）草案起草者は、「各論」編纂の視点として、以下の諸原則を掲げる。①狭義の環境法、すなわち環境に特殊な法（環境にとって重要な法のみではない）に限ること、②現行の環境法を記録し体系化することによって、法の統一化を図ること、③環境法上の諸手法を発展させること（とくに、協働的・フレキシブルな手法を考慮に入れて）、④環境法の水準を少なくとも現在程度に維持すること（退行禁止）、⑤国内の法発展に適合させること、⑥提案が将来に対しても開かれていること（新たな環境政策的課題および手法との関連でも）、⑦総論の準則の原則的考慮、⑧欧州環境法への適合。Jarass u. a. (Fußn. 1), S. 5.

（6）学説上は、とりわけ生命・健康的価値などの基本権の実現にかかわる領域については、議会留保（Parlamentsvorbehalt）が徹底されるべきであるとする。Vgl. M. Kloepfer, Staatsaufgabe Umweltschutz, DVBl. 1979, S. 639ff., S. 641ff.; D. Rauschning, Staatsaufgabe Umweltschutz, VVDStRL 38 (1980), S. 167ff.; Kloepfer u. a. (Fußn. 3), S. 6ff.; W. Hoppe, Staatsaufgabe Umweltschutz, VVDStRL 38 (1980), S. 211ff.

（7）もっとも、環境保全という国家的課題（Staatsaufgabe）が、直ちに国家的義務（Staatspflicht）になるかどうかについては争いがある。Vgl. M. Kloepfer, Umweltschutz und Verfassungsrecht, DVBl. 1988, S. 305ff., S. 308ff.

（8）これらの議論について、総括的には、天野明弘「環境保護をめぐる法と経済――経済的手法導入の可能性」ジュリスト一〇一五号（一九九三）八四頁。

（9）K・H・ラデーア「規制主義と経済分析主義を超えて――環境法の新しい課題」山之内靖ほか編『社会変動のなかの法』岩波講座社会科学の方法Ⅵ（一九九三）八九頁。

（10）Verordnung (EWG) Nr. 1836/93 des Rates vom 29.6.1993 über die freiwillige Beteiligung gewerblicher Unternehmen an einem Gemeinschaftssystem für das Umweltmanagement und die Umweltbetriebsprüfung. EC環境監査規則については、髙橋信隆「環境監査の法制化と理論的課題――ECの環境監査規則を素材として」熊本法学八二号（一九九五）一頁（本書一七頁）。なお、ドイツにおいてもEC規則を国内法化すべく、一九九五年に「環境監査法」（Gesetz zur Ausführung der Verordnung (EWG) Nr. 1836/93 des Rates vom 29. 6. 1993 über die freiwillige Beteiligung gewerblicher Unternehmen an einem Gemeinschaftssystem für das Umweltmanagement und Umweltbetriebsprüfung (Umweltauditgesetz - UAG) vom 7. 12. 1995, BGBl. I S. 1591）が制定され、二〇〇二年には改正法が施行されている。Umweltauditgesetz in der Fassung der Bekanntmachung vom 4. September 2002 (BGBl. I S. 3490), das zuletzt geändert durch Artikel 11 des Gesetzes vom 17. März 2008 (BGBl. I S. 399). 改正法の内容について

は、本書二八四頁参照。ＥＣ規則については、vgl. L. Knopp/S. Striegl, Umweltschutzorientierte Betriebsorganisation zur Risikominimierung, BB 1992, S. 2009ff.; M. Führ, Umweltmanagement und Umweltbetriebsprüfung: neue EG-Verordnung zum Öko-Audit verabschiedet, NVwZ 1993, S. 858ff.; J. Scherer, Umwelt-Audit: Instrument zur Durchsetzung des Umweltrechts im europäischen Binnenmarkt?, NVwZ 1993, S. 11ff.; D. Sellner/J. Schnutenhaus, Umweltmanagement und Umweltbetriebsprüfung („Umwelt-Audit"): ein wirksames, nicht ordnungsrechtliches System des betrieblichen Umweltschutzes?, NVwZ 1993, S. 928ff.; J. Kormann (Hrsg.), Umwelthaftung und Umweltmanagement, UPR-Special 5, 1994; G. Lübbe-Wolff, Die EG-Verordnung zum Umwelt-Audit, DVBl. 1994, S. 361ff.; A. Wiebe, Umweltschutz durch Wettbewerb: Das betriebliche Umweltschutzsystem der EG, NJW 1994, S. 289ff.; G. Förschle/S. Hermann/U. Mandler, Umwelt-Audits, DB 1994, S. 1093ff. 改訂ＥＣ規則については、髙橋信隆「改訂ＥＭＡＳと実施ガイドライン」立教法学六二号（二〇〇二）一〇八頁（本書二〇一頁）。ドイツ法については、vgl. S. Lütkes, Das Umweltauditgesetz-UAG, NVwZ 1996, S. 230ff.; G. Lübbe-Wolff, Das Umweltauditgesetz, NuR 1996, S. 217ff. その草案については、J.-P. Schneider, Öko-Audit als Scharnier in einer ganzheitlichen Regulierungsstrategie, Die Verwaltung 1995, S. 361ff.; W. Ewer, Öko-Audit: Der Referentenentwurf für ein Umweltgutachter- und Standortregistrierungsgesetz und die Übergangslösung zur Anwendung der EG-Öko-Audit-Verordnung, NVwZ 1995, S. 457ff. 二〇〇二年の改正法については、vgl. S. Förster, Das Umweltmanagementsystem nach EMAS in der Praxis der Umweltverwaltung - ein zukunftsfähiges Modernisierungs- und Nachhaltigkeitsinstrument?, ZUR 2004, S. 25ff.; M. Langerfeldt, Das novellierte Umweltauditgesetz, NVwZ 2002, S. 1156ff.

(11) 但し、本稿はあくまでも一法律学徒からのささやかな考察にすぎず、環境経済学における議論を本格的に行政法学上の議論に導入しようとするものではないし、ましてや、後掲の諸文献等で意識されているような「ポストモダンの法理論」や法律学と経済学とを止揚して新たな社会科学の理論を構想しようといった意図は微塵もない。もちろん、本稿作成中にそれらを意識せざるをえない局面が多々存したことも否定はできないが、主たる関心は、あくまでも環境監査制度で採用されている諸手法が規制法上いかに位置づけられるのかということにあり、それを考察するに際して必然的に環境経済学上の議論を多少なりとも考慮せざるをえなかったというにすぎない。したがって、「若干の意思疎通を試みようとするもの」という本文の意味は、行政法学が他の隣接諸科学（ここでは主に経済学であるが、それにとどまるものではない）におけるさまざまな議論を参考とすることによって、行政法学自身の認識を伝統的な法解釈学の枠に限定することなく、より広いものとして、すなわち後述のような現代的諸状況に対応しうるような枠組みを提供しうる可能性を内包するものとして認識すべく環境監査制度をとりあげているにすぎない。それゆえ、そのことから従来の規制法上の議論の問題点もしくは限界、およびそれに代替しうるような法理論の可能性についての示唆を得ることがあれば、それは予期せぬ副産物である。

なお、本稿の作成にあたっては、ラデーア・前掲註(9)をはじめ、彼の論稿から多くの示唆を得た。ただ、その内容は極めて難解であり、その詳細な分析・検討は筆者の能力を超える。その主張については、とりあえず以下のものを参照されたい。K.-H. Ladeur, Die rechtliche Kontrolle plausibler Prognosen: Plädoyer für eine neue Dogmatik des Verwaltungshandelns unter Ungewißheit, NuR 1985, S. 81ff.; ders., Entschädigung für Waldsterben?, DÖV 1986, S. 445ff.; ders., Rechtliche Steuerung der Freisetzung von gentechnologisch manipulierten Organisationen: Ein Exempel für die Entscheidung unter Ungewißheitsbedingungen, NuR 1987, S. 60ff.; ders., Gefahrenabwehr und Risikovorsorge bei der Freisetzung von gentechnisch veränderten Organismen nach dem Gentechnikgesetz, NuR 1992, S. 254ff.; ders., Drittschutz bei der Genehmigung gentechnischer Anlagen, NVwZ 1992, S. 948ff.; ders., Risikobewertung und Risikomanagement im Anlagensicherheitsrecht: Zur Weiterentwicklung der Dogmatik der Störfallvorsorge, UPR 1993, S. 121ff.; ders., Die rechtliche Steuerung von Entwicklungsrisiken zwischen zivilrechtlicher Produkthaftung und administrativer Sicherheitskontrolle, BB 1993, S. 1303ff.; ders., Risikooffenheit und Zurechnung: insbesondere im Umweltrecht, in: W. Hoffmann-Riem/E. Schmidt-Aßmann (Hrsg.), Innovation und Flexibilität des Verwaltungshandelns, 1994, S. 111ff.; ders., Das Umweltrecht der Wissensgesellschaft: von der Gefahrenabwehr zum Risikomanagement, Schriften zur Rechtstheorie, Heft 167, 1995. また、ラデーアの主張の内容および位置づけについては、村上淳一「ポストモダンの法理論」山之内ほか編・前掲書註(9)二六一頁以下、二七一頁以下、同「科学技術の水準と裁判――ドイツの実務と法理論」同『現代法の透視図』東京大学出版会(一九九六)四三頁以下、六六頁以下など参照。

一　環境保全をめぐる法と経済

1　「法の経済分析」

(1)　環境基本法二二条は、第一項で「国は、環境への負荷を生じさせる活動又は生じさせる原因となる活動……を行う者がその負荷活動に係る環境への負荷の低減のための施設の整備その他の適切な措置をとることを助長することにより環境の保全上の支障を防止するため、その負荷活動を行う者にその者の経済的な状況等を勘案しつつ必要かつ適正な経済的な助成を行うために必要な措置を講ずるように努めるものとする」とし、更に第二項で「負荷活動を行う者に対し適正かつ公平な経済的な負担を課すことによりその者が自らその負荷活動に係る環境への負荷の低減に努めることとなるように誘導することを目的とする施策……を活用して環境の保全上の支障を防止することについて国民の理解と協力を得るように努めるものとする」と規定した。そこには、「都市・生活型公害、地球環境問題にみられるように、今日の環境問題を解決していくためには、通常の事業活動や日常の生活を含めた幅広い社会経済活動を環境への負荷の少ない形で営まれるようにしていく必要があり、このためには、規制措置のみでは十分でなく、市場メカニズムを通じる経済的手法を活用することが必要である」[12]という認識がある。

ところで、経済学では、環境問題が発生する主要な原因として「外部性」の存在をあげる。[13]外部性の問題は、もともと、文字どおり市場の外部に存在するために、資源配分に係る問題解決の主要な部分を市場メカニズムに委ねている経済社会においては、環境資源の効率的な利用は達成できない。しかし、大気や水などの環境資源が大量に利用されるようになると、かつて無尽蔵であると考えられていたそれらの資源を有効かつ適正に配分することが必要となる。そこで、資源利用に伴う環境問題を解決する一つの手法として、すべての環境資源に十分な法的保護が保障される財産権としての実体を付与し、いわば「財」として市場経済システムに組み入れることによって環境資源の効率的な利用を実現しようとするのである。[14]一九八〇年代の国家的規制の行きづまりに伴う市場志向的な法観念の構築をめざした、いわゆる「法の経済分析」[15]という手法などは、まさに以上のような議論の一つの集約点でもあった。[16]

そこでは、環境汚染という本来的には市場経済システムに組み入れられないはずのものを市場化することによって、環境資源の配分を合理化することになるため、それは、環境が市場経済に内部化されうる限り極めて有効であることになる。そして、この場合には、企業は外部効果を交換可能な財とすることによってそれを内部化することになり、あるいは、かつては無尽蔵であると考えられていた環境を「財」とみることによってその利用を限定し、生産の手段として市場における需要供給の法則に委ねることになり、したがってまた、環境財としての価値は価格として算出されることになるため、それは本質的にはコストの内部化である。

(2)　他方、環境保全のための法的手法としては、従来より、汚染原因物質ごとに環境基準や排出基準等を定めて企業等に一定の義務を賦課し、それに違反した場合には命令や罰則、あるいは代執行等で対応する「規制的手法」[17]が主として用いられてきた。わが国の公害規制立法も、そのほとんどが基本的にはこのシステムに拠っている。そして、有害物質等の排出基準を設定しその遵守を企業に求めるという方法は、確かにそれによってある程度の環境保全に貢献しうるし、実際にも激甚な公害や環境汚染にかなりの効果を発揮してきた。しかし他方で、見方をかえれば、それは当該基準までは汚染が許容もしくは黙認されることでもあり、汚染が基準内にとどまっている限りにおいては、規制等の監督権限を有効に発動することはできない。もちろん、排出基準等が純粋科学的に決定されていれば、とりあえずは環境を保全するための実効的な手法として機能しえようが、わが国の場合をみても、それは最終的にはむしろ実現可能性などの政策的要素が考慮された上で決定されているのが実情である[18]。そうすると、数字の上では改善の傾向がみられても、市民の実感としてはむしろ汚染あるいは環境の破壊が進行していると評せざるをえない状況が依然として続くことになるばかりでなく、基準の設定されていない未規制物質や測定点以外での汚染の進行などについては、これらの手法は有効に機能しないことにもなる[19]。

「法の経済分析」という手法などは、まさに、このような従来からの command and control という手法、すなわち、法的手段によって汚染物質の排出量や全体としての基準を定め、それに基づいて企業活動を直接に制限・禁止しようとする手法に対する批判として登場してきたものであった。ただ、それは市場による内部化を通じて、基本的にはコスト配分の適正化・合理化を図ろうとするものにすぎず、環境の保全あるいは有害な影響が最も少なくなるような環境資源の利用を追求しようとするものではない。しかも、それは環境汚染やそれに伴う損害を単純な形のものとして想定し、それを前提としてそこでのリスク配分をいかに合理化するかという視点から構想される。

しかし、近年の環境問題は、多くの生産者や消費者の活動が複雑に絡み合い、更にはその影響も自然環境や生態系等の市場外の経路を通じて波及する、いわばメカニズムもプロセスも未だ十分に解明できていないものが多い。したがって、環境問題の解決を市場による内部化が無理なく行われることを前提に論ずるのは、その限りでは現実性に乏しいことにもなる。換言すれば、かつて主張された経済的手法の最大の欠陥は、市場のフレキシビリティを過大評価する点にあるし、そこに本質的な限界がある。[20] 今日提唱されている経済的手法のなかにも、環境保全を念頭に置いた企業活動に対しての価格の面からのインセンティヴが与えられさえすれば、企業の環境保全技術は持続的に革新され、環境の質的改善が次第に実現されていくであろうという前提の下に議論されることがあるが、それも同様の意味において問題がある。[21]

2　規制的手法の意義と限界

(1)　そこで、代替的手法として提案されるのが、たとえば、大気という環境媒体に価格をつけ、そのことによって大気の消費の節約を促そうとする環境税や炭素税といわれるものや、その最も進んだ提案として譲渡可能な「環境証」とでもいうべき証明書を発行する手法など[22]である。これらは、経済的手法により企業の経済的利害に働きかけることで、企業行動を変更させたり、企業間の競争に刺激を与えようとする方法であるが、それは、環境保全のための費用を誰が負担するかという問題をさらに押し進め、経済制度全体を環境保全型のものへと転換することを意図している点で、「法の経済分析」よりも優れているとされる。

そして、近年提案されているこれらの経済的手法の最大の特徴は、外部費用の内部化による効率的資源配分の問題を、行政の規制的介入によって解決しようとする点にあるといってよい。すなわち、それらは、環境問題の解決を市場メカニズムに委ねる点では従前の手法と異なるところはないが、それは、あくまでも基準設定によって行政的に規制された市場秩序を前提としたものに他ならない。[23] 換言すれば、そこには国家の環境政策の目標が前提とされているのであって、そうした明確な方向づけの存しないところで市場原理を唱えた従前の手法の問題性を克服しようとするものであるといえよう。[24]

ところで、環境への影響を制御するために、法は、有害物質等の排出基準とそれを遵守することによって維持・達成できるであろう環境基準を設定するなどして企業活動を規制しているが、その場合、それが企業活動に伴う外部効果を行政による規制と企業自身による自己責任的制御とに配分的に委ねることによって効率化するということを意味する限りにおいて、そのような規制は、効率的資源配分の問題を解決する手法として有効に機能することになる。このことは、それを企業の側からみるならば、環境法の領域で行われる国家による具体的施策を側面から支え、それをいわば最適化することであり、その際、企業には、市場経済システムの中で行政による環境政策の目標および規制値を実現し、規制・監督の実効性を補完する役割が期待されているともいいうる。したがって、その場合の企業によるリスク管理は、それが独自の方法でいわば自己制御として実施されるものであっても、国家との協働が期待されているところでの役割分担としての性格を伴う。それゆえ、企業による自己責任的制御という手法での内部化は、それが市場経済に内部化されうるとしても、決してコストの内部化としてだけでは捉えられないものがあり、むしろ、前述のごとく、ここではより明確な、かつ強力な規制法上の枠組みがその前提とされている。[25]そこで、環境政策に経済的手法を導入しようとするときには、それを規制法的にどのように理解するかの検討も併せて必要となる。

(2)　ただ、問題は、その場合の規制のあり方である。規制法にとっての重要な領域である生態系や科学技術における複雑な連鎖は、われわれが十分な経験知を未だ構築できていない諸要因によって規定されているために、国家は、環境的価値およびそれを保全するために国家が規制的手法をもって介入するラインを、環境基準や排出基準などの固定化された準則として制度化することができず、したがってまた、それらを前提として企業に自主的な対応を期待することが難しくなっているため、従来の command and control という手法が必ずしも実効的でなくなっているという前提的状況が存する。[26]

環境へ影響を及ぼす企業活動等を規制するために従来採用されてきた手法をみると、それは環境基準等によって予め「危険」のラインを明示し、それを回避すること、すなわち「危険の除去」をその本質において目的とするものであった。企業には、本来、周辺の環境と調和する範囲内で、したがって環境を汚染・破壊したり市民の生命・健康等を侵害したりしない限りにおいて、経済活動の自由が認められ、近代行政法学も、まさに自由な市民社会を理念型として設定し、行政権による市民的自由への干渉を極力抑制するために、行政権の発動を制約するさまざまな法理を形成してきたのであった。そこでは、環境保全に関しての企業のモラルが前提とされているのであって、行政は、社会の法益に対しての具体的害悪の発生が確実に予想される場合に、その危害防止に必要な最小限度内でその権力の行使が許されるにすぎず、企業活動等による影響が環境基準等で示された危険のラインを下回っていれば、その活動を直接に制限・禁止することはない(27)。ここでは、当該基準こそが「危険」かどうかを判定する指標に他ならない。

それゆえ、規制的手法の場合には、基準としての危険のラインを、いわば経験則によって類型的に規範テクストとして与えておくことが必要であったし、それで十分でもあった。環境法においても、もちろんそれは古典的な警察法上の危険概念ほど単純なものではないとしても、環境基準や排出基準等によって環境および生命・健康等へ影響を及ぼしうる危険のラインを示し、そのラインを維持するために命令・禁止もしくは罰則という方法で対処しようとしてきたし、あるいはそれを可能とする確定的な標識を獲得しようとしてきた。したがって、それが環境保全のための実効的な手法として機能しうるためには、それらの基準が純粋科学的に決定されていること、もしくは、そのような決定が現実にも可能であることが、論理必然的に前提とされていたのである。しかし、今日の環境問題は、そのような古典的な法論理によっては対処できず、いわば市民社会の自律性が失われたところで、あるいはそれを期待できないところで、したがってまた、国家の決定構造の枠に収まりきれないところで発生しているのである。それゆえ、ここでの法の任務も、国家の規制的手法による介入を統制するだけでは済まないものとなっている。

そこで以下では、この点を明らかにするために、これまで規制の指標とされてきた「危険」の概念、および、それがいかなる意味で変質しているがゆえに従来の規制的手法が実効性をもちえなくなっているのかについて、順次検討したい。

(12)　環境庁企画調整局企画調整課編『環境基本法の解説』ぎょうせい（一九九四）二三〇頁。なお、経済的手法による環境保全については、環境庁地球環境経済研究会編『地球環境の政治経済学』ダイヤモンド社（一九九〇）、環境庁地球環境経済研究会編『日本の公害体験——環境に配慮しない経済の不経済』合同出版（一九九一）、OECD環境委員会編（井村秀文監訳・環境庁地球環境部監修）『地球環境のための市場経済革命』ダイヤモンド社（一九九二）など参照。

(13)　たとえば、有害物質を河川に廃棄している企業は、河川が仮に近隣住民の所有物であるとするならば、有害物質等の廃棄によって当然損害賠償を請求されることになるため廃棄を思い止まるであろうし、逆に、河川が企業の所有物であっても、有害物質等の廃棄によって河川の経済的価値が低下することに気づけば、企業はやはり廃棄を中止したり、その量の削減に努力することになる。しかし、通常は、河川等には私的所有権が設定されていないために、有害物質の廃棄等による汚染は近隣住民や社会全体が負担すべき費用であるとして、企業自らが負担することはない。このような費用、すなわち企業が直接には負担しないが最終的には社会全体の負担となる外部費用は、市場を介することなくある主体から他の主体へと転嫁される費用であり、当該企業の生産物の市場価格にも算入されない。したがって、当該生産物は外部費用を含んでいないという意味で本来の価格よりも安い価格で販売されることになるため、必要以上に大量に生産・消費され、それによって同時に、社会のどこかで有害物質等による汚染に伴う費用を負担することになる。天野・前掲註(8)八四頁以下など参照。

(14)　以上につき、天野・前掲註(8)八四頁以下のほか、環境問題に経済学の立場からアプローチする環境経済学の近年の成果として、植田和弘・落合仁司・北畠佳房・寺西俊一『環境経済学』有斐閣（一九九一）、岡敏弘『環境経済学』岩波書店（二〇〇六）など参照。

(15)　「法の経済分析」あるいは「法と経済学」に関する文献は枚挙にいとまがないが、とりあえず以下のものを参照。浜田宏一『損害賠償の経済分析』東京大学出版会（一九七七）、平井宜雄『現代不法行為理論の一展望』一粒社（一九八〇）、小林秀之・神田秀樹『「法と経済学」入門』弘文堂（一九八六）、平井宜雄『法政策学（第二版）』有斐閣（一九九五）。このような手法は、とくにアメリカにおいては急速に支配的な地位を占めるに至るが、アメリカにおける議論については、森島昭夫「損害賠償責任ルールに関するカラブレイジ理論」我妻追悼『私法学の新たな展開』有斐閣（一九七五）四〇七頁以下所収、A・M・ポリンスキー（原田ほか訳）『入門　法と経済——効率的法システムの決定』CBS出版（一九八六）など参照。

(16) 環境問題では、それは不法行為法について積極的に論じられてきた。すなわち、企業活動に伴う汚染やそれに起因する各種の被害は、それを経済学的にみるならば外部効果（外部費用）であり、したがってそれに対する法的規制、とりわけ不法行為法に代表される損害賠償制度は、損害およびその責任を誰が負担すべきかを決定することを通じて外部効果を内部化する機能を果たしている。ここで外部効果の内部化とは、外部効果を市場において交換可能な財とすることに他ならないが、そうすると環境汚染による損害すなわち外部効果を交換可能な財とする何らかの仕組みが必要となる。不法行為法は、これについて、損害賠償責任を判定するに際して損害を受忍させる加害者の権利もしくは損害を回避させる被害者の権利を設定し、それを両当事者間においてどのように分配すべきかを決定するルールとして機能することになるが、そうすると、その場合には環境汚染による損害を受忍もしくは回避させる権利がその前提として設定されねばならないし、そのことを通じて初めて、環境汚染に伴う損害は当該権利と取引きしうるという意味で交換可能な財となる。植田ほか・前掲書註(14)二〇九頁以下。

(17) 阿部泰隆・淡路剛久編『環境法（第三版補訂版）』有斐閣（二〇〇六）四九頁以下は、環境保全の手法として、①規制的手法、②土地利用規制手法、③事業手法、④買い上げ・管理契約手法、⑤計画的・管理的手法、⑥経済的・誘導的手法、⑦利益の没収手法、⑧補助手法、⑨啓発手法、⑩行政誘導手法、⑪契約手法—公害防止協定、を挙げる。

(18) 北村喜宣「環境基準」ジュリスト増刊・行政法の争点（新版）（一九九〇）二五六頁以下。

(19) 以上につき、北村喜宣「環境法における公共性」公法研究五四号（一九九二）二〇一頁、二〇六頁。

(20) 「法の経済分析」をはじめ、環境法に経済的手法を持ち込むことから生ずる問題については、ラデーア・前掲註(9)九一頁以下、天野・前掲註(8)八五頁、植田ほか・前掲書註(14)二二〇頁参照。

(21) かつてわが国でも盛んに議論された空き缶や空き瓶のデポジット制度は、たとえば、ビール等の容器に入れられた商品を購入する際に、その容器の預り金（デポジット）をも含めた金額を支払い、使用後に容器を返却すればデポジット分の金額が払い戻されるというものであるが、それが十分に成果を上げることができなかった要因として、まさにこのような点をあげることができよう。

(22) この制度は、要するに、大気や水質を汚染する物質の排出について、各企業に対して許容排出量を設定し、それを超えて汚染物質を排出することになる企業は他の企業より排出枠を購入し、他方、汚染物質の排出量が許容量よりも少ない企業は他の企業に余剰分を売却できるという仕組みである。すなわち、排出枠や汚染枠を証明する「環境証」を交付することによって、それが需給バランスに基づいて排出枠の分配をもたらす一方で、排出枠を有している企業は、その権利の譲渡を可能とすることによってそれによる利益を受けることになるから、許容排出量を下回る場合であっても環境保全のための技術を導入する経済的インセンティヴをもつはずであるという認識による。

(23)　但し、このことは「行政的」規制にとどまるわけではない。すなわち、後述のように「不確実性」への対処が問題となるところでは、環境への影響を大幅に縮減するためには、国家自らがそのことを環境政策上の目標として掲げねばならない。たとえば、国民の生命・健康等の基本権の実現にかかわる領域においては議会留保が義務づけられるとするのが学説上の一般的理解であることは、前述のとおりである。前註(6)参照。

(24)　たとえば、環境証といった手法でも、その証明書の価格を規制することなしには、その実効性には疑問がある。このこと自体は、環境問題の解決に経済的手法を導入することを提唱している者にあっても、当然の前提とされているように思われる。これについては、ラデーア・前掲註(9)一〇〇頁以下など参照。それゆえ、本文で後述するように、企業によるリスク管理の内部化は、コストの内部化に尽きないものがある。

(25)　ただ、このような理解は、経済的手法を「企業による環境保全のための非規制法上のシステム」(nicht ordnungsrechtliches System des betrieblichen Umweltschutzes) とする見解と明らかに異なる。これらによれば、環境保全は国民の生命・健康に直接関わるものであるために、その第一次的責任と義務は国家にあり、基本的にはその規制的手法によってそれが実現されるべきであって、企業のイニシアティヴによるべきではないからである。それゆえ、それらの手法は、規制法的な枠組みとは別次元で捉えられることになる。Sellner/Schnutenhaus, NVwZ 1993 (Fußn. 10), S. 928. なお、それを「高権性が縮減されたもの」(hoheitsreduzierend) として理解する見解 (H. Hill, Kommunikative Problem bewältigung bei umweltrelevanten Großvorhaben, DÖV 1994, S. 279ff., S. 282) もあるが、これもほぼ同趣旨と思われる。したがって、この批判に応えるためには、規制法上の義務を市場経済を通じて実現し、補うことの法的意味が明らかにされねばならない。

(26)　経済的手法が提唱される背景には、まさにこうした事情が存している。環境監査制度が創設された背景との関連でこのことに触れるものとして、髙橋・前掲註(10)熊本法学八二号三頁以下、三三頁以下(本書一九頁以下、四六頁以下)など参照。

(27)　原田尚彦『環境法(補正版)』弘文堂(一九九四)八六頁。

二　法問題としてのリスク管理

(一) 国家のリスク管理と環境法

1 「危険除去の法」としての環境法

(1) 「危険」(Gefahr) 概念は、行政法学においては、主として古典的な警察法 (Polizeirecht) 上の核心的概念として用いられてきた[28]。それは、すでにプロイセン上級行政裁判所の判決にみることができるが、そこでは、事態が妨げられることなく推移した場合に、ある損害に至るであろう状態、すなわち外部からの影響によって法的価値などの減少に至るであろう状態を「危険」と理解している[29]。そして、このような概念規定は、現在の連邦行政裁判所にも受け継がれ、事態が妨げられることなく推移した場合に、十分な蓋然性 (Wahrscheinlichkeit) をもって公の安全の損害あるいは警察法および規制法上保護された法的価値を損なうに至るであろう状態もしくは行動をいうものとされる[30]。したがって、「危険」の存否は、通常の状態からかけ離れた損害の程度 (Schadensumfang) と、平均的な経験知に基づく損害発生の確率 (Eintrittswahrscheinlichkeit) との積 (Produkt) によって判断されることになる[31]。実際には、法益の性質や損害の大きさなどを比較衡量することによって蓋然性の程度が判断されることになるが、損害の程度と損害発生の確率との積が一定の、とりわけ規範的に確定された大きさを超える場合には、行政が介入するレベルとしての「危険」が存在することになる[32]。

ところで、もともと「警察」(Polizei) の概念は[33]、近代以前のドイツにおいては、「公共の福祉を維持増進するために人々の自由に制限を加えること」を意味する語として用いられ[34]、その権能を君主が独占するところとなり、警察権と呼ばれた。その後、自由主義的法治国思想の展開に伴って、警察権の限界が主張され、「かつてのような社会公共の福祉の維持増進一般ではなく、社会公共の安全・秩序に対する危険を除去するという消極的な〝警察目的〟のために、その限度で人の自由に制限を加える作用[35]」を意味するものとなった。そして、今日のドイツにおいては、警察は、それが本質的には公共の安全・秩序の維持のために行われる「危険の除去」(Gefahrenabwehr) を内容とする全ての国家活動であり、この意味からは、警察法は「危険除去の法[36]」(das Recht der Gefahrenabwehr) であると理解されている。この点は環境法においても同様である[37]。

(2)　もっとも、環境保全などの行政作用については、かつて、それを伝統的な警察作用とは異なるものとして説明することがあった。すなわち、それをわが国についてみるならば、「各種公害を防止する措置を講じ、その他生活環境を整備して住み良い生活を保障する」などの「規制」は、「単に消極的に、『公共の安全と秩序の維持』という警察の目的を越えて、積極的に、公共の福祉の維持増進を目的とするものであるところに、特色をもって」おり、この意味での「規制法」は、「警察法のように、消極的に『公共の安全と秩序の維持』という見地から、必要最小限度の取締りをしようというのとは、その目的を異にする」し、「積極的に公共の福祉を維持増進し、国民生活の調和的発展を図ることを目的」とするものとして性格づけられる[38]、と。このような「規制」および「規制法」の概念は、ある面で警察作用に酷似しながらも、警察および警察法によってはカヴァーすることのできない多様な行政作用について、警察とは異なる法理でそれを理解し、説明しようとするものであった[39]。

そうすると、まず、「規制法」が独自の法理を提供する作業として十分成功しているかどうかはともかくとしても、現代行政の「規制法」的現象を伝統的な警察法理によっては説明できないとするならば、そこでは何らかの理論的再編作業が求められることになる。その場合に注目されるのは、論者自らが、もともと伝統的な警察作用と理解されてきたはずの災害対策・交通規制・建築規制すらも、「規制」もしくは「規制法」として説明していることである。そして、その際に強調されるのが、「公共の安全と秩序の維持」という消極目的にとどまらず、公共の福祉を維持増進させるという「目的の積極性」である。

しかし、このような差異は、実はそこで指摘されているように、「従来は、自由国家体制のもとに、単に消極的な『公共の安全と秩序の維持』という観点からの警察的取締りが行われるに止まっていた領域についても、近時、社会福祉国家体制のもとに、積極的な公共の福祉の増進を目的とする行政作用がめだって広範に行われるようになった[40]」という、国家観もしくは国家体制についての理解の変化に由来するものであるにすぎない。

(3) そこで、これを公害規制や環境行政についてみるならば、「公害規制は個人的な危害防止にとどまらず、地域的な環境保全をはかり、もって国民の福祉の維持向上に資する積極的目的をもった作用であり、この点で純然たる警察作用と異なることが、現在では一般的に承認されるようになった[41]」とはいうものの、それが共に古典的な警察法上の「危険」概念を基礎に展開されていることは明らかであるし、積極的作用であるとされる「規制法」でさえも、危険およびその除去が前提とされている。すなわち、かつての公害対策基本法をはじめ、大気汚染防止法や水質汚濁防止法などの環境汚染の防止を目的とする各種の法令、そして公害紛争処理や公害被害者の救済に関する法令、更には地方公共団体の公害規制に関する条例まで含めて、実定法の内容としては、そのような「危険」を前提とし、それへの対策を講ずるための法として存在してきたといっても過言ではない。

むしろ、ここでの問題は、そこで対象とされている現象が伝統的な警察法に収まりきれない複雑な内容を有することになったがゆえに、逆に警察法の枠組みそれ自体が理論的にも現実的にもさまざまな限界に直面しているということであって、警察法それ自体の再編こそが求められているのである[42]。その最大の要因は、警察法の核心的概念であるはずの「危険」そのものが変質することによって、それを除去する法として展開されてきた警察法理では十分に対応できず、それへの新たな対応を迫られていることにある[43]。

そこで次に、従来の「危険」といかなる意味で異質なものが登場し、それに伴い、今日の環境法および環境行政法が、「危険除去の法」からどのように変質しつつあるのかを探ることとする。

2 「リスク」概念

(1) 今日の環境法をとりまく状況において特徴的なのは、まず何よりも、企業活動や開発行為に伴う環境への影響を伝統的な因果律に基づき十分な内容をもって予測することが、以前にも増して困難になってきていること、および、そこには不測の事態による損害発生の危険性、すなわち不確実性（Ungewißheit）あるいは「環境リスク」（Umweltrisiko；environmental risk）といわれるものが必然的に随伴することである。それは、環境基準等の設定の場合も同様であって、環境リスクの存在を前提としたうえでの意思決定が問題とならざるをえない。[44] しかも、このような意味での環境リスクについて、それがいかなる内容および程度の危険性を有し、もしくはそれがどの程度の環境汚染や破壊を招来し、結果的に生命・健康等へいかなる被害・損害をもたらすかを予測し、それをどのように定式化するかという問題は、もともとは自然科学的課題であるともいえるが、そのような自然科学的知見に基づいていかなる規制を実施するかという価値判断レヴェルにかかる決定は、優れて政策的な課題であることが、問題を更に複雑にする。[45]

たとえば、産業活動やわれわれの日常生活において使用されるフロンガスによってオゾン層が破壊され、地上に降り注ぐ紫外線の量が著しく増加することによって皮膚ガンの発症率が増えたり、生物の遺伝子に悪影響を与えて生態系のバランスが失われるということが次第に明らかにされているが、どの程度のフロンガスによってオゾン層がどれくらい破壊されるのか、どの程度の破壊によっていかなる影響が生ずるかについては、少なくとも現在の科学水準においては不確実な予測しかできない。しかし、われわれは、このような不確実な状況においても、それを制御するための政策的決断を迫られている。ここでは、危険の有無そのものが経験則によっては判断できないものであるし、したがってまた危険のラインを基準として一般化することも極めて困難である。更には、さまざまな原因が複雑に絡み合うという要素も、自然環境や生態系への影響のメカニズムやプロセスを、より一層不透明なものとしている。比較的「切迫した危険」を対象とし、その除去を目的としてきた古典的な警察的規制の手法は、そのままの形では維持することはできなくなっているのである。

(2)　これとの関連で、近年のドイツにおいては、環境法や工学法（Technikrecht）といわれる領域で新たに制定された法律が、従来からの「危険の除去」と並んで、「危険の事前配慮」（Gefahrenvorsorge）あるいは「リスクの事前配慮」（Risikovorsorge）という概念を用いたり、そのための具体的措置について要求することで、この種の環境リスクに対処しようとしていることがある。(46)

たとえば、原子力法(47)（Atomgesetz）によれば、核技術施設（kerntechnische Anlage）の許可は、当該施設の設置および稼働によって発生しうる「損害に対する事前配慮」（Vorsorge gegen Schäden）がなされている場合にのみ付与されうる旨を規定するし(48)、連邦インミッシオン防止法(49)（Bundes-Immissionsschutzgesetz）においても、「有害な環境への影響に対しての事前配慮」（Vorsorge gegen schädliche Umwelteinwirkungen）がなされているときにのみ施設設置を許可するべく規定されている。(50)同様の規定は、遺伝子工学法(51)（Gentechnikgesetz）などにもみることができる。(52)

このような状況に鑑み、「リスク」（Risiko）の語を古典的な警察法上の「危険」概念と同様の意味でのマイナス（Minus）状況を指し示すものとしてではなく、したがってまた、現代の環境法が警察法上の「危険の除去」とは本質的に異質（aliud）であることを(53)、「危険に依存しない事前配慮」（gefahrenunabhängige Vorsorge）という表現で特徴づけることがある。(54)それによれば、ここでは厳密な安全工学上の要請すなわち危険のレヴェルを超えないリスクへの事前配慮、換言すれば、いわゆる「危険閾」（Gefahrenschwelle）もしくは「有害閾」（Schädlichkeitsschwelle）を下回る部分でのさまざまな影響が問題となる、と理解する。(55)そうすると、それは従来からの「危険の除去」を補うものとして、切迫したものではないが将来的に有害な影響をもたらしうるような行為や、それ自体によってはともかく、多くの要素の絡み合いによって法益侵害を生ぜしめる行為、更には、損害発生の蓋然性が極めて低いが、全くありえないともいえないような場合に、損害発生の潜在的危険を最小限に抑えようとするための概念といえる。(56)このような場合、従来の理解によれば、危険閾を超えないがゆえに、国家がその除去のための具体的措置をとることが義務づけられることは、原則としてありえない。しかし、法律によって事前配慮原則が明示されているところでは、リスクを最小限に減らす何らかの義務が生ずることになる。(57)

問題は、それがいかなる性質および内容の義務であるのか、したがってまた、「リスク」なる語が法概念としてどのような意味をもつかにある。以下では、連邦憲法裁判所の著名な判決を素材として、この点につき検討したい。

3 法概念としての「リスク」

(1) ここでとりあげるのは、現代のいわゆる科学裁判において、裁判所が科学技術についてどの程度まで審査できるか、あるいは、どこまで行政の判断を尊重すべきかという行政法学上の最も重要な、かつ困難な問題[58]についての一つの方向性を示した一九七八年八月八日の連邦憲法裁判所決定[59]、いわゆるカルカー（Kalkar）決定である。

この事件は、カルカー高速増殖炉（Schnellbrüter）の建設許可の取消しを求める行政訴訟との関連で、許可決定の根拠法である原子力法の合憲性が争われたものであった。すなわち、原子力法七条二項三号は、許可の要件として「当該施設の設置・稼働によって生ずべき損害に対し、科学および技術の水準（Stand von Wissenschaft und Technik）に照らして必要な事前配慮（Vorsorge）を行ったこと」を規定するが、このような規定の仕方は具体性に欠け、人間の尊厳を守るべき国家機関の法的義務などを規定した基本法（Grundgesetz）一条一項等に違反するのではないか、というのである。

(2) これについて、連邦憲法裁判所は、次のように述べる。

科学および技術の水準という不確定概念を用いた「原子力法七条二項三号の将来に向かって開かれた規定（die in die Zukunft hin offene Fassung）は、動態的な基本権保護に仕え、原子力法一条二号の保護目的を、その都度可能な限り最善の状態で実現することに役立つ。これに対して、硬直した規定を策定することで特定の安全基準を法律によって固定化すること（die gesetzliche Fixierung eines bestimmten Sicherheitsstandards durch die Aufstellung starrer Regeln）は、ましてやそれが達成しうるものである場合には、技術的な更なる発展、および、その都度の適切な基本権保護を促進するどころか、むしろ遅滞させる。」「明確性の要請（das Gebot der Bestimmtheit）は、確かに、法的安定性（Rechtssicherheit）の保障に寄与する。しかしながら、それは、全ての規律対象について同じように実現されうるものではない。ある程度の法的不安定性（eine gewisse Rechtsunsicherheit）は、行政の法規命令、行政実務および裁判によって時間の経過とともに一定限度まで縮減されていくものであるが、立法者が非実用的な定めをしたり、あるいは全く規定を置かなかったりせざるをえないようなところでは、それらはいずれの場合でも基本権保護にとってマイナスではあるが、やむをえないこととして甘受されねばならない。」

「同様のことは、原子力法七条二項三号の枠内で考慮されねばならない、いわゆる残余リスク（Restrisiko）についても妥当する」のであって、法律は、その対策をしばしば行政に委ねているが、明確性の要請の本質的な憲法上の機能は、立法者と行政の活動領域を画するところにある（in der Abgrenzung der Handlungsbereiche von Gesetzgeber und Exekutive besteht）から、原子力法が科学および技術の水準と関係づけてリスク対策を行政に委ねるべく規定したからといって、そのことが原子力法の保護目的や事前配慮原則を損なうものではないし、明確性の要請にも反しない。「行政は、その場合、科学的および技術的に代替可能な全ての認識（alle wissenschaftlich und technisch vertretbaren Erkenntnisse）を考慮に入れ、恣意に流れぬように（willkürfrei）すべきことは、特に強調するまでもない。」

以上の基本的認識をふまえ、連邦憲法裁判所は、更に次のように述べる。

「立法者が施設の設置・稼働あるいは技術的方法による将来の損害の可能性を判断しようとする場合、過去に実際に起きた事故を調査し、将来同種の事故が発生する頻度や経過を推測することに大きく依存せざるをえない。もし、それについて十分な経験的基盤（hinreichende Erfahrungsgrundlage）が欠けているときには、立法者はシミュレーション（simulierte Verläufe）によって推測するしかない。この種の経験的知識（Erfahrungswissen）は、たとえそれが自然科学的法則の外観を有しているものであっても、人間の経験が完結していない限りは、常に近似値的知識（Annährungswissen）にすぎず、十分な確証を成立させるものではなく、各々の新たな経験を通じて修正可能な（korrigierbar）ものである」。「立法者には、その保護義務との関連で、技術的な施設やその稼働から生じうる基本権に対する危険を絶対的な安全性をもって排除すべく規律することが求められることがあるが、それは、人間の認識能力の限界を見誤ることになる（die Grenzen menschlichen Erkenntnisvermögens verkennen）し、更には、技術利用を国家が許可することを全て禁止することにもなろう。その限りでは、社会秩序の形成のためには、実践理性（praktische Vernunft）に基づく判断で満足しなければならない。」

そして、同決定は、「科学および技術の水準によって事故発生が実際にはありえないとされる場合にのみ許可が与えられる。このような実践理性の限界の彼方にある不確実性（Ungewißheiten jenseits dieser Schwelle praktischer Vernunft）は、人間の認識能力の限界に由来するものであるために不可避（unentrinnbar）であり、その限りでは、社会的に相当な負担（sozialadäquate Lasten）として、全ての市民によって負担されねばならない」とする。

(3)　すなわち、この決定によれば、「残余リスク」[60]といわれるような人間の認識能力の限界の彼方にあるような潜在的危険は、当時の科学および技術の水準では知ることのできない、それゆえに予測不可能な損害である。[61]したがって、事前配慮という概念は、この見解によれば、まさにそうした予測できない、予め計算することのできない不確実性（残余リスク）に対処するために、さまざまな環境への有害な影響を当時の科学技術の水準に基づいて事前に考慮すべきである、あるいはそれで十分である、ということを示すものに他ならない。[62]そして、注意を要するのは、それは経験則（Erfahrungssatz）によって知りうる危険を除去し、損害を回避することに向けられたものではなく、それを予測する際に必然的に随伴する不確実性への向き合い方を捉え直すことまでも射程に含めた概念であり、その意味で警察法上の危険概念と本質的な差異がある、という点である。

したがって、ここでは、「科学および技術の水準」なるものが公に画定しうるかどうか、あるいは誰が（立法者か行政か）どのようにして画定するかということもさることながら、危険ラインに達しているかどうかさえも不明な「不確実性」という状況下での決定、換言すれば、「危険を認識することさえできない危険[63]」（Gefahr, Gefahren nicht zu erkennen）あるいは「危険を誤って評価する危険[64]」（Gefahr einer Fehleinschätzung von Gefahren）の存在を考慮に入れたリスク管理のあり方が問われているのであって、環境に関する法および法学も、そのようなリスクへいかに対処するかが重要な課題とならざるをえない[65]。

4 リスク管理手法としての環境法

(1) さて、以上のように、今日の環境法が警察法上の危険の除去のみではなく、不確実性をも視野に入れたものとして構築されるべきものであるとすれば、不確実性を的確に診断・発見し、かつ管理しうるような、いわばリスク管理（Risikomanagement）の基準を提供することが、まず何よりも求められる[66]。

すなわち、ここでは、従来のごとく危険除去のための基準を明示し、それに基づいて企業活動等を規制するcommand and controlという手法を規定し、行政のその時々の介入のあり方を規制するだけでは不十分であって、危険かどうかさえも不明な不確実性を予測・分析・評価すること、および、そのような状況下で行われる決定を合理化する仕組みを、何らかの形で提供することが求められているからである。そこでのリスクが、もはや経験則に依拠することによっては回避できない性格のものであり、したがってまた、科学的に根拠づけられた基準によってもそれを克服しうるかどうか不明であること[67]、更には、あるリスクを回避しようとする試みが他のリスクを生じさせることもありうるという、さまざまな要素の複雑な絡み合いをも考慮しなければならないことなど、今日の環境法には、単に危険の除去ということに尽きない、すなわち伝統的な因果律によっては判断することのできない、いわば「不確実性もしくはカオスの合理化[68]」（Rationalisierung von Ungewißheit od. Chaos）とでもいうべきものが要請されている。このような要請の下では、したがって、科学的に決定された環境基準でさえも、動態的連鎖の複雑性や相互関連性を十分に包摂しうるものとはなりえず、それは単に、危険除去および事前配慮のための静態的なマキシマム（statische Vorsorgemaxime）を定めているにすぎないことになる[69]。

そうすると、そのような意味での環境リスクを克服するためには、まず何よりも、それを総合的に診断し、予測するためのあらゆる道具を発見し、かつそれを有効に利用するためのシステムを構築することが求められる[70]。その場合、環境基準等に示された科学的知見は、その時々の確立された科学水準を反映したものであるから、それを科学理論的に権威づけることはおそらく可能であろう。しかし、そこで採用された専門家の多数意見は、リスクを予測し、評価するための一つの見識にすぎず、それが「唯一の正しい知」であるわけではない。ましてや、多数説に依拠して設定された基準が「知の統一」をもたらすことなどありえない。極論すれば、そこには基準設定者の主観的確信がかなりの程度反映していることを認めざるをえない。それゆえ、たとえ当該基準が科学者集団内で多数説の地位を獲得し、権威づけられたものであっても、そのことゆえに、それが当該集団の外で行われる決定を、更には、「実践理性の限界の彼方にある不確実性」という条件下での決定を正当化したり、権威づけたりすることはない。(71) 科学的知見によって得られた基準でさえも、法的なリスク管理の観点からは、決定的な意味をもつとはいえないのである。(72) 科学的認識こそが絶対であって、行政もあるいは裁判所もそれによって得られた基準に従わねばならない、というのはいわば幻想であって、それとても一つの仮説にすぎないことは、既に不幸にして発生した原発事故などの例を示すまでもなく、科学者自身が周知している。(73)

(2)　では、経験則では判断できない、誰も知らない、誰も自らの決定に最終的な責任をもちえないという状況下で、国民の生命・健康等の安全を確保すべく義務づけられる者は、具体的にいかなる決定をすべきことになるのであろうか。

まず、今日の連邦憲法裁判所の確立した判例(74)によれば、立法者は、全ての本質的決定（alle wesentlichen Entscheidungen）を自ら行うことを義務づけられているため、本来的には「科学および技術の水準」といった不確定概念ではなく、それをより詳細に決めておくことが求められるが、その一方で、あまりにも固定的でいわば加速度的に発展する技術革新に柔軟に対応できないような規定では、むしろ基本権の保護にとっては大きなマイナスとなる事態も生じうる。(75)

これについてカルカー決定は、「科学および技術の水準」といった不確定法概念（unbestimmter Rechtsbegriff）の使用が法律の明確性という憲法上の要請に反しないことを前提としつつ、次のように述べる。すなわち、「不確定法概念を使用したことによって、それを拘束力あるものとして具体化し、科学および技術の発展に絶えず適合させるという困難が、多少なりとも行政レヴェルに、法的紛争が生じたときには司法レヴェルに、それぞれ委譲される。したがって、行政庁と裁判所は、規範レヴェルの規律の欠缺（Regelungsdefizit）を埋め合わせねばならない」と。すなわち、原子力法が将来に向かって開かれた規定（不確定法概念）を用いているからこそ、動態的な基本権保護が可能なのであって、法律による安全基準の固定化はかえって基本権保護を妨げる、というのである。そうすると、かつて「専門技術的裁量論[76]」が指摘したように、立法者によって具体的判断権を委譲された行政が、その裁量権を行使することによって具体的状況に適合した判断をしたときには、それが優先し、その逸脱・濫用などの場合を除いては、その判断がそのまま尊重されることになるのであろうか。

おそらく、ここで重要な意味をもってくるのが、「実践理性の限界の彼方にある不確実性は、人間の認識能力の限界に由来する」残余リスクが問題となっているという裁判所の指摘である。このような場合、立法者によってリスク対策を委譲された行政が、カルカー決定が述べるように「科学的・技術的に代替可能な全ての認識（alle wissenschaftlich und technisch vertretbaren Erkenntnis）を考慮に入れ、恣意に流れぬように」決定すべきことが義務づけられることになるとすれば、立法者はまず何よりも、行政がリスクについて重大な決断を迫られている場合に、その過程で可能な限り多くの知見が得られるような制度的枠組を法律で予め規定しておくことが必要となる。さもなくば、行政に対して「実践理性の限界の彼方にある不確実性」が存する領域で「科学的・技術的に代替可能な全ての認識を考慮に入れ、恣意に流れぬように」決定することをそもそも期待できないからである。このような理解を前提にすれば、当然のことながら、裁判所も行政がそのような努力を十分に尽くしたかどうかを審査することになる。

要するに、ここで国家に求められるリスク管理は、経験的に獲得された認識を提示することによってではなく[77]、当該認識を得る試みそのものを法的規律の対象とすることによって実施されねばならない。繰り返すように、ある科学的認識に基づいて決定された基準によってリスクを克服しようとする試みでは、それが唯一の知見しか採用していない点においても、したがってまた、その知見によっては明らかにされない不確実性を明らかにできないという意味においても、不十分であって、カルカー決定が述べるように、全ての国家機関が「科学的・技術的に代替可能な全ての認識を考慮に入れ、恣意に流れぬように」行動しなければならない。したがって、ここではまず何よりも、command and control による対処を可能とする明確な標識を獲得することではなく、不確実性という状況にフレキシブルに対応し、決定に際してより多くの「知」をその都度学習しながら獲得しうるような、立法者をはじめとする国家の決定機関の「学習能力」(Lernfähigkeit) を、とりわけ手続的に保障するものとしてのリスク管理のあり方が必要となるであろう(78)。

(3) ところで、伝統的な command and control モデルにおいては、基準としての「危険」のラインを経験則によって類型的に規範テクストとして与えておくことが必要であったが、その場合にまず何よりも認識しておくべきことは、リスクの研究・調査の結論だけではなく、その結論を導くためのさまざまな学問的約束事や類型化でさえも重大な不確実性を留保したままで用いられていることである。したがって、リスクの判定を任された専門機関でさえも、確実な結論を示しうるわけではなく、自らの経験・知識に基づいて判断せざるをえないし、場合によっては、それを過剰に信頼・評価することさえありうる(79)。換言すれば、不確実性という条件下での決定が、決定者の主観的評価に大きく依存せざるをえないことでもある(80)。リスクを客観的に評価する基準などはそもそも存在しないのみならず、他方では、法が絶えず更新されるリスク知に具体的・現実的に適合することも不可能である。その限りでは、法律による実質的なリスク管理にはほとんど期待できない(81)。

そうすると、日々更新される技術から発生するリスクを、それに柔軟かつ機動的に対応できない法律によって詳細に規制することは不可能であることになるために、より現実具体的に専門技術的な立場から対処可能な行政の判断に委ねる方が、より適切な結果を招来させる、ということにもなる。そして、これこそが専門技術的裁量論の意図するところでもあった。しかし、すでに明らかなように、そこでの議論は線形的な因果律によってもたらされるであろう「唯一の正しい知」を前提に、それを判断する能力と責任が誰にあるかという論理に他ならないし、それに従う限りにおいては、確かに、立法者も、ましてや裁判官も、その能力も責任も有しない。しかし、ここで議論されるべきリスクは、「唯一の正しい知」によっては判断のできない、まさに実践理性の限界の彼方にある不確実性をどのように認識し、評価するかということであって、ここでは行政の専門技術的判断でさえも「唯一の正しい知」をもたらすわけではないし、少なくとも従来の法的制御の方法は通用しない。専門が分化すればするほど、そしてその内容が高度になればなるほど専門家の知見を尊重するほかはないというのは、その意味では説得力に欠けるし、場合によっては、自らの能力を向上させる努力を怠っている消極的姿勢を正当化するための言い訳にすぎない。立法者も裁判官も、そして行政も、リスク防止のための技術革新能力を発揮しうるよう機能しなければならない。ここで重要なのは、いかに多くの「知」を獲得することができるのかという点であり、そのために各国家機関がいかに十分な機能を果たすことができるのかが問われているのである。

そうすると、国家がその憲法上の安全確保義務を果たそうとするならば、形式のみではなく実体的にも厳格なリスク管理の制度的枠組を採用することによって、行政そのもののリスク管理能力を絶えず向上させうるような組織を構築していかねばならない。その場合、リスク防止のためにいかに多くの「知」を得ることができるかという意味での能力が問われているのであるから、従前のごとく「専門的な知」によって正当化された基準に拘泥することなく、さまざまなレヴェルでの「知」を獲得する能力およびそのための組織が求められる。そうすると、そこでは行政自身の専門的な知識のみならず、企業等の技術革新によって得られる知識をも可能な限り獲得することが最も重要な課題となる。ただ、企業が自己変革に必ずしも敏感とはいえない状況では行政はそもそも多元的な知識を獲得することができないから、行政は企業が常にリスクに対しフレキシブルに対応するよう要請し、かつそれが可能となるように企業の能力を高めていかねばならない。すなわち、国家のリスク管理は、実は企業のリスク管理により大きく依存することになるからである。[82] したがって、ここでは、企業自身の学習能力とそれをいかに制度化するかが問われることになる。

㈡　企業によるリスク管理

(1)　国民の生命・健康等の基本権的価値に関わる領域では、特定のリスクの許容性やリスク評価の基準などリスク管理に関する事項は、まず何よりも立法者による本質的決定が必要である。[83] そして、行政は、それを技術基準などの行政規則によって更に詳細に基準化したり、[84] ある特定のリスクについてそれを具体的事例に即して克服するために法律上の基本的決定を具体化する責任を有する。

しかし、科学的に決定された環境基準や排出基準でさえも、リスク克服のための確かな行為基準・審査基準となりうるわけではなく、「実践理性の限界の彼方にある不確実性」の回避が暫定的に可能であるにすぎないことは、すでに述べたとおりである。すなわち、本質的決定を行う立法機関のみではなく、行政も、そして司法も、不確実性という条件の下で行動せざるをえないのであり、それゆえ、リスク管理は国家であってもそれを十全に行いうるわけではない。その意味では、環境リスクの克服について、国家が独占権を有しているとは必ずしもいえない状況が存している。むしろ、憲法上の保護義務を規制的手法によって実現しようとする場合には、その手段が有効であること、すなわち、規制される企業の側のリスク管理を十全に制御しうること、企業が暫定的に得られた知識にいつまでももたれかかることなく、不確実性に常にフレキシブルに対応しうるように、そして、そのための能力を高めていくように仕向けていくことが前提とされねばならない。リスクは「社会的に相当な負担として、全ての市民によって負担されねばならない」とするカルカー決定の説示は、おそらくこのような趣旨であるし、そこでは、国家のリスク管理にとって、企業によるリスク管理能力こそが企業活動に伴う不確実性を回避する実効的な手段として位置づけられることになる。[85]

国家による規制の意義および機能が、不確実性を伴う企業活動によって国民の権利利益が侵害されることを排除することにあるとするならば、何よりも、企業自らが権利侵害の原因を予め排除すべく自らの行動を自主的に管理することと、および、その能力を向上させることが最も効果的であることはいうまでもないし、なおかつ、そのことに関しては、むしろ行政よりも詳細な知識と経験を有しているとさえいえる。その際、行政も企業も、暫定的に得られた知識が、「実践理性の限界の彼方にある」不確実性に対しては、まさに暫定的であるが故にいつまでも維持しうるものではなく、突如として無価値になることを知るべきであり、そのための能力を向上させねばならない(86)。

(2) さて、そうすると、行政による環境リスクの規制は、行政自身による規制のみならず、企業による自己制御的なリスク管理を促進させる法的な規制枠組と連動することによって、国民の権利利益の保護をより充実させるべく機能することになる。しかし、このことは、法的義務の名宛人としての行政の役割を軽視したり、希薄化させるものでは決してない。国民の生命・健康等の基本権的価値に関わる領域においては、行政はそこで生ずるであろう諸問題に関して、規制的手法を駆使して事態に対処すべきことが義務づけられているからである。

ただ、ここで問題となっているのは、行政による伝統的な command and control という手法によっては克服することのできない不確実性であって、このような場合には、行政は経験則から得られた固定的基準による規制を断念せざるをえず、企業による自己制御を規制するもの、すなわち事前配慮という視点からの行政が企業のリスク管理を支援するものとして行われることになる。そして、もし企業によるリスク管理が行政による規制的手法を支え補うものとして行われるとするならば、それだけ行政による直接的なコントロールの可能性は後退することになるであろう。しかし他方で、その分だけ、行政は自らの決断に際して、企業がそのリスク管理において獲得した知識を手に入れることが可能となる。したがって、ここでは、企業による自己制御的なリスク管理のあり方、とりわけ、それを規制法の枠組みの中で理解しうるようなものの見方、国家による独占的な決定構造に収まりきれないリスク管理のあり方、すなわち規制的手法と経済的手法との相互補完的なものの見方が必要とされているのである。

伝統的な固定化された基準に依拠する command and control という規制的手法は、基本的に普遍的な正しい知があることを前提とし、そこでは、もちろんその基準が多少とも更新されうることは認めるものの、行政をはじめとする国家はその当時の「科学および技術の水準」にさえ従っていればよいと考え、そして他方では、これまで提唱されてきた経済的手法も、各企業が有している知識を集中させれば自ずから問題解決の途は開かれうるとし、不確実性にフレキシブルに対応していくための能力を高めることまでは視野に入れていない点で、いずれも不十分であった。両者ともに、国家による規制と企業の技術的・経済的発展との調整の必要を十分に論じていないからである。(87)

(3)　ただ、そのためにはまず、企業は動的過程で発生するさまざまな要因にフレキシブルに対応するだけの企業組織を構築し、リスク対策を実施しうる体制を整備しておかねばならない。(88)更にまた、企業には、組織として新たな変動要因を絶えず摂取して自己変革を図るだけの能力も要求される。すなわち、企業は、自らがそのような学習能力（Lernfähigkeit）を有するという前提があってはじめて、不確実性という状況下での活動が可能となるのであって、そこでは、行政による規制も、企業のそのような学習能力を信頼し、それを手続的に保障するような、企業自身によるリスク管理を規制するものでなければならない。環境リスクの規制に係る決定は、確かに優れて政策的な決断ではあるが、それは実体法および手続法上の各種措置と企業による自己変革とが、フレキシブルに、かつ多段階的に組み合わされることによってのみ合理化されうるからである。

そして、まさにＥＵの環境監査制度は、このような視点を内在させるものとして位置づけることができる。なぜなら、それは、行政による規制法上の事前配慮や監督を前提としながらも、リスク管理を企業に内部化することによってその枠組みを支え、環境基準等の達成に向けられた国家の事前配慮行政を、企業の側から、すなわち不確実なリスクの原因者の側から、いわば市場経済的論理をもって支えうるものといいうるからである。

そこで、以下では、ＥＵの環境監査制度における環境リスクの内部化とその手法、およびその規制法上の意義を考察する。

(28) B. Drews/G. Wacke/K. Vogel/W. Martens, Gefahrenabwehr, 9. Aufl., 1986, S. 220ff.

(29) Vgl. z. B. PrOVGE 67, 334; 77, 333 (338); 77, 341 (345); 78, 272 (278); 87, 301 (310); 98, 81 (86).

(30) Vgl. z. B. BVerwGE 28, 310 (315); 45, 51 (57); 62, 36 (38f.).

(31) 前述の環境法典「総論」でも、このような理解が受け継がれているものと思われる。Vgl. Kloepfer u. a. (Fußn. 3), Legaldefinition § 2 Abs. 6, S. 38.

(32) Drews u. a. (Fußn. 28), S. 220ff., S. 224; W. Hoppe/M. Beckmann/P. Kauch, Umweltrecht, 2. Aufl., 2000, § 4 Rdn. 68; BVerwGE 45, 51 (61).

(33) 警察概念の史的変遷について、簡潔には、vgl. K.-H. Friauf, Polizei- und Ordnungsrecht, in: E. Schmidt-Aßmann (Hrsg.), Besonderes Verwaltungsrecht, 14. Aufl., 2008, S. 134f. Rdn. 6ff.

(34) 小早川光郎『行政法上』弘文堂（一九九九）一五頁。

(35) 小早川・前掲書註(34)三四頁。

(36) Vgl. W.-R. Schenke, Polizei- und Ordnungsrecht, in: U. Steiner (Hrsg.), Besonderes Verwaltungsrecht, 4. Aufl., 1992, S. 170.

(37) 今日の環境法が、「有害な環境への影響」(schädliche Umwelteinwirkung) などのように多少その表現は異にはするものの、基本的には古典的な警察法上の危険概念に依拠していることを指摘するものとして、vgl. M. Kloepfer, Umweltrecht, 3. Aufl., 2004, § 4 Rdn. 16; Hoppe/Beckmann (Fußn. 32), § 4 Rdn. 66; R. Sparwasser/R. Engel/A. Voßkuhle, Umweltrecht: Grundzüge des öffentlichen Umweltschutzrechts, 5. Aufl., 2003, § 2 Rdn. 15ff.; F. Ossenbühl, Vorsorge als Rechtsprinzip im Gesundheits-, Arbeits- und Umweltschutz, NVwZ 1986, S. 161ff.; W. Hoffmann-Riem, Reform des allgemeinen Verwaltungsrechts als Aufgabe: Ansätze am Beispiel des Umweltschutzes, AöR 115 (1990), S. 400ff., S. 442; U. Di Fabio, Entscheidungsprobleme der Risikoverwaltung: Ist der Umgang mit Risiken rechtlich operationalisierbar?, NuR 1991, S. 353ff.; R. Wahl, Risikobewertung der Exekutive und richterliche Kontrolldichte: Auswirkungen auf das Verwaltungs- und das gerichtliche Verfahren, NVwZ 1991, S. 409ff.

(38) 田中二郎『新版行政法下巻（全訂第二版）』弘文堂（一九八三）八五頁以下。すなわち、行政作用の分類上この種のいわゆる規制行政に特別の意義を認めた田中二郎は、「規制とは、公共の福祉を維持増進するために、人民の活動を権力的に規律し、人民に対し、これに応ずべき公の義務を課する作用をいい、規制法とは、右の意味での規制に関する法を総称する」ものであるとし、規制法に含まれるものとして、経済秩序法、経済統制法、公共企業規制法などと並んで、公害対策に関する規制法や原子力等の規制などを例示している（田中・前掲書一〇二頁以下）。

したがって、このような分類法に従えば、「国または公共団体が、公害を既然に鎮圧し、未然に防止するために、環境汚染の原因となる事業活動その他の人の活動を制限ないし禁止する行政作用」である公害規制や環境上の規制は、次の諸点において警察作用とは異なることになる。すなわち、原田・前掲書註(27)八七頁以下によれば、まず第一に、規制の目的に関しては、警察作用が人の健康や財産に具体的な害悪の発生が予想される場合に、いわば消極的に発動されるものであるのに対して、国民が良好な自然環境の中で健康で安全な生活を営むことができるような住み良い環境を積極的に創り出す目的をもつものであり、第二に、規制の内容については、警察作用が直接に有害な行為を制約したり、危険物の除去をはかる作用であるのに対して、それは、間接的な手法も含めて、対象となる行為の性質の違いに応じて多面的な対応を迫られること、そして第三に、規制の手段として、公害規制は、警察作用のように権力的な行為によって行われるだけではなく、行政指導や公害防止協定などの非権力的手段も重要な役割を果たしている、と。

実際、公害規制や環境保全に関する行政作用は、多様な手段を用いて、公害や環境破壊を事前に予防したり、あるいはその発生後に迅速・緊急にそれを除去するなどの適切な措置を行うものであり、その意味では、行政の積極的な関与が必要とされ、また、行政の裁量権行使が認められる余地も大きく、警察法にいう消極目的の原則、比例原則、民事不介入の原則などによっては規律することのできない特色を有していることは、論者が指摘するとおりである（遠藤博也『行政法Ⅱ（各論）』青林書院［一九七七］一三二頁）。

(39)　確かに、公害・環境行政の現実をみれば明らかなように、そこに警察の法理がそのまま妥当するかどうかは疑わしいし、むしろ、それにとどまらない積極的作用として理解する必要性があることも事実である。しかし、そのことが直ちに警察および警察法とは異なるものとしての規制および規制法などの領域を法理論的に必要とするかどうかは、更に慎重な検討を要するし、結論的にはむしろ、塩野宏も指摘するように、「規制法は、一種の分類概念或いは説明概念としては妥当し得ても、かつての警察法、或いは公企業の特許概念が持ち得たような意味での道具概念性を有し得ない」（塩野宏「行政作用法論」同『公法と私法』有斐閣［一九八九］一九七頁以下所収、二一五頁）ともいえよう。

ただ、問題は、警察などの伝統的概念にしても、果たして道具概念としての機能を十分に果たし得ているかどうかであって、むしろこの観点からは、伝統的な警察法によっては理解することのできない現代行政をそれとは異なるものとして説明しようとする田中の指摘は、極めて重要である（遠藤博也「規制行政の諸問題」雄川一郎・塩野宏・園部逸夫編『現代行政法の課題』［現代行政法大系1］有斐閣［一九八三］四七頁）。

(40)　田中・前掲書註(38)三六頁以下。

(41)　原田・前掲書註(27)九〇頁。

(42)　警察法は、たとえばその核心概念ともいうべき消極目的性について、それを積極目的を増進する作用をも含むとする有力な異説の存在など、激しい論争がないわけではないが、他の行政作用法領域に比べると、比較的まとまりのある独自の統一的法理の存在する分野とされてきた。規制法の主張は、まさにそのような警察法の堅固な理論枠組からはみ出した現実の行政法現象を説明しようとするものに他ならないが、それは他方で、見方を変えるならば、右の異説の存在からも明らかなように、警察法そのものの内在的限界もしくは現代行政の複雑多様化に伴う警察法の変質とも理解しうる。すなわち、本文で述べたように、近代以前のドイツにおける「警察」の概念は、そこに本来的には積極目的の増進作用も含まれていたはずであるが、国家観やそれを支える思想等の変化に伴い、それを消極目的に限定し、そこに警察法理なるものを形成したのであって、決して質的に全く異なるものがその基盤とされているわけではない。したがって、もともと伝統的な警察と理解されてきたはずの災害対策、交通規制、建築規制すらも、今日極めて複雑な内容をもつことになったがゆえに、その法理によっては十分説明しきれなくなったことを理由として「規制法」なるものが主張されるが、問題の本質は、その目的の消極性もしくは積極性ということにあるのではなく、ともに危険の除去を意味する「警察」あるいは「規制」とは異質のものが登場したことにある。

(43) すなわち、環境保全のためには、公共の福祉の積極的な維持増進を図るため、人間の生活様式や生産様式までも含めた人間の活動それ自体を規制し、適正に管理することが必要であるし、環境行政の運用においても、そのような発想を積極的に是認する方向での法的論理の構築が不可欠である(このような試みとしては、たとえば磯部力「都市の環境管理計画と行政法の現代的条件」高柳古稀『行政法学の現状分析』勁草書房[一九九一]三一三頁などが興味深い)。しかしながら、理念的にはともかく、現実のわが国の法制度をみるとき、少なくともこれまでは、このような性格づけが欠落していたといわざるをえない。というよりも、そのような理念の実現は、わが国においては、経済活動や開発行為を規制し管理する法に委ねられてきたともいえるが、周知のように、むしろそれらは公害の発生や環境破壊に寄与してきたとさえいいうる。このような法の現実を前にしたとき、公害・環境行政がかつての警察行政と異質なものであることをいかに強調しようとも、更にはそれに警察法と異なる分類上の領域としての規制法なるものを設定したとしても、警察法からの脱皮は理論的にも現実的にも不十分なものにとどまらざるをえない。

(44) Vgl. E. Rehbinder, Prinzipien des Umweltrechts in der Rechtsprechung des Bundesverwaltungsgerichts: das Vorsorgeprinzip als Beispiel, in: E. Franßen/K. Redeker/O. Schlichter/D. Wilke (Hrsg.), Bürger-Richter-Staat, FS für H. Sendler, 1991, S. 269ff., S. 272ff.

(45) 植田ほか・前掲書註(14)二二四頁。

(46) これを扱った論稿は、近年極めて多い。さしあたり、前掲註(11)のラデーアの一連の論稿を参照。なお、「危険の除去」(Gefahrenabwehr)、「事前配慮」(Vorsorge)および「残余リスク」(Restrisiko)の性質の差異、そしてそれぞれの局面における権利保護のあり方を論ずるものとして，vgl. Kloepfer（Fußn. 37），S. 74ff.; R. Breuer, Anlagensicherheit und Störfälle: Vergleichende Risikobewertung im Atom- und Immissionsschutzrecht, NVwZ 1990, S. 211ff., S. 213; J. Ipsen, Die Bewältigung der wissenschaftlichen und technischen Entwicklungen durch das Verwaltungsrecht, VVDStRL 48（1990），S. 177ff., S. 186; I. Appel, Stufen der Risikoabwehr: Zur Neuorientierung der umweltrechtlichen Sicherheitsdogmatik im Gentechnikrecht, NuR 1996, S. 227ff.

(47)　Gesetz über die friedliche Verwendung der Kernenergie und den Schutz gegen ihre Gefahren（Atomgesetz）vom 15. 7. 1985, BGBl. I S. 1565, geändert zuletzt durch Artikel 1 des Gesetzes vom 17, März 2009（BGBl. I S. 556）.

(48)　§ 7 Abs. 2 Nr. 3 AtomG.

(49)　Gesetz zum Schutz vor schädlichen Umwelteinwirkungen durch Luftverunreinigungen, Geräusche, Erschütterungen und ähnliche Vorgänge（Bundes-Immissionsschutzgesetz）vom 26. September 2002. BGBl. I S. 3830, das zuletzt geändert durch Artikel 2 des Gesetz vom 11. August 2009, BGBl. I S. 2723.

(50)　§ 5 Abs. 1 Satz 2 BImSchG.

(51)　Gesetz zur Regelung der Gentechnik vom 16. December 1993, BGBl. I S. 2066, das zuletzt geändert durch Artikel 12 des Gesetzes vom 29. Juli 2009, BGBl. I S. 2542.

(52)　§ 1 Nr. 1, § 6 Abs. 2, § 13 Abs. 1 Nr. 3 u. 4 GenTG. なお，遺伝子工学法上のリスクをめぐる諸問題についての詳細については，vgl. Appel, NuR 1996（Fußn. 46），S. 227ff.

(53)　A. Scherzberg, Risiko als Rechtsproblem: Ein neues Paradigma für das technische Sicherheitsrecht, VerwArch. 1993, S. 484ff., S. 498; C. Koenig, Internalisierung des Risikomanagements durch neues Umwelt- und Technikrecht?: Ein Plädoyer für die Beachtung ordnungsrechtlicher Prinzipien in der umweltökonomischen Diskussion, NVwZ 1994, S. 937.

(54)　R. Breuer, Strukturen und Tendenzen des Umweltschutzrechts, Der Staat 1981, S. 393ff., S. 412f.; BVerwGE 72, 300（Leitsatz 4）.

(55)　R. Breuer, Umweltschutzrecht, in: I. v. Münch/E. Schmidt-Aßmann（Hrsg.），Besonderes Verwaltungsrecht, 14. Aufl., 2008, Rdn. 184; vgl. VG Neustadt, Beschluß vom 16. 12. 1992, NVwZ 1992, 1008 ff., 1010f.

(56)　Kloepfer（Fußn. 37），§ 4 Rdn. 19ff.; R. Breuer, Gefahrenabwehr und Risikovorsorge im Atomrecht, DVBl. 1978, S. 829ff., S. 836; Ossenbühl, NVwZ 1986（Fußn. 37），S. 161ff., S. 163.

(57)　Hoppe/Beckmann（Fußn. 32），S. 81; Kloepfer（Fußn. 37），§ 4 Rdn. 25; vgl. auch R. Schmidt/H. Müller, Grundfälle zum Umweltrecht, JuS 1985, S. 776ff., S. 778; S. Himmelmann/A. Pohl/C. Tünnesen-Harmes, Handbuch des Umweltrechts, 1995, A. 2

Rdn. 13. なお、E・シュミット＝アスマン（海老原明夫訳）「ドイツ行政法の最近の発展（下）」自治研究七二巻一〇号（一九九六）二五頁は、「環境行政法などは、危険除去の法をはるかに超え出るものである。それは、多くの関係者と協調し、時には対立しながら複雑な配分決定に法的な形式を与えなければならない、一種の配慮法である」と述べる。

(58) この問題は、わが国でもしばしば論じられる。たとえば、原田尚彦「行政訴訟の構造と実体審査」田中二郎追悼『公法の課題』有斐閣（一九八五）三七三頁（同『行政判例の役割』弘文堂［一九九一］一一五頁以下所収）、高橋滋『現代型訴訟と行政裁量』弘文堂（一九九〇）、および公法研究五三号（一九九一）および六九号（二〇〇七）所収の諸論稿参照。

(59) BVerfGE 49, 89; NJW 1979, 359.

(60) 残余リスクという概念が具体的にいかなるものを指すかについては、必ずしも見解が一致しているわけではない。これについては、桑原勇進「国家の環境保全義務序説（四・完）」自治研究七一巻八号（一九九五）一一一頁以下に詳しい。Vgl. B. Bender, Nukleartechnische Risiken als Rechtsfrage, DÖV 1980, S. 633ff.; Breuer, DVBl. 1978 (Fußn. 56), S. 829ff.; K.-H. Ladeur, Praktische Vernunft im Atomrecht, UPR 1986, S. 361ff.; A. Roßnagel, Die rechtliche Fassung technischer Risiken, UPR 1986, S. 46ff.; H. Sommer, Praktische Vernunft beim kritischen Reaktor, DÖV 1981, S. 654ff.; H. Wagner, Die Risiken von Wissenschaft und Technik als Rechtsproblem, NJW 1980, S. 665ff.; Wahl, NVwZ 1991 (Fußn. 37), S. 409ff.; D. Murswiek, Restrisiko, in: O. Kimminich u. a. (Hrsg.), HdUR Bd. II, 2. Aufl., 1994, Sp. 1719ff.

(61) Kloepfer (Fußn. 37), § 8 Rdn. 16; Breuer, DVBl. 1978 (Fußn. 56), S. 835.

(62) したがって、この場合、人々によって受忍されるべき不確実性の許容性は、保護財産の価値および期待される規律の効果に応じて、個別的場合ごとに変化する。BVerfGE 49, 89, 138; BVerfGE 50, 290, 331ff.

(63) F. Nicklisch, Das Recht im Umgang mit dem Ungewissen in Wissenschaft und Technik, NJW 1986, S. 2287ff., S. 2288ff.; Ladeur, NVwZ 1992 (Fußn. 11), S. 948ff., S. 950; ders., UPR 1986 (Fußn. 60), S. 361ff.

(64) Scherzberg, VerwArch. 1993 (Fußn. 53), S. 484ff., S. 498; Di Fabio, NuR 1991 (Fußn. 37), S. 353ff., S. 357.

(65) 以上につき、vgl. Scherzberg, VerwArch. 1993 (Fußn. 53), S. 484ff., S. 490ff.

(66) Dazu Ladeur, NuR 1987 (Fußn. 11), S. 60ff., S. 61f.; ders., NuR 1992 (Fußn. 11), S. 254ff., S. 261; ders., UPR 1993 (Fußn. 11), S. 121ff.; R. Pitschas, Die Bewältigung der wissenschaftlichen und technischen Entwicklungen durch das Verwaltungsrecht, DÖV 1989, S. 785ff., S. 792f.; E. H. Ritter, Von den Schwierigkeiten des Rechts mit der Ökologie, DÖV 1992, S. 641ff., S. 648.

(67) たとえば、佐々木力『科学論入門』岩波新書（一九九六）一七九頁は、経験的言明を個々に重ねていってもそれだけでは自然科学の真理性は決定できないという意味での「決定不全性」（underdetermination）を前提としつつ、「科学について一般にわきまえておかなければならないのは、それが私たちの日常的知識よりはるかに高いレヴェルの知識を提供してくれるものの、決して無謬でも全能でもないことである。私たちの日常的知識という地面に高い梯子をかけた状態を思い描いてみればよい。その梯子の建設にいかに高度な数学が使われていようと、また巧妙な実験による検証が行われていようと、地面と梯子の先の知識の水準は質的な相違ではなく程度の違いでしかないのである」とし、「科学といえども、蓋然的な知識にとどまるほかない」と指摘するなど、同書における著者の主張は、本稿との関連でも示唆に富む。

(68)　Koenig, NVwZ 1994 (Fußn. 53), S. 937ff., S. 938.

(69)　Scherzberg, VerwArch. 1993 (Fußn. 53), S. 484ff., S. 499は、そのような認識を前提としつつ、不確実性という状況と理性的につきあうためには、規律される事実関係およびその探求のプロセスがダイナミックで、かつ複雑な性格を帯びていることを考慮しなければならないとする。

(70)　この点に関し、Scherzberg, VerwArch. 1993 (Fußn. 53), S. 484ff., S. 499f. は、有効なリスク管理の「本質的なもの」(essentialia) を包括的に体系化し、科学的に評価するものとして、以下の四点を挙げる。①極めて詳細なリスク調査 (erschöpfende Risikohebung)。これについては、問題となっている全ての影響要因についてのリスク分析の公開が何よりも必要であるとする。更に、行政のリスク知 (Risikowissen) を確認し、それを継続的に報じ、潜在的なリスクを査定するのにふさわしい手続の整備が要請されるという。②可能な限りのリスク削減 (weitestmögliche Risikoreduktion)。不確実性を減少させるために、法は、行政庁と経営者との間のリスクをめぐっての継続的コミュニケーションを規定し、技術をテストするにあたっての段階的な措置が準備されねばならない。③適正なリスク配分 (sachgerechte Risikoverteilung)。ここでは、不確実性という条件下での決定のための一般的なルール、とりわけリスク評価等についての実体的な準則と証明責任の規定が必要となる。④継続的なリスク制御 (kontinuierliche Risikokontrolle)。不確実性という条件下での決定は暫定的であるがゆえに、旧来の認識的基礎に基づく措置の可逆性の保障が必要となる。

(71)　科学理論の「権威」が失われていることについては、村上・前掲書註(11)六六頁以下、特に六八頁、七〇頁。また、佐々木・前掲書註(67)一八〇頁は、裁判の審理においては、「原告と被告がそれぞれに有利な証拠を出し合い、徹底的に議論しあったすえ、真実がどうであったのかを裁判官が判決する」。「私たちはこのような議論を徹底的に遂行することによって、より確実な結論に達しうる。しかし誤審は残念ながら最終的には防ぎえない。裁判は常に可謬的なのである。科学理論も大同小異である」とする。

(72)　Vgl. D. Murswiek, Die Bewältigung der wissenschaftlichen und technischen Entwicklungen durch das Verwaltungsrecht, VVDStRL 48 (1990), S. 207ff., S. 389f.; Ladeur, UPR 1986 (Fußn. 60), S. 361ff., S. 365ff.; ders., NuR 1992 (Fußn. 11), S. 254ff., S.

256; Ossenbühl, NVwZ 1986 (Fußn. 37), S. 161ff., S. 166.

(73) 重大な事故が発生する危険性があるのかどうか、いつ発生するのか、それによってどのような結果が生ずるのか、それらについて科学者が判断できることは、経験則によっては判断できない、ということのみである。とりわけ原発の安全性などについては実験することなど不可能であるし、そもそも経験則を語る余地がないからであり、科学者自身、それらについては何も知らないのである。以上につき、村上・前掲書註(11)五二頁以下、六六頁以下。なお、同書では、ルーマン (N. Luhmann) を引用し、「無知のコミュニケーション」の重要性を指摘する。

(74) Vgl. z. B. BVerfGE 34, 165 (192f.); 40, 237 (249); 41, 251 (260); 45, 400 (417f.); 48, 210 (221).

(75) Vgl. Murswiek, VVDStRL 48 (Fußn. 72), S. 207ff., S. 215; Ladeur, UPR 1993 (Fußn. 11), S. 121ff., S. 122f. また、シュミット＝アスマン・前掲註(57)三五頁は、「ドイツ行政法においては、法律による行政の制御は何よりも実質的法律概念によって確保すべきものとされている。これが、法律による実質的なプログラム制御という観念である。法律は明確でなければならない、という要請があるが、大抵の場合、その明確性は実質的な明確性として定義されている。本質性理論もまた、実質的プログラム制御の考え方から出発している。実質的な制御が成り立つためには、制御の過程と目標とが、実質的な法律概念によって表現できる程度に予見可能なものにされていなければならない。しかしながら、まさにこの予見可能性が、行政の現代的課題の多くでは、もはや保障されていないのである。『リスク』とは、まさに経験的知識が欠如している、ということによって特徴付けられるものである。……したがって、行政の多くの重要な領域において、法律による実質的制御はもはや不可能であるばかりでなく、そうした諸領域における柔軟性の要請に応えることができない、という意味で、不適切なものになってもいるのである」と指摘するが、おそらく本稿と同旨であろう。

(76) 専門技術的裁量論については、原田尚彦「〝未来裁判〟の限界と可能性――伊方原発判決の意義――」同・前掲書註(58)一一五頁以下、同「行政訴訟の構造と実体審査」同前一二六頁以下など参照。

(77) Roßnagel, UPR 1986 (Fußn. 60), S. 46ff., S. 51.

(78) 以上につき、vgl. Scherzberg, VerwArch. 1993 (Fußn. 53), S. 484ff., S. 502f. なお、BVerfGE 53, 30ff. は、リスク評価に際して、「手続による基本権保護」(Grundrechtsschutz durch Verfahren) が保障されねばならない旨を強調する。これについては、村上・前掲書註(11)五七頁以下参照。

また、これとの関連では、佐々木・前掲書註(67)一九八頁以下にチェルノブイリ原発事故にまつわる興味深い記述がある。若干長くなるが、本稿の視点からも重要であるので引用しておこう。「事故当時ソ連共産党書記長であったゴルバチョフの回想録……には『チェルノブイリ』という見出しをもった小節があり、そこには彼が事故後の政治局会議で発言した内容が再構成されている。『われわれは三〇年間あなたたち、つまり学者、専門家、大臣から原発はすべて安全だと聞かされてきた。あなたたちも神のごとく見てほしいというわけだ。ところがこの惨事です』。この発言は事故後かなり日をおいてからのものであるが、事故直後の政治局会議には科学アカデミー総裁のアレクサーンドロフ（チェルノブイリ原発の設計者—筆者註）も出席しており、彼がごく『世俗的な発言』をしたことをゴルバチョフは伝えている。『恐ろしいことはなにも起こってはいません。こんなことは工業用原子炉にはよくあることです』。」「ここで事故を起こした原子炉の設計者が事故の責任を問う政治局会議……にその一員として出席していることが注目される。被告と検事をいっしょに演じているようなものである。現在ではチェルノブイリ事故はきわめて旧式の原子炉の制御棒の欠陥であったことが判明しているのだが、事故後汚名を着せられたのは、犠牲的精神で問題解決にあたった現場関係者のみだった。設計者であるアレクサーンドロフの責任は問われなかったのである。」「ソ連邦でアレクサーンドロフの後継者と目されていたのは、事故当時五〇歳であったヴァレーリイ・レガソフという西側からも一目おかれていた科学アカデミー会員であった。彼は事故後ちょうど二年目にあたる一九八八年四月二六日に自殺した。遺稿には『原発の安全性を確保するためには体制の改革が必要である』とあったという……。レガソフはいかなる『体制の改革が必要である』と考えたのだろうか」。ロシアの異論派の科学者として知られたジョレス・メドヴェージェフの『チェルノブイリの遺産』は、「ソ連邦においては『消費者でなく生産者が神であるとする戒律』があり、この戒律こそが欠陥をもつ技術をも生きながらえさせていると指摘している。もっと敷衍して言えば、融通のきかない上意下達の官僚的指令体制が技術批判を封じ、それが結局チェルノブイリの事故の根源であったというのである。要するに、下からの民主主義的要求はいうまでもなく、反対派の存在すらも認めなかったソ連邦の体制の改革が必要であったということであろう。」

決定機関の学習能力を保障すべきであるということの意味は、まさにこうした官僚的体制の改革、すなわち、不確実性の評価に際して、その過程で学び得た見識へと直ちに転換しうるような非官僚的な体質が保障されなければならないということにある。ラデーア・前掲註(9)一〇五頁が、学習能力とは「定着し定評をかち得た知識が長続きしないということ、変化してゆく外界のなかでいつしか、または突如として無価値になるということを学ぶことである」というのも同趣旨であろう。

(79)　科学・技術と思想・哲学・政治などとの密接な結びつきについては、佐々木・前掲書註(67)参照。

(80)　Ladeur, UPR 1986 (Fußn. 60), S. 361ff., S. 363; Murswiek, VVDStRL 48 (Fußn. 72), S. 207ff., S. 218f.

(81)　より正確にいうと、科学における「客観性」が果たしてきた役割がここでは問われている。ただ、この点は本稿の直接のテーマでもないし、ましてや筆者の手におえるものでもないので、本文ではとりあえずこのような表現を用いた。これについては近年多くの著作があるが、比較的手頃なものとして、中村雄二郎『臨床の知とは何か』岩波新書（一九九二）など参照。

(82)　なお、遺伝子工学法上の生物学的安全性との関連で、専門科学的な決定およびその際の多元的な知識の獲得のために複数の専門委員会を組織し、そのことによって科学的な争点を明確にすることの必要性を指摘するものとして、vgl. z. B. Scherzberg, VerwArch. 1993 (Fußn. 53), S. 484ff., S. 504; W. Graf Vitzthum, Durch das Dickicht des deutschen Gentechnikrechts, DÖV 1994, S. 336ff., S. 339f. これについては、一九八五年一二月一九日のヴィール原発（Kernkraftwerk Wyhl）訴訟についての連邦行政裁判所判決（BVerwGE 72, 300ff., 316）も参照。Vgl. Breuer, NVwZ 1990 (Fußn. 46), S. 211ff., S. 222. なお、わが国の原子力委員会は、原子力政策を決定する過程で国民の意見を反映させ、原子力に関する理解を求めるために、大幅な情報公開に踏み切る方針を決定した。従来非公開とされていた原子力委員会の専門部会を公開するほか、政策決定過程での報告書案などを公開して国民の具体的意見を広く求め、反映すべき意見は採用し、不採用の意見も報告書と同時に公開するという。これは、高速増殖炉「もんじゅ」のナトリウム漏れ事故を契機に国の原子力政策に対する国民の不信感が高まっていることに対して、秘密主義的な色合いを払拭する狙いがあるといわれる。朝日新聞一九九六年九月二五日付け夕刊。この決定が今後どれだけ具体化するかは未知数であるが、「情報公開については、科学技術庁や通産省だけでなく、動力炉・核燃料開発事業団や電力会社などにも協力をお願いする」（朝日新聞・同前）という当時の科学技術庁長官の発言は、リスク管理のあり方として本稿と共通のものがある。ただ、情報公開そのものが重要なわけではなく、それを通じていかに多くの知識を獲得できるかが問題となるから、それを可能とするような関係省庁の組織的能力の向上こそが問われるのはいうまでもない。

(83) Wahl, NVwZ 1991 (Fußn. 37), S. 409ff., S. 410; Ladeur, NuR 1985 (Fußn. 11), S. 81ff., S. 89.

(84) TA (Technische Anleitung) などはその例である。Vgl. Scherzberg, VerwArch. 1993 (Fußn. 53), S. 484ff., S. 506. なお、高木光『技術基準と行政手続』弘文堂（一九九五）三〇頁以下参照。

(85) Scherzberg, VerwArch. 1993 (Fußn. 53), S. 484ff., S. 506.

(86) Vgl. Koenig, NVwZ 1994 (Fußn. 53), S. 937ff., S. 939. もっとも、リスク管理を企業に内部化し、そのことを通じて事前配慮や監視といった国家によるリスク管理を支えていかねばならないと主張することは、伝統的な見解、すなわち国家のリスク管理はもっぱら立法者による基本的決定に従うべきであるとする見解と異なることは前述のとおりである（前註(25)参照）。本稿の主たる関心対象である環境監査の議論などは、まさにそのようなものとして位置づけられることになるが、もし、基準化された安全性の目標を達成しようとする国家の事前配慮行政が、そこでの不確実性を生み出す原因となっている企業行動のあり方によって支えられるべきであるとするならば、そのようないわば企業によるリスク管理の「部分的内部化」には、その不確実性を克服するにあたっての何らかのインセンティヴとりわけ競争上の刺激が必要となる。すなわち、環境問題の克服を目的として企業内組織を構築することが経済を刺激することにつながる必要があるが、環境監査に関する議論をみると、まさにそのような状況が存しうることを示している。これについては後述する。

（87）　以上につき、ラデーア・前掲註（9）一〇六頁以下。
（88）　この点は、実は、現在すでに連邦インミッシオン防止法五二a条～五八d条が、同法五～六条の許可要件として、企業内組織の構築とリスクの事前配慮がなされるべきことを要求している。もっとも、そこで要求されている企業内改革や自己制御は、そこに何らかの市場経済的なインセンティヴがなければ、企業にとってはいわば無駄な出費を余儀なくされるだけであって割に合わない。それゆえ、それが市場経済論理に支えられたリスク管理として位置づけられることによってはじめて、それらの規定は再評価に値するものとなりうるであろう。

三　リスク内部化制度としての環境監査

1　ＥＵの環境監査制度の概要

(1)　制度の目標

ＥＵでは、かつて詳細に紹介したように[89]、環境保全のための新たな手法として環境監査制度をスタートさせたが[90]、その目標を端的に表現すれば、企業の環境対策面での実績の評価および改善、そしてそのための企業による環境保全システムの構築およびそのシステムの評価、ならびに各種環境関連情報を公衆へ提供することを通して、企業が自らの活動の範囲内で国家の環境保全に寄与し、あるいはまた、その取組みを改善していくことにあるといえる[91]。すなわち、ＥＣ規則によれば[92]、各企業が事業所や工場等の施設所在地ごとに環境に関する基本方針（Umweltpolitik）を文書で定め、それに基づく環境目標（Umweltziel）およびそれを達成するための具体的な環境行動計画（Umweltprogramm）や環境管理システム（Umweltmanagementsystem）を定立し、それらが達成されているかどうかを体系的（systematisch）・客観的（objektiv）・定期的に（regelmäßig）評価することによって、そして更には、企業が取り組んでいる環境保全に関する各種の情報を公衆（Öffentlichkeit）に提供することによって、企業の環境に対する取組みを改善していくことをめざしたものである。このことによって、企業は、自らの活動に起因する環境への影響を克服するための積極的な役割を、自己責任的に（eigenverantwortlich）引き受けることになる。

以下、後の論述に必要な限りにおいて説明する。

⑵ 環境監査制度への参加

本制度へ参加するかどうかは、企業の自由意思に委ねられているが、参加を表明したときには、企業は環境基本方針（Umweltpolitik）を定め、かつそれを遵守しなければならない。そこには、環境法上の関連法規の遵守も含めて、当該企業の環境保全についての全ての目標（Gesamtziel）と行動原則（Handlungsgrundsatz）が明示されねばならないが、そのほかに、エネルギーや水資源の削減およびリサイクル措置、環境にやさしい生産方式（Produktionsverfahren）およびデザインや包装も含めた製品企画（Produktplanung）、従業員の情報や訓練のあり方なども明らかにすることになっている。

そのうえで、参加企業は、各施設ごとの現況（Ist-Zustand）を調査することで環境監査を実施することになるが、その際、環境に重大な影響を与えると思われるデータ、すなわち使用されるエネルギーや原材料の種類、廃棄物の処理方法、そして汚染原因や操業に伴う騒音、さらには企業の組織状況等も含めて、監査に必要とされるデータが収集・調査される[93]。そして、このような現況調査の結果を踏まえて、企業は、各施設所在地ごとに環境行動計画（Umweltprogramm）を作成し、当該施設について将来的に発生することが予想される環境に対する諸影響との関連で、具体的な目標や環境保全のための措置、およびそれらを実施し実現するための期間を掲げねばならない[94]。

企業は、また、環境保全のための組織構造、諸権限の所在、指揮命令系統の明確化およびそれらのフローチャート、具体的手続のあり方等に関する環境管理システム（Umweltmanagementsystem）を構築し、それによって環境基本方針および環境行動計画の実施を保証しなければならない[95]。これは、従来から業務監査として実施されてきた企業内監査（interne Umweltbetriebsprüfung）に相当するものである[96]。

(3)　環境報告書の作成

右のような監査の各段階を経た後、企業は、各施設の所在地ごとに環境報告書[97]（Umwelterklärung ; Environmental Statement）を作成しなければならないが、それは、各施設ごとの環境保全の達成度（performance）についての信頼度の高い客観的な情報を公衆（Öffentlichkeit）に提供することが目的であるから、専門的・技術的なものではなく、「簡潔で、理解しやすい」（knapper, verständlicher）形式・内容および表現をもってなされねばならない[98]。環境報告書には、概ね、当該施設所在地での企業活動の内容、当該企業活動に関わる全ての重要な環境問題についての説明、有害物質や汚染原因、廃棄物の処理方法、原材料やエネルギーおよび水の消費量などの環境に関わる重要なデータ、企業の環境基本方針や環境行動計画および環境管理システムについての説明、当該施設所在地での環境保全手法の達成度の評価、および次回の環境報告書の呈示のための期間、更には認証を行う環境検証人の名前などが記載される[99]。

(4)　環境検証人による監査

環境報告書は、正式に認定された独立の環境検証人（Umweltgutachter）により審査される[100]が、具体的には、①企業がEC規則に示された自己責任を文書により明確にし、環境行動計画や環境管理システムを適切に構築しているかどうか、②現況調査やそれに基づく企業内の環境監査が定期的かつ適正に実施されたかどうか、そして、③環境報告書の記載内容が信頼に足るものであるかどうか、および、当該施設所在地にとって重要な全ての環境に関する問題に対して十分に検討が加えられ、かつ適切な説明が加えられているかどうか、などの内容をもって実施される[101]。

環境検証人による環境報告書の認証は、EC規則に規定する全ての要件が充足されたときにのみ行われるが、企業が作成した環境報告書に特別の異議がないときには、検証人は直ちにそれを妥当なものとして認証しなければならない[102]し、また、環境報告書における叙述や表現の仕方もしくは説明が不十分であるときには、それを訂正・補正した後に認証がなされる[103]。このようにして認証された環境報告書は、国家の権限ある機関を通じて当該施設所在地の名簿に登録され、その企業は一定の範囲で本制度に参加し監査を効果的に実施したことについての参加宣伝を行うことができる。(104)

2 競争を通じての環境保護

(1) さて、以上から明らかなように、参加企業は全ての環境法上の関連法規を遵守すること、および環境保全に適切に取り組む姿勢と、そのために自らの経営システムを継続的に改善していくことに関する自己責任とを環境報告書において明らかにし、それを公表する義務を負う。そして、ＥＣ規則は、企業の自己責任的活動を促進するための手法として監査という方式を採用し、そのことによって環境検証人の評価のための手がかりを与え、かつ、その監査に法的な根拠を与えている。(105)

ただ、この制度が従来からの command and control という規制的手法の実効性を補完しうるか、ということもさることながら、まず問題となるのは、その前提として、この制度およびそれに基づく企業の環境管理システムがはたして効果的に作用しうるのかどうか、およびそのための要因をどこに求めることができるのか、ということである。

(2) 本制度の大きな特徴の一つは、前述のように、本制度への参加が企業の自由意思に委ねられていることである。(106) 強制監査の方法によらずとも企業を本制度へ参加させる十分なインセンティヴが働くという判断が、そこには存している。そして、それはおそらく本制度制定の経緯に密接に関わる。

すでに指摘したように、(107) ＥＵが環境監査に関する規則を制定しようとした背景には、第一に、環境に関する各種情報について市民のいわゆる「知る権利」を規定した一九九〇年の指令(108)（Richtlinie des Rates über den freien Zugang zu Informationen über die Umwelt）の採択に伴い、企業は環境情報の公開に備えて「効果的な内部環境保全システム」の確立の必要に迫られたが、その際の中心的な手法とされたのが環境監査であったこと、他方で第二に、その指令との関わりで、行政側にも各種環境法に基づく企業の情報公開要件を確立する必要があった、という事情がある。そして、この指令の採択には、環境問題への市民の意識の高揚、それに伴う市民自らのライフ・スタイルの見直しとそれに見合った商品の選択、およびそれを製造する企業の選択といった消費者運動や市民運動などの組織的活動の顕在化という状況が大きな役割を果たしている。その結果、製造工程や製品の社会・環境親和性[109]（Sozial- und Umweltverträglichkeit）が、かつてないほど企業活動の重要な要因となっており、次第に社会的貢献へ向けての活動を強めざるをえない状況が生じつつある。ここでは、企業は、その活動や製品に対しての提案や批判などの社会的現実に機敏に反応し、自ら積極的に社会的責任を果たさざるをえない。本制度は、まさに、このような市民の意識変革と、それに積極的に応え、その状況下での競争に生き残ろうとする企業の自己変革の意識とに支えられたものといいうる。この観点からは、本制度は、市民および消費者に提供される企業情報の信頼性を重要な要素としていることになるが、その信頼性が確保されることによって、市民のみではなく、保険会社や銀行までもが当該企業に目を向けることになるであろうというEUの判断が、そこには存している[110]。ただ、本制度は、その実効性の確保を企業の環境意識の高揚にのみ依存しているわけではなく、企業間の公正な競争が不正な情報によって妨げられることのないように監査に法的根拠を与え、そのことによって環境汚染に対しての制御機能を果たそうとしている。それゆえ、この制度が実効的に作用するためには、制度的にも現実にも企業間の公正な競争（Wettbewerb）が確保されていなければならない。自己監視のための環境管理システムを構築したり、かつそれを定期的に点検するとともに環境検証人による検証・認証を受けたりすることまで要求していることは、その点で意味がある[111]。すなわち、あえて結論的な部分を先取りしていえば、環境監査制度は、企業間の私的な競争に支えられつつも、それが環境保全上の目標の上に構想され、そのことによってより効果的な環境保全を達成しようとする制度である、といいうる。

3　リスク管理の内部化

(1)　では次に、右に述べた環境監査システムによるリスク管理は、危険配慮行政を通じての国家のリスク克服の実効性を補いうるのであろうか。

ここでまず確認しておかねばならないのは、本制度の創設によって、企業による自己制御的なリスク管理が法的制度としてより一層強力に推進されることとなり、その結果として国民の生命・健康等を保護すべき国家の義務を側面支援することになるには違いがないが、決してそれ以上のものではなく、企業が国家の義務を肩代わりしたり、それを共同で履行することまでも意味するわけではないことである。すなわち、基本権保護についての第一次的な責任はあくまでも国家が負っているのであって、企業によるリスク管理に法的な根拠を与えるとはいっても、規制法の枠組みが、あるいは法治国原理そのものが、市場経済的な論理によって、とりわけそこでの偶然性や任意性あるいは企業のコスト回避性向によって、その本質的部分が切り崩されるわけではないし、法的拘束性や法の明確性などの基本的要請が縮減されるわけでもないからである。[112] むしろ、それを法の枠組みの下におくことによって、それが完全に市場経済的論理に委ねられるものではないということ、換言すれば、企業による自己制御的なリスク管理を法的に促進させること、したがって、企業自身のリスク管理を法的に評価することを明確にすることを意味する。[113]

(2) ＥＵの環境監査制度は、すでに指摘したように[114]、環境報告書に記載されている内容の正確さを環境検証人自らが情報等を積極的に収集・分析して証明するわけではなく、企業が作成・準備した環境報告書という情報の信頼性・正当性を確認するという監査のあり方である。したがって、単に企業がリスク管理の一環として環境保全に取り組んでいるという事実のみではなく、その内容を自ら積極的に市民に公開し、その意見を反映させつつ管理のあり方を模索していくことに、その意義がある。すなわち、それはいわば情報提供（情報公開）のシステムであり、それゆえにこそ、企業の技術革新への取組みを科学技術の発展に見合った積極的なものへと転換させる可能性を内在させているともいえる。リスクについて十分な対策を講じ、それを極力回避しようとする企業の姿勢は、それ自体を法的に規律することは極めて困難であるし、適切でもない。しかし、それが環境検証人による認証を経て公表されることによって、企業自身の社会親和性あるいは環境親和性が問われることになるし、それが今後、企業活動にとってますます重要な要因となっていくことはまちがいがない(115)。実際、企業が外部からの批判や提案、更には社会的責任を引き受けざるをえない現実はすでに存しているのであり、リスク発生の危険を有する自らの活動や製品について、企業自らもそのような社会の現実を反映させはじめている(116)。

過去の原発事故などの例などからも明らかなように、そこでは、リスク克服のための機構や組織になにがしかの欠陥があることが多い。時には、事故発生を隠蔽したり、それに伴う信用失墜をできる限り少なくすることにのみ精力を費やしているとしか思えないことさえある。このようなときにこそ、まさに、企業等の努力を積極的なリスク管理を実施させる方向へと、すなわち、事故を覆い隠すのではなく、事故に学びながら新たなリスク管理のあり方を模索する方向へと転換させる必要がある。そのためにも、市民への情報提供を徹底させ、更にそれを外部の独立した第三者によって検証・認証するという本制度の仕組みは、企業の内発的な自己革新を啓発するものであって、極めて有用であろう。したがって、まず何よりも、国家によるリスク配慮の場合と同様に、企業の組織としての学習能力の向上こそが求められることになる(117)。

(89)　髙橋・前掲(10)熊本法学八二号一頁以下（本書一七頁以下）。
(90)　詳細については、前註(10)掲記の諸論稿参照。
(91)　このような視点から、本制度は、環境政策を新たに方向づけるもの、あるいは、連邦インミッシオン防止法を補完するものと評価されることがある。Vgl. Kormann, Vorwort, in: ders. (Hrsg.) (Fußn. 8), S. 5; G. Feldhaus, Umweltschutzsichernde Betriebsorganisation, NVwZ 1991, S. 927ff.; ders., Umwelt-Audit und Betriebsorganisation im Umweltrecht, in: Kormann (Hrsg.) (Fußn. 8), S. 21ff.; M. Kloepfer, Betrieblicher Umweltschutz als Rechtsproblem, DB 1993, S. 1125ff.
(92)　Art. 1 der Verordnung (EWG) Nr. 1836/93. なお、改訂後のＥＭＡＳにおいても以下の記述内容には変更がないため、逐一の参照はしないこととする。
(93)　Vgl. Art. 3b i. V. mit Art. 2b u. Anhang I C. der Verordnung (EWG) Nr. 1836/93; dazu Scherer, NVwZ 1993 (Fußn. 10), S. 11ff., S. 13 unter 3a).

(94) Vgl. Art. 3c i. V. mit Art. 2c u. Anhang I A. 5 der Verordnung (EWG) Nr. 1836/93.

(95) Vgl. Art. 3c i. V. mit Art. 2e u. Anhang I B. der Verordnung (EWG) Nr. 1836/93.

(96) 環境監査の類型については、髙橋・前掲註(10)熊本法学八二号九頁以下（本書二五頁以下）参照。

(97) この語については、かつて「環境声明書」という訳語をあてたことがあった（髙橋・前掲註(10)熊本法学八二号一六頁（本書三〇頁）以下参照）が、その後、本制度が広く紹介されるにつれて本文記載の訳語が一般に用いられるようになったこと、および、内容的には変更による不都合は生じないことなどから、この機会に改めることにした。同様の理由から、「環境監査人」（Umweltgutachter）も「環境検証人」に改めた。

(98) Vgl. Art. 5 II der Verordnung (EWG) Mr. 1836/93.

(99) 髙橋・前掲註(10)熊本法学八二号一八頁以下（本書三三頁）参照。

(100) Art. 3g der Verordnung (EWG) Nr. 1836/93.

(101) Vgl. Art. 4 Ⅲ, V der Verordnung (EWG) Nr. 1836/93; vgl. auch Anhang Ⅲ B. der Verordnung (EWG) Nr. 1836/93. 髙橋・前掲註(10)熊本法学八二号一九頁以下（本書三三頁以下）参照。

(102) Vgl. Anhang Ⅲ B. 4a der Verordnung (EWG) Nr. 1836/93.

(103) Vgl. Anhang Ⅲ B. 4b der Verordnung (EWG) Nr. 1836/93.

(104) Vgl. Art. 10 Ⅲ der Verordnung (EWG) Nr. 1836/93. Sellner/Schnutenhaus, NVwZ 1993 (Fußn. 10), S. 928ff., S. 931 Fußn. 56; Scherer, NVwZ 1993 (Fußn. 10), S. 11ff., S. 14; 髙橋・前掲註(10)熊本法学八二号二一頁以下（本書三五頁以下）参照。

(105) Schneider, Die Verwaltung 1995 (Fußn. 10), S. 361ff., S. 365f. は、本制度の特徴を以下の一〇項目で簡潔に表現している。①企業による環境基本方針の確立、②第一次の包括的な環境監査、③環境行動計画の確立、④環境管理システムの構築、⑤企業内監査、⑥環境目標の導出と環境行動計画の修正、⑦公衆のために確定される環境報告書の作成、⑧外部の認定された環境検証人による環境報告書の認証、⑨名簿への登録、⑩企業による参加宣伝の使用。

(106) 自由意思による参加の是非については、かつてしばしば争われてきたし、現在でも議論がある。一九九〇年一二月の第一次草案においては、特定の産業活動に対して監査を強制する「指令」（Richtlinie ; Direktive）としての制度化を予定していたが、強制監査に関して産業界からの反発もあり、最終的には任意監査に変更された。したがって、内容的には産業界に譲歩したことによってかなりトーン・ダウンしたが、他方で、目標達成の方法および手段について加盟国の権限に委ねる「指令」から、内容的要素に関し法的拘束力を有し、かつ全ての加盟国において直接適用される「規則」（Verordnung ; Regulation）という形式を採用することによって、本制度の実効性を確保しようとしている。東京海上火災編・前掲書註(4)五二頁参照。なお、任意参加に賛成するものとして、vgl. Führ, NVwZ 1993 (Fußn. 10), S. 858ff., S. 860. 反対するものとして、vgl. Lübbe-Wolff, DVBl. 1994 (Fußn. 10), S. 361ff., S. 373.

(107)　髙橋・前掲註(10)熊本法学八二号四頁（本書二一〇頁）。

(108)　Vgl. E. Kremer, Umweltschutz durch Umweltinformation: Zur Umwelt-Informationsrichtlinie des Rates der Europäischen Gemeinschaften, NVwZ 1990, S. 843f.; R. Engel, Der freie Zugang zu Umweltinformationen nach der Informationsrichtlinie der EG und der Schutz von Rechten Dritter, NVwZ 1992, S. 111ff.; H.-U. Erichsen, Das Recht auf freien Zugang zu Informationen über die Umwelt: Gemeinschaftsrechtliche Vorgaben und nationales Recht, NVwZ 1992, S. 409ff.; A. Scherzberg, Der freie Zugang zu Informationen über die Umwelt: Rechtsfragen der Richtlinie 90/313/EWG, UPR 1992, S. 48ff.; Rundschreiben des Bundesministers für Umwelt, Naturschutz und Reaktorsicherheit zur unmittelbaren Wirkung der EG-Umweltinformationsrichtlinie, NVwZ 1993, S. 657f.; W. Erbguth/F. Stollmann, Zum Entwurf eines Umweltinformationsgesetzes, UPR 1994, S. 81ff.; R. Haller, Unmittelbare Rechtswirkung der EG-Informations-Richtlinie im nationalen deutschen Recht: Zugleich Anmerkung zu zwei Urteilen des VG Minden und des VG Stade, UPR 1994, S. 88ff.; R. Röger, Zur unmittelbaren Geltung der Umweltinformationsrichtlinie: Anmerkung zum Urtiel des VG Stade vom 21. 4. 1993, NuR 1994, S. 125ff.; ders., Zum Begriff des Vorverfahrens im Sinne der Umweltinformationsrichtlinie: zugleich ein Beitrag zur Auslegung europarechtlicher Normen, UPR 1994, S. 216; T. Schomerus/C. Schrader/B. W. Wegener, Umweltinformationsgesetz: Kommentar, 1995; E. Meyer-Rutz, Das neue Umweltinformationsgesetz-UIG, 1995; R. Röger, Umweltinformationsgesetz: Kommentar, 1995. なお、本法の内容を紹介・検討したものとして、藤原静雄「『情報公開法制』弘文堂（一九九八）二三一頁以下参照。

(109)　Graf Vitzthum, DÖV 1994 (Fußn. 82), S. 336ff., S. 346.

(110)　このことによって企業自体もイメージ・アップを期待できることになるが、このような形で特定の企業を優遇することの問題性については、vgl. Lübbe-Wolff, DVBl. 1994 (Fußn. 10), S. 361ff., S. 373; Sellner/Schnutenhaus, NVwZ 1993 (Fußn. 10), S. 928ff., S. 932.

(111)　すなわち、ドイツについていうならば、たとえば不正競争禁止法（Gesetz gegen den unlauteren Wettbewerb）が、紛らわしい方法で製品を製造・販売することを禁止しているため、それによって企業間競争の適正化を図り、かつそのことに関する情報を消費者へ提供することを通じて製品の環境親和性を確保することは可能であったはずである。Wiebe, NJW 1994 (Fußn. 10), S. 289ff., S. 294. なお、ラデーア・前掲註(9)一一二頁は、環境保護のためには「競争のさまざまな形のうちでも――目先の利益のために組織と社会の将来すべてを犠牲にすることを企業に強いることによって――技術革新を阻害するようなタイプの競争を、制限しなければならない」。「現在の課題は、技術革新を……組織化すること、その目標を競争の上に置くことなのである。競争を実体化する発想、すなわち競争を制度化しさえすれば社会の生産性はつねに最高に発揮されるという考え方は、右の課題から目を逸らすものでしかない。」「リジッドな生産方式に固執しない柔軟で革新的な企業、競争に敏感であることよりも革新に敏感であることによって内部の安定を保つ仕組みになっている――つまり学習能力のある――企業は、絶えず目先の『対処の必要』に追われながら新たに対処の必要を生み出してゆく企業と比べて、環境保護の利益にとっても透過性が高いと言えるのである」と指摘するが、これも本文で述べたことと同旨であると思われる。

（112）Koenig, NVwZ 1994 (Fußn. 53), S. 937ff., S. 941.

（113）ただし、企業によるリスク管理を法的に制御し、義務づけることが直ちにリスクの克服に、したがって安全性の獲得に結びつくわけではない。すなわち、ここではリスクに関する知識をいかにして多く集めることができるか、およびそのための企業内組織の構築に努めているかがまず何よりも必要であるから、その前提として、危険のラインを明確に設定して介入すべきかどうかを判断する従前の方式とは明らかに異なるという認識がなければならない。明確な基準に基づいてリスク管理を義務づけても、その基準自体を評価する方法がない以上は、安全性が当然に向上するわけではないからである。

（114）高橋・前掲註(10)熊本法学八二号三六頁以下（本書四八頁以下）。

（115）遺伝子工学法との関連でこのことを指摘するものとして、Graf Vitzthum, DÖV 1994 (Fußn. 82), S. 336ff., S. 340.

（116）Hill, DÖV 1994 (Fußn. 25), S. 279ff., S. 283. 以上につき、Koenig, NVwZ 1994 (Fußn. 53), S. 937ff., S. 941.

（117）企業によるリスク管理は、ＥＣ規則によれば、法的側面（規制法上の義務履行）、技術的側面（技術の水準との関係）、リスクの側面（環境財や健康および次世代との関連で、リスクをはらんだ技術および物質の使用に際しての企業のリスク評価）、および情報提供の側面（リスクの評価や制御に関する公開性の確立）に関して実施され、それらが独立の環境検証人によるリスク監査を経て公簿に登録される。そして、将来的にはおそらく、たとえば責任保険の契約に際し、企業が実際にどのようなリスク対策を実施しているかという基準として、リスク監査の結果がその内容に加えられることにもなろう。そうすると、そのことが企業を本制度へ参加させる誘因ともなる。責任保険制度のこのような展開は、企業自らの意思でリスク管理のための手法を駆使することにもつながるし、行政の側としても、公共工事の指名や財政援助の供与などに際して、監査を受けた企業を優遇する合理的な根拠ともなりうる。Lübbe-Wolff, DVBl. 1994 (Fußn. 10), S. 361ff., S. 373f.; Koenig, NVwZ 1994 (Fußn. 53), S. 937ff., S. 942.

おわりに

(1)　われわれは、原子力をはじめとして、高度に発達した科学技術の恩恵を享受しつつ生活している。それゆえ、科学技術とのそのような関係を維持する限りは、その利用によって生じうるリスクへの適切な向き合い方を常に模索せねばならない。その場合に考慮しなければならないのは、実際には検証されえないようなリスクであっても、科学理論的にはともかく、生命・健康等の基本権的価値の保護を使命とする法理論上は無視しえないものであること、および、しかし他方ではそのような潜在的危険性は現実には排除できないことである。それゆえにこそ、リスクを伴う科学技術の利用を制限するのであればともかく、そうでない限りは、法制度はリスク判定のための知識をできるだけ多く獲得しうるように構築されねばならない。その意味では、「実践理性の限界の彼方にある不確実性は全ての市民によって負担されねばならない」というカルカー決定の説示は、リスクに関する知識を開示することを通して新たな知識を獲得すべきことを内容とするものであり、極めて示唆的である。ただ、敢えていうならば、そこでの「実践理性」という基準自体も、それが経験的知識に依拠して設定された境界を示すものであり、必ずしも有効なものとはいえない[118]。ここでは、危険概念に結びつけられた伝統的な command and control モデルでは克服できないリスクが問題であって、この場合には経験則から得られる「実践理性」という固定的基準による規制がすでに妥当しなくなっているからである。

その点では、環境法典教授草案（各論）が、従来の規制的手法の実効性を補完すべく、市場メカニズムを利用することによって協働的かつフレキシブルな手法を強化し、僅かな強制を通じてのより実効的な環境保全を図ろうとしていることは、今後の環境保全政策のあり方を考えるうえで極めて興味深い。本草案は、その意味ではこれからの環境法制の一つの指針としての模範的な地位を占めることになろう。

しかしながら、本稿との関連で重要なのは、規制法上の義務が企業のリスク管理を通じて、それに支えられつつ実現されるということであって、草案起草者が述べるように「厳格な規制法が必ずしも必要とされない領域について……僅かな強制を通じてのより実効的な環境保全」(mehr Umweltschutz durch weniger Zwang …… für diejenigen Bereiche, in denen das strikte Ordnungsrecht nicht zwingend erforderlich ist) を実現することのみが、あるいはそれ自体が重要となるわけではない。そのことからすれば、本草案が環境保全における市場経済の機能の意義を認識しながらも、企業によるリスク制御のあり方についての明確な法的仕組を準備しなかったことは、いかにも残念であった。すなわち、ここで重要なのは、環境基準等によって環境および生命・健康等への影響を及ぼしうる危険のラインを示し、それに基づいて命令・禁止もしくは罰則を課するという command and control という手法でもないし、その機能不全を補うために経済的手法に依存することでもない。規制的手法もしくは経済的手法のみによっては必ずしも十分とはいえないリスクに関する知識の獲得、およびその能力の向上、そしてそれを可能とする組織の構築など、両者の相互補完的なものの見方、換言すれば、伝統的な因果律によっては判断できない、まさに「不確実性もしくはカオスの合理化」とでもいうべき非直線的なカオス的作用連関を合理化しうるような、非線形的モデルが要請されているのである。本草案は、多様な内容および性質のものを体系的かつ論理的な関連をもたせながら一つの法典として統一すべく試みられているが、そこに不確実性に常に対処しうる動的な要素を組み込まなければ、それは単に項目を整理しただけのものにとどまる。リスクに対処するための新たな知識を獲得すべく、法制度そのものが高度の柔軟性と学習能力とを備えていなければならないのである。

(2) もっとも、本草案には、危険物質についてではあるが、人間と環境の保護にとって必要不可欠なものをまとめた「安全性データ集」(Sicherheitsdatenblatt) の導入を義務づけるなど、安全性のデータを企業が処理したり情報提供する場合の方法についての規定が置かれているし[119]、また、同じく危険物質について、その廃棄物の処理までも含めて、それらの環境へ及ぼす影響を全生産ラインの分析に基づいて報告する義務 (Mitteilungspflicht) が規定されているが、[120] これなども従前にはなかった新たな内容のものとして評価しうる。そして、これらの規定が、市民への情報公開と密接に連動しつつ、企業によるリスク管理のあり方として更なる発展を図ることによって、規制的手法を補いうるものとして機能する余地はあろう。すなわち、リスク管理に関する情報を公開することによって、企業自身がリスクについての新たな知識を獲得することができ、その環境への影響についての企業自身の知識が改善されることにもなるからである。そして、そのような企業の取組みとそれを可能とする企業内組織の構築を法的に支えることによって、企業および行政の変革をもたらしうる。環境監査制度には、その法的意義が未だ十分には明らかにされていない面はあるものの、そのようなものとしての役割が期待されているといってよい。

(118) 「実践理性」という基準の問題性については、vgl. Ladeur, UPR 1986 (Fußn. 60), S. 361ff., S. 363ff.; ders., UPR 1993 (Fußn. 11), S. 121ff., S. 125; B. Bender, Gefahreabwehr und Risikovorsorge als Gegenstand nukleartechnischen Sicherheitsrechts, NJW 1979, S. 1425ff., S. 1428 Fußn. 14; Pitschas, DÖV 1989 (Fußn. 66), S. 785ff., S. 793.

(119) § 454 UGB-BT.

(120) §§ 458ff. UGB-BT. 以上につき、vgl. Kloepfer, DVBl. 1994 (Fußn. 1), S. 305ff., S. 312.

5　改訂ＥＭＡＳと実施ガイドライン

はじめに

一　ＥＭＡＳＩの課題と改訂への期待

二　改訂作業の経緯

三　ＥＭＡＳⅡにおける主要な変更点

おわりに

はじめに

(1)　ドイツ連邦参議院（Bundesrat）は、二〇〇二年五月三一日、環境監査法[1]（Umweltauditgesetz）の改正を承認した。この改正は、二〇〇一年四月二七日のＥＣ[2]の新たな環境監査規則[3]の施行に伴うものであるが、これにより、企業と行政機関の環境監査手続が共通に実施されることになった。同日には、更に、ＥＣの環境監査規則に従って自発的に環境監査システムを構築している事業者に対し、行政による監視を緩和する連邦統一の基準を定めた特別令[4]（Privilegierungsverordnung）も承認された。

周知のように、ＥＵでは、一九九三年に環境監査を内容とする規則[5]が発効し、それが各加盟国において国内法化されて、現在は各国内法の枠内で「環境管理・監査スキーム」（Eco-Management and Audit Scheme - EMAS）（以下、「ＥＭＡＳ」という）へ参加する事業所の認証および登録が行われている。他方で、環境管理・監査の手法としては、国際標準化機構（International Organisation for Standardisation - ISO）の「国際環境規格」もＩＳＯ一四〇〇一（以下、「ＩＳＯ規格」という）としてすでに実施されているため、ＥＵ域内ではＥＭＡＳとＩＳＯ規格とが併存する状態にある[6]。両者は、一方では、環境保全に対する企業の自主的取組を継続的に改善し、その結果として企業の責任リスクを軽減させることに寄与することを目的とするなど、共通する面が多いが、他方で、ＥＭＡＳの内容がＩＳＯ規格に比べて広範で、しかも、ＥＭＡＳは情報公開のための環境報告書の作成まで要求するなど厳格な内容を有しているこもあって、当初は、より簡略化されたＩＳＯ規格が成立すればＥＭＡＳは消滅するであろうとの見方が一部にはあった[7]。しかし、ＥＭＡＳそのものはＥＵの規格であるためにそれがＥＵ域内で主導的役割を果たすことは制度上当然のこととしても、むしろ、近年の状況をみると、当初の予想に反して、ＥＵにおいてはＥＭＡＳがＩＳＯ規格を取り込む方向で事態が進展しているようにも思われる[8]。

(2) このような中にあって、後に詳論するように、ＥＭＡＳへの参加は、従来、主として製造業に限られていたが、今回のＥＣ規則の改訂により、新たに建設業、農業、公共部門などにもＥＭＡＳ参加への途が開かれ、今後ますます多くの事業所の参加が見込まれるであろうとの期待が寄せられている。もっとも、ドイツにおいては、すでに一九九八年二月三日の環境監査法の「拡大命令」[9]（UAG-Erweiterungsverordnung）によって、その適用領域は、流通業、交通、レストランなどのサービス業（Dienstleistung）、クレジット・保険業（Kredit- und Versicherungswirtschaft）、更には自治体行政（Kommunalverwaltung）にまで拡大されており、今回のＥＣ規則の改訂も、ドイツにおけるそのような取組みに実質的に符合するものであった。しかも、ドイツでは、二〇〇二年四月一〇日現在で、拡大命令に基づいて認証された部門をも含めて、ＥＵ全体で登録されている事業所総数の約三分の二にあたる二、六〇〇以上の事業所が登録されていること[10]もあって、今回の改訂を契機として、他のＥＵ加盟国においてもＥＭＡＳ参加事業所が飛躍的に増大するであろうとの見方がある。この点に関しては、今回の改訂の基礎となったＥＣ閣僚理事会（Ministerrat ; Ministerial Council）による「共通の立場」[11]（Gemeinsamer Standpunkt ; Common Position）でも、ＥＭＡＳの適用領域を産業部門から全ての経済部門へと拡大することにより、持続的発展へ向けたＥＭＡＳの寄与度も格段に高まるであろうとの認識が示されている。その意味では、適用領域の拡大こそが、今回の改訂の重要なポイントの一つとなっていることはまちがいない。

しかしながら、他方では、ドイツ企業の環境保護への関心および実践能力の高さは疑うべくもないものの、ドイツにはＥＭＡＳの主たる対象とされてきた製造・加工業者が三〇万以上存在するといわれていることを考慮すると、ＥＭＡＳへの参加はそのうちの極めて少数にとどまっているという現実も、同時に認識しておくことが必要である。更に、ドイツでは、拡大命令の施行によって対象事業所数が一〇〇万以上に急増したといわれているが、実際のＥＭＡＳ参加事業所が今後も拡大しつづけるのかどうか、ドイツ企業の環境保護への積極的取組が現実のものかどうかを見極めるためにも、関心をもって見守る必要があろう[12]。そして、その推移は、ＥＭＡＳに潜在的に存する問題点や課題を、今回の改訂がどれだけ克服できたかにもかかっているのであり、その意味からは、適用領域の拡大という側面と同時に、参加促進に向けられた実質的な改訂の部分にも焦点が当てられねばならない。その点では、今回の改訂が、従前にはみられない新たな内容を含み、しかも、それが、ＥＣ規則を実施するためのガイドライン（Leitlinie）によって詳細化されていることを、見逃してはならない。これについては、後に詳述する。

(3)　そこで、以下では、これまでのＥＭＡＳ実施の経験に基づいて指摘されている問題点と課題を整理するとともに、今回の改訂作業が、それらの課題等にどのように応えるべく実施されてきたのか、そして、その結果として、新たなＥＣ規則がいかなる内容のものとして成立したのかを概観し、ＥＭＡＳをめぐって生じた、もしくは生じつつある行政法学上の課題を検討するための基礎的作業としたい。

なお、以下では、ＥＭＡＳについては、改訂前のものを「ＥＭＡＳⅠ」、改訂後のものを「ＥＭＡＳⅡ」、同様に、ＥＣ規則については、改訂前のものを「旧規則」、改訂後のものを「新規則」という。したがって、「ＥＭＡＳ」もしくは「規則（ＥＣ規則）」というときには、改訂前後のものを区別せずに表記するものとする。[13]

（1）　Gesetz zur Ausführung der Verordnung (EWG) Nr. 1836/93 des Rates vom 29. Juni 1993 über die freiwillige Beteiligung gewerblicher Unternehmen an einem Gemeinschaftssystem für das Umweltmanagement und die Umweltbetriebsprüfung (Umweltauditgesetz - UAG) vom 7. Dezember 1995, BGBl. I S. 1591（= zit. UAG）. 本法については、vgl. S. Lütkes, Das Umweltauditgesetz - UAG, NVwZ 1996, S. 230; G. Lübbe-Wolff, Das Umweltauditgesetz, NuR 1996, S. 217; C.-P. Martens/O. Moufang, Kritische Aspekte bei der Durchführung der Öko-Audit-Verordnung, NVwZ 1996, S. 246; P. W. Merten, Betriebsverfassungsrechtliche Fragen bei der Einführung des Umweltmanagementsystem nach der Umwelt-Audit-Verordnung der EG, DB 1996, S.90; D. Schottelius, Der zugelassene Umweltgutachter: ein neuer Beruf, BB 1996, S. 125; M. Winzen, Die unternehmerische Mitbestimmung bei der Einführung von Qualitäts- und Umweltaudits, DB 1996, S. 94; A. Vetter, Das Umweltauditgesetz, DVBl. 1996, S. 1223; W. Köck, Das Pflichten- und Kontrollsystem des Öko-Audit-Konzepts nach der Öko-Audit-Verordnung und dem Umweltauditgesetz: zugleich ein Beitrag zur Modernisierungsdiskussion im Umweltrecht, VerwArch. 1996, S.

644. その草案については、vgl. J.-P. Schneider, Öko-Audit als Scharnier in einer ganzheitlichen Regulierungsstrategie, Die Verwaltung 1995, S. 361.

（2） 一九九二年のいわゆるマーストリヒト条約（Maastrichter Vertrag ; Treaty of Maastricht）により設立された「欧州連合」（Europäische Union ; European Union = EU）は、しばしば三本の柱の上に立脚する神殿にたとえられる。まず、第一の柱である欧州共同体（Europäische Gemeinschaft ; European Communities = EG ; EC）は、欧州経済共同体（Europäische Wirtschaftgemeinschaft ; European Economic Community = EWG ; EEC）を中心とするかねてからの法的状態の全体および法人格をもって存続したものであり、「共同体化」された政策領域において統一的な法体系を有する。他方、第二、第三の柱、すなわち、共通外交・安全保障政策（Gemeinsame Außen- und Sicherheitspolitik）、および刑事問題に関する警察・司法協力（Zusammenarbeit in der Polizei- und Rechtspolitik）は、政府間制度であり、基本的には加盟国間の協力を目的とする。このように、厳密にいえば、従来からの欧州共同体は決して解消されたわけではなく、したがってまた、政府間協力を組織原理とする第二および第三の政策領域とは異なるものとして、欧州共同体に固有の法体系が今後も存続・発展することとなる。そこで、本書では、こうした法状況を念頭に置いて、とくに欧州共同体に関する法を指す場合には、「ＥＵ」ではなく「ＥＣ」、すなわち「ＥＣ規則」もしくは「ＥＣ指令」等の表現を用いることとした。もちろん、欧州連合その他が公にする文献等でも、こうした表記上の区別がなされていることはいうまでもない。なお、「ＥＣ法」、「ＥＵ法」あるいは「ヨーロッパ法」等の名称の混在状況については、伊藤洋一「ＥＣ条約規定の直接適用性」法学教室二六三号（二〇〇二）一〇六頁以下、および、駐日欧州委員会代表部が発行する広報誌「ヨーロッパ」二三〇号（二〇〇二）二三頁など参照。

（3） Verordnung（EG）Nr. 761/2001 des Europäischen Parlaments und des Rates vom 19. März 2001 über die freiwillige Beteiligung von Organisationen an einem Gemeinschaftssystem für das Umweltmanagement und die Umweltbetriebsprüfung（EMAS）, ABl. EG Nr. L 114 vom 24. April 2001 S. 1（= zit. EG-UAVO n. F.）. なお、英文表記は、Regulation（EC）No. 761/2001 of the european parliament and of the council of 19. March 2001 allowing voluntary participation by organisations in a Community eco-management and audit scheme. 改訂のポイントを簡略にまとめたものとして、vgl. M. Langerfeldt, Die novellierte EG-Öko-Audit Verordnung: Evolution oder Revolution?, UPR 2001, S. 220; A. Schmidt-Räntsch, Das neue EU-Umweltmanagementsystem: Änderungen in der novellierten EG-Umweltaudit-Verordnung unter Berücksichtigung der zu ihrer Anwendung erlassenen Leitlinien, NuR 2002, S. 197.

（4） Verordnung über immissionsschutz- und abfallrechtliche Überwachungserleichterung für nach der Verordnung（EG）Nr. 761/2001 registrierte Standorte und Organisationen（EMAS-Privilegierungs Verordnung - EMASPrivilegV）. 改訂された環境監査規則一一条一項は、加盟国はＥＭＡＳへの組織の参加を促進すべきこと、および、当該組織のためにも、そして環境法を執行す

る行政庁のためにも、二重のコストを回避するよう規定しているが、この特別令は、規制法上の監視の領域で、登録された組織について軽減措置を講じようとするものである。このような措置の授権の基礎となっているのは、連邦インミッシオン防止法五八e条、循環経済・廃棄物法五五a条であるが、それらによれば、連邦政府は、ＥＭＡＳによって登録されている組織のために、法規命令において監視法上の緩和措置を講じることができる。

(5)　Verordnung (EWG) Nr. 1836/93 des Rates über die freiwillige Beteiligung gewerblicher Unternehmen an einem Gemeinschaftssystem für das Umweltmanagement und die Umweltbetriebsprüfung vom 29. Juni 1993, ABl. EG Nr. L 168, S. 1 (= zit. EG-UAVO a. F.). なお、英文表記は、Council Regulation (EEC) No. 1836/93 of 29. June 1993 allowing voluntary participation by companies in the industrial sectors in a Community Eco-management and audit scheme.

(6)　以上につき、髙橋信隆「環境監査の構造と理論的課題（上）――ドイツ環境監査法を素材として」立教法学四八号（一九九八）二頁（本書五五頁）。

(7)　ＥＭＡＳとＩＳＯ規格との異同については、髙橋・前掲註(6)一一頁以下（本書六四頁以下）。

(8)　もっとも、当然のこととはいえ、ＩＳＯ担当者の認識もしくは状況分析は逆である。たとえば、（株）イーエムエスジャパンのホームページ (http://www.emsjapan.co.jp/letter/letter17.html) によると、ＩＳＯ本部事務局長の「ドイツを除くとＩＳＯ一四〇〇一を指向する傾向が強くなっており、ＥＭＡＳはそれほど高い伸びを示しておりません。近い将来にＥＭＡＳがさらに普及するというより、ヨーロッパでの主流はＩＳＯ一四〇〇一となることが予想されます」という談話が紹介されている。

(9)　Verordnung nach dem Umweltauditgesetz über die Erweiterung des Gemeinschaftssystems für das Umweltmanagement und die Umweltbetriebsprüfung auf weitere Bereiche (UAG-Erweiterungsverordnung - UAG-ErwV), vom 3. Februar 1998, BGBl. I S. 338. 拡大命令の詳細については、後述二四一頁以下参照。

(10)　近年の認証登録数については、本書七〇頁註(15)参照。

(11)　Gemeinsamer Standpunkt (EG) Nr. 21/2000 vom Rat festgelegt am 28. Februar 2000, im Hinblick auf den Erlaß der Verordnung (EG) des Europäischen Parlaments und des Rates über die freiwillige Beteiligung von Organisationen an einem Gemeinschaftssystem für das Umweltmanagement und die Umweltbetriebsprüfung (EMAS), ABl. EG Nr. C 128/01 v. 8. 5. 2000, S. 1.

(12)　Vgl. L. Knopp, Umwelt-Audit : Quo vadis ?: Erfahrungen und Novellierungsbestrebungen, NVwZ 2000, S. 1121, S. 1122.

(13)　環境監査に関する近年の筆者の一連の論稿は、環境保全手法としての環境監査制度それ自体をを紹介し、検討するものであったことはもちろんであるが、それらは、すべて筆者の専攻である行政法学の視点からの紹介であり、分析・検討であった。

したがって、そこでの目的は、環境監査という素材を通して、伝統的な行政法理論を検討しようとするものであったし、より直接的には、伝統的な規制的手法との関わりで環境監査という手法を理解し、伝統的理論の中にいかに位置づけるかということに関心が向けられていた。とりわけ、わが国の行政法理論に多くの影響をもたらしてきたドイツのそれは、筆者のそのような関心の下では、当然避けては通れないものであり、環境監査というEUの制度を扱う場合においても、それは同様である。本稿において、EUの制度を直接の対象としながらも、随所にドイツの制度に触れているのもそのためであるし、本稿での原文表記もドイツ語による表記が中心となっているのはそのような理由からである。

なお、あえて付言するならば、ある制度を分析・検討する際には、さしあたりは一般的に承認されている理論的分析枠組によることが必要であるし、そのことによって、逆に、その理論や枠組みの見直しにもつながることはいうまでもない。筆者が伝統的な行政法学に基礎をおき、それを通して環境監査制度を紹介、検討してきたのは、もちろんそのような意図によるものであったが、換言すれば、「環境法」という学問的には未だ確立されたとは言い難い方法論による制度の紹介が、少なくとも筆者にとっては、その意義が感じられないからでもある。もちろん、筆者自身、環境法学という独自の学問領域の必要性を否定しようとするものではないが、環境法学という学問的方法論を確立するためには、まずは、伝統的な行政法学、あるいは民法学などの視点から近年の環境に関わる現象や制度を把握することこそ重要であると考える。そのことによって、そこでの理論的限界が明らかになって初めて、環境法学のあるべき姿が見えてくるからである。わが国およびドイツの行政法理論との結びつきにこだわるのも、その故であるし、その意味では、環境に関わる制度の紹介・分析・検討は、筆者にとっては、行政法学研究のための一つの素材にすぎない。

一　EMAS Iの課題と改訂への期待

EMAS Iに対しては、一方で、ISO規格と比較して内容が極めて厳格であり、したがって、それ故にこそ環境監査の手法としては優れているという評価を得ながらも、他方では同時に、旧規則制定の段階も含めて、さまざまな疑問や課題も指摘されてきた。それらは多岐にわたっているが、学説上の指摘は概ねEMASという制度そのものの実効性に集中し、他方で、産業界からのものは、当然のこととはいえ、EMASへの参加に伴う経済的利益の側面に向けられている。今回の改訂も、まさに、そうした指摘に応えることによって、環境保全手法としてのEMASの地位を揺るぎないものとすべく実施されたことはいうまでもない。

そこで、以下ではまず、EMASIに対して向けられたさまざまな指摘を概観することで、EMASIにどのような理論的・現実的課題が存していたのか、そして、今回の改訂にいかなることが期待されていたのかを、とりあえず確認しておくことにしたい[14]。

(一)　EMASIの課題

1　EMASの実効性

①　企業内監査の調査データの種類・程度の不明確性

EMASIでは、まず、公認の環境検証人（zugelassene Umweltgutachter ; accredited environmental verfier）による事業所の認証登録の前提として各事業所ごとに企業内環境監査（interne Umweltbetriebsprüfung）を実施すべきこととされたため、環境に重大な影響を及ぼすと思われるデータ、具体的には、使用されるエネルギーや原材料の種類、廃棄物の処理方法、汚染原因や操業に伴う騒音、更には企業の組織状況等も含めて、監査に必要とされるデータを事業所ごとに収集・調査し[15]、それに基づいて環境行動計画（Umweltprogramm ; environmental programme）が策定され、将来的に生ずることが予想される環境に対する諸影響との関連で具体的な目標や環境保全のための措置、およびそれらを実施し、実現するための組織および手続等に関する環境管理システム（Umweltmanagementsystem ; environmental management system）が構築されることになっていた[16]。

しかしながら、企業内環境監査の実施に際してどの程度のデータが収集・調査されていればよいのかについては、旧規則には明確な規定がなかった。この点は、おそらく、EMASという制度そのものの自由性および任意性に由来するものと考えられるが、現実に参加を企図する企業にとっては、そのこと自体が重大な不安材料であるだけではなく、明確な規定が存しないことの結果として、EMAS参加の企業間でデータの精度や信頼性に格差が生じるなど、EMASという制度の根幹に影響を及ぼしかねない問題を生ずる危険があるとの指摘があった。

② 参加表明マークの説得力の欠如

次に、旧規則では、EMASに参加し、監査を効果的に実施した企業については、一定の範囲でEMASに参加していることを宣伝する権利、すなわち、EMASに参加していることを内容とするエンブレム（Emblem）を社内の掲示板（案内板）やレターヘッド、パンフレット、環境報告書などに使用することを認めていた(17)。しかし、当該エンブレムの法的および経済的な意味や効果については、必ずしも明確に規定されていたわけではない。

これに関しては、旧規則の制定に際して、とりわけ一九九二年三月のEC委員会草案の段階では、当該企業の製品やその宣伝、更には包装紙等へのロゴ（Logo）の使用を認めることによって、EMASへの参加を促し、参加事業所の地位を法的にも実質的にも優位なものとすることが検討されていたが、産業界からの批判、とりわけ環境保全に関して他のEU加盟国をリードする形で積極的な施策を展開し、実際にも多くの実績を上げてきたドイツ産業界からの批判により、それが実現しなかったという経緯があった。すなわち、EMASがEUの制度であることから、法体系上はEC規則が加盟各国に平等に適用されることにはなるが、現実には、ドイツ環境監査法にも明確に現れているように、ドイツではEC規則よりもはるかに厳格な基準および内容をもってEMASが実施されることになることを考慮すると、参加企業に等しくロゴの使用を認めた場合には、それらが同一の基準で審査され、認証を受けたような印象を与えることになるため、少なくともドイツ企業にとっては不利になるという主張によるものであった(18)。

しかし、現実には、EMASの内容が厳格であるために、認証を取得した企業の多くがドイツ企業であったこと、換言すれば、それ以外の企業はより簡便なISO規格の取得をめざす傾向にあることなどの事情から、EMASの参加宣伝をむしろ積極的に容認する方向で検討すべきであること、とりわけ近年では、そのような事情を背景として、ドイツ産業界からもロゴの使用を認めるべきであるとの主張がなされていることもあって、ロゴ使用の是非も含めて、参加表明を示すエンブレムの法的意味や効果を明確にする必要に迫られていた[19]。

③　環境検証人の権限の不明確性

事業所によって作成された環境報告書（Umwelterklärung；environmental statement）は、公認の環境検証人[20]によって審査される。具体的には、(イ)企業がEC規則に示された自己責任を文書により明確にし、環境行動計画や環境管理システムを適切に構築しているかどうか、(ロ)現況調査やそれに基づく企業内の環境監査が定期的かつ適正に実施されたかどうか、そして、(ハ)環境報告書の記載内容が信頼に足るものであるかどうか、すなわち、当該事業所所在地にとって重要な全ての環境に関する問題に対して十分な検討が加えられ、かつ適切な説明がなされているかどうか、などの内容をもって実施される。環境検証人は、環境報告書がEC規則に規定する全ての要求事項を充足しているときにのみ、その妥当性を宣言することになる。

そこで、環境検証人は、必要書類の検閲に始まり、現地検分、企業経営陣に対しての報告書の作成などを通じて環境報告書の認証作業を実施することになるが、しかし、EC規則上は、環境検証人が自ら積極的に情報等を収集・調査して環境報告書の正確性を証明するわけではなく、企業自らが準備・作成した環境報告書の情報としての正確さを認証することが、環境検証人の任務とされている[21]。そのため、旧規則上は参加事業所の環境関連法規の遵守が要求されてはいた[22]ものの、環境検証人がそれをどこまで審査すべきなのかについては、必ずしも明確とはいえなかった。ドイツでは、現に、それを「システム審査」（Systemprüfung）と理解すべきか、それとも「実績審査」（Leistungsprüfung）とすべきなのかについて、学説上の対立も存在している[23]。環境監査という制度の趣旨からするならば、おそらくは事業所が環境保護のための適切なシステムを構築しているかどうかという意味でのシステム審査と解すべきであろうが、いずれにしても、このような環境検証人の権限の不明確性こそが、本制度の実効性を妨げる要因になっているという指摘が存していた[24]。

疑問も存在した。

④　規制緩和措置の欠如もしくは不十分性

ＥＭＡＳへの参加促進措置として旧規則が明確に採用していたのは、事業所の登録と、本制度へ参加していることを内容とするエンブレムの使用であった[25]。このうち、後者については、すでに述べたように、製品の宣伝や製品それ自体には使用できないという制約が存していたこともあって[26]、参加促進の誘因となりうるのかどうかについて、疑問も存在した。

そこで、旧規則制定に際して、参加促進措置としてエンブレムとともに議論となったのが、参加企業に対する具体的な規制緩和措置である[27]。それは、とりわけ、環境規制の質的・量的な増大に伴い、それに要する費用の急騰や、行政上の許認可手続の複雑化および遅延化が生じている中にあって、ＥＭＡＳへの参加が行政上の監督措置の削減や部分的廃止につながるのかどうか、あるいは、特定の規制法上の義務やそれと結びついた具体的な法的地位をＥＭＡＳ参加の有無によって決定しうるのかどうか、という視点から論じられた[28]。特に、中小企業については、ＥＭＡＳ参加の見返りとして何らかの具体的な規制緩和措置が示されることによって、参加促進のための重要かつ決定的な要因となる可能性があったからである[29]。このような議論の方向性自体は、一九九二年三月五日のＥＣ委員会によるＥＣ規則の最終提案にも、中小企業に対する執行コントロール（Vollzugskontrolle）の緩和として、各国国内法に基づいて規制を緩和すべきであるとする内容が盛り込まれていたところであったが、環境行政当局や環境保護団体等の圧力によって、最終的には削除されたという経緯があった[30]。そのこともあって、ＥＭＡＳと各国規制法との併存による二重規制への批判とも相俟って、規制緩和措置の欠如もしくは不十分性に対する批判は、かなり根強く存在し続けていたといえよう。

もっとも、付言するに、その後ドイツでは、本制度との関わりで、各種の許認可手続を簡素化し、迅速化しようとする議論が活発に行われているし、ＥＭＡＳへの参加を条件として行政による規制や監督を軽減しようとする動きも、各州において次第に拡がりをみせている。そこには、企業内環境監査の実施とそれに対する環境検証人のコントロールを組み合わせた体制を企業の自由意思によって確立するという環境監査のシステムそのものが、長期的にみた場合には、行政による規制や監督を企業の自己責任による自主的規制へと移行させるための信頼につながるという認識が存在しているが[31]、そのような中にあって、一九九六年一〇月九日、「インミッシオン防止法上の認可手続の促進および簡素化についての法律」[32]（Gesetz zur Beschleunigung und Vereinfachung immissionsschutzrechtlicher Genehmigungsverfahren）が制定され、それに伴い、インミッシオン防止法上の認可を申請する者がＥＭＡＳに参加している場合には、認可行政庁は提出を要する申請書類の記載内容を簡略化しうる旨、法規命令が改正された[33]。この意味での規制緩和の措置は、すでに廃棄物処理について「循環経済・廃棄物法」[34]（Kreislaufwirtschafts- und Abfallgesetz）を実施するためのいくつかの法規命令にも規定が存する[35]。加えて、環境監査法を可決するに際して、連邦議会が既存の環境行政法規を原則的に簡素化もしくは規制緩和するための具体的な見通しを示すよう連邦政府に対して求める決議を採択したが[36]、前述の環境監査特別令などは、ＥＭＡＳ参加企業に対して許認可手続の面での優遇的取扱いをした具体例として注目されよう[37]。

2　参加に伴う経済的利益

これに対して、ＥＭＡＳ参加に伴う経済的利益に係る課題は、当然のことながら、その多くは経済界からの指摘である[38]。ここでは、さしあたり以下の二つを挙げるにとどめる。

①　ＥＭＡＳ自体の周知不徹底

産業界からの指摘は、まず何よりも、ＥＭＡＳ自体が公衆に対して必ずしも十分に周知徹底されているわけではないこと、したがって、企業が多くの労力や費用をかけてＥＭＡＳへ参加できたとしても、その努力が必ずしも正当に評価されているとは言い難いという点に向けられてきた。とりわけ、ＥＵ域内では、前述のように、環境監査の手法としてＥＭＡＳとＩＳＯ規格とが併存する状況にあるが、現実には、ＥＭＡＳの周知度がＩＳＯ規格に比べて極めて低く、ＥＭＡＳ参加企業の環境保護への取組みが必ずしも正当には評価されていないといわれてきた。このようなこともあって、ＥＵ域内に事業所を構える企業でさえも、その多くは、より厳格な要求事項の遵守を必要とするＥＭＡＳではなく、より簡便なＩＳＯ規格の認証を取得する傾向につながっているとの指摘がある。

②　参加による効果

次に、右に述べたところとも関連するが、当初、より厳格なＥＭＡＳに参加することによって、環境配慮企業としての当該企業の評価が高まり、それが具体的な経済的利益として反映されるはずであるという期待があったが、これも、現実には当初の期待通りではなく、そのこともあって、環境配慮企業としての社会的評価を得るには、より簡便で、かつ参加に伴う費用も低廉なＩＳＯ規格の認証を取得するだけでも十分ではないか、という見方が強まりつつあった。そのうえ、ＥＭＡＳ参加に伴う規制緩和措置が制度上明確に規定されていないこともあって、当面は具体的な形で規制緩和措置が採用される見通しがないことに対しての不満や失望感が大きかったことも、とりわけ産業界を中心にＥＭＡＳに懐疑的になっている大きな要因であったといわれている。

3　連邦環境庁のアンケート結果

次に、ＥＭＡＳＩの課題および改善すべき点について、ドイツ連邦環境庁（Umweltbundesamt）が一九九八年六月一五日から一九九九年四月三〇日までの期間に、一九九八年末までに認証・登録されたドイツ国内の全ての事業所（一、八〇六事業所）について実施したアンケート結果につき概観し、そのことから、とりわけ産業界が今回の改訂に対してどのような期待を抱いていたのかをみておきたい(39)。

結論的には、参加事業所に対してのアンケートということもあって、改訂の期待される主要なものは「参加に伴う利益」が多いが、内容的には、「宣伝」や「コスト」が「規制緩和」よりも上位にランクされているのが注目される。環境保護に取り組むのは企業の社会的責任として当然のことであり、そのことに伴う法的な優遇措置よりも企業努力それ自体を積極的に評価してほしい、あるいは、参加の有無による企業間の差別化をはかってほしい、とりわけそれを、ＥＭＡＳの当初の目的でもあるところの公正な競争の確保という局面で確実に実現してほしいというのが、企業側の意識であろうか。

①　公衆に対する宣伝活動

まず、ＥＭＡＳの認知度を高めるために、とりわけ後述の一九九八年一〇月のＥＣ委員会の起草した改訂案に対する評価をめぐって、公衆（Öffentlichkeit）に対する積極的な宣伝を認めるべきであるという要望が第一位にランクされたのが注目される。

後述のように、この改訂案では、これまでの「参加宣伝」（Teilnahmeerklärung）に代えてロゴの使用を認めることとはしているが、その使用可能範囲は従来のままである。とりわけ、製品の宣伝や製品それ自体には使用することができず、また、包装紙に印刷することも、これまでと同様に認めてはいない。そのため、ロゴの使用を認めるのであれば、それを少なくとも製品の宣伝にも認め、そのことによってＥＭＡＳの存在を一層周知させるよう徹底すべきである、というのである。

②　国家による参加基準の明確化と費用負担

環境監査という手法は、環境保全にとって中心的な役割を果たしてきた伝統的な規制的手法と、その基本的な発想において、したがってまた、その法的枠組自体が異なるのはもちろんのこと、各国の環境関連法規との異質性とも相俟って、その構造の理解や解釈は、必ずしも容易とはいえない[40]。また、ＥＭＡＳへの参加自体が、企業の任意性および自由性を特徴としていることもあって、実際に参加しようとする際の基準も、決して明確にされているわけではない。そのため、どの程度のことを実践すれば参加できるのかという点が、企業にとっては不安材料の一つとなっていた。このような事情は、ＩＳＯ規格についてもみられるところであり、膨大な量の各種マニュアルが出版されたり、講演会や講習会が頻繁に開催されているのが現実である。しかし、それらによっても参加基準が必ずしも明確にはならないということもあって、企業の側からは、参加に際しての具体的な活動の基準や内容を、国家が明確に示してほしいという要望が多い。

また、これとの関連では、環境監査は国家の本来的な責任であるはずの環境保護に企業が自主的に協力するものであり、また、国家自身の執行の欠缺[41]（Vollzugsdefizit）を企業の協力を得て補完しようとするものであるから、ＥＭＡＳ参加に伴う多少の費用は国家が負担すべきであるという回答もみられる。このような企業の言い分の妥当性はともかく、ここには、参加コストが企業にとってかなりの負担となっている現実を垣間見ることができよう。

③　規制緩和および優遇措置

それ以外に、参加事業所に対する規制緩和措置の明確化や、公共事業の契約などに際しての参加事業所の優遇措置などの要望が上位にランクされているが、すでに述べたところであるので詳細は割愛する。

㈡　ＩＳＯ規格改訂の動向

国際標準化機構としてのＩＳＯには、各々の規格制定のための組織体である「専門技術委員会」（Technical Commitee - TC）が設置されているが、環境管理に関する専門委員会であるＴＣ二〇七は、二〇〇〇年六月、ＥＭＡＳ改訂の動向をにらみながら、ＩＳＯ規格の改訂作業に着手することを決定した。その際、環境パフォーマンスの情報公開（環境報告書）の重要性が認識され、ＩＳＯ規格にＥＭＡＳと同様に情報公開の要素を盛り込むべきであるという意見が多数を占めたという。したがって、ＩＳＯ規格も、いずれは環境パフォーマンスを何らかの形で公表する方向で議論が進むものと思われる。ただ、実際には、ＩＳＯ規格を改訂すること自体に日・米・仏が強硬に反対し、議長裁定で改訂着手が決定されたという経緯もあって、「改訂作業は、ＩＳＯ九〇〇〇との両立性、要求事項の明確化に限定し、新たな要求は加えない」という制限で実施されることになった[42]。

(14)　以下については、vgl. D. Schottelius, Das EG-Umwelt-Audit als Gesamtsystem, BB 1995, S. 1549; ders., Umweltmanagement-System, NVwZ 1998, S. 805; M. Rehbinder/K. Heuvels, Die EG-Öko-Audit-Verordnung auf dem Prüfstand, DVBl. 1998, S. 1245;

Knopp, NVwZ 2000 (Fußn. 12), S. 1122.

(15) Vgl. Art. 3 Buchst. b) i. V. m. Art. 2 Buchst. b) und Anhang I C EG-UAVO a. F.; dazu J. Scherer, Umwelt-Audit: Instrument zur Durchsetzung des Umweltrechts im europäischen Binnenmarkt ?, NVwZ 1993, S. 11, S. 13 unter 3a).

(16) Vgl. Art. 3 Buchst. c) i. V. m. Art. 2 Buchst. c) und Anhang I A 5; Art. 3 Buchst. c) i. V. m. Art. 2 Buchst. e) und Anhang I B EG-UAVO a. F. 以上につき、髙橋信隆「環境監査の法制化と理論的課題――ＥＣの環境監査規則を素材として」熊本法学八二号（一九九五）一頁、一七頁以下（本書一七頁、三三頁以下）、同「環境リスクとリスク管理の内部化――ＥＣの環境監査制度の法的意義と実効性」立教法学四六号（一九九七）七六頁、一一六頁以下（本書一四五頁、一八七頁以下）参照。

(17) Art. 10 EG-UAVO a. F.

(18) 髙橋・前掲熊本法学八二号(註16)二二頁（本書三五頁以下）参照。

(19) 実際にはドイツのＥＭＡＳの認証登録件数が突出しているが、これについては、ＥＣ規則をドイツがいち早く国内法化（Umsetzung）したということのほかに、ＥＣ規則の制定当初からＩＳＯ規格よりも厳格な内容のものにすべきだとドイツ産業界が率先して主張してきたこと、その背景には、本文で述べたように、ドイツ企業が他国の企業よりも優れているため、認証の水準を下げることによりドイツ企業が実質的に不利に扱われることのないように主張してきたことが関連しているとの見方も可能である。

(20) 環境検証人の概念、認定要件および手続、認定機関、監督の方法等については、髙橋・前掲註(6)二四頁以下（本書七八頁以下）参照。

(21) すでに繰返し指摘したことではあるが、ＥＵが環境監査に関する規則を制定しようとした背景には、第一に、環境に関する各種情報について住民の「知る権利」を規定した一九九〇年の指令（Richtlinie des Rates über den freien Zugang zu Informationen über die Umwelt）を採択したことに伴い、企業は環境情報の公開に備えて「効果的な内部環境保全システム」を早急に確立する必要に迫られたが、その際の中心的手法として位置づけられたのが環境監査であったこと、他方で第二に、その指令との関わりで、行政側にも各種環境法令に基づく企業の情報公開要件を確立する必要があった、という事情がある。したがって、この観点からは、本制度は企業によって提供される情報の正確性および信頼性を重要な要素としていることになり、環境検証人による検証作業も、その目的に向けられたものとなる。以上につき、髙橋・前掲熊本法学八二号(註16)四頁（本書二〇頁）、一九九〇年のＥＣ指令については、vgl. E. Kremer, Umweltschutz durch Umweltinformation: Zur Umwelt-Informationsrichtlinie des Rates der Europäischen Gemeinschaften, NVwZ 1990, S. 843; R. Engel, Der freie Zugang zu Umweltinformationen nach der Informationsrichtlinie der EG und der Schutz von Rechten Dritter, NVwZ 1992, S. 111; H.-U.

Erichsen, Das Recht auf freien Zugang zu Informationen über die Umwelt: Gemeinschaftsrechtliche Vorgaben und nationales Recht, NVwZ 1992, S. 409; A. Scherzberg, Der freie Zugang zu Informationen über die Umwelt: Rechtsfragen der Richtlinie 90/313/EWG, UPR 1992, S. 48; Rundschreiben des Bundesministers für Umwelt, Naturschutz und Reaktorsicherheit zur unmittelbaren Wirkung der EG-Umweltinformationsrichtlinie, NVwZ 1993, S. 657; W. Erbguth/F. Stollmann, Zum Entwurf eines Umweltinformationsgesetzes, UPR 1994, S. 81; R. Haller, Unmittelbare Rechtswirkung der EG-Informations-Richtlinie im nationalen deutschen Recht: Zugleich Anmerkung zu zwei Urteilen des VG Minden und des VG Stade, UPR 1994, S. 88; R. Röger, Zur unmittelbaren Geltung der Umweltinformationsrichtlinie: Anmerkung zum Urtiel des VG Stade vom 21. 4. 1993, NuR 1994, S. 125; ders., Zum Begriff des Vorverfahrens im Sinne der Umweltinformationsrichtlinie: zugleich ein Beitrag zur Auslegung europarechtlicher Normen, UPR 1994, S. 216; T. Schomerus/C. Schrader/B. W. Wegener, Umweltinformationsgesetz: Kommentar, 1995; E. Meyer-Rutz, Das neue Umweltinformationsgesetz - UIG, 1995; R. Röger, Umweltinformationsgesetz: Kommentar, 1995. なお、本法の内容を紹介・検討したものとして、藤原静雄『情報公開法制』弘文堂（一九九八）二二一頁以下参照。

(22) Art. 3 Buchst. a) EG-UAVO a. F.

(23) 旧規則四条五項aは、審査実施についての詳細な規定をおいていたが、それによれば、環境検証人は、「環境基本方針が策定されたかどうか、そして、旧規則三条の規定および附属書Ⅰの関係規定に合致しているかどうか」を審査しなければならないとされている。そのうち、附属書Ⅰは、環境基本方針、環境行動計画および環境管理システムに関する要求事項の形式的側面を規定したものであるが、それに対して、旧規則三条aは、「すべての環境関連法規の遵守」の自己義務づけを含む環境基本方針を企業として確定し、採用すべきことを規定していた。したがって、EC規則の文言上は、環境検証人の審査範囲は、当該企業の環境基本方針が環境法規の遵守をその内容として予定しているかどうか、という問題にのみ限定されることになる。それに対して、環境関連法規を実際に考慮したかどうか、あるいは、企業活動の法令一致性まで審査すべきかどうかについては、EC規則上は、それを明確に規定した条項は見あたらない。また、旧規則四条五項bおよびcは、附属書ⅠおよびⅡに関連づけて、当該事業所において環境行動計画の策定および環境管理システムの構築が適切に行われ、かつまたそれが実施可能かどうか、企業内環境監査が定期的に実施されているかどうか、および、環境管理システムが環境基本方針・環境行動計画に合致しているかどうかを審査すべき旨を規定しているが、これらの規定によっても、環境法規との一致は規定上明示的には要求されていないし、審査の構成要素とする解釈を導き出すこともできなかった。

　このように、旧規則の規定文言上は、環境検証人の審査義務は、策定された環境基本方針が環境関連法規の遵守という内容を含んでいるかどうか、および、環境保護の継続的改善という視点を斟酌したものであるかどうかを含むにすぎず、環境検証人の審査の性格は、その限りでは、旧規則上要求されている環境監査を実施するためのシステムを適切に構築したかどうかという、いわばシステム審査（Systemprüfung）であるといいうる。つまり、右の範囲を超えて、環境法令との一致まで審査しなければならないのかどうか、どの程度それを行うべきなのかということについては、旧規則上は、少なくとも明確には示されていないからである。Vgl. G. Feldhaus, Öko-Audit, in: H.-W. Rengeling (Hrsg.), Handbuch zum europäischen und deutschen Umweltrecht, Bd. 1: Allgemeines Umweltrecht, 1998, S. 1035; G. Lübbe-Wolff, Die EG-Verordnung zum Umwelt-Audit, DVBl. 1994, S. 361, S. 369. そのことを前提とするならば、環境検証人には、自らの任務をどのように画定し、実際にどの程度の審査を実施すべきかを判断することにつき、かなりの判断の余地が存するともいえるのであるし、そのあり方如何によっては、企業の環境法規の遵守を実質的に保証する機能を果たすことにもなるが、本制度への参加が企業による環境法規の遵守をも担保するかどうかという問題は、実は、環境検証人の任務を画定するということだけでは済まない問題を含んでいる。なぜなら、本制度への参加に際して、企業の多くは、その見返りとしての国家的統制の緩和を期待しているからであり、そのようなものとして本制度が創設されている以上は、環境検証人による審査の範囲・程度もその趣旨に沿ったものでなければならないし、換言すれば、EC規則への参加に伴う規制緩和の可能性や代替可能性の問題を考慮することなしには、環境検証人に課せられた審査範囲や密度について論ずることはできないとも考えられるからである。Vgl. H. Falk/S. Frey, Die Prüftätigkeit des Umweltgutachters im Rahmen des EG-Öko-Audit-Systems, UPR 1996, S. 58; Rehbinder/Heuvels, DVBl. 1998 (Fußn. 14), S. 1248.

　ところで、企業の環境法令一致性という問題については、旧規則の下で基本的には異なる二つの考え方が対立していた。すなわち、一方は、前述のようにEC規則の規定文言を根拠に、その審査を純粋なシステム審査であると理解するものであるが、それに対しては、環境検証人が包括的な実質的完全審査（＝実績審査 Leistungsprüfung）を義務づけられているとする見解が存する。Vgl. R. Breuer, Zunehmende Vielgestaltigkeit der Instrumente im deutschen und europäischen Umweltrecht: Probleme der Stimmigkeit und des Zusammenwirkens, NVwZ 1997, S. 833, S. 843.

　もっとも、これらの議論で注意を要するのは、各企業が環境法規を遵守すべきことは当然であるし、本制度においてもそのことが前提とされていることは疑いの余地がないという点である。したがって、システム審査を支持する見解に依ったとしても、参加企業が環境法規を遵守すべきことは当然であり、その意味では、本制度への参加が法規遵守を保証するのかどうかという問題は、ここでの問題、すなわち環境検証人が環境法規の遵守までも審査すべきかどうかという問題設定とは、とりあえずは区別されねばならないことになる。なぜなら、環境法規の不遵守は、環境検証人の審査義務をどのように画定しようとも、そもそも歓迎されざる、そして本制度の目的とも明らかに一致しない結果であるからである。しかし、現実には、参加企業の環境法規の不遵守が散見されることもあって、そのような事態を最初から排除する意図をもって、環境検証人に対して実質的完全審査の義務を課し、法令一致までも要求する「実績審査」という理解が登場してくることになる。この見解は、基本的には旧規則八条四項にその根拠を有していたが、それによれば、登録機関は、権限ある執行官庁により当該事業所が環境関連法規に違反している旨の通知がなされた場合には、事業所の登録を拒否し、あるいは一時的に登録を取り消さねばならず、そして他方で、法規違反の状態が是正され、その再発を防止するための十分な対策が講じられているという保証を執行官庁より得た場合には、登録機関は、登録の拒否あるいは中止の措置を撤回しなければならないとされている。したがって、この規定によれば、環境関連法規に忠実な事業所のみが登録されることになるし、他方で、事業所は、環境監査を乗り切るためには全ての環境関連法規を遵守しなければならないということになるため、この見解の主張者は、この規定を根拠にEC規則が環境法令一致まで審査対象としている、と結論づけることになる。

しかしながら、いくつかの理由からみて、旧規則八条四項を根拠に環境検証人の実質的完全審査を結論づけることは必然的ではないように思われる。この規定は、まず何よりも、登録機関の権限に関するものであり、少なくとも環境検証人はこの規定の名宛人とはなっていない（Köck, VerwArch. 1996 (Fußn. 1), S. 666）。ここでは、もっぱら、事業所の登録について権限を有する機関のみが義務づけられているのである。かつまた、この規定は、内容的には、環境検証人による環境報告書の妥当性宣言以降の時点に結びついており、その活動に直接関わるものではない。更には、規則制定者は、他の部分では、さして重要とはいえないテーマをかなり詳細に規律しているにもかかわらず、環境検証人の義務についてはなぜ明確に規範化しなかったのか、したがってまた、それとの関連で、環境検証人の活動が本制度にとって極めて重要な意味を有しているし、ましてや、その審査密度の問題は、ある意味では本制度の命運を左右しかねない重要な問題であり、本来であれば、そこに解釈や判断の余地が生じないよう明確に規定すべきであったにもかかわらず、規定上明示されていない完全審査を環境検証人に義務づけることには、本制度の趣旨に合致しない義務を環境検証人に課すことにもなりかねない。

他方で、これとは別に、旧規則四条五項を根拠に環境検証人の完全審査を結論づける見解もある。すなわち、それによれば、環境検証人は「執行官庁の権限を損なうことなく」その審査を実施しなければならない旨を規定しているが、この見解の主張者によれば、それは、環境検証人と執行官庁との審査権限の重複を明らかにした規定であり、環境検証人も執行官庁と同様に当該事業所の環境法規違反を判断することが予定されており、したがってまた、その権限を有しているというのである。しかしながら、この規定によっても、環境検証人の包括的な審査義務を必然的に推論することは困難であるように思われる。

すなわち、確かに右規定は、環境検証人と執行官庁との審査権限の重複がありうることを前提とした規定と理解することができるが、そのことは、両者の権限の完全一致を意味しなければならないわけではない。むしろ、当該規定の意義・目的は、執行官庁の権限と環境検証人の活動が分離されねばならないということを明らかにすることにあると解するのが自然である。

このことは、環境法規違反に関する最終的な決定権限は執行官庁に属するとした前述の登録の拒否あるいは中止の場合における登録機関と執行官庁との関係と同様に、たとえ両者の活動が具体的場合に重複することがあったとしても、環境検証人による審査が執行官庁の権限に代置するものではなく、したがって、少なくとも法的には、旧規則四条五項は、旧規則八条四項の場合と同様に、環境検証人の包括的審査義務を導くものではないといえるからである。Vgl. dazu M. Kloepfer/K. T. Bröcker, Umweltaudit und Umweltrechtskonformität, UPR 2000, S. 335.

(24)　ＥＭＡＳ参加事業所・組織の環境関連法規遵守と環境検証人の審査のあり方については、後述二五八頁参照。

(25)　Vgl. dazu D. Sellner/J. Schnutenhaus, Umweltmanagement und Umweltbetriebsprüfung („Umwelt-Audit"): ein wirksames, nicht ordnungsrechtliches System des betrieblichen Umweltschutzes?, NVwZ 1993, S. 928, S. 931 Fußn. 56.

(26)　Vgl. Art. 10 EG-UAVO a.F. したがって、それは社内の掲示板（案内板）やレターヘッド、企業の環境報告書、パンフレット、企業のイメージ広告などに使用できるにすぎないことになる。Vgl. Scherer, NVwZ 1993 (Fußn. 15), S. 14.

(27)　旧規則一三条は、企業とりわけ中小企業の参加促進（Förderung der Teilnahme von Unternehmen, insbesondere von kleinen und mittleren Unternehmen）との見出しの下に、「加盟国は、技術的な支援対策のための措置および機関設立（Maßnahmen und Strukturen zur technischen Hilfsleistung）を行い、もしくはそれを促進し、同時に、企業がこの規則で定められた規律、手続を遵守し、とくに環境基本方針、環境行動計画および環境管理システムを展開し、経営監査を実施し、環境報告書を準備し、そしてそれが妥当である旨の認証を受けるために、必要な専門知識と援助を提供することによって、企業とりわけ中小企業の環境管理・監査システムへの参加を促進しうる。」「ＥＣ委員会は、中小企業のこのシステムへの参加の増加を目的として、とくに情報、教育および組織的・技術的支援を通じて（insbesondere durch Information, Ausbildung sowie strukturelle und technische Unterstützung）、および監査手続と環境検証人による審査に関して、理事会に適切な提案を行う」と規定していた。したがって、この規定に基づく措置が実際にどのようなものとして実施されるかが、重要な関心事であった。

(28)　このような議論の方向性は、とりわけドイツにおいては、より明確であった。Vgl. Köck, VerwArch. 1996 (Fußn. 1), S. 679; Lübbe-Wolff, NuR 1996 (Fußn. 1), S. 225ff. 他方、このような議論の方向性に批判的なものとして、vgl. R. Steinberg, Zulassung von Industrieanlagen im deutschen und europäischen Recht, NVwZ 1995, S. 209, S. 210f.

(29)　他方、行政にとっても、このような議論の方向性は歓迎されるべきものであろう。なぜなら、環境監査制度が全体としての環境法体系の中に適切に位置づけられ、かつ実効的に機能するならば、規制やそれに伴う監視などの煩雑さや機能不全を回避することが可能となるであろうし、また、「スリムな国家」（schlanker Staat）という現代的要請にも応えることになりうるからである。Vgl. Köck, VerwArch. 1996 (Fußn. 1), S. 679.

(30) Vgl. Martens/Moufang, NVwZ 1996 (Fußn. 1), S. 247; Sellner/Schnutenhaus, NVwZ 1993 (Fußn. 25), S. 932.

(31) 以上につき、P. Kothe, Das neue Umweltauditrecht, 1997, S. 18 Rdn. 36.

(32) BGBl. I S. 1498.

(33) § 4 Abs. 1 der 9. Verordnung zur Durchführung des Bundes-Immissionschutzgesetzes (Verordnung über das Genehmigungsverfahren - 9. BImSchV); Art. 3 Nr. 3 des Gesetzes zur Beschleunigung und Vereinfachung immissionsschutzrechtliche Genehmigungsverfahren.

(34) Gesetz zur Förderung der Kreislaufwirtschaft und Sicherung der umweltverträglichen Beseitigung vom Abfällen (Kreislaufwirtschafts- und Abfallgesetz - KrW/AbfG) vom 27. September 1994, BGBl. I S. 2705.

(35) Vgl. §§ 5 Abs. 2, 13 Abs. 1 der Verordnung über Verwertungs- und Beseitigungsnachweise (Nachweiseverordnung - NachwV) vom 10. September 1996, BGBl. I S. 1382; §§ 13 Abs. 4 Nr. 1, 15 Abs. 2 der Verordnung über Entsorgungsfachbetriebe (Entsorgungsfachbetriebeverordnung - EfbV) vom 10. September 1996, BGBl. I S. 1421; § 7 Abs. 1 der Verordnung über Abfallwirtschaftskonzepte und Abfallbilanzen (Abfallwirtschaftskonzept- und -billanzverordnung - AbfKoBiV) vom 13. September 1996, BGBl. I S. 1447.

(36) Vgl. Kothe (Fußn. 31), S. 18f. Rdn. 37.

(37) 以上につき、髙橋信隆「環境監査の構造と理論的課題（下）――ドイツ環境監査法を素材として」立教法学四九号（一九九八）六五頁（本書一一七頁）参照。

(38) Vgl. Rehbinder/Heuvels, DVBl. 1998 (Fußn. 14), S. 1246.

(39) Umweltbundesamt (Hrsg.), EG-Umweltaudit in Deutschland, Erfahrungsbericht 1995-1998, 1999.

(40) 伝統的な規制的手法と環境監査との関係については、髙橋・前掲註(37)七〇頁以下（本書一二一頁以下）参照。ただ、そこでも論じたように、環境監査という手法は、確かに伝統的な command and control との異質性は存するものの、規制主義的な枠組みを前提としつつ、その機能不全を補うものとして性格づけることができ、その意味では規制的手法と全く異質の手法というわけではないし、少なくとも全体としての規制主義的な枠組みと全く無関係に論じうるものではない、というのが筆者の認識である。この点は、旧規則が「環境規制（Umweltkontrolle）のために共同体もしくは各国の既存の法規や技術規格、更には、これらの法規や技術規格に基づく企業の義務は、本制度の影響を受けない」(Art. 1 Abs. 3 EG-UAVO a. F.) と規定し、環境監査がこれまでの規制的手法から全く独立したものではなく、それを補うものとして位置づけられていたことからも明らかであるように思われる。

(41)　環境法における執行の欠缺については、vgl. L. Krämer, Defizite im Vollzug des EG-Umweltrechts und ihre Ursachen, in: G. Lübbe-Wolff (Hrsg.), Der Vollzug des europäischen Umweltrechts, 1996, S. 7ff. 執行の欠缺（Vollzugsdefizit）および規律の欠缺（Regelungsdefizit）を補完する手法としての環境監査の意義および機能については、髙橋信隆「自治体によるＩＳＯ認証取得の法理論的課題」都市問題九〇巻一号（一九九九）四一頁、とくに四二頁以下（本書二八九頁以下）参照。

(42)　二〇〇四年のＩＳＯ規格改訂は、(イ)旧規格の分かりにくかった箇所の明確化と、(ロ)ＩＳＯ九〇〇〇規格との両立性の向上の二点に改訂対象が限定され、それゆえ、(ハ)要求事項の追加・削除は行わないという原則の下に改訂作業が行われた。したがって、環境報告書の作成・公表についても、基本的には変更はなく、それは新規格の下でも要求されない。なお、外部コミュニケーションについての要求事項が明確化され、旧規格の下では、著しい環境側面に関する情報の公開は（当然に）要求されるか否かにつき解釈上の疑義が存したが、新規格では、当該情報の公開の実施・不実施の決定それ自体が認証取得者の自由意思に委ねられるということが明示的に規定された。但し、この点については批判もある。以上については、岩﨑恭彦「環境報告書の現状と課題―わが国における制度的枠組みの構築へ向けて」環境管理四二巻四号（二〇〇六）六三頁以下、とくに七〇頁以下。

なお、こうした動きとは別に、環境問題への企業の積極的取組を促すため、わが国でもさまざまな取組みが開始され、もしくは検討されているが、環境省に設置された「環境報告の促進方策に関する検討会」は、二〇〇二年八月二七日、「平成一三年度環境報告の促進方策に関する検討会報告書」を公表し、日本の環境報告書の現状、地方公共団体による促進策や欧米各国の動向、環境報告書の第三者レビューに関する調査を実施し、この調査結果を踏まえて、今後実施されるべき普及促進施策や報告書の信頼性確保策に関連する課題について整理・検討を行っている。それによれば、地球温暖化などへの関心の高まりに伴い、環境報告書を公表する企業は増加の傾向にはあるが、「必要性を感じない」とか「費用や人員が足りない」などの理由から、その割合は、二〇〇一年度の環境省の調査では、大企業のいまだ二割にも充たないという。

こうした現状を踏まえたうえで、本報告書は、まず、環境報告書について、それを「事業者とさまざまな利害関係者との相互のコミュニケーションを進める重要なツール」であるとの認識を示すとともに、環境報告書の「環境保全型社会構築のための重要なツールとしての意義」として以下の四点を挙げ、環境報告書の作成・公表の取組みを普及させることは、社会的にも大きな意義があるとする。すなわち、①環境報告書により、事業者の取組みの目標と状況が公表されることで、事業者が社会的に環境保全への取組みの方針や目標を誓約し、社会がその状況を評価するいわゆるプレッジ・アンド・レビュー（Pledge and Review）の効果が働き、取組みがより着実に進められる、②今後、利害関係者が環境報告書に記載された環境情報を、事業者や製品・サービス選択の判断材料とするようになれば、積極的に取り組む事業者を正当に評価するようになり、いわゆる市場原理の中で公正かつ効果的に取組みが進展することが期待できる。とくに、製品・サービス市場における情報媒体としては環境ラベルが主たる役割を果たしうるのに対して、証券等の資本市場や雇用市場における情報媒体として、環境報告書が重要な役割を果たす可能性がある、③環境報告書の作成に当たり、同業他社との比較を意識することで、環境保全に向けて社会全体の取組みが進展する、④環境報告書を通じて関係者間でのコミュニケーションが進むことにより、社会全体の環境意識が向上し、各主体の取組みの状況と課題についての認識も深まることで、それぞれの役割に応じたパートナーシップの下で社会全体での取組みのレベルアップに役立つ、と。

そして最後に、本報告書では、環境報告書の普及に向けての課題として、①事業者における環境報告書への取組みの容易性を高めること、②事業者の環境報告書公表にあたりインセンティヴを確保すること、③環境報告書公表にあたり社会からの適正な評価を確保すること、④環境報告書の信頼性を確保すること、⑤大手事業者だけではなく、中小事業者における普及促進を図ること、を挙げ、更に、これらの課題解決に向けて、①大企業や環境に与える影響が大きい業種に環境報告書の公表を義務づける、②リサイクル品など環境に配慮した製品を政府が購入する「グリーン購入」制度を用いて、環境報告書を作成した企業から優先的に購入する、③優良な環境報告書を認定する制度を作り、優良企業にロゴ・マークを付与する、といった提言がなされている。本稿との関連でも興味深い論点を含むが、具体的な検討は、後日を期したい。

なお、本報告書の全文は、環境省のホームページ（http://www.env.go.jp/policy/report/h14-04/index.html）に掲載されている。

二　改訂作業の経緯

(一)　改訂の基本的立場

旧規則二〇条は、「EC委員会は、遅くとも規則施行後五年以内に、実施によって得た経験に基づいてシステムを吟味し、必要に応じて理事会に適切な改訂の提案を行う」と規定していた。今回のEC委員会による改訂の提案も、この規定を根拠にしているが、その際、それが単なる「美容整形」(facelifting) にとどまることなく、EMASの「生き残り」(überleben) を将来的にも保証するという立場からの提案がなされていることは、現段階でのEMASの状況を示すものとして興味深い(43)。

すなわち、すでに述べたように、EU域内ではEMASとISO規格とが併存する状況にあり、より簡略化されたISO規格が成立すればEMASは消滅するであろうとの見方が、かつては根強く存在していたし、現在の状況をみても、ドイツなど若干の例外を除いては、EU加盟国にあってもISO規格に基づく認証登録が多数に上っている。したがって、環境監査制度としてのEMASの意義をISO規格との関連で明確に示すことなしには、EMASは将来的には消滅の方向に向かうかもしれないという危機感が絶えずつきまとっている。しかし他方では、環境の悪化が一層深刻になる中にあって、ISO規格の改訂が情報公開に触れずに進む見通しであることをも考慮すると、制度としての優位性を誰もが認識しているEMASの存在を再認識させる絶好の機会ともいいうるからである。

（二）　改訂作業の経緯

今回のＥＭＡＳ改訂作業の経緯は、概ね、以下のごとくである。

一九九八・一〇・三〇	ＥＣ委員会によるＥＭＡＳ改訂案の提示[44] →加盟国および専門審議会（Gremium；board）での議論開始
一九九九・三・一八	議会が、加盟国等での議論を踏まえて立法部提案[45]
四・一五	立法部提案に対する議会での第一次読会[46]（Lesung：reading） →立法部提案に対して五九項目の修正を提案
五・二六	議会の修正提案について経済社会評議会[47]（Wirtschafts- und Sozialausschuß；Economic and Social Committee）が支持を表明[48]
六・二三	ＥＣ委員会が議会修正案のうち一八項目を採用・可決し、それを閣僚理事会（Ministerrat；Ministerial Council）に提出[49]
二〇〇〇・二・二八	閣僚理事会が「共通の立場」（Gemeinsamer Standpunkt；Common Position）を決議[50]
七・六	議会の第二次読会[51] →「共通の立場」に対し、二七項目の修正を提案
七・三一	議会修正案に対するＥＣ委員会の意見[52]（Stellungsnahme；opinion）
一二・一八	議会と理事会の共同提案[53]（Gemeinsamer Entwurf）
二〇〇一・三・一九	新規則公布[54]
二〇〇一・四・二七	新規則施行

そこで、以下では、これらの改訂作業のうち、①一九九八年一〇月三〇日のEC委員会提案と、②二〇〇〇年七月三一日のEC委員会の意見について概観し、今回の改訂内容のポイントを、より具体的に明らかにしておきたい。

㈢　EC委員会提案（一九九八・一〇・三〇）

1　提案の目的

EC委員会による改訂案の提案目的は、要するに、環境保護に対するEMASの寄与度をより改善していこうとするところにあった。このような視点に立ちつつ、具体的には、主として以下のような提案がなされている。

2　提案の主たる内容

① EMAS適用部門の拡大

旧規則によれば、EMASに参加することができるのは、営業活動（gewerbliche Tätigkeit）を行っている全ての企業であった[55]。ここでいう営業活動とは、具体的には、一九九〇年一〇月九日のEC理事会規則[56]に規定されているECの経済活動の分類のC項およびD項に記載された全ての活動、すなわち、岩石・土壌の採掘・産出（Bergbau und Gewinnung von Steinen und Erden）、食糧事業（Ernährungsgewerbe）、繊維・衣料品産業（Textil- und Bekleidungsindustrie）、木材産業（Holzgewerbe）、製紙・印刷業（Papier- und Druckgewerbe）、化学工業（chemische Industrie）、ゴム・合成物質品の製造（Herstellung von Gummi- und Kunststoffwaren）、ガラス産業（Glasgewerbe）、金属製造（Metallerzeugung）、機械組立て（Maschinenbau）、通信工学（Nachrichtentechnik）、車輌建造（Fachzeugbau）である。そして、更にそれに加えて、電力、ガス、蒸気および熱水製造などのエネルギー製造（Energieerzeugung）、および固体または液体廃棄物の再利用（Recycling）・処理（Behandlung）・破棄（Vernichtung）および最終貯蔵（Endlagerung）などの廃棄物業（Abfallwirtschaft）などに従事する企業も、EMAS参加の資格を有していた[57]。

すなわち、ここでの営業活動の概念は、通常用いられるよりも狭い意味で使用されており、それは主として製造業に従事する企業もしくは事業所を意味している。したがって、それ以外の、たとえば非製造業あるいは官公庁などには、この概念規定による限りはＥＭＡＳへの参加の途は開かれていないことになる。しかしながら、現実には、流通業、商社、銀行、自治体の公企業、病院等が、旧規則の制定当初から、もしくは制定過程の段階から、ＥＭＡＳへの参加に積極的な関心を示していたという事情もあって、旧規則では、「加盟国は、実験的な形で、この環境管理および監査システムに類似した規定を、製造業以外の分野、たとえば流通業（Handel ; distributive trade）および公共サービス（öffentliche Dienstleistung ; public service）について発布することができる」[58]と規定することによって、それらがＥＭＡＳへ参加しうる途を開いていた。この規定をうけて、たとえばドイツでは、環境監査法三条一項が非製造業をＥＭＡＳに組み入れるかどうかも含めて法規命令（Rechtsverordnung）で規定しうる旨を連邦政府に授権し、それをうけて拡大命令が施行されたことは前述のとおりであるが、その具体的な扱いは各国に委ねられた状態であった。ＥＣ委員会の提案は、まさに、それをＥＵレヴェルで統一しようとしたものであったが、具体的には、後述のように、従来の「事業所」概念に代えて、あるいはそれと並んで、新たに「組織」概念を採用することによって、ＥＭＡＳの適用をすべての経済部門に拡大しようとしている。

② ＥＭＡＳとＩＳＯ規格との整合性の確保

前述のように、ＥＵ域内ではＥＭＡＳとＩＳＯ規格とが併存する状況にあるが、両者には、そのシステムにいくつかの重要な差異も存する。たとえば、ＩＳＯ規格が環境管理システムの向上を意図しているのに対して[59]、ＥＭＡＳは環境パフォーマンスの改善をめざすものとなっているし[60]、他方、ＩＳＯ規格が環境管理システムの構築に係る規格にとどまっているのに対して、ＥＭＡＳは、それに加えて、環境報告書の作成および外部の独立した公認の環境検証人による認証および登録による情報公開などまで要求している[61]。

そこで、欧州標準化委員会（Commission for European Normalization - CEN）が一九九六年一〇月にＩＳＯ規格をそのまま踏襲したＩＳＯ欧州規格（EN ISO 14001）を公表し、また、一九九七年四月には、ＥＣ委員会がＩＳＯ規格をＥＣ規則に適合するものとする旨の決定を採択し、ＩＳＯ規格をＥＣ規則で要求されている環境管理システムの要件を充足する規格とみなすなど、これまでにも両者の整合性を図る試みがなされてきた[62]が、今回のＥＣ委員会提案では、環境管理システムの構築についてＩＳＯ欧州規格をＥＭＡＳの環境管理システムの構成要素として正式に採用することで、両者の整合性をより明確にしようとした。

③　中小企業の参加促進

ＥＭＡＳへの参加が企業の自発的意思による任意参加となった背景には、産業界とりわけ中小企業の抵抗があったとされる。確かに、大企業ならともかく、多くの中小企業にとってはＥＣ規則の要求事項を充たすことがかなり困難であることは想像に難くない。参加表明が名簿によって明らかとなり、そのことによって何らかの利益を享受しうるとしても、それのみによっては、中小企業が自ら積極的に環境管理システムを構築し、充実させるために巨額の投資を行うことの十分なインセンティヴとはなりえないからである[63]。ましてや、中小企業については、当初はＥＭＡＳ参加の見返りとして各国国内法に基づく規制を緩和することが予定されていたにもかかわらず、それが環境保護団体等の圧力でＥＣ規則には盛り込まれなかったという事情もあり、その参加は、現時点では極めて少数にとどまっている。しかし、ＥＭＡＳが現実に環境保全手法として十分に機能するためには、中小企業の参加は不可欠であるため、ＥＣ委員会提案でも、参加促進のための措置が盛り込まれている。詳細は後述する。

④　ロゴの使用

旧規則がロゴの使用を認めなかったことに対する批判や疑問については既に述べたが、ＥＣ委員会提案では、ＥＭＡＳ参加組織のロゴ使用を認める内容が盛り込まれた。もっとも、その使用範囲は従来の図柄使用とほとんど変わるところがないため、その実効性については、提案の時点で既に批判があった。これについても後述する。

㈣　議会修正案に対するEC委員会の意見表明（二〇〇〇・七・三一）

二〇〇〇年七月六日の議会提案では、同年二月二八日の閣僚理事会による「共通の立場」に対し二七項目の修正案を提示しているが、同年七月三一日には、その修正提案に対してEC委員会が意見表明を行い、これを踏まえて、二〇〇〇年一二月一八日に議会とEC委員会との共同提案がなされている。

そこで、以下では、共同提案の前提となったEC委員会による意見表明を概観することで、今回の改訂の基本的な考え方を確認しておくこととしたい[64]。

1　議会修正案の採用もしくは部分的採用[65]（vollständig oder teilweise übernommene Abänderung）

①　環境検証人の継続的教育（Fortbildung der Umweltgutachter）

旧規則では、環境検証人の資格要件については詳細に規定していた[66]ものの、認定の際の要求事項がその後も継続的に具備されているかどうか、あるいはそのための教育を継続的に実施するかどうか、および、それをどのように行うかといった点については、明確な規定が存しなかった。これとの関連で、ドイツ環境監査法は、同法やEC規則に基づく義務等に違反した場合には、認定機関は検証活動の継続を「全部あるいは部分的に当分の間禁止する」(ganz oder teilweise vorläufig untersagen) ことができる旨[67]、および、認定の取消し（Rücknahme）および撤回（Widerruf）についての規定[68]を有してはいたものの、必ずしも徹底したものとはいえなかったし、環境検証人の質を維持するという観点からは、極めて不十分な規定であった[69]。

この点に関して、議会修正案では、「環境検証人の専門的資質（fachliche Qualifikation）は、独立で中立的な認定システムによって保証され、継続的な教育を通じて常に改善されねばならない。更に、EMASの信頼性を確保するために、その活動は適切に監視されねばならない」という提案がなされていた。「継続的教育を通じて常に改善されねばならない」（durch Fortbildung ständig verbessert werden（muß））という文言が付加されているのが「共通の立場」との差異であるが、EC委員会もこの案を全面的に採用する旨の意見を表明している。

②　組織に対する刺激（Anreiz für Organisationen）

すでに述べたように、ＥＭＡＳ自体が必ずしも十分に認知されない要因として、ＩＳＯ規格と比べて要求事項が厳格であるにもかかわらず、認証・登録による実際上のメリットの面ではＩＳＯ規格と大差がなく、そのため、企業としてはより簡略化されたＩＳＯ規格に魅力を感じるのは当然であるという事情があった。そのこともあって、議会修正案では、「ＥＭＡＳに参加するよう組織を奨励するために、各加盟国は刺激を創出することができる」（um Organisationen zu ermutigen, sich an EMAS zu beteiligen, können die Mitgliedstaaten Anreiz schaffen）という規定を盛り込むべく提案していた。これは、ＥＭＡＳ参加を促すために企業にさまざまなインセンティヴを、具体的には、参加企業に対する規制緩和措置を明確に盛り込むことによって、ＥＭＡＳ自体を魅力あるものにしようとの提案であった。

これに対して、ＥＣ委員会は、議会修正案を原則的に受け容れる方針を示したものの、それを完全採用するまでには至っていない。これについては、後述する。

③　ＥＭＡＳ参加のための手数料（Gebühren für die Beteiligung an EMAS）

前述のドイツ連邦環境庁によるアンケート結果にも示されているように、ＥＭＡＳ参加に伴うコストが、企業とりわけ中小企業にとってかなりの負担となっており、しかも、それがどの程度必要なのか不明確な要素が多く、それに不安を抱いている中小企業が参加をためらっている、という現実があった。そのため、ＥＭＡＳ参加を促進するためには、この点の対策が急務といわれていたが、共通の立場では、これについては具体的に触れるところがなかった。

それに対して、議会修正案では、新たに、将来的に登録料（Eintragungsgebühr）を具体的な形で規定することが、より多くの参加につながるという認識が示されていた。

このような議会修正案に対して、ＥＣ委員会は、それがＥＭＡＳをより魅力的な（attraktiver）ものとするとの認識を示している。

2　議会修正案の原則的採用(70)（grundsätzlich übernommene Abänderung）

次に、議会修正案のうち七項目については基本的に賛意を示しているものの、細部においてはＥＣ委員会独自の見解が示されている。

①　加盟予定国の支援（Unterstützung der Kandidatenländer）

ＥＭＡＳが実効的に機能するためには、現ＥＵ加盟国だけではなく、将来的に加盟を予定し、もしくは検討している国々についても、制度の趣旨を予め理解してもらうとともに、参加時に直ちにそれを実施しうるような体制を整備してもらうことが必要となる。そこで、議会修正案では、それらの国々について、事前に支援しておくことの必要性が示されていた。これに対して、「ＥＣ委員会は、ＥＭＡＳ適用に不可欠な組織構造の構築に関する技術的援助を加盟予定国に対して与える」（Die Kommission bietet den Kandidatenländer technische Hilfe bei der Schaffung der Strukturen, die für die Anwendung von EMAS notwendig sind）ことでは賛意を示したものの、財政的支援（finanzielle Unterstützung）については、少なくとも直接的にはできないとの意見を表明している。

②　権限ある地方行政庁間の数値データ交換（Datenaustausch zwischen den zuständigen lokalen Behörden）

「共通の立場」の基本原理の一つは、補充性の促進（Förderung der Subsidiarität）にあった。そのような立場から、「共通の立場」では、ＥＭＡＳに関して権限を有する行政庁として機能する国家、地域そして地方の機関の創設を、各加盟国に委任し、それらの機関相互間での数値データの交換システム（Datenaustauschsystem）を構築しうるものとしていた。これは、まさに、各機関のコミュニケーションを促進し、そのことによって、補充性の原理を支えようとする趣旨であった。

これに対して、ＥＣ委員会は、この原理の下で要請されていることは、本来、個々の数値データの交換についてのみではなく、全体としての情報交換について妥当すべきものであるから、数値データ交換システムに代えて情報交換システム（Informationsaustauschsystem anstelle von Datenaustauschsystem）とすべきであるとする。

③　中小企業の負担軽減（Verringerung der Verwaltungsbelastung für die Unternehmen）

繰り返し述べるように、参加企業とりわけ中小企業の参加をいかに増加させるかがＥＭＡＳの課題であったが、そのためには、ＥＭＡＳ参加に伴う負担軽減措置を積極的に具体化していくことが望まれる。ただ、ＥＭＡＳという一つの制度の下で大企業と中小企業とを区別することは、少なくとも環境保護という視点からは理由に乏しく、むしろ、中小企業に配慮するあまりに、中小企業に対する要求が比較的軽微であるかのような印象を与えることは、ＥＭＡＳを健全に運用していくためにも極力回避しなければならない。そこで、ＥＣ委員会は、中小企業の負担軽減には原則的に賛意を示しつつも、中小企業に不必要な行政負担（unnötige Verwaltungsbelastungen）が生じないよう配慮しなければならない旨を規定するにとどめるなど、改訂の際にはその文言に注意すべきであるとした。

④　ＩＳＯ一四〇〇一規格の採用（Aufnahme des vollständigen Wortlauts von Abschnitt 4 der Norm EN ISO 14001 : 1996)

同じ環境管理システムの規格であるＩＳＯ規格との整合性を図るために、そのシステムの構築についてＩＳＯ欧州規格（EN ISO 14001）を採用する方向であること、そして、その背景には、それによってＥＭＡＳの特徴をより明確な形で示しうることにもなるという意図が含まれていたことについては、前述のとおりであり、この点については、ＥＣ委員会も基本的に確認している。ただ、ＥＣ委員会は、あくまでも立法技術上の問題に過ぎないとしつつも、ＩＳＯ規格採用に伴う委員会自らの責任を回避するために、その採用について欧州標準化委員会（ＣＥＮ）の同意（Zustimmung）があることを明確にしておくべきであるとする。

⑤　環境報告書による情報提供（Informationen über die kontinuierliche Verbesserung des betrieblichen Umweltschutzes in der Umwelterklärung）

環境報告書の意義ないし目的は、公衆（Öffentlichkeit）等のために各事業所ごとの環境保護の達成度（performance）についての信頼度の高い客観的な情報を提供することにある。そのため、旧規則では、それが専門的・技術的なものではなく、「簡潔で、理解しやすい」（knapper, verständlicher）形式、内容および表現をもって作成されねばならないと規定していた[71]。これは、まさに、環境保護の継続的改善に向けての企業の活動および実績の透明性を高めようとするＥＭＡＳ独自の制度であったし、議会修正案でも、その点は改めて確認されている。もっとも、環境報告書の様式やそこに記載すべき具体的内容については、旧規則上必ずしも明確に規定されているわけではないし[72]、実際に各企業によって作成された環境報告書も、決して統一されているわけではなかった。

そこで、ＥＣ委員会は、環境報告書の統一性をも含めて、委員会がその形式および内容について最低限の規格（Mindestnorm）を作成すべき旨を提案している。

⑥ 環境保護のための指標（Indikatoren für den Umweltschutz）

議会修正案では、右に述べた環境報告書の意義ないし目的を更に徹底させるために、「環境指標」（Umweltindikator）を採用することにより、環境報告書の理解をより容易にすべきであるとした。

これに対して、ＥＣ委員会は、環境報告書に含まれる情報は理解しやすく、比較の対象となりうる（verständlich und vergleichbar）ものでなければならないという観点からするならば、環境指標の使用によって環境報告書の理解が容易になることは認めつつも、そのことが、とりわけ中小企業に過度の負担（unverhältnismäßige Belastung）を強いることとなってはならず、また、そもそも環境報告書に環境指標の記述を要求することはＥＭＡＳの任務ではないとして、企業独自の新たな環境指標を示さなくとも、従来から存する指標（bereits vorhandene Indikatoren）を利用しうるという規定にすべきであるという意見を示している。

⑦ 環境報告書への公衆のアクセスの保証（garantierter Zugang der Öffentlichkeit zu den Umwelterklärungen）

ＥＭＡＳの中心的な目標の一つは、企業が実施する環境保護対策に関心を有する者が、企業自らが作成した環境報告書に十分にアクセスしうるよう配慮することにある。そこで、議会修正案では、それらすべての者に環境報告書へのアクセスが保証されていることを環境検証人に示すべきである旨を規定することで、より透明性を保証する表現にすべきである旨を提案していた。しかし、ＥＣ委員会は、そのこと自体は、決して企業に厄介な手続を要求することになってはならないという理由から、公衆に対して透明性を保証する措置は、従来どおり、すべての者がアクセスしうるという規定にとどめるべきであるとする。

3　議会修正案の不採用(73)（nicht übernommene Abänderung）

議会による二七項目の修正案のうち一六項目について、ＥＣ委員会は、不採用との意見を表明した。以下は、主要なものについてのみ説明を加える。

①　組織の概念規定（Bestimmung des Begriffs Organisation）

すでに述べたように、今回の改訂では、従来の「事業所」（Standort；site）に代えて、あるいはそれと並んで、新たに「組織」（Organisation）概念を採用することによって、ＥＭＡＳの適用を拡大しようとしている。「組織」概念については、「共通の立場」も議会修正案もともに、「会社（Gesellschaft）、団体（Körperschaft）、経営体（Betrieb）、企業（Unternehmen）、官庁（Behörde）、施設（Einrichtung）など、法人格を有するもしくは有しない、公的あるいは私的な、独自の機能および独自の管理を有するものの一部あるいはその結合体」という定義を与えていたが、各概念の理解が完全に一致しているわけではないし、そもそも、組織概念を確定してしまうことによって、場合によっては零細企業などの最小単位の組織が対象から除外されるなど、ＥＭＡＳの柔軟性を阻害するおそれがあるという懸念が示されていた。そこで、ＥＣ委員会は、組織の概念規定をすべきであるとする議会修正案を不採用としている。

②　環境法規の履行（Erfüllung der Umweltrechtsvorschriften）

議会修正案では、環境関連法規を遵守した企業のみが登録されるべきであるという考え方が示されていた。確かに、旧規則でも参加事業所に対しては環境法規の遵守を要求しているし、その遵守を環境基本方針で明確にすべきこととされていたが、このことが果たして環境法規の遵守を法的に義務づけるという結論まで導き出すものかどうかについては、ＥＭＡＳという仕組みとの関連で更なる検討を要するし、前述のように学説上も争いがあった。

これについて、ＥＣ委員会は、「ＥＭＡＳの最終的な目標は環境法規以上の基準を達成しようとする企業の組織的努力を支援するもの」(Ziel von EMAS ist es, Organisationen dabei zu unterstützen, beim Umweltschutz über diese Vorschriften hinauszugehen) であり、当該企業が環境法規を遵守するかどうかは環境基本方針を策定する段階でチェックされるのであって、議会修正案のいうように登録に際して環境法規を遵守したかどうかを審査する必要はないとする。また、逆に、ＥＭＡＳは自由意思に基づくシステムであるから、環境法規遵守の審査を厳格にすると、法規さえ遵守していれば十分であるということになり、法規で定められた基準以上のことを達成しようとする組織的努力の意欲が稀薄となるし、そのことはＥＭＡＳの趣旨に反するだけではなく、結局は規制法システムと大差がなくなり、規制的手法を補完するものとしてのＥＭＡＳの特徴が失われてしまうとして、議会修正案を採用すべきでない旨の意見表明をしている。

③　環境報告書の認証の頻度（Häufigkeit der Validierung der Umwelterklärung）

議会修正案では、環境報告書について、ＥＣ委員会による「毎年認証」(jährlich Validierung) という提案を「定期的な認証」(regelmäßige Validierung) という表現に置き換えているが、これはＥＭＡＳの透明性（Transparenz）および信頼性（Glaubwürdigkeit）を阻害するものであるとして、ＥＣ委員会はこれを不採用とした。

④　「外来の」環境検証人による監督（Aufsicht durch „besuchende" Umweltgutachter）

「共通の立場」によれば、環境検証人は、いずれの国で認定されたかにかかわらず、ＥＵの全ての加盟国で検証活動を行いうるとされていたが、議会修正案では、活動を認めるかどうかは、検証活動が行われる当該加盟国に事前に通告されねばならず、実施した活動も当該加盟国の信任システム（Akkreditierungssystem）の監督に服させるとすることにより、その活動を制限しようとした。しかし、ＥＣ委員会は、このような措置はＥＭＡＳの全体としての統一を阻害するものであるとする。

⑤　ＥＭＡＳに関する情報提供（Informationen über EMAS）

ＥＭＡＳという制度は、環境検証人自らが情報等を収集・分析することによって環境報告書の記載内容の正確さを証明するわけではなく、企業自らが作成・準備した環境報告書という情報の信頼性・正当性を確認するという監査のあり方であり、したがって、企業が環境保護への取組みの内容を自ら積極的に市民に公開し、その意見を反映させつつ管理のあり方を絶えず模索するもので、情報提供（情報公開）のシステムという点にこそ、その意義を見いだすことができる。それゆえ、そこでの企業情報およびその提供は、環境監査という自由意思に基づく手法が成果を挙げるための前提であり、極めて重要な要素でもある。そこで、議会修正案では、情報提供が正確になされることを狙って、当該情報がいかなるルートで流されるべきかについて明示していたが、ＥＣ委員会は、そのことによりかえって情報の伝達を制限してしまうことになるとして、それを不採用としている。

⑥　印刷形式での環境報告書（Umwelterklärung in gedruckter Form）

「共通の立場」では、環境報告書の公表形式について、文書閲覧の方法以外によっては環境報告書へのアクセス方法を有しない利害関係人のために、印刷形式で提示されねばならない旨を提案していたが、議会修正案では、その部分が削除された。しかし、それはＥＭＡＳの透明性の要請に反すると指摘している。

⑦　環境報告書の利用可能性（Verfügbarkeit der Umwelterklärung）

議会修正案では、環境報告書を公に利用しうる状態にすることに代えて、請求があった場合には環境報告書を公衆に個別に提示すべきことを規定していた。これに対して、ＥＣ委員会は、確かに透明性こそがＥＭＡＳの重要な要素ではあるが、それが組織に大きな負担を生じさせることになってはならず、その意味では、公衆への環境報告書の個別の提示は、とりわけ中小企業にとっては大きな負担となるとして、不採用とした。

(43) 以上につき、vgl. Knopp, NVwZ 2000 (Fußn. 12), S. 1122.

(44) Vorschlag für eine Verordnung (EG) des Rates über die freiwillige Beteiligung von Organisationen an einem Gemeinschaftssystem für das Umweltmanagement und die Umweltbetriebsprüfung, KOM (1998) 622-98/0303 (SYN), ABl. EG Nr. C 400 v. 22. 12. 1998, S. 7. なお、英文表記は、Proposal for a Council Regulation (EC) allowing voluntary participation by organisations in a Community eco-management and audit scheme.

(45) Legislative Entschließung mit der Stellungsnahme des Europäischen Parlaments zu dem Vorschlag für eine Verordnung des Rates über die freiwillige Beteiligung von Organisationen an einem Gemeinschaftssystem für das Umweltmanagement und die Umweltbetriebsprüfung, ABl. EG Nr. C 219/385, v. 30. 7. 1999, S. 385.

(46) Legislative Entschließung mit der Stellungnahme des Europäischen Parlaments zu dem Vorschlag für eine Verordnung des Rates über die freiwillige Beteiligung von Organisationen an einem Gemeinschaftssystem für das Umweltmanagement und die Umweltbetriebsprüfung, ABl. EG Nr. C 219/399, v. 30. 7. 1999, S. 399.

(47) 経済社会評議会の任務は、ＥＵ域内の社会的諸問題について、ＥＣ理事会およびＥＣ委員会に意見表明および勧告をすることにあり、使用者、被用者、および、農業経営者、消費者、環境保護者などの利益団体の中から任命された評議員により構成される。

(48) Stellungnahme des Wirtschafts- und Sozialausschußes zu dem Vorschlag für eine Verordnung (EG) des Rates über die freiwillige Beteiligung von Organisationen an einem Gemeinschaftssystem für das Umweltmanagement und die Umweltbetriebsprüfung, ABl. EG Nr. C 209/43 v. 22. 7. 1999, S. 43.

(49) Geänderter Vorschlag für eine Verordnung (EG) des Europäischen Parlaments und des Rates über die freiwillige Beteiligung von Organisationen an einem Gemeinschaftssystem für das Umweltmanagement und die Umweltbetriebsprüfung (EMAS), KOM (1999) 313 endg. -98/0303 (COD).

(50) Gemeinsamer Standpunkt (EG) Nr. 21/2000 vom Rat festgelegt am 28. Februar 2000 im Hinblick auf den Erlaß der Verordnung (EG) des Europäischen Parlaments und des Rates über die freiwillige Beteiligung von Organisationen an einem Gemeinschaftssystem für das Umweltmanagement und die Umweltbetriebsprüfung (EMAS), ABl. EG Nr. C 128/01 v. 8. 5. 2000, S. 1.

(51) Empfehlung für die zweite Lesung betreffend den Gemeinsamen Standpunkt des Rates im Hinblick auf den Erlaß der Verordnung des Europäischen Parlaments und des Rates über die freiwillige Beteiligung von Organisationen an einem Gemeinschaftssystem für das Umweltmanagement und die Umweltbetriebsprüfung (EMAS). Vgl. Sitzungsdokument (Euro-

päisches Parlament), A5-0165/2000, v. 20. 6. 2000.

(52)　Stellungnahme der Kommission gemäß Artikel 251, Abs. 2, Buchstabe c) des EG-Vertrages, zu den Abänderungen des Europäischen Parlaments des gemeinsamen Standpunkts des Rates betreffend den Vorschlag für eine Verordnung des Europäischen Parlaments und des Rates über die freiwillige Beteiligung von Organisationen an einem Gemeinschaftssystem für das Umweltmanagement und die Umweltbetriebsprüfung (EMAS), KOM (2000) 512 endg. -98/0303 (COD) (= zit. Stellungsnahme der Kommission).

(53)　Gemeinsamer Entwurf nach Billigung durch den Vermittlungsausschuß des Artikels 251 Absatz 4 EG-Vertrag, PE-CONS 3658/00.

(54)　ABl. EG Nr. L 114/1 v. 24. 4. 2001, S. 1.

(55)　Art. 3 Abs. 1 EG-UAVO a. F.

(56)　Verordnung (EG) Nr. 3037/90 des Rates v. 9. 10. 1990, ABl. EG Nr. L 293 v. 24. 10. 1990, S. 1.

(57)　Art. 2 Buchst. i) EG-UAVO a. F.

(58)　Art. 14 EG-UAVO a. F.

(59)　両規格は、環境保全に対する企業の取組みを継続的に改善することを目的とする点では共通するが、ＩＳＯ規格の場合には、継続的改善（continual improvement）とは、「組織の環境方針に沿って全体的な環境パフォーマンスの改善を達成するための環境管理システムを向上させるプロセス」（ISO 14001 Ziff. 3.1; vgl. Ziff. 4.5.3）と規定し、もともと環境パフォーマンスの水準を数値をもって示すことに主たる狙いがあるわけではなく、システムの仕様、すなわちシステムに含めるべき要求事項としてのシステム要素を規格化したものである。したがって、第三者による審査も、「組織」の環境管理システムが、その要求事項を充たしているかどうかという観点から実施され、環境パフォーマンスそのものは審査の対象にはならない。しかし、このことは、ＩＳＯ規格が環境保全のパフォーマンス（Environmental Performance）、すなわちその実績や達成度の改善を期待していないということではなく、環境管理システムそのものを継続的に改善していくことによって、環境パフォーマンスについても継続的に改善されていくであろうという期待がある。以上につき、平林良人・笹徹『入門ＩＳＯ一四〇〇〇』日科技連出版社（一九九六）一七頁、四七頁。

(60)　したがって、環境監査を実施するに際しては、環境パフォーマンスを評価するために必要な実際のデータの評価を実施することまで要求されており、このことが公衆への情報提供とも結びつけられることになる。

(61)　以上につき、髙橋・前掲註(6)一二頁以下（本書六五頁以下）参照。

(62) Vgl. Anhang I A EG-UAVO a. F.

(63) 以上につき、髙橋・前掲熊本法学八二号(註16)二一頁以下（本書二五頁以下）。ＥＭＡＳＩでは、そのことをも考慮して、ＥＭＡＳに参加し、監査を効果的に実施した企業について、一定の範囲で参加宣伝を行う権利を認めていたが、それが不十分なものにとどまっていたことについては、すでに指摘したとおりであるし、それ以外の参加促進措置についても、具体的には触れるところがなかった。

(64) 以下の内容については、vgl. Stellungnahme der Kommission (Fußn. 52).

(65) Stellungnahme der Kommission (Fußn. 52), S. 3f.

(66) 髙橋・前掲註(6)二七頁以下（本書八〇頁以下）。

(67) § 16 Abs. 2 UAG.

(68) § 17 Abs. 2 UAG.

(69) 以上につき、髙橋・前掲註(6)三九頁以下（本書九二頁）。なお、環境検証人の質の維持という観点から、ドイツ環境監査法では、連邦環境省の下に環境検証人委員会（Umweltgutachterausschuß）が置かれている。Vgl. § 21 UAG. 環境検証人委員会の構成・権限等については、髙橋・前掲註(6)四〇頁以下（本書九二頁以下）参照。

(70) Stellungnahme der Kommission (Fußn. 52), S. 4f.

(71) Vgl. Art. 5 Abs. 2 EG-UAVO a. F.

(72) ＥＭＡＳという制度の趣旨からして、そこには、概ね、当該事業所所在地での活動内容、当該活動に関わるすべての重要な環境問題についての説明、有害物質や汚染原因、廃棄物の処理方法、原材料やエネルギーおよび水の消費量などの環境に関わる重要なデータ、企業の環境基本方針や環境行動計画および環境管理システムについての説明、当該事業所所在地での環境保全手法の達成度の評価、および次回の環境報告書呈示までの期間、更には認証を行う環境検証人の氏名などが記載される、というのが一般的理解であった。Vgl. Scherer, NVwZ 1993 (Fußn. 15), S. 13.

(73) Stellungnahme der Kommission (Fußn. 52), S. 5ff.

三　ＥＭＡＳⅡにおける主要な変更点

さて、以上のような手続を経て、新規則は二〇〇一年三月一九日に公布され、同年四月二七日から施行されたが、そこには、右に紹介した各議論の内容が随所に反映され、環境保護分野でのEMASの寄与度をより一層高めていこうとするEUの姿勢を強く感じることのできる内容となっている。そして、そのことと同時に、理論的にみても、従前の法理論のあり方に一石を投じうるような、極めて興味深い論点も含まれている。それゆえ、EMASⅡが十分に機能し、環境保護分野でその期待されている役割を十分に果たしうるためには、それらの理論的側面をいかに説得的に説明しうるかにもかかっているといえよう。

そこで、以下では、EMASⅡの主要な変更点とその意義および問題点について概観するが、とりあえずは変更点の紹介にとどめ、理論的諸問題の考察は機会を改めることにしたい。

㈠「組織」(Organisation)概念の採用

1　はじめに

(1)　前述のように、EMASⅠでは、認証の対象は「事業所」(Standort ; Site)であり、「組織」(Organisation)を認証の対象としているISO規格とは異なっていたし[74]、実際にも、旧規則が「事業所」について「企業の統制の下に営業活動が行われるすべての土地[75]」(das Gelände, auf dem die unter der Kontrolle eines Unternehmens stehenden gewerblichen Tätigkeiten)という概念規定を置き、更に、この場合の営業活動(gewerbliche Tätigkeit)とは、具体的には、一九九〇年一〇月九日のEC理事会規則に規定されている活動、すなわち、主として製造業に従事する企業もしくは事業所の活動を意味するとされていたこともあって[76]、EMASへの参加は、主として製造業に限られていた。したがって、これらの規定による限りは、それ以外の、すなわちここに含まれない非製造業や官公庁は認証の対象とならないことになるが、この点に関して、旧規則は、「加盟国は、実験的な形で、この環境管理および監査システムに類似した規定を、製造業以外の分野、たとえば流通業(Handel ; distributive trade)および公共サービス(öffentliche Dienstleistung ; public service)について発布することができる[77]」として、それらが本システムへ参加しうる途を開いていた。これをうけて規定されたドイツ環境監査法三条一項では、非製造業をも本制度に組み入れるのかどうかも含めて法規命令（Rechtsverordnung）で規定しうる旨を連邦政府に授権していたが、それに基づいて制定されたのが、前述のいわゆる「拡大命令」であった。

拡大命令の第一条は、「環境管理および企業内環境監査のための共同体システムの適用領域には、この命令の附属書に掲げられている領域に含まれる一つもしくは多くの事業所で活動している限りで、公法上の社団（Körperschaft der öffentliches Rechts）および企業（Unternehmen）が含まれる」と規定し、附属書（Anhang）で、認証の対象となる業種を詳細に掲げている。すなわち、附属書によれば、公法上の組織形態での電気・ガス・蒸気などのエネルギー生産および廃棄物の再利用・処理・破棄・最終貯蔵（一号）、エネルギー・水の供給、汚水除去とその他の廃棄物処理（二号）、通信販売を含む卸売業と小売業（三号）、鉄道その他の陸上交通、内水航行、定期航空などの交通および報道（四号）、信用・保険業（五号）、飲食業（六号）、物理・化学の実験室（七号）、市町村・郡の公行政（八号）、そして、教育・病院・図書館・スポーツ施設・クリーニング業など、その他のサービス業施設（九―一五号）が例示され、旧規則では明示されていなかった多くの業種が、認証の対象業種として挙げられている。

(2)　これに対して、新規則二条は、全ての団体（Gesellschaft ; company）・社団（Körperschaft ; corporation）・経営体（Betrieb ; firm）・企業（Unternehmen ; enterprise）・官庁（Behörde ; authority）・施設（Einrichtung ; institution）、および、それらの一部もしくは結合体を「組織」（Organisation）と規定し[78]、その意味での組織がＥＭＡＳⅡによって認証・登録の対象となることを明記するに至っている。したがって、この規定からも明らかなように、ここでいう組織は、法的もしくは経済的に定義される企業形態もしくは行政単位とは、必ずしも一致しないし、それゆえ、独自の法人格性も要求されてはいない。また、それらが私的に組織されているのか公的なものなのかも、ここでは重要ではない。いずれにしても、これにより、かねてからＥＭＡＳ参加に関心を抱いていたとされる銀行、保険、旅行業、商社はもちろんのこと、建設業や農業、更には官公庁にも、ＥＭＡＳ参加への途が開かれることになった。これをうけて、ＥＣ委員会が、二〇〇一年九月一一日、自らＥＭＡＳを実施することを決定した[79]ほか、ドイツでも、二〇〇一年九月二一日に連邦環境庁が認証されている[80]。そして、何よりも、認証の対象業種が拡大されたことによって、圧倒的多数を占めるサービス業のＥＭＡＳ参加が可能となったことは、ＥＭＡＳを普及させる意味でも、その意義は少なくないと考えられる。また、新規則が認証・登録に関わるすべての要素を排他的に事業所概念に結びつけていた旧規則の発想を転換したことによって、複数の事業所を企業ごとに一つの組織として認証・登録することも可能となったし、多くの事業所を順次そこに含めていくことで、認証対象としての組織それ自体を拡大していくことも容易になった。この点は、認証を得るための十分な体制を構築できなかった支店や事業所を多く抱えているサービス業にとっては歓迎すべきことであるし、それらが一つの組織として認証・登録されることは、公衆にとっても非常に理解しやすいものとなるというメリットがある。

もっとも、他方で、新規則は事業所概念を放棄したわけではない[81]。実際にも、重要な環境問題については、依然として事業所ごとに考慮されねばならないであろうし、環境報告書でもそれについての説明を加えることが必要となる。したがって、いずれにしても、組織概念を採用したこととは別に、全ての事業所について環境実績を継続的に改善する義務が生ずることになる点は、従前と異なるところがない[82]。

2　事業所ガイドライン

ところで、ＥＣ委員会は、二〇〇一年九月七日、いわゆる「事業所ガイドライン」[83]（Standortleitlinie）を委員会の決定[84]（Entscheidung ; decision）の形式で発布し、その中で、組織として登録の対象となる構成単位（Einheit）について、考えうるさまざまな事例を取り扱っている。

そこで、以下では、このガイドラインに示されている類型と、各々の例について簡単にみておくことにしたい[85]。

①　一つの事業所でのみ活動する組織[86]（Organisationen, die nur an einem Standort tätig sind）

事業所を一つしか有せず、そこでのみ活動する組織は、地理的所在地と符合しているために、最も明白な事例である。

② 一つの事業所より小さい構成単位[87]（Organisationen, die unter außergewöhnlichen Umständen eine kleinere Einheit als einen Standort eintragen lassen können）

事業所の一部が、明らかに独自の製品を生産し、独自の業務、取引等を行っている場合であって、当該部分の環境側面や環境影響が同一で、登録されない他の部分と明らかに区別されうるとき、あるいは、環境管理システムや環境影響を管理・統制し、場合によってはそれに介入しうる権限を有する独自の部門、もしくは、認可条件の履行や履行義務の遵守に関して明確な責任を有している部門については、例外的に、事業所より小さい構成単位であっても登録の対象となりうるとされている。

このような場合には、ガイドラインに従って、組織は環境検証人と、場合によっては権限ある機関とりわけ登録機関と、事業所の境界に関して一致させておかねばならないが、とりわけ、当該構成単位が新規則二条で定義されている「組織」や「事業所」の概念と合致しない場合には登録を拒否することになるために、これについては特に念入りに調査されねばならない。更に、この場合には、全体の優れた部分のみを取り出すことにならないようにすることが必要であり、したがって、ＥＭＡＳによっては登録することのできない事業所の一部を排除する意図で、一体的な生産工程の一部を排除することがあってはならないことは当然である。

③ 多くの事業所で活動している組織[88]（Organisationen, die an mehreren Standorte tätig sind）

右に示したような事業所よりも小さい構成単位での認証・登録は、あくまでも例外的な特別事例であり、通常は、一つのもしくは複数の事業所がその対象となる。とりわけ、公衆は、重要な環境影響を特定の事業所との関わりで問題とし、把握することができるから、このような理由からすれば、通常は、組織は少なくとも事業所レヴェルで参加しなければならない。しかし、新規則では、組織が複数の事業所で活動している場合には、それらを一つの組織として登録することも認めている。その場合には、組織は、各々の事業所ごとに登録するか、それとも全ての事業所を一つの共通の組織として登録するかを，選択することができるとされているが，その点に関し，事業所ガイドラインでは，二つの適用事例が例示されている。

(i)　すなわち，まず第一は，小売業チェーン，銀行，旅行業，コンサルタント会社のように，組織を構成する各事業所が同一のもしくは類似の製品を製造しあるいは業務を提供している（dieselben oder ähnliche Produkte oder Dienste anbieten）場合である。

この場合，組織は，全ての事業所で環境管理の手続や方針が矛盾なく一貫して用いられていることを環境検証人に説明することになるが，これらの組織では，通常，共通の環境管理マニュアルを用いることで，各事業所について共通の管理手続を実践していることが多い。したがって，そのことによって，組織が全ての事業所を完全に統制下に置いていることを証明できるときには，各事業所での検証を軽減することも可能である。それゆえ，主要な部分については，通常のサイクルによって検証を受けることが必要であるとしても，個々の事業所については，同種の他の事業所と選択的に検証することも可能であろうし，各事業所について順次検証を実施しながら，一定の検証サイクル期間内に全ての事業所を把握するという方法を採用することも認められる。

ただ，複数の事業所のうちいずれの事業所から検証を開始するかの選択決定に際しては，環境問題の前歴（Vorgeschichte der Umweltproblemen），従前の検証結果（Ergebnisse früherer Begutachtungen），当該事業所での環境管理システムの完成度（Ausgereiftheit des UMS am betreffenden Standort），利害関係者の見解（Ansichten interessierter Kreise）等，さまざまな視点が考慮されねばならない。しかし，検証するに際して，ある特定の事業所での活動の規模・種類・範囲が重要とみなされうる場合，あるいは，ある事業所での環境管理システムや当該事業所での活動形態等が直近の検証から本質的に変更された場合，更には，ある事業所が組織の他の事業所から重要な点で区別されうる場合などについては，複数の事業所から一つのものを任意に選択する方法での検証活動は認められない。したがって，そのような方法が認められるかどうかの決定は，事例ごとに判断せざるをえないことになる。なお，一つの事業所だけがEC規則を遵守できなかったような場合には、全ての事業所について共通の登録の要件を失うことになるのは当然である。

(ii) 第二の類型は、各事業所によって製品も業務も異なる(unterschiedliche Produkten und Diensten)場合であり、事業所ガイドラインでは、発電、化学、廃棄物処理の企業などが具体例として示されている。

この場合、各事業所は、それ自体を独立して登録することも可能ではあるが、各事業所をまとめて一つの組織として登録することもできる。ただ、組織として登録する場合には、当然のことながら、全ての事業所に妥当する環境基本方針(Umweltpolitik)を策定することが必要である。しかし、その場合でも、業務が各事業所ごとに特有であることを考慮し、全ての事業所について、それぞれ環境側面や環境影響を調査し、それらの実績を制御しなければならない。したがって、ここでは、各事業所を選択的に検証することは許されず、各事業所のデータも、明確に区別したうえで環境報告書に記載することが必要となる。

④ 特定の事業所を確定することができない組織[89](Organisationen, für die sich kein bestimmter Standort festlegen lässt)

ガス・水道・電力などの公益事業、電話会社、廃棄物収集・運搬業などの組織は、確かに各事業所ごとに独自に活動しているとみることもできなくはないが、多くの場合には、これらは、都市あるいはその周辺部も含めた広範な地域を対象に活動しているため、当該地域ごとにいくつかの事業所がまとまって一つの組織の管理下に置かれているのが通例である。そこで、事業所ガイドラインでは、当該活動範囲とそこにある事業所および施設について明確にすることができ、それらがまとまって環境管理システムに統合されて、重要な環境側面についての責任が決定されている場合、したがって、各事業所がそれぞれ独立した形では営業できないような場合には、当該地域の複数の事業所がまとまって一つの組織とみなされるべきであるとする。

⑤ 一時的に存在する事業所を統制下に有する組織[90](Organisationen, die vorübergehend bestehende Standorte unter ihrer Kontrolle haben）

建設業、再開発業、サーカスなど、一定の期間のみ仮の事業所を構えて活動する組織についても、登録の資格が認められている。ただ、この場合に注意すべきことは、事業所ガイドラインによれば、検証の対象が、有用な科学技術および訓練（geeignete Technologie und Schulung）、活動当初からの事業所の規則的な環境分析（ordnungsgemäße Umweltanalyse der Standort vor Beginn der Tätigkeit）、計画された活動の環境への影響の分析（Analyse der Auswirkungen der geplanten Tätigkeiten auf die Umwelt）、作業計画の重要な環境側面および意図された解決策に関しての当該地域に居住する市民および地方行政庁の情報（Information der in dem Gebiet lebenden Bürger und der lokalen Behörden über die wesentlichen Umweltaspekte des Arbeitsplans und die beabsichtigen Lösungen）、活動後の当該地域での環境状況の改善についての見直し計画もしくは解決策（Sanierungsplan oder Lösungen zur Verbesserung des Umweltzustands in dem betreffenen Gebiet nach Abschluss der Tätigkeiten）に向けられている点である。すなわち、ここでの登録の対象が、一時的に存在する組織であるということを踏まえて、登録のために重要なのが、組織それ自体ではなく、そこで実施される活動であると考えられているためである。

⑥　限られた範囲で活動し、共通の組織として登録できる独立した組織[91]（unabhängige Organisationen, die in einem begrenzten Gebiet tätig sind und sich als gemeinsame Organisation eintragen lassen）

小規模な工業地域や別荘地、いわゆるビジネスパーク、小規模な農業経営など、限られた範囲で各々独立して活動している事業所や組織については、もちろんそれ自体として登録することも可能ではあるが、それらが共通に環境基本方針や環境行動計画を策定する場合には、一つの組織として登録することもできるとされている。この場合、個々の事業所について登録要件が欠落しているときには、その要件は共通の組織についても欠落していることになるため、その場合には共通の組織としての登録はできないことになる。

⑦　ある特定の広範な地域で活動し、同一のあるいは類似の製品を生産しもしくは業務を遂行している小企業[92]

(kleine Unternehmen, die in einem bestimmten großen Gebiet aktiv sind und dieselben oder ähnlich Produkte herstellen oder Dienste erbringen)

事業所ガイドラインでは、ショッピングセンターや観光地など、ある地域で他の事業所や組織と同一のあるいは類似の製品を生産し、もしくは業務を行い、しかしながらそれらとは別の登録を希望している中小企業について、登録要件を緩和する内容を盛り込んでいる。その際、それらの組織が、たとえば当該地域のゲマインデ（Gemeinde）と共通の環境行動計画を策定することになれば、結果的には当該地域の発展にも寄与することになる。したがって、個々の組織の認証に際しての環境検証人の任務は、共通の環境行動計画に対する当該組織の寄与度を審査することである。

⑧　地方行政庁および国家の施設[93]（lokale Behörden und staatliche Einrichtungen）

公の施設の登録の場合には、管理の組織的な構造やそれと結びついた直接的環境側面にのみ問題を還元できるわけではなく、むしろ、その政策から生ずる間接的な環境側面が、とりわけ重要である。しかも、公行政の政策的責任は、市民の現在および将来の生活の質にも関わるため、そこで考慮されるべき視点も複合的である。そのこともあって、事業所ガイドラインでは、それらの組織の一部の登録も認めており、その場合の公衆とのコミュニケーションおよびＥＭＡＳロゴの使用の重要性について指摘する。そして、この場合に考慮すべき事項として、市民の診断および同意（Konsultierung und Zustimmung der Bürger）、経済発展と環境親和性（Wirtschaftsentwicklung und Umweltverträglichkeit）、選択的・戦略的な解決策の評価とそれに結びついた優先順位（Bewertung alternativer strategischer Lösungen und damit verbundener Prioritäten）、測定可能な目標を有する国土整備計画とそれに結びついた権限（Raumordnungspläne mit messbaren Zielen und damit verbundenen Zuständigkeiten）、環境計画の継続的な審査および監視（laufende Überprüfung und Überwachung des Umweltplans）、自由な私人のイニシアティヴと社会的要請との間の均衡（Ausgewogenheit zwischen freien Privatinitiativen und sozialen Erforderniss）、市民と経済関係者の感覚（Sensibilisierung der Bürger und der Wirtschaftsakteure）を挙げている。

3　残された課題

⑴　以上のように、新規則では新たに組織概念を導入したが、それは、これまで登録の対象から除外されてきた非製造業についてもＥＭＡＳ参加の途を開こうとする意図によるものであった。そして、右に述べたように、そのことによって、圧倒的多数を占めるサービス業のＥＭＡＳ参加が可能となったし、また、複数の事業所を企業ごとに一つの組織として統合的に認証・登録することもできるようになり、更には、認証を得るための十分な体制を構築できなかった支店でも全体としての組織に組み入れられることによって認証を得やすくなるというメリットももたらされた。このような改訂は、認証・登録されている企業の実態が公衆にとっても非常に理解しやすいものとなったという意味でも、基本的にはおそらく歓迎されるべきであろう。もっとも、それに伴ういくつかの問題が十分に検討されずに残されたことは、今後の課題として認識しておかねばならない。

⑵　すなわち、まず、全体としての「組織」と個々の「事業所」との関係が、必ずしも明確にされているわけではない。とりわけ、組織が全体として認証をうけるときには、環境保護の継続的改善という視点は、当該組織については当然明らかにされるものの、そこに含まれる各々の事業所については、必ずしも明らかにされているわけではない。しかし、現実の問題との関わりでは、環境状況が改善されているのかどうかは、各事業所での改善の具体的実績を踏まえたものでなければならないはずであるにもかかわらず、新規則では、その点は必ずしも明確には規定されていない。⑼⁴ したがって、その限りでは、組織が全体として環境状況を改善してさえいれば、そこに含まれる事業所での環境状況の悪化が部分的にみられたとしても、それは認証に際しては許容されるということにもなりかねない。しかし、公衆が本来関心を有しているのは、自らの身近に存する事業所の環境問題への現実的取組であるし、それによる改善の実績であるはずである。そして、ＥＭＡＳの本来的目的が、そこでの環境状況を公衆に情報提供し、その統制機能によって実効的に改善していくことにあることを考えると、そのような認証のあり方は、そ

の制度的趣旨に沿うものとは決していえない。その意味で、ＥＭＡＳへ参加する組織と事業所との関係、更には組織とそれを統制下におく企業との関連等について、より明確にしておくことが必要であるし、それらを十分に認識したうえでの運用が求められよう。

他方で、ＥＭＡＳⅡでは事業所概念も依然として残されているため、事業所概念を存続させたままでの組織概念の導入が、問題を更に複雑にしている。すなわち、すでに述べたように、ＥＭＡＳⅠでは、認証・登録に関わる全ての要素が事業所との結びつきの下で判断されてきたが、今後、それがいずれの概念との結びつきの下で判断されるべきなのか、すなわち、たとえば環境行動計画や環境目標、そして環境報告書が、複合的な単位としての組織について確定されるべきなのか、それとも従来どおり各事業所ごとに判断されるべきなのか、あるいはそのこととの関連で、組織が全体として認証・登録されるときに、各事業所の位置づけはどのようになるのか等々、極めて困難な課題として生ずることになるからである。そして、そのことは、環境検証人は各事業所を個別に審査すべきなのか、その組織との関わりをどのように審査すべきなのかなど、環境検証人の権限や活動範囲にも、もちろん直接影響を及ぼすことになる(95)。

(3) 次に、新規則によれば、組織のどの部分を登録するかについては、環境検証人との取決め（Absprache）によるとされているが(96)、その表現からは、その取決めがいつ行われるべきなのかは、明らかではない。問題となるのは、一つの組織内に登録可能な部分とそうでない部分、すなわち登録に問題のある部分が混在している場合であるが、取決めの時期が明確にされていないことによって、組織全体としての登録が終了した後に、問題のある部分をＥＭＡＳシステムから除外させるようなことも起こりかねない。もちろん、その問題のある事業所や部門も含めて、当該組織が全体として認証・登録されているのであるから、そのようなことは許されるべきではないが、環境検証人との話合いや取決めの時期が明確にされていない以上、そのようなことが生じる危険性は、十分にありうる。このような観点からするならば、環境検証人との取決めが実際の検証以前に行われる場合であっても、組織の問題ある部分は除外されるべきではない。なぜなら、初めから問題ある部分を除外して登録しようとする取決め自体、環境検証人の独立性・中立性との関係でも問題があるし、環境検証人に対しての経済界からの圧力という点からも、そのような結果は排除されるべきであるからである。新規則の規定内容は、その意味で、決して十分とはいえない。

㈡　「環境側面」（Umweltaspekt）概念の採用

1　直接的環境側面（direkte Umweltaspekt）と間接的環境側面（indirekte Umweltaspekt）

⑴　ＩＳＯ規格では、従来より「環境側面」（environmental aspect）なる概念が用いられてきた。それによれば、「環境側面」とは、環境に影響を及ぼしうる組織の活動、製品またはサービスの要素をいうとされており[97]、今回のＥＭＡＳⅡの定義も、ほぼこれに従っている。ここでいう環境側面が、組織の環境保護実績の改善に重要な役割を果たすことはいうまでもなく、ＥＭＡＳ参加を審査するに際しては、それが全てのレヴェルで考慮されねばならない。

新規則では、まず、環境側面（Umweltaspekt）について「環境へ影響を及ぼしうる組織の活動、製品あるいは業務遂行[98]」（Tätigkeiten, Produkte oder Dienstleistungen einer Organisation, die Auswirkungen auf die Umwelt haben kann）と定義し、更に、環境影響（Umweltauswirkung）については、「組織の活動、製品もしくは業務遂行に基づいて全体あるいは部分的に発生する全ての積極的もしくは消極的な環境の変更[99]」（jede positive oder negative Veränderung der Umwelt, die ganz oder teilweise aufgrund der Tätigkeiten, Produkte oder Dienstleistungen einer Organisation eintritt）とされ、それらが、全体としての環境目標や個別目標の確定、環境管理システムの構築、そして環境報告書の作成に際して考慮されねばならないことになる。

⑵　そのうち、「直接的環境側面」とは、大気への汚染物質の放出（Emissionen in die Atmosphäre）、河川への放流および排出（Einleitungen und Ableitungen in Gewässer）、固形および他の廃棄物とくに危険廃棄物の回避、利用、

再利用、搬出および処理（Vermeidung, Verwertung, Wiederverwendung, Verbringung und Entsorgung von festen und anderen Abfällen, insbesondere gefährlichen Abfällen）、土地の利用および汚染（Nutzung und Verunreinigung von Böden）、エネルギーを含む自然資源および原料の利用（Nutzung von natürlichen Ressourcen und Rohstoffen（einschließlich Energie)）、騒音、振動、悪臭、粉塵などの局地的現象（lokale Phänomene）、交通（Verkehr）、事故などから生ずるもしくは生じうる環境災害や環境影響の危険（Gefahren von Umweltunfällen und von Umweltauswirkungen）、生物多様性への影響（Auswirkungen auf die Biodiversität）、そして他方で、「間接的環境側面」とは、デザイン、開発、包装、輸送、利用、再利用、廃棄物処理などの製品に関連する影響（produktbezogene Auswirkungen）、資本投下、信用供与、保険業務（Kapitalinvestitionen, Kreditvergabe, Versicherungsdienstleistungen）、新たな市場（neue Märkte）、交通やレストラン業などのサービス行為の選択および組合せ（Auswahl und Zusammensetzung von Dienstleistung）、行政・計画決定（Verwaltungs- und Planungsentscheidungen）、請負人、下請負人、納入業者の環境実績および環境行動（Umweltleistung und Umweltverhalten）をいうものとされている。[100]

この点、旧規則でも、汚染物質の排出量や廃棄物の発生量、資源・エネルギー・水の使用量、操業に伴う騒音など、企業の生産活動に伴う直接的な環境影響、すなわち直接的環境側面については規定していたものの、間接的環境側面については、極めて限定的に規定するにすぎなかった。[101] それに対して、ＥＭＡＳⅡでは、間接的環境側面についても、明確かつ拘束的にシステムのあり方に結びつけている点に特徴がある。

すなわち、新規則によれば、登録に際しては、組織が、その活動を審査し、製品および業務遂行について、附属書Ⅵに示されている直接的・間接的環境側面を考慮しなければならないとされている。[102] もっとも、この種の審査は、ＥＭＡＳへの新規参加を増大させることに多くの困難をもたらすという理由から、ＥＣ委員会は、加盟国間の協働を促進すべくいかなることが義務づけられているかという点に関して、規則によって創設される行政委員会の関与の下に、各環境側面の調査とその重要性の評価についての勧告[103]（Empfehlung）を発布した。[104] この勧告は、とりわけ、新規則の統一的な運用を意図したものであるが、たとえば「事業所ガイドライン」とは異なり、直接的には拘束的性格を有するものではなく、内容および細部の名称も、環境報告書、ＥＭＡＳを適用する組織、組織および中小の組織を審査する際の環境検証人の役割等についての「手引き」[105]（Leitfaden）となっている。

2　ＥＣ委員会勧告

(1)　ＥＣ委員会の「手引き」によれば、環境側面については、それが直接的なものであろうと間接的なものであろうと、その序列化についてはほとんど問題とされておらず、むしろ、すべての環境側面の包括的な調査（umfassende Ermittlung aller Umweltaspekte）が重視されている[106]。そのうち、環境目標の設定や個別目標の確定、あるいは、環境報告書の作成に際しては、重要な環境側面のみが考慮されねばならないので、組織は、すべての環境側面の調査（Ermittlung aller Umweltaspekte）に続く段階として、共同体法を考慮のうえで重要な環境側面とそうでないものとを区別する基準を決定し（Bestimmung der Kriterien für wesentliche Umweltaspekte durch die Organisation unter Berücksichtigung der Gemeinschaftsrechts）、それを公表しなければならない。

もっとも、ここで、何が重要な（wesentlich）環境側面なのかが問題となりうるが、新規則では、重要な環境影響（wesentliche Umweltauswirkung）を生ずる場合には、それは重要な環境側面であると規定するにとどめ[107]、その詳細については、附属書Ⅵで、その重要性を評価する際に考慮すべき事項を具体的に例示している[108]。

すなわち、それによれば、(イ)組織のいかなる活動、製品および業務遂行が環境影響を有するかを確定するための環境状況に関する情報（Informationen über den Umweltzustand, um festzustellen, welche Tätigkeiten, Pordukte und Dienstleistungen der Organisationen Umweltauswirkungen haben können）、(ロ)物質・エネルギー使用、排水、廃棄物等に関して組織が有している既存のデータ（vorhandene Daten der Organisation über den Material- und Energieeinsatz, Ableitungen, Abfälle und Emissionen im Hinblick auf die damit verbundene Umweltgefahr）、(ハ)利害関係者の見解（Standpunkte der interessierten Kreise）、(ニ)法的に規律される組織の環境活動（rechtlich geregelte Umwelttätigkeiten der Organisation）、

(ホ)調達活動（Beschaffungstätigkeiten）、(ヘ)組織の製品のデザイン、開発、製造、販売、顧客サービス、利用、再利用、リサイクル、廃棄物処理（Design, Entwicklung, Herstellung, Verteilung, Kundendienst, Verwendung, Wiederverwendung, stoffliche Verwertung und Entsorgung der Produkte der Organisation）、(ト)最も重要な環境コストを伴う組織の活動および環境への積極的成果（Tätigkeiten der Organisation mit den wesentlichsten Umweltkosten und positive Ergebnisse für die Umwelt）であり、組織は、これらの事項を考慮して重要な環境側面かどうかを判断する基準を確定することになる。

(2) ところで、間接的環境側面のなかには、たとえそれが重要なものであったとしても、状況次第では、組織が十分には制御できないものも存在しうる。[109] 新規則が間接的環境側面として例示するもののうち、たとえば、製品のデザインや開発、包装、輸送など、製品に直接関係するもの、およびそこから生ずる環境への影響などについてはある程度の把握は可能であろうが、下請けや納入業者の環境行動、資本投下や信用供与、保険、市場、行政・計画決定などの要素およびそこから生ずる環境影響については、それを自ら責任をもって制御することは極めて困難であろうし、製品のライフ・サイクルのさまざまな局面についても、問題はそれほど単純ではない。そのこともあって、ＥＣ委員会の手引きでは、各々の間接的環境側面に関して、組織が考慮すべき具体例を詳細に示している。[110]

ただ、いずれにしても、間接的環境側面は、必ずしも環境へ直接の影響があるわけではないため、それによって生ずる環境負荷およびその危険は、個別具体的な事例ごとに、あるいはその積み重ねを通じて減少させていかざるをえないが、その際には、規制法によってはそもそも自由に駆使することのできなかった革新的な発想こそが効果を発揮しうることになろう。たとえば、自ら必要とする製品を企業が購入しようとする際に、製品回収規定が明示されている商品、あるいは公的に承認されている環境ラベルのついている製品の購入などは、そのような方向にあるものとして位置づけることができるが、前述の勧告では、契約にグリーン条項（„Grüne“ Vertragsklauseln）を採り入れること、あるいは、下請業者や製品についてグリーン調達政策（„Grüne“ Beschaffungspolitik）を展開させるべきであることなどについても、明示的に触れられている。[111] 自ら環境管理システムを構築した下請業者は、通常は、経営上の環境保護を文書で明らかにしないような、あるいは、環境実績の継続的改善を義務づけられていないような企業に比べれば、環境負荷を惹き起こすようなリスクは比較的少ないと考えられるので、勧告の記載内容は、おそらくそれらの下請業者を優遇すべきであるとの趣旨と考えられる。

(3)　他方、公共部門については、果たしてこのような公共委託基準が許容されるかどうか自体の問題はあるが、少なくとも、ＥＣ委員会は、二〇〇一年六月四日の公共委託に際しての環境負荷の考慮を内容とする解釈通達[112] (Interpretierende Mitteilung) において、環境行動計画、環境管理システムもしくは組織の基本的部分が、技術的な要求を実現するための証明と考えうる場合には、ＥＭＡＳへの登録をもって技術的な実施能力が存在するための証拠としうることを確認している。これをうけて、議会は、現在、公共委託に係る二つの指令を変更すべく手続を進めている段階にある。[113]

(三)　ＩＳＯ規格の採用

1　ＥＭＡＳとＩＳＯ規格との異同

(1)　ＥＭＡＳＩが公布された一九九三年当時、国際的に妥当している環境管理のための準則は存在せず、それゆえ、ＥＭＡＳは、この分野での競争相手にさらされることもなく、独自の存在意義を有していた。しかし、一九九六年のＩＳＯ規格の公表により、この状況が根本的に変化するとともに、ＥＭＡＳ自体のあり方にも大きな変容を迫る状況が、新たに出現することになる。とりわけ、ＩＳＯ規格がＥＵ圏域に限らず国際的に妥当する標準規格であることはもちろんのこと、それがＥＭＡＳよりも対応しやすい要求事項にとどまっているという点は、ＥＭＡＳをＩＳＯ規格との厳しい競争関係にさらすものであった。もちろん、ＩＳＯ規格の登場にもかかわらず、ＥＭＡＳ自体はＥＵの規格であり、したがってＥＵ域内ではＥＭＡＳが通用力を有するのは当然であるし、かつては、たとえばドイツやオーストリアなどでは、数字の上では、ＥＭＡＳによる監査を受けて認証・登録されている企業が、ＩＳＯ規格により認証された企業を上回っているという現実も存在した[114]。しかし、ＥＵ域内でも、他の加盟国の実態は、それとは逆であり、ＩＳＯ規格の浸透力はＥＭＡＳの今後を占う意味でも無視できない状況になってきている[115]。

ＥＵ域内でさえもこれほどまでにＩＳＯ規格が浸透している要因は、右のように、ＩＳＯ規格自体が国際的な規格であり、その知名度においてＥＭＡＳとは大きな違いがあるということにあるが、それにとどまらず、要求事項およびその内容がコンパクトで、参加を意図する企業に理解しやいものであったこと、更には、すでに通用していた品質管理規格であるＩＳＯ九〇〇〇に内容的にも類似していたことも、ＩＳＯ規格を魅力あるものとした大きな要因であったと考えられる[116]。また、ＥＭＡＳが企業による環境実績やそのための継続的改善を要求しているのに対して、ＩＳＯ規格はあくまでも環境管理のためのシステムの構築およびその監査を目的としており、それゆえにまた、ＩＳＯ規格では、公認の環境検証人による外部的統制や登記簿への登録も意図されてはいない。更に、具体的な要求事項についていうならば、ＩＳＯ規格では、ＥＭＡＳで要求されている環境報告書の公表、環境法規の遵守なども、明示的に要求されているわけではないし、監査のための間隔も規定されてはいない[117]。その限りでは、極論するならば、ひとたび環境監査システムを構築し、ＩＳＯ規格に基づく認証をうけた企業は、たとえその後ＩＳＯ規格の要求事項を充たさない状態になったとしても、そのままＩＳＯ規格による認証をうけた企業としての地位を保つことも、表面的には不可能ではない。その意味では、ＩＳＯ規格は、継続的プロセスという意味でのシステム構築をめざしたものではないともいいうる[118]。

(2)　このような状況の中にあって、ＥＣ委員会は、一九九四年一〇月、欧州標準化委員会（ＣＥＮ）に環境管理のための欧州規格の作成を命じた。もともと、この命令の動機は、ＩＳＯ規格がＥＭＡＳの要求水準に及ぶものではなく、それゆえＥＭＡＳと提携してそれを利用することができなかったことから、欧州レヴェルでは厳格な独自の基準が採用されるべきであるということを明確にしようとするところにあった。しかしながら、その思惑ははずれ、結果的には国際的なＩＳＯ規格が欧州規格（EN ISO 14001）として採用されることになった。そして、これをうけて、一九九七年四月、ＥＣ委員会はＩＳＯ欧州規格をＥＭＡＳの一部として承認することを決定するに至る。この決定自体は、ＥＣ委員会の当初のもくろみからするならば、必ずしも説得的なものとはいえなかったが、そのような経緯もあって、その後のＥＭＡＳの展開はＩＳＯ規格との主導権争いであったともいいうるし、今回の改訂の主たるポイントも、まさにＩＳＯ規格との関係でのＥＭＡＳの優位性を構築しようとする点に存していたといいうる。(119)

２　ＩＳＯ欧州規格の採用

環境管理システムの構築について、ＥＭＡＳＩは、ＩＳＯ規格とは異なる規律内容を含んでいたが、ＥＭＡＳⅡでは、改訂作業の当初からそれを独自に規律することを断念し、ＩＳＯ欧州規格をＥＭＡＳの環境管理システム構築のための規格として正式に採用する方向で議論が進められた。その結果、ＥＭＡＳのうちの環境管理システムの構築に関する部分、すなわち、環境基本方針の策定、環境行動計画の策定、およびそれらの評価に関しては、ＥＭＡＳとＩＳＯ規格の要求事項は、内容的にはもちろんのこと、制度上も同一のものとなった。(120)したがって、この改訂によって、ＥＭＡＳとＩＳＯ規格との結びつきは極めて緊密なものとなったといいうる。

すなわち、一方で、ＥＭＡＳ参加の組織は、環境管理システムの構築に関する部分についてはもちろんのこと、それ以外の部分をも含めてＩＳＯ規格の全ての要求事項を充たしていることになるため、ＥＭＡＳによる認証のみではなく、ＩＳＯ規格によっても直ちに認証を得ることができる。しかも、ＥＭＡＳの環境検証人は、環境管理システムの構築に関してはＩＳＯ規格と同一内容の審査を行うことになり、ＩＳＯ規格の認証者として必要とされる要件も同時に具備していることとなるため、組織のＥＭＡＳ適合性を検証した後には、ＥＭＡＳに基づく環境報告書の妥当性宣言も、そしてＩＳＯ規格の認証も行うことが、実質的には可能である。また、他方で、ＩＳＯ規格の下ですでに認証されている組織は、ＥＭＡＳの要求事項を部分的に、すなわち環境管理システムの構築については要求事項を充足していることになるため、組織としては、より厳格なＥＭＡＳを取得する前段階としてＩＳＯ規格による認証を得て、段階的にＥＭＡＳに参加する可能性が開かれたことになる[121]。もっとも、表向きには、ＥＭＡＳⅡがＩＳＯ規格を採用した趣旨は、全世界に通用し、かつ簡略なＩＳＯ規格を採用することによって、ＩＳＯ規格を認証取得した企業のＥＭＡＳ参加を促進しようとするものであると説明されているが、繰り返すように、ＥＭＡＳに参加し、認証を得るためには、環境検証人による環境報告書の認証などＥＭＡＳ固有の要求事項を充たす必要があるため、今回の改訂は、その意味では、ＩＳＯ規格に対するＥＭＡＳの特徴をより明確化することによって、環境保全に対するＥＭＡＳの優位性・有効性を際立たせようとしたとみるのが、むしろ説得的である。

㈣　環境関連法規の遵守

1　法一致

(1)　ＥＭＡＳに登録された企業は、環境関連法規を遵守しなければならない。すなわち、新規則によれば、組織は、ＥＭＡＳへの登録にあたり、その活動、製品および業務遂行に関して環境関連法規を遵守しなければならないこと[122]、および、組織の登録に際しては、登録権限を有する機関は、組織の環境関連法規違反について審査しなければならないことが規定されている[123]。したがって、環境関連法規の遵守は、ＥＭＡＳへの組織登録のための要件である。

環境関連法規を遵守すべきこと、すなわち法一致（Rechtskonformität）については、もちろん、ＥＭＡＳⅠにおいても事業所登録の要件として要求されていると理解されてはいたが[124]、旧規則上は、権限ある執行官庁により当該事業所が環境関連法規に違反している旨の通知がなされた場合には、登録機関が事業所の登録を拒否し、あるいは一時的に取り消さねばならない旨が規定されているにとどまり[125]、環境基本方針の策定や環境管理システムの構築との関わりで、環境関連法規を遵守すべきことが、必ずしも明確かつ一義的に規定されているわけではなかった。その意味で、ＥＭＡＳⅡが環境関連法規の遵守と登録とを厳密に結びつけて規定したことの意義は大きいと考えられる。したがって、実際の審査は附属書Ⅶに基づいて実施されるが、その全ての段階で環境関連法規の遵守という要求が存在することになる。

⑵　すなわち、まず、ＥＭＡＳへ登録しようとする組織は、環境管理システムを構築しなければならないが、それに際しては、環境管理システムの構築に係る附属書Ⅰに掲げられている全ての要求事項、とりわけ関連環境法規の遵守（Einhaltung der einschlägigen Umweltvorschriften）について考慮しなければならない[126]。同様に、企業内環境監査（interne Umweltbetriebsprüfung）の実施に際しても、環境法規が遵守されているかどうか、および組織の企業内環境監査プログラム（Umweltbetriebsprüfungsprogramm）に環境関連法規遵守の審査項目が明確に含まれているかどうかを審査しなければならない[127]。組織は、その審査結果に基づいて環境報告書を策定することになるが[128]、そこでは、重大な環境影響との関わりで、法規が遵守されているかどうかの情報提供が要求されている[129]。そして最後に、環境検証人は、環境報告書を審査し、それが妥当である旨を宣言しなければならないが、そのためには、環境検証人は、環境報告書それ自体の審査はもちろんのこと、組織によって実施された各段階の審査、すなわち、組織による環境状況の審査、それに基づく環境管理システムの構築、そして企業内環境監査など、当該組織を完全に検証していくことが必要となるし[130]、環境検証人は、それぞれの検証項目について組織が環境関連法規を遵守していないことを確認したときには、環境報告書が妥当である旨の宣言をしてはならないことになる。

なお、認定・監督機関は、定期的に、そして少なくとも二四ヶ月ごとに（in regelmäßigen Abständen und mindestens alle 24 Monate）、実際に行われた検証の質（Qualität der vorgenommenen Begutachtungen）に基づいて環境検証人を監督することになっているが、ここでも、環境検証人により環境法規の遵守が適正に審査されているかどうかが、当該機関の審査の対象とされている[131]。このことからも、ＥＭＡＳ参加組織の要求事項として明確に位置づけられていること、すなわち、ＥＭＡＳへの登録のための要件とされていることが明らかである。

2　登録要件

(1)　新規則六条は、組織の登録（Eintragung von Organisation）に関して、それにつき権限を有している管轄機関（zuständige Stelle）の側面から規定したものであるが、その具体的内容については、各国において国内法化されることになっている。

ところで、旧規則では、「各加盟国は、この規則、とくに第八条（事業所の登録）および第九条（登録事業所名簿の公表）に定められた任務を責任をもって遂行する管轄機関を指名し、その旨をＥＣ委員会に通知しなければならない」[132]と規定し、事業所登録につき権限を有する機関を指名すべきことを各国に義務づけていた。それをうけて、たとえば、ドイツ環境監査法では、その任務を、産業・商工会議所（Industrie- und Handelskammer）および手工業会議所（Handwerkskammer）に委ねていた。[133]この点に関して、新規則では、「各加盟国は、この規則の施行後三ヶ月以内に、この規則、とりわけ第六条（組織の登録）および第七条（登録組織の名簿および環境検証人のリスト）に定められた任務の遂行に責任をもつ管轄機関を指名する。各加盟国は、管轄機関を委員会に通知する」[134]と規定し、更に、旧規則に基づいて指名された管轄機関が、そのまま権限を有する旨を規定しているため、[135]ドイツにおいては、新規則施行後も、右の機関が引き続き組織登録の権限を有することになる。

(2)　登録の要件との関わりでは、法規の遵守についてＥＭＡＳⅠよりも具体化されているのが特徴である。とりわけ、登録機関が、法規の執行に関して権限を有している行政庁に当該法規が遵守されているかどうかの照会（Erkundigung）を行い、その情報に基づいて登録すべきかどうかを判断するとされている点は、[136]新規則において、より明確になった点である。なお、この照会は、ドイツの場合、環境監査法三三条二項に基づき、照会があったときには執行官庁が四週間以内に登録の対象となっている事業所について意見を述べるという形式で行われる。[137]

3　「環境法規」の意義

(1)　環境法規の概念については、多くの分類および定義の仕方が存在する[138]。ここでは、その詳細には触れないが、いずれにしても、当該規定の規律内容から判断して環境の保護に直接役立つ内容を含むものであるならば、それを環境法規として分類し、定義することができよう。したがって、環境法という用語からするならば、たとえば営業法や建設法などの規定の遵守は明示的には要求されていないともいいうるが、ここでは、それが属する法領域にかかわらず、当該法規の規律内容から環境法規に該当するか否かを決すべきことになる。

これを、ドイツについてみるならば、基本的にはインミッシオン防止法の概念規定[139]に基づいて判断すべきことになるが、それによれば、たとえば騒音防止に関する法は、騒音が環境への有害な影響とみなされているために環境法規に含まれるし、それゆえに、環境検証人は、組織の認証および登録に際しては、騒音防止法が遵守されているかどうかを審査しなければならないことになる[140]。同様に、危険物質の保管のあり方は、保管場所の近隣の安全確保や環境の維持に直接関わるものであるので、それらに関する法は、環境法規とみなされるべきであるということになる。

(2)　それに対して、確かに環境の保護に無縁とはいえないものの、それに間接的に役立つにすぎない法規の場合には、若干問題である。たとえば、ドイツでは、労働災害防止法（Arbeitsschutzrecht）によって、使用者には、職業への従事によって生ずる肉体的・精神的・道徳的な危険に対して被用者を保護する法的義務が課せられているが、そのような措置がとられているかどうかを審査すること自体は、環境検証人の直接的な任務とはいえない。しかしながら、たとえば危険物質が、当該作業場においては安全性確保のための整備が十分に行われていたり、あるいはそのための措置が実施されていたとしても、それが当該作業場をこえて周辺の環境へ放出されるような場合には、環境検証人は、そのことを黙認するわけにはいかない。このような場合には、環境報告書の認証にも、当然影響を及ぼすことになろう。

すなわち、このような例をより一般化するならば、いわゆる環境法規以外の法規を考慮せずに検証作業を実施することが、結果的に重大な環境問題を惹起することになってしまうような場合、あるいは、環境検証人が、その職務上、そのような危険性を認識すべきであるような場合には、環境検証人には、当該組織の指導者に対してその旨の報告をしなければならないであろうし、その場合には、当然のことながら、環境報告書の認証は、その点に関しての改善措置がなされた後になる。いずれにしても、当該規定が環境法規といいうるかどうかは、個別の問題事例ごとに判断せざるをえないことになろう[141]。

4　環境関連法規の遵守と企業間競争の公平性

(1)　環境関連法規の遵守をEC規則に明示することは、もともとは、ドイツの要求によるものであった。すなわち、関連法規の遵守義務を明確にすることによって、EMAS参加企業の質を均質なものとし、事業所間の機会均等、競争法上の公平性を保証すべきであると考えたからである。ところが、現実には、旧規則六条および一八条の具体的内容、すなわち、環境検証人の認定とその検証活動に対する監督、監査を受けた事業所の登録とその管轄機関等については、とりあえずはEC規則の基準に準拠しながらも、それらの詳細については各加盟国が独自に国内法を整備すべきであるとされていたこともあって、実際の規定内容、とりわけその厳格さの程度は、各国ごとにかなり異なったものとなっていた。そして、その差異は、結果的には、参加資格の審査の方法および内容、あるいは環境関連法規の遵守をはじめとする環境保護のための具体的な要求事項にも反映されている。

すなわち、同じく環境関連法規の遵守とはいっても、環境保全のための厳格な規制法上の仕組みを有している国の企業は、EMAS参加に際して、そのような仕組みの存しない、もしくはそれほど厳格とはいえない国の企業以上に、優れた環境実績を有していなければならないことになるからである。とりわけ、ドイツ環境法は、加盟国の中でも最も厳格な規制内容を含む国の一つであったこともあり、環境関連法規の遵守についての義務を明示したEC規則は、その意味で、ドイツ企業にとっては、とりわけEU域内での公正な競争を確保しようとする際に、まさに厄介な存在として立ちはだかることになった[142]。そのこともあって、ＥＣ規則施行後は、まさに環境関連法規の遵守を要求した当事国であるドイツにおいて、この義務づけに対しての疑問が噴出する事態となる[143]。つまり、環境保護の継続的改善を企業に義務づけるＥＭＡＳの仕組みは、ドイツのようにもともと高度の環境保護水準でスタートしている企業にとっては、極めて不利であるばかりでなく、爾後の技術革新さえも危うくしかねない問題状況を孕むものであるし、ＥＵ域内での競争法上の歪みを生じる危険、すなわち、ＥＵの存立意義さえも問われかねない危険をも内在しているという主張によるものであった。

⑵　そのような疑問や不満に対しては、ＥＣ規則が環境保護に対しての企業の継続的改善の努力や、それに対する審査の枠組みを示すことにより、それへ向けての企業の能力は次第に高まり、いずれは各国の企業とも高度の環境保護水準を維持しうるようになるという見方もある。しかし、旧規則施行後かなりの年月を経過した現在においても、そのような兆候は見られないばかりか、各国間の格差は、むしろ拡大する傾向さえ示しているとみることもできる。ましてや、今後、他の諸国のＥＵへの新たな加盟が現実のものとなると、それらの疑問も、より一層現実味を帯びたものとして主張されることになろう。

もっとも、このような競争法上の問題の存在にもかかわらず、法規の遵守を義務づけることとは、ＥＭＡＳという制度それ自体にとっては、有意義かつ必要なことではある。その義務づけさえも存しなければ、各国の規制法上の厳格さの格差以上に、企業間の環境保護水準にばらつきが生じてしまうからである。

とはいえ、ＥＭＡＳ参加企業が差別的に取り扱われることがあってはならず、競争上の歪みは可能な限り回避されねばならない。それが保証されない限りは、ＥＭＡＳという制度それ自体の危機が訪れかねないからである。とりわけ、近時、ＥＭＡＳ登録を、たとえば公共事業などへの優先的採用のようなＥＵ域内での優遇的取扱い、更には具体的活動を行うに際しての要件にしようとする動きが随所でみられるが、そこでは今後、加盟国間の規制法の実質的差異が、大きな障害となって顕在化することが予想される。したがって、各国の認証基準、および、遵守すべき規制法の内容と実際の認証実務のあり方に関し、いかにして透明性を確保していくかが、EC委員会に課せられた課題といえよう[144]。

(五) 環境報告書

(1) EMASは、もともと、企業による環境情報の公開の要請との密接な結びつきの下に構想されてきたものであり、したがって、市民に提供される企業の環境情報の信頼性こそが、その重要な要素となる[145]。更に、その情報公開の要素は、EMASの目標である「企業による環境保護の継続的改善」(kontinuierliche Verbesserung des betrieblichen Umweltschutzes) に明確に結びつけられているため、それが単に市民への一方的な情報提供にとどまることなく、市民とのオープンで積極的な対話が求められることになる。そして、そのための重要な手法として位置づけられているのが、環境報告書[146] (Umwelterklärung ; Environmental Statement) である。

環境報告書は、環境検証人によって妥当と宣言された後、登録機関に提出し、登録簿に記載されるが[147]、登録後は公衆がアクセスしやすい状態にするとともに、毎年現実に即した内容に更新し、更には、三年ごとに印刷の形式で (in gedruckter Form) 公表されねばならない[148]。もっとも、公表については、今回の改訂により、ペーパー形式での公表と並んでインターネットでも、あるいは、他の現代的メディアによっても行うことができることとされた[149]。また、EMASⅡでは、環境報告書を毎年作成すべきこととしたことに関連して、EMASⅠとは異なり、その内容も環境検証人によって毎年審査され、認証されるべきものとされた。

もっとも、毎年作成される環境報告書は、結局は翌年の監査の際に認証されることになるため、それに伴うコストなどを考慮した場合には、とりわけ中小企業の実情にはそぐわないし、他方では、組織を継続的に改善していくためには、監査の後に十分な時間的余裕が与えられる必要がある。そのため、環境管理システムに変更がない場合には、従業員五〇人までの中小企業については、従来通り三年の認証サイクルとする例外が定められている[150]。更に、

ＥＣ委員会は、「検証と妥当性宣言および企業内環境監査の頻度についてのガイドライン」[151]（Leitlinie zur Begutachtung und Gültigkeitserklärung sowie zur Häufigkeit der Umweltbetriebsprüfung）を決定の形式で発布し、その中で、毎年の認証義務の免除事由に対しての例外を示しているが、それによれば、当該企業の活動、製品、業務遂行と結びついた著しい環境危険（beträchtliche Umweltgefahren mit ihren Tätigkeiten, Produkten und Dienstleistungen）、環境管理システムにおける重要な経営上の変更（wesentliche betriebliche Änderungen in ihrem Umweltmanagementsystem）、当該活動、製品、業務遂行のための重要な法律上の要求（wesentliche gesetzliche Anforderungen für ihre Tätigkeiten, Produkte und Dienstleistungen）、重大な地域的問題の存在（erhebliche lokale Probleme existieren）の場合には、環境報告書を毎年作成し、そのたびごとに認証を受けなければならない。

⑵　ところで、環境報告書への必要的記載事項、もしくは任意的記載事項については、新規則および附属書、更にはガイドラインで詳細に規定されている[152]。最小限の記載内容として、まず、登録される組織の環境基本方針（Umweltpolitik）と環境管理システム（Umweltmanagementsystem）の内容が、明確かつ一義的に記述されていなければならない[153]。更に、全ての重要な直接的・間接的環境側面（alle wesentlichen direkten und indirekten Umweltaspekte）とその影響、および、それとの関連で確定された環境目標設定と環境個別目標（Umweltzielsetzungen und -einzelziele）の記載も要求されている。そして、それらの目標を裏づけるような環境実績のデータ、たとえば有害物質の放出、廃棄物の発生、エネルギー消費に関する数値データ等が記入されていなければならない[154]。なお、環境報告書の記載内容、すなわち、必要的記載事項と任意的記載事項については、それに関するガイドラインが勧告として発布されているが、そこでは、環境報告書の作成についての実例が示されている[155]。

㈥ 環境検証人の活動

1 環境検証人の認定

EMASの適用領域は、従来、主として製造業に限られていたが、今回の改訂により、それがすべての組織へと拡大され、そのことに伴い、新たに加わった部門を審査する環境検証人の認定が必要となった。すなわち、環境検証人の認定要件としては、従来より、環境監査の方法や実施に関する技術的知識や経営等に関わる知識が要求されているだけではなく、各種の専門的な資質も資格要件とされていた[156]が、すべての組織が認定の対象とされることにより、それを審査するための専門的知識を有する環境検証人が必要となるためである。新規則では、EU加盟国内で統一的基準を保証するために、EMASⅡの下での環境検証人の専門的資格に対する要求事項を詳細に規定している[157]が、ドイツでは、更に、「専門性指針[158]」(Fachkunderichtlinie)と「審査人指針[159]」(Prüferrichtlinie)が公表されており、それらを適用することで環境検証人の認定が行われることになる[160]。

2 環境検証人の任務

(1) 環境検証人の具体的任務内容については、附属書Ⅴに詳細に規定されている[161]。それによれば、まず、環境検証人は、当該組織との間で、環境検証人の作業の対象および範囲について確定し、更に、専門的に、かつ独立して(professionell und unabhängig)活動しうる可能性を内容とする文書による協定(schriftliche Vereinbarung)を締結し、その内容に従って実際の検証活動を行うことになる[162]。この協定は、遅くとも三六ヶ月以内に、EMAS登録に必要なすべての構成要素(alle für die EMAS-Eintragung erforderlichen Komponenten)がEC規則に基づいて審査されることを保証した検証プログラム[163](Begutachtungsprogramm)を含むものでなければならない[164]。更に、当該組織に関しては、環境報告書を毎年認証する必要があるのかどうか、ロゴの使用に関連して競争目的に利用されるべき情報の有効性を環境検証人が確認するのかどうかなどについても、明らかにされねばならない[165]。

(2) このような環境検証人の活動については、前述のように、「検証と妥当性宣言および企業内環境監査の頻度についてのガイドライン」[166]が決定の形式で発布されているが、そこでは、たとえば、内部の企業内環境監査プログラムの実施能力とこのプログラムへの信頼（Leistungsfähigkeit des internen Umweltbetriebsprüfungsprogramms und Vertrauen in dieses Programm）、環境管理システムの複雑性（Komplexität des Umweltmanagementsystems）、環境基本方針（Umweltpolitik）、組織の活動、製品および業務遂行の規模、範囲および種類（Größe, Umfang und Art der Tätigkeiten, Produkte und Dienstleistungen der Organisation）、組織の直接的および間接的環境側面の重要性（Wesentlichkeit der direkten und indirekten Umweltaspekte der Organisation）、環境報告書における情報および数値に関連した数値データ・情報の管理および出力システムの実施能力（Leistungsfähigkeit des Daten und Informationsmanagement- und -abrufsystems in Bezug auf Information und Daten in der Umwelterklärung）、当該組織の環境問題の前歴（Vorgeschichte von Umweltproblemen）、従前の検証の結果（Ergebnisse früherer Begutachtungen）、ＥＭＡＳ要求事項の遵守に関する組織の経験（Erfahrung der Organisation hinsichtlich der Einhaltung EMAS-Anforderungen）など、環境検証人の検証の対象となる領域が個別的に示されており[167]、また、どのような場合に環境検証人による環境報告書の検証・認証を見合わせることができるのか、といったことが、具体例をもって説明されている[168]。すでにＩＳＯ規格で認証されている組織の検証に関しては、環境検証人は、一方では、不必要な重複作業および無駄なコストや時間の浪費を回避すべき（um unnötige Doppelarbeit sowie überflüssigen Kosten- und Zeitaufwand zu vermeiden）こと、しかし他方では、ガイドラインに沿って、ＥＭＡＳⅡの下で審査すべき事項が残されていないことに十分注意をしなければならない[169]、とされている。それと並んで、ドイツの場合には、検証に際しての個々の段階を説明した環境検証人委員会[170]（Umweltgutachterausschuß）の手引きも存在し、そこからも環境検証人の任務が明らかになる。

3　環境検証人に対する監督

(1)　環境検証人が認定要件を具備していることについては、各国の認定機関（Zulassungsstelle）によって保証される[171]。ドイツの場合には、環境監査法が環境検証人に対する監督（Aufsicht über Umweltgutachter）の規定を置き、認定要件や専門知識証明（Fachkenntnisbescheinigung）付与の要件を継続的に具備しているかどうかが審査されることになっている。[172]

環境検証人に対する監督の間隔は、ＥＭＡＳⅠでは三六ヶ月であったのが、ＥＭＡＳⅡでは二四ヶ月に短縮された。したがって、その期間内に、環境検証人が実際に実施した検証活動の質（Qualität der vorgenommene Begutachtung）が審査されねばならない。そして、その場合の監督手段として、新規則では、環境検証人の事務所における審査（Überprüfung im Umweltgutachterbüro = Office-Audit）、組織における検証に同伴して行う環境検証人の必要な能力の実地審査（praktische Überprüfung der erforderlichen Fähigkeiten des Umweltgutachters bei seine Arbeit in Organisationen = Witness-Audit）、更には、質問用紙（Fragebogen）および妥当と宣言された環境報告書と作成された検証報告書（Begutachtungsbericht）の審査などが挙げられている。[173]

⑵　ところで、旧規則では、ある加盟国で認定を受けた環境検証人が他の加盟国で検証活動を実施しようとする場合、その国の認定機関に事前に通知をし、その活動が当該加盟国の認定機関の監督に服するという条件つきで、他のすべての加盟国において検証活動を行いうる旨を規定していた。[174] ドイツ環境監査法でも、それをうけて、他のＥＵ諸国で認定された環境検証人について、ドイツの認定機関である「環境検証人の信任・認定協会」（Deutsche Akkreditierungs- und Zulassungsgesellschaft für Umweltgutachter mbH - DAU）による監督に服するものとするとともに、実際に検証活動を開始する前に認定機関に通知しなければならないものと規定していた。[175] そして、具体的には、ドイツ環境監査法は、事業所を監督するに際しては「関連法規と並んで、それについて発せられた官庁により公示されている連邦および州の行政規則も」（neben den einschlägigen Rechtsvorschriften auch die hierzu ergangene amtlich veröffentlichten Verwaltungsvorschriften des Bundes und Länder）考慮しなければならないとし、更には、ドイツ国内の環境検証人と同様の義務にも服するという規定を置いていたために、[176]「関連法規および規格」[177]（einschlägige Rechtsvorschriften und Normen）についての知識を要求しているにすぎない旧規則との整合性が問題とされていた。

これについて、新規則は、環境検証人は実際に検証活動を実施しようとする加盟国の認定機関に対して、遅くとも当該検証活動の四週間前までに、認定の詳細（Einzelheiten der Zulassung）、専門的資格（fachliche Qualifikationen）および検証の場所と期間（Ort und Zeit der Begutachtung）などに関して通知しなければならず、認定・監督機関は、検証活動が行われている間は、当該環境検証人を監督する権限を有するものと規定した。[178]ドイツでは、この改訂内容に合わせて、環境検証人委員会より「監督指針[179]」が発布され、その詳細が決定されている。

なお、認定・監督業務につき、EU加盟国間での統一的な実務を保証するために、各国の認定機関からなるフォーラム（Forum）が創設されることになっている。[180]この趣旨は、要するに、環境検証人の専門的資格や監督に対する加盟国ごとの差異をなくし、各国の認定機関によりなされた決定について、その判断の過程や結論をオープンにすることによって、その判断基準を統一しようとするところにあった。この背景には、環境検証人の認定基準が他の加盟国に比べて厳しすぎるというドイツなどの主張が反映されているものと思われる。

㈦　新たなロゴの使用

(1)　今回のEMAS改訂の目的は、公衆にEMASを広く周知させ、本制度をより強力なものとして構築するということにあったが、実際にはそれを、とりわけ新たなEMASロゴ（EMAS-Zeichen）の創設によって達成しようという方向性を明確にうちだしている。ロゴの使用については、新規則[181]および決定の形式で発布されているいわゆる「ロゴ・ガイドライン[182]」（Logo-Leitlinie）に詳細に規定されている。

周知のように、EMASⅠの下でも、本制度に参加していることを内容とするエンブレムの使用は認められていたものの、それは製品の宣伝や製品それ自体には使用することができず、また、包装紙にも印刷することはできないとされているなど[183]、当該エンブレムの法的および経済的な意味や効果は、必ずしも十分な内容をもって規定されていたわけではなかったたし、そのことに対する批判も随所で見受けられるところであった。その意味では、新規則が、競争目的のためのロゴの使用を明確に認めたことは、画期的なことといいうる。

⑵ 「ロゴ・ガイドライン」によれば、ロゴの使用は、①ＥＭＡＳへの組織の参加を示すため、②ＥＭＡＳに登録されている組織の製品、活動もしくは業務遂行が生産され、もしくは実施されたことを示すため、そして、③製品、活動および業務遂行に直接もしくは間接的に関連する、環境検証人によって妥当と宣言された各種情報に信頼性を付与するために認められているが、その方法としては、(イ)新聞やカタログなどの印刷された製品宣伝（in gedruckter Produktwerbung）、(ロ)製品の取扱説明書（in Bedienungsanleitung）、(ハ)テレビやウェブサイトなどの他のメディア（in anderen Medien）、(ニ)顧客に製品、活動および業務遂行が呈示される商品陳列棚やショーウィンドー（in Regalen und Auslagen, in denen Produkte, Tätigkeiten und Dienstleistungen den Kunden präsentiert werden）、(ホ)展示会などのブースで（an Ständen auf Ausstellungen usw.）などが挙げられている[184]。

しかしながら、他方で、たとえばドイツのブルー・エンジェル[185]（Blauer Engel）が製品等の特徴を積極的に示すことを認めているのとは異なり、このロゴは、製品の特徴を表すものとしてではなく、後述のように、当該組織がＥＭＡＳによる審査を受けたことと、審査された情報内容を示すものとして位置づけられている。そのこともあって、製品もしくはその包装、および、他の製品、活動および業務遂行との比較と結びつけては使用してはならない[186]（Das Zeichen darf nicht verwendet werden auf Produkten oder ihrer Verpachung, in Verbindung mit Vergleichen mit anderen Produkten, Tätigkeiten und Dienstleistungen）とされている。それはともかく、ＥＭＡＳロゴは「検証された環境管理」と「有効と認められた情報」という二つのパターンで使用できることとされており、前述の「ロゴ・ガイドライン」は、これについての多くの例を明示している。

⑶ そのうち、まず、「検証された環境管理」（geprüftes Umweltmanagement ; verified environmental management）と称されている第一バージョン（Version）では、ロゴは、当該組織がＥＭＡＳに参加していること（die Beteiligung der Organisation an EMAS）、あるいは、対象となっている製品、活動もしくは業務遂行がＥＭＡＳに登録された組織

によって製造され、もしくは実施されたものであること（ein Produkt, eine Tätigkeit oder eine Dienstleistung von einer in EMAS eingetragenen Organisation erzeugt wurde）を示すために用いられ、たとえばレター・ヘッドや企業レポート、ＥＭＡＳ参加を知らせる資料などに使用することができる。[187]

他方、「有効と認められた情報」（geprüfte Information ; validated information）といわれる第二バージョンでは、ロゴは、製品、活動および業務遂行に直接あるいは間接的に関連する各種情報に信頼性（Glaubhaftigkeit）を付与する目的をもつ。すなわち、「ロゴ・ガイドライン」によれば、まず、製品に間接的に関わる情報とは、(イ)当該生産工程の性能の特徴（Leistungsmerkmale der betreffenden Produktionsverfahren）、(ロ)組織の環境管理の特徴（Merkmale des Umweltmanagements der Organisation）、(ハ)環境基本方針、環境目標設定および環境個別目標（Umweltpolitik, Umweltzielsetzungen und -einzelziele）、(ニ)一般的な環境実績データ（allgemeine Umweltleistungsdaten）であり、他方、直接関連する情報とは、(イ)製品、活動もしくは業務遂行それ自体の環境に重要な特徴（umweltrelevante Merkmale des Produkts, der Tätigkeit oder Dienstleistung selbst）、(ロ)その使用の間の、もしくは使用後の製品の特性（Eigenschaften des Produkts während oder nach seiner Verwendung）、(ハ)製品もしくは業務遂行の環境実績の改善（Verbesserung der Umweltleistung der Produkte oder Dienstleistungen）、(ニ)製品もしくは業務遂行に関連した環境政策上の目標設定および個別目標（produkt- oder dienstleistungsbezogene umweltpolitische Zielsetzungen und -einzelziele）、(ホ)製品、活動もしくは業務遂行に関連する環境実績データ（auf das Produkt, die Tätigkeit oder Dienstleistung bezogene Umweltleistunsdaten）である。[188]

そして、これらの当該企業に特殊な情報を、新規則および「ロゴ・ガイドライン」に従いながら、製品・活動・業務遂行のための宣伝に、そして、もちろん認証された環境報告書にも用いることができる。ただし、この第二バージョンのロゴの場合には、環境検証人は、当該情報が正確で誤りがない（korrekt und nicht irreführend）こと、その情報に根拠があり事後確認しうる（begründet und nachprüfbar）こと、その情報が有意味で正しいコンテクストの下で使用されている（relevant und in richtigen Kontext verwendet）こと、組織全体の環境実績を反映している（repräsentative für die Umweltleistung der Organisation insgesamt）こと、紛らわしくない（unmissverständlich）こと、および、すべての環境影響に関して重要である（wesentlich in Bezug auf die gesamten Umweltauswirkungen）ことなどについて、確認をすることになる。[189] ここには、単にそのロゴが適切に使用されているかどうかのみではなく、当該ロゴとともに表現されている文言が、登録された事業所と明確に関連づけられているかどうかも含まれるために、その文言は、製品のライフ・サイクルにまで関連づけてはならないことになるし、個々の部品の下請業者に関わることも表現してはならない。

(八) その他の主要な変更点

1 規制緩和措置

ＥＭＡＳに参加している、あるいは将来的に参加を希望している企業にとっては、参加に伴って規制法上の要求事項が軽減されるのかどうか、もしくは、ＥＭＡＳ参加に伴う検証・認証の手続が個別法による手続に代替しうることになるのかどうかが、最大の関心事の一つである。

この点に関して、新規則は、ＥＭＡＳにより認証・登録された組織について、各国法およびＥＵ法の適用に関連して、いかにして「組織についても執行官庁についても二重の作業コストを回避する」（doppelter Arbeitsaufwand sowohl für die Organisationen als auch für die vollziehenden Behörde vermieden wird）のかを判定する任務を各加盟国に付与しているが、[190] 積極的に規制緩和措置の導入を加盟国に義務づけることは見送られた。しかし、この点に関しては、すでに、このような規定では不十分である旨の指摘が存するところであり、将来的には、参加を検討している組織にインセンティヴを与えるためにも、そして、これまでのＥＭＡＳの経験からも、何らかの形での規制緩和を加盟国に義務づけることが必要となるであろう。[191] その際、それは個別の認可手続等で対処すべき性格のものではなく、

ＥＭＡＳもしくはその国内法で立法的に解決するのが望ましいとする見解が、おそらくは一般的である。[192]

2　中小企業の参加促進

中小企業のＥＭＡＳへの参加が少ないという現実をうけて、ＥＭＡＳⅡでは、中小企業の参加促進を加盟国に義務づけているが、具体的には、中小企業に対する技術的支援（technische Hilfe）やそれらに関する情報へのアクセス（Zugang zu Informationen）等について、加盟国に何らかの措置を積極的に採用すべく義務づける内容となっている。[193]もっとも、ここで「中小企業」の概念は必ずしも明確とされていない[194]こともあって、運用次第では、企業間の公正な競争が歪められるおそれがあるとの指摘もあるが、それは、公正な競争を前提とし、その前提の上に成り立っているＥＭＡＳそのものの存立基盤をも揺るがしかねない問題をはらむものでもある。

(74)　ＩＳＯ規格によれば、「法人か否か、公的か私的かを問わず、独立の機能および管理体制を有する企業、会社、事業所、官庁もしくは協会、またはその一部もしくは結合体」（company, corporation, firm, enterprise, authority or institution, or part or combination thereof, whether incorporated or not, public or private, that has its own functions and administration）は、それらが単一の事業単位として統合されうる限りで「組織」として証明される（ISO 14001 Ziff. 3.12）。なお、この訳出は、日本規格協会編『ＩＳＯ一四〇〇一・一四〇〇四環境マネジメントシステム〈対訳〉』日本規格協会（一九九六）による。したがって、ＩＳＯ規格の対象は組織とはされているが、それは産業界だけを対象としているわけではなく、市役所、学校、商社、スーパー・マーケット、工場、ＮＧＯなど、管理機能があれば、すべて認証の対象となりうることになる。そこには、いかなる組織であっても環境へなにがしかの影響を及ぼしているはずであるから、すべてが公平に役割を負担すべきであるという発想をみることができる。

(75)　Art. 2 Buchst. k) EG-UAVO a. F.

(76)　Art. 2 Buchst. i) EG-UAVO a. F.

(77)　Art. 14 EG-UAVO a. F.

(78)　Art. 2 Buchst. s) EG-UAVO n. F.

(79)　この決定によれば、パイロット・フェーズとして、まずは環境総局など三つの部局でＥＭＡＳを実施し、それらの活動のすべてについて環境側面を評価し、二年間の環境目標を設定して、最終的には、ＥＣ委員会全体のＥＭＡＳ認証・登録を目標にするという。

(80) 詳細は、連邦環境庁のホームページ（http://www.umweltbundesamt.de/uba-info-presse/presse-informationen/pd3501.htm）を参照。

(81) Vgl. Art. 2 Buchst. t）EG-UAVO n. F.

(82) Vgl. Anhang I B Nr. 2 i. V. m. Anhang Ⅲ Ziff. 3.7 EG-UAVO n. F.

(83) Entscheidung der Kommission vom 7. September 2001 über Leitlinien für die Anwendung der Verordnung（EG）Nr. 761/2001 des Europäischen Parlaments und des Rates über die freiwillige Beteiligung von Organisationen an einem Gemeinschaftssystem für das Umweltmanagement und die Umweltbetriebsprüfung（EMAS）, ABl. EG Nr. L 247 S. 24.

(84) 「決定」は、ＥＣの理事会、委員会、議会が行うＥＵ法における第二次法源の一種とされており、そのすべての部分において、その名宛人に対して拘束力を有する。Vgl. Art. 189 EGV.

(85) Vgl. Anhang I: Leitfaden zu Einheiten, die für eine EMAS-Eintragung in Frage kommen.

(86) Vgl. ABl. EG Nr. L 247 S. 26.

(87) Vgl. ABl. EG Nr. L 247 S. 26f.

(88) Vgl. ABl. EG Nr. L 247 S. 27ff.

(89) Vgl. ABl. EG Nr. L 247 S. 30.

(90) Vgl. ABl. EG Nr. L 247 S. 30f.

(91) Vgl. ABl. EG Nr. L 247 S. 31.

(92) Vgl. ABl. EG Nr. L 247 S. 32f.

(93) Vgl. ABl. EG Nr. L 247 S. 33.

(94) P.-C. Strom, Novellierungsbedarf der EG-Umweltaudit-Verordnung, NVwZ 1998, S. 341, S. 342.

(95) 以上につき、vgl. C. Streck, Der EMAS-Umweltgutachter und die Deregulierung des deutschen Umweltrechts, 2001, S. 55ff.

(96) Art. 2 Buchst. s）EG-UAVO n. F.

(97) ISO 14001 Ziff. 4.3.1.

(98) Art. 2 Buchst. f）EG-UAVO n. F.

(99) Art. 2 Buchst. g）EG-UAVO n. F.

(100)　Anhang Ⅵ Ziff. 6.2 u. Ziff. 6.3 EG-UAVO n. F.

(101)　Anhang I B Ziff. 3 und Anhang I C EG-UAVO a. F.

(102)　Art. 3 Abs. 2 Buchst. a) EG-UAVO n. F.

(103)　Empfehlung der Kommission vom 7. September 2001 über Leitlinien für die Anwendung der Verordnung (EG) Nr. 761/2001 des Europäischen Parlaments und des Rates über die freiwillige Beteiligung von Organisationen an einem Gemeinschaftssystem für das Umweltmanagement und die Umweltbetriebsprüfung (EMAS), ABl. EG Nr. L 247 S. 1. 勧告（Empfehlung ; recommendtion）は、EU法における第二次法源の一種で、規則（Verordnung）・指令（Richtlinie）・決定（Entscheidung）とは異なり、拘束力を有しない。

(104)　Vgl. Art. 4 Abs. 7 EG-UAVO n. F.

(105)　この勧告は、次の四つの「手引き」(Leitfaden) から成っている。このうち、環境側面については、附属書Ⅲに示されている。Anhang I: Leitfaden zur EMAS-Umwelterklärung; Anhang Ⅱ: Leitfaden für die Arbeitnehmerbeteiligung im Rahmen von EMAS; Anhang Ⅲ: Leitfaden für die Ermittlung von Umweltaspekten und die Bewertung ihrer Wesentlichkeit; Anhang Ⅳ: Leitfaden für Umweltgutachter bei der Überprüfung von kleinen und mittleren Unternehmen (KMU), insbesondere von Klein- und Kleinstunternehmen.

(106)　ABl. EG Nr. L 247 S. 15.

(107)　Art. 2 Buchst. f) EG-UAVO n. F.

(108)　Anhang Ⅳ Ziff. 6.4 EG-UAVO n. F.

(109)　Vgl. Anhang Ⅵ Ziff. 6.3 EG-UAVO n. F.

(110)　ABl. EG Nr. L 247 S. 18f.

(111)　ABl. EG Nr. L 247 S. 19.

(112)　COM (2001) 274 final.

(113)　以上につき、Schmidt-Räntsch, NuR 2002 (Fußn. 3), S. 199f.

(114)　前註(10)参照。

(115)　なお、両規格の参加数については、生態学的経済研究所（Institutes für Ökologische Wirtschaftsforschung - IÖW）のホームページ（http://www.iwoe.unisg.ch/News/index）で定期的に公表されている。

(116)　ＩＳＯ規格のＥＭＡＳに対する強みについては、vgl. G. Feldhaus, Wettbewerb zwischen EMAS und ISO 14001, UPR 1998, S.

41, S. 42.

(117) 両規格の相違点については、髙橋・前掲註(6)一二頁以下（本書六五頁以下）参照。

(118) Vgl. Streck (Fußn. 95), S. 53.

(119) Vgl. Streck (Fußn. 95), S. 54.

(120) Anhang I A EG-UAVO n. F. 但し、これは環境管理システムの構築に関する部分に限られ、環境法規の遵守（Einhaltung von Rechtsvorschriften）、環境実績（Umweltleistung）、外部とのコミュニケーションと交渉（externe Kommunikation und Beziehungen）、従業員の参入（Einbeziehung der Arbeitnehmer）については、ＩＳＯ規格以上の内容を盛り込んでいる。Vgl. Anhang I B EG-UAVO n. F.

(121) Vgl. Schmidt-Räntsch, NuR 2002 (Fußn. 3), S. 200.

(122) Art. 3 Abs. 2 Buchst. a) EG-UAVO n. F.

(123) Art. 6 EG-UAVO n. F.

(124) G. Lübbe-Wolff, DVBl. 1994 (Fußn. 23), S. 36f.

(125) Art. 8 Abs. 4 S. 1 EG-UAVO a. F.

(126) Art. 3 Abs. 2 Buchst. a) S. 1 EG-UAVO n. F.

(127) Anhang Ⅱ Ziff. 2.2 EG-UAVO n. F.

(128) Art. 3 Abs. 2 Buchst. c) i. V. m. Anhang Ⅲ EG-UAVO n. F.

(129) Anhang Ⅲ Ziff. 3.2 Buchst. f) EG-UAVO n. F.

(130) Art. 3 Abs. 2 Buchst. d) i. V. m. Anhang V Ziff. 5.4 und 5.5 EG-UAVO n. F. なお、Anhang V Ziff. 5.4.3 は「法規の遵守」（Einhaltung der Rechtsvorschriften）という独立した項目を掲げることにより、環境検証人の任務をＥＭＡＳＩにおけるよりも精確に規定している。

(131) Anhang V Ziff. 5.3.1 EG-UAVO n. F.

(132) Art. 18 Abs. 1 EG-UAVO a. F.

(133) § 32 Abs. 1 i. V. m. Abs. 3 UAG.

(134) Art. 5 Abs. 1 EG-UAVO n. F.

(135) Vgl. Art. 17 Abs. 2 EG-UAVO n. F.

(136) Art. 6 Nr. 1 Satz 4 EG-UAVO n. F.

(137) そして、更に、環境監査法の改正案では、新規登録時のみではなく、登録の更新に際しても同様のことが行われることが予定されている。Vgl. Regierungsentwurf (BR-Drs. 31/02 v. 18. 1. 2002) zum UAG-ÄnderungsG unter www.bmu.de (Ökologie, Ökonomie, EMAS).

(138) Vgl. M. Kloepfer, Umweltrecht, 3. Aufl., 2004, § 1 Rdn. 59ff.

(139) § 3 Abs. 2 BImSchG. Vgl.Art. 49 der 7. Zuständigkeitsanpassungsverordnung v. 29. 10. 2001, BGBl. I S. 2785.

(140) Vgl. Kloepfer (Fußn. 138), § 1 Rdn. 79ff.

(141) 以上につき、vgl. Schmidt-Räntsch, NuR 2002 (Fußn. 3), S. 201; Streck (Fußn. 95), S. 66ff.

(142) Vgl. D. Schottelius, Ein kritischer Blick in die Tiefen des EG-Öko-Audit-Systems, BB, Beilage 2 zu Heft 8, 1997, S. 1, S. 6.

(143) ＥＭＡＳと競争法との関係については、vgl. M. Kloepfer, Umweltinformationen durch Unternehmen, NuR 1993, S. 353; A. Wiebe, Umweltschutz durch Wettbewerb: Das betriebliche Umweltschutzsystem der EG, NJW 1994, S. 289; D. Schottelius, Umweltmanagement-Systeme, NVwZ 1998, S. 805, S. 808ff.; Feldhaus (Fußn. 23), S. 1185.

(144) 以上につき、vgl. Streck (Fußn. 95), S. 72ff.

(145) このことによって、企業自体のイメージ・アップが期待できるし、そのことが、市民のみではなく、保険会社や銀行までもが当該企業に目を向けることにつながるであろうという判断が、そこには存在する。そのことによって、それは、企業間の公正な競争の確保というＥＭＡＳのもう一方の要請とも結びつくことになる。以上につき、髙橋・前掲立教法学四六号(註16)一一九頁以下（本書一九〇頁以下）参照。

(146) Art. 3 Abs. 2 Buchst. c) i. V. m. Anhang Ⅲ EG-UAVO n. F.

(147) Art. 6 Nr. 1 EG-UAVO n. F.

(148) Anhang Ⅲ Ziff. 3.1 EG-UAVO n. F.

(149) Anhang Ⅲ Ziff. 3.6 EG-UAVO n. F.

(150) Art. 3 Abs. 3 Buchst. b) EG-UAVO n. F. これについては、前註(103)のＥＣ委員会による勧告を参照。

(151) この決定については、前註(83)参照。

(152) Art. 3 Abs. 2 Buchst. c) i. V. m. Anhang Ⅲ u. Anhang Ⅲ Ziff. 3.1 EG-UAVO n. F.; EMAS-Umwelterklärung, Abl. EG Nr. L 247 S. 1, S. 3ff.

(153) Art. 3 Abs. 2 Buchst. c) i. V. m. Anhang Ⅲ Ziff. 3.2 EG-UAVO n. F.

(154) Anhang Ⅵ EG-UAVO n. F.

(155) Vgl. Langerfeldt, UPR 2001 (Fußn. 3), S. 426.

(156) ＥＭＡＳＩの下での環境検証人の認定要件について、詳しくは、髙橋・前掲註(6)二七頁以下（本書八〇頁以下）参照。

(157) Anhang V Ziff. 5.2.1 EG-UAVO n. F.

(158) Richtlinie des Umweltgutachterausschußes nach dem Umweltauditgesetz für die mündliche Prüfung zur Feststellung der Fachkunde von Umweltgutachtern und Inhaben von Fachkenntnisbescheinigungen v. 20. 9. 2001, BAnz. Nr. 186 S. 21 301.

(159) Richtlinie des Umweltgutachterausschußes über die Voraussetzungen der Aufnahme von Bewerbern in die Prüferliste nach dem Umweltauditgesetz v. 20. 9. 2001, BAnz. Nr. 186 S. 21 299.

(160) これら二つの指針は、環境監査法二一条一項二文一に基づいて発布され、連邦環境・自然保護・原子炉安全大臣（Bundesminister für Umwelt, Naturschutz und Reaktorsicherheit）により認可されたものである。

なお、環境検証人の認定に際しては、以下の専門的資格が最低限の要求事項（Mindestanforderung）として掲げられている。すなわち、①この規則、環境管理システムの一般的な機能方法、関連規格および四条・一四条二項に従い委員会によって策定された本規則の適用のためのガイドラインの知識および理解（Kenntnis und Verständnis dieser Verordnung, der allgemeinen Funktionsweise des Umweltmanagementsystems, der einschlägigen Normen und der von der Kommission nach Artikel 4 und Artikel 14 Absatz 2 erstellten Leitlinien für die Anwendung dieser Verordnung）、②検証活動に関連する法規および行政規則の知識および理解（Kenntnis und Verständnis der Rechts- und Verwaltungsvorschriften bezüglich der zu begutachtenden Tätigkeit）、③持続的な発展の環境次元を含む環境問題の知識および理解（Kenntnis und Verständnis von Umweltfragen einschließlich der Umweltdimension der nachhaltigen Entwicklung）、④検証されるべき活動の環境に関連した技術的側面の知識および理解（Kenntnis und Verständnis umweltbezogener technischer Aspekte der zu begutachtenden Tätigkeit）、⑤管理システムの適正に関連した検証されるべき活動の一般的な機能方法の理解（Verständnis der allgemeinen Funktionsweise der zu begutachtenden Tätigkeit im Hinblick auf die Eignung des Managementsystems）、⑥企業内環境監査と適用される方法論に対する要求事項の知識と理解（Kenntnis und Verständnis der Anforderungen an die Umweltbetriebsprüfung und der angewandten Methoden）、⑦情報（環境報告書）の検証の知識（Kenntnis der Begutachtung von Informationen（Umwelterklärung））である。

旧規則でも、技術的・生態学的・法的諸問題について（in technischen, ökologischen und rechtlichen Fragen）、および審査の方法および手続に関して（in bezug auf Überprüfungsmethoden und -verfahren）、十分な専門知識（ausreichendes Fachwissen）を有していなければならないとして、具体的には、環境監査の方法論（Methodologien der Umweltbetriebsprüfung）、管理情報および工程（Managementinformation und -verfahren）、環境問題（Umweltfragen）、関連法規および規格（einschlägige

Rechtsvorschriften und Normen)、検証活動に関わる技術的知識（technische Kenntnisse）について、適切な資格（Qualifikation）、教育（Ausbildung）および経験（Erfahrung）を有していることと規定されていた（Anhang Ⅲ EGUAVO a. F.）ので、内容上は、これとほぼ同様のものと考えられるが、より具体化されているとみてよい。このような規定の仕方に伴う諸問題の検討は、機会を改めたい。

(161)　Anhang V Ziff. 5.4 bis 5.6 EG-UAVO n. F. Vgl. W. Ewer, Aufgaben und Pflichten des Umweltgutachters sowie das Verfahren seiner Zulassung, in: W. Ewer/R. Lechelt/A. Theuer (Hrsg.), Handbuch Umweltaudit, 1998, S. 115; Falk/Frey, UPR 1996 (Fußn. 23), S. 58; C. Franzius, Die Prüfpflicht und -tiefe des Umweltgutachters nach der EG-Umweltauditverordnung: Umweltaudit und Umweltrechtskonformität, NuR 1999, S. 601; H.-J. Müggenborg, Der Prüfungsumfang des Umweltgutachters nach der Umwelt-Audit-Verordnung, DB 1996, S. 125; J. A. Schickert, Der Umweltgutachter der EG-Umwelt-Audit-Verordnung: Der Umweltgutachter der Verordnung (EWG) Nr. 1836/93 über die freiwillige Beteiligung gewerblicher Unternehmen an einem Gemeinschaftssystem für das Umweltmanagement und die Umweltbetriebsprüfung, 2001; U. Kämmerer, Die Umsetzung des Umwelt-Audit-Rechts: Unter besonderer Berücksichtigung des Umweltgutachters, 2001; T. Erbrath, Der Umweltgutachter nach der EMAS-Verordnung als Vollzugsorgan des europäischen und nationalen Umweltrechts, 2001; Streck (Fußn. 95), S. 81ff.

(162)　Anhang V Ziff. 5.5.1 EG-UAVO n. F.

(163)　Vgl. Schmidt-Räntsch, NuR 2002 (Fußn. 3), S. 202.

(164)　Anhang V Ziff. 5.6 EG-UAVO n. F.

(165)　Vgl. Anhang Ⅲ Ziff. 3.5 EG-UAVO n. F.

(166)　Abl. EG Nr. L 247 S. 34ff.

(167)　Anhang Ⅱ Ziff. 2.3 S. 35.

(168)　Anhang Ⅱ Ziff. 2.2, 2.3.

(169)　Abl. EG Nr. L 247 S. 35.

(170)　環境検証人委員会の構成、権限等については、髙橋・前掲註(6)四〇頁以下（本書九二頁以下）に詳しい。

(171)　ドイツ環境監査法に規定されている環境検証人の認定要件については、髙橋・前掲註(6)二七頁以下（本書八〇頁以下）参照。

(172)　§ 15 UAG. 以上につき、髙橋・前掲註(6)三八頁以下（本書九〇頁以下）参照。

(173)　Anhang V Ziff. 5.3.1 EG-UAVO n. F.

(174) Art. 6 Abs. 7 EG-UAVO a. F.

(175) § 18 UAG.

(176) §§ 15 Abs. 2 Nr. 5, 18 Abs. 2 Satz 3 UAG.

(177) Anhang Ⅲ A EG-UAVO a. F.

(178) Anhang V Ziff. 5.3.2 EG-UAVO n. F.

(179) Richtlinie des Umweltgutachterausschusses nach dem Umweltauditgesetz für die Überprüfung von Umweltgutachtern, Umweltgutachterorganisationen und Inhabern von Fachkenntnisbescheinigungen im Rahmen der Aufsicht v. 20. 9. 2001, BAnz. 2002 Nr. 14 S. 1042.

(180) Art. 4 Abs. 8 EG-UAVO n. F. なお、このフォーラムには、他のEU加盟国の環境検証人の質に関する争訟（Streitigkeit）を扱う権限も含まれている。Vgl. Anhang V Ziff. 5.3.2 EG-UAVO n. F.

(181) Art. 8 i. V. m. Anhang Ⅳ, Anhang Ⅲ 3.5 EG-UAVO n. F.

(182) Leitlinien für die Verwendung des Zeichens in oder auf Werbung für Produkte, Tätigkeiten und Dienstleistungen, ABl. EG Nr. L 247 S. 44.

(183) Art. 10 Ⅲ EG-UAVO a. F.

(184) ABl. EG Nr. L 247 S. 44.

(185) ドイツのブルー・エンジェルの詳細については、vgl. http://www.blauer-engel.de/.

(186) Art. 8 Abs. 3 EG-UAVO n. F.

(187) Art. 8 Abs. 2 EG-UAVO n. F.

(188) ABl. EG Nr. L 247 S. 44f.

(189) Anhang Ⅲ 3.5 EG-UAVO n. F.

(190) Art. 10 Abs. 2 Satz 1 EG-UAVO n. F.

(191) とりわけ、行政庁の裁量決定（Ermessensentscheidung）の領域でのその必要性を指摘するものとして、vgl. Rehbinder/Heuvels, DVBl. 1998 (Fußn. 14), S. 1245, S. 1254.

(192) 以上につき、vgl. Rehbinder/Heuvels, DVBl. 1998 (Fußn. 14), S. 1245; Schottelius, BB 1998 (Fußn. 14), S. 1858; ders., NVwZ 1998 (Fußn. 14), S. 805; G. Feldhaus, Umwelt-Audits und Entlastungschancen im Vollzug des Immissionsschutzrechts, UPR 1997, S. 341.

(193)　Art. 11 Abs. 1 EG-UAVO n. F.

(194)　もっとも、前述の「検証と妥当性宣言および企業内環境監査の頻度についてのガイドライン」には、「小組織もしくは小企業」(kleine Organisation oder kleines Unternehmen) についての定義があり、それによれば、「小企業」とは、職員が五〇人未満、年間売上高 (Jahresumsatz) が最大で七〇〇万ユーロもしくは年間資産合計額 (Bilanzsumme) が最大で五〇〇万ユーロ、と言った定義が与えられている。しかし、この数字自体不確定であるし、更には、それが「中小企業」と同一なのかどうか、同一でないとしたら「中企業」とは何かなど、この定義自体によっても、具体的なことは何ら明らかとはならない。

おわりに

(1)　ＥＭＡＳⅡの施行によりＥＭＡＳⅠは廃止されるが、その際、ＥＭＡＳⅠで創設された既存の認証システム (Zulassungssystem) あるいは管轄機関 (zuständige Stelle) は、ＥＭＡＳⅡ施行後も原則として存続させることとしている。ただ、両者には、認証や登録の手続等につき若干の差異も存するため、その点については段階的に解消していくことになる。具体的には、ＥＭＡＳⅡの施行後一二ヶ月以内に、ＥＭＡＳⅠの手続をＥＭＡＳⅡに統合することになっている[195]。

他方、ＥＭＡＳⅠの下で認定された環境検証人については、ＥＭＡＳⅡの下でも引き続き活動しうるとされている[196]。但し、環境検証人に対する監督は随時行われるので、その都度ＥＭＡＳⅡに基づく各種の要求事項に基づく監督が実施されることになり、それに適合しない場合には、検証活動の継続を禁止されたり、場合によっては、認定それ自体の撤回・取消等が行われることにもなろう。

ＥＭＡＳⅠの下で認証された事業所は、ＥＭＡＳⅡの名簿にそのまま掲載される。ただ、認証済の事業所でもＥＭＡＳⅡの要求事項を遵守することが求められるので、その要求事項を遵守しているかどうかについては、環境報告書を新たに認証する際に審査されることになる[197]。

⑵　さて、以上、ＥＭＡＳⅡの改訂作業のポイントと改訂内容について概観したが、そこには、ＥＭＡＳＩの下で指摘されてきた諸問題を克服しようとする試みを、随所にみることができる。その限りでは、今回の改訂は積極的に評価されるべきであろうし、環境保護に対するＥＭＡＳの寄与度を高めていこうとする目的を達成するための制度的基盤は、かなりの程度整備されるに至ったといってもよい。ただ、今回の改訂が単なる「美容整形」（face-lifing）にとどまることなく、ＥＭＡＳ自体を将来的にも「生き延びさせる」ために実施されたという点からみたときには、果たしてＥＭＡＳⅡが「生き残り」（überleben）を保証するものとなっているかどうか、若干の留保が必要である。(198)

まず、環境管理システムの構築に関する部分ついてはＩＳＯ欧州規格を採用し、ＩＳＯ規格との整合性に配慮することによって、ＩＳＯ認証企業のＥＭＡＳへの移行を容易にしている点は評価してよい。これにより、両者が一体となって、環境保全手法としての環境監査それ自体がより定着していくことが期待されるからである。他方で、ＩＳＯ規格を採用した結果として、ＥＭＡＳとＩＳＯ規格との差異、とりわけ環境監査という手法にとって重要な意味をもつ情報公開の要素をＥＭＡＳが有している点が明確になるなど、今回の改訂によりＥＭＡＳの特徴を際立たせることで「生き残り」を図ったことには、それなりの意義を見いだすこともできよう。

しかし、問題は、今回の改訂によって、各企業や組織が実際にＥＭＡＳを採用することになるのかどうかにあり、この点からは若干の課題も残されている。とりわけ、今回の改訂では、参加企業に対する規制緩和措置を明確に示すまでには至らなかったが、これについての批判がＥＭＡＳＩに対する批判として従来から顕著な形で示されていたことを考えると、今回の改訂でその点を何らかの形で示す必要があったともいいうる。もっとも、ドイツ連邦閣議（Bundeskabinett）は、二〇〇一年九月一九日、企業のＥＭＡＳ参加を促進するために、参加企業を優遇することを内容とする特別令の発布を決定したことはすでに述べたとおりである。それは、ＥＭＡＳ参加企業に対するインミッシオン防止法および循環経済・廃棄物法上の監督措置を緩和し、同法に基づく報告義務（Berichtspflicht）を軽減するとともに、所管庁は、認可を必要とする施設の設置、操業および変更に際し、参加企業が許認可書類に匹敵するような環境報告書を提出している場合には、詳細な許認可申請データの要求をしないことを内容としている(199)が、今後、今回のEMAS改訂とは別に、もしくはその実施と併行して、これらの措置が加盟国においてどの程度具体化されるかが焦点となろう。

また、EMASIに対しては、ISO規格と比べてEMASの周知が徹底されず、知名度も低いという批判が存し、それが、とりわけ中小企業の参加を鈍らせている要因であることが指摘されていた。そして更には、そうであるにもかかわらず、環境報告書の作成や情報公開など、ISO規格よりも要求事項が厳格であるという不満も出されていた。この点からは、今後、ロゴの扱いが焦点となってくるであろう。EMASⅡの発効に先立ち、ドイツ連邦環境省は、二〇〇一年四月四日、EMASⅡで採用された新たなロゴにつき、その情報を広く普及させるべく、連邦経済省、連邦環境庁、州、財界、労働組合および環境保護団体と共同でキャンペーンをスタートさせた(200)が、その成果が参加促進、更にはEMASの地位向上につながるかどうか注目される。

(195)　Art. 17 Abs. 2 EG-UAVO n. F.
(196)　Art. 17 Abs. 3 EG-UAVO n. F.
(197)　Art. 17 Abs. 4 EG-UAVO n. F.
(198)　本文で指摘すること以外にも、たとえば、環境検証人の認定および監督に関わる課題もある。環境検証人の専門的資格の認定や監督についての指針の発布については加盟国に委ねられており、ドイツにおいては環境検証人委員会がその任にあたるとされてきたことは、前述のとおりである。ただ、ドイツでは、環境監査法自体が産業界寄りの妥協の産物として成立したこともあって、環境検証人委員会の構成も産業界寄りの陣容となっており、環境保護の視点よりも経済的な視点からの決定がなされる可能性があり、この点については、環境監査法の成立当初から批判が存するところであった。これについては、髙橋・前掲註(6)四〇頁以下（本書九二頁以下）参照。前述のフォーラムが、この批判にどれだけ応えることができるか、今後の課題である。

(199) 連邦環境大臣は、この措置につき、企業と行政が重複作業（Doppelarbeit）を回避し、コスト削減が可能となり、ＥＭＡＳへの参加をより一層魅力的なものとすることができるとともに、経済界の自己コントロール（Eigenkontrolle）を更に強化することができる、と説明している。Vgl. http://www.bmu.de/presse/2001/pm726.htm.
　なお、これとの関連では、二〇〇二年八月八日、ドイツ連邦環境省（Bundesumweltministerium）と連邦環境庁（Umweltbundesamt）は、「ハンドブック公共部門の環境統制」（Handbuch Umweltcontrolling für die öffentliche Hand）を公表し、環境管理が環境保護のみではなく、政府のコスト削減にも資するという認識を示すとともに、環境に配慮した公共調達、建物の管理方法等に関する具体的アドヴァイスを行っている。これをうけて、ドイツでも、行政機関での環境監査への具体的取組が開始されることになった。Vgl. http://www.bmu.de/presse/2001/pm704.htm. 他方、同年九月一一日には、ＥＣ委員会が自らＥＭＡＳを実施することを決定しており、公共機関のＥＭＡＳへの取組みが拡大する動きがみられることは、前述のとおりである。

(200) Vgl. http://www.bmu.de/presse/2001/pm555.htm.

【追記】 改訂されたＥＣ規則に適合させるべく、ドイツにおいては、二〇〇二年九月一〇日に改正環境監査法（Gesetz zur Ausführung der Verordnung (EG) Nr. 761/2001 des Europäischen Parlaments und des Rates vom 19. März 2001 über die freiwillige Beteiligung von Organisationen an einem Gemeinschaftssystem für das Umweltmanagement und die Umweltbetriebsprüfung (EMAS) vom 10. September 2002, BGBl. I S. 3491）が公布された。この法律の内容と旧法からの主要な変更点、およびその全訳については、髙橋信隆・岩﨑恭彦「ドイツ環境監査法」社団法人商事法務研究会編『平成一四年度　世界各国の環境法制に係る比較法調査報告書――各論編 Part-1 環境管理』商事法務研究（二〇〇三）一四三頁以下参照。
　なお、ＥＣ規則は、その後、二〇〇九年一一月二五日に改訂され、二〇一〇年一月一一日から施行されている。いずれ検討の機会をもちたい。Vgl. Verordnung (EG) Nr. 1221/2009 des Europäischen Parlaments und des Rates vom 25. 11. 2009 über die freiwillige Teilnahme von Organisationen an einem Gemeinschaftssystem für Umweltmanagement und Umweltbetriebsprüfung zur Aufhebung der Verordnung (EG) Nr. 761/2001, sowie der Beschlüsse der Kommission 2001/681/EG und 2006/193/EG, Abl. L 342 vom 22. 12. 2009, S. 1.

6　自治体によるＩＳＯ認証取得の法理論的課題

はじめに

かつての激甚な公害の解決を国に要求し、あるいは独自の対応をすることで、わが国の環境政策のあり方を大きくリードしてきたのは、被害者に最も近い立場にある自治体であった。そして今日、ゴミ焼却炉からのダイオキシンをはじめとする有害化学物質や自動車の排気ガスによる汚染、地球温暖化などの環境問題がこれまで以上に深刻化する中で、自治体の果たす役割は、ますます重要になっている。

ところで、近年、国際的な環境管理・監査の規格であるＩＳＯ一四〇〇一を認証取得する企業が増加するなかにあって、自治体もこの規格（以下、「ＩＳＯ」もしくは「ＩＳＯ規格」という）に関心を持ちはじめ、環境行政の一環として企業のＩＳＯ認証取得を積極的に推進したり、あるいは取得のための支援措置を講じるなどのほか、自治体自らがその取得を目指そうとする動きが活発化している。わが国では、一九九八年一月、千葉県白井町（現白井市）が自治体として初めてＩＳＯ規格を取得したのに続いて、二月には新潟県上越市が、そして三月には、滋賀県工業技術総合センターが都道府県レヴェルとしては初めて認証取得している。更には、東京都板橋区、北九州市、仙台市などもＩＳＯ規格の認証取得の意向を宣言するなど、自治体によるＩＳＯ取得へ向けての動きは、今後ますます加速していくものと思われ、自治体の環境政策の今後を占ううえで見逃すことができない[1]。

しかし、他方で、自治体のＩＳＯ認証取得は、首長の人気取りなどの政治的な目的のためであるといった批判や、そもそも自治体の環境政策に国際的な規格であるＩＳＯ規格を導入することの意味が不明であるとか、更には、自治体の環境政策には地域の実情に応じた独自の取組みが求められるはずであるのに、ＩＳＯ認証取得によって規格化された横並びの環境政策になってしまうのではないかといった、自治体の環境政策におけるＩＳＯ規格それ自体の有効性に対する疑問の声も聞かれる。

そこで、本稿では、自治体によるＩＳＯ規格の認証取得の意義と問題点について、もっぱら法理論的な側面に焦点を当てつつ、検討を試みることとする。

一　環境保全手法としての環境監査

(1)　規制的手法の法的枠組

環境保全のための手法としては、従来より、汚染原因物質ごとに排出基準等を定めて、事業者に一定の義務を賦課し、それに違反した場合には、命令や罰則、あるいは代執行等で対応する「規制的手法」が主として用いられてきた。かつての公害規制立法のほとんどは、基本的にはこのシステムに拠っている。そして、確かに、command and control を内容とするこの手法は、それによってある程度の環境保全に貢献しうるし、実際にも激甚な公害や環境汚染にかなりの効果を発揮してきた。

もっとも、規制的手法が環境保全のための実効的な手法として機能しうるためには、国民の健康被害の防止や安全の確保、更には環境の保全のために、行政が市民生活に介入するラインである排出基準等が、少なくとも科学的な確証をもって決定されていること、もしくは、そのような決定が現実にも可能であることが、論理必然的に前提とされている。すなわち、法律学とりわけ行政法学は、伝統的に、国家と対立する存在としての自由で自律的な市民社会を理念型として設定し、行政権による市民的自由への干渉を極力抑制するために、行政権の発動を議会制定法によって制約するさまざまな法理を形成してきたが、そこでは、法益に対する具体的害悪の発生が確実に予想される場合に、その危害防止に必要な限りにおいて行政権力の行使が許容されるにすぎないため、そのための基準を、類型的に規範テクストとして予め与えておくことが必要となるからである。環境法の場合にも、排出基準等によって、環境および生命・健康等へ影響を及ぼしうる危険のラインを示し、それを基準として命令・禁止もしくは罰則という方法で対処してきたし、あるいは、それを可能とする確定的な標識を獲得しようとしてきた。つまり、確定的な指標が存在するからこそ、行政は、それを基準に市民活動に介入することが可能となる。(2)

(2)　規制的手法の限界

しかしながら、地球温暖化の原因とされる二酸化炭素やメタンなどの影響、あるいは、環境ホルモンと総称される未規制の有害物質による人体への影響など、今日指摘されている新たなタイプの環境問題は、規制的手法が前提としてきた状況が必ずしも明確ではなくなっているところに発生している点に特徴がある。

すなわち、一方で、規制の対象領域である自然生態系や科学技術における複雑な連鎖は、われわれが経験知を未だ十分に構築できていない諸要因によって規定されているために、行政は、環境的価値の保護を施策の具体的目標として明確に掲げることができず、したがってまた、規制的手法をもって介入するラインを、排出基準等の固定化された準則として制度化することさえ困難になっていること、換言すれば、「専門的もしくは経験的な知」によっては基準の定立さえも満足にはできず、それゆえ、その不十分な基準に基づくcommand and controlによっては、環境保全の成果を十分に達成できないという、いわゆる「規律の欠缺」(Regelungsdefizit)が存在するからである。ここでは、科学的に根拠づけられた基準でさえも、そこでのリスクに対応しうるかどうか不明な状況こそが問題なのであり、まず何よりも、そこでの不確実性を予測・分析・評価するための枠組みが求められることになる。(3)

しかも、他方では、かりに科学的な知見に基づく基準設定が可能であったとしても、それを実施するためには、行政にとって人的および組織的能力が要求されるだけではなく、かなりの費用も必要となるし、また、事業者の能力からして実施困難であると判断されるときには、現実には実現可能性を考慮した基準設定にならざるをえないという、いわゆる「執行の欠缺」(Vollzugsdefizit)も問題となっている。

更に、自治体の側からは、規制的手法は全国画一的なものであるうえに、対症療法的な規制であるために、地域の実情を反映した規制ができないだけではなく、新たに発生した公害・環境問題に迅速かつ柔軟に対応できないなどの問題点もあった。そこで、各自治体では、それらの状況に対応するために、規制的手法を中心としながらも、その不備・欠陥を補うべく、新たな手法を模索する必要に迫られることになる。公害防止条例による「上乗せ規制」や「横出し規制」、企業との交渉により独自の規制内容を盛り込んだ「公害防止協定」などは、まさに自治体の苦心の現れであった。

そして、近年、環境税、課徴金、排出権取引などの経済的手法、環境ラベリングなどの啓発的手法、行政指導や協定、環境監査やＰＲＴＲ（環境汚染物質排出・移動登録）等の情報的手法など、環境保全のための「新たな」手法が注目されているが、これらは、法的にはいずれも、規制的手法の実効性が失われているという前提的状況の下で、それを補完すべく登場した手法として理解すべきものであり、ＩＳＯ規格に基づく環境管理・監査のシステムも、そのようなものとして性格づけられねばならない(4)。

(3)「新たな」手法としての環境監査

このように、環境保全のための「新たな」手法が提唱されてきた背景には、法的には、いわゆる「規律の欠缺」と「執行の欠缺」という前提的状況があった。すなわち、現在の知見ではその蓋然性すら明らかではないリスクへの対応が求められているという状況の下で、排出基準等の固定化された準則が、環境保全にとって有効かどうかさえ検証できないこと、したがってまた、それに基づく command and control の実効性すら明らかではないこと、更には、基準設定がかりに有効になされうるとしても、現実には企業の技術能力などのさまざまな政策的要素を考慮して、実施可能な基準設定にならざるをえないことなど、規制的手法の機能不全を前提として、「新たな」手法が提唱されているのである。

そうすると、規制的手法を補完する手法には、規制主義的な枠組みを前提としつつ、そこでの目標や基準値それ自体の有効性を検証する法的仕組、すなわち、不確実なリスクにもフレキシブルに対応していくための学習能力を向上させようとする行政と企業の試みを継続的に促し、支援するような法制度的および法理論的な枠組みが求められることになる。環境監査という手法についても、これに寄与しうるものとしての理解がなければ、従来の規制的手法の機能不全を補完するものとはなりえないし、それが提唱された背景にも、おそらく合致しない(5)。

もっとも、企業による内部監査の実施と、それを可能とするための環境管理システムの構築だけでは、規制的手法の機能不全を補完するものとしては、決して十分とはいえない。そこで、この点に関して重要なのが、ＥＵの環境監査規格としてのＥＭＡＳで採用されている仕組みである。

(4)　ＩＳＯ規格とＥＭＡＳ

ＥＭＡＳでは、自発的に参加を決定した企業は、環境目標を達成するための環境管理システムを構築し、自らの活動の環境への影響について企業内監査を実施するとともに、その実績等に関して、体系的・客観的・定期的な評価および報告をするために、環境報告書を作成し、環境検証人による検証を経たうえで、少なくとも三年ごとに公表することになっている。そこでは、企業内の環境管理システムの構築のみではなく、それを情報公開と結びつけることによってこそ、環境監査が目的とする「企業による環境保護の継続的改善」が可能となることが明確に意識されている。換言すれば、環境監査は、ＥＭＡＳにおいては、企業自身による環境問題への積極的取組とそれを継続的に改善していく能力の向上を支援するツールであると同時に、その情報の開示により市民生活の保護にも貢献し、更には、市民からの批判や情報提供などを通じて、企業自身の知識を改善し、新たな目標の設定とそれを可能とする企業内組織の再構築を支援するシステムとして構想されている。ここには、環境パフォーマンスの検証と情報の開示という二つの大きな要素がセットになってはじめて、従来の規制的手法の機能不全を補完しうるという基本的認識が存在する。

情報の開示という要素が加わることによって、企業は新たな環境保全技術の開発や、そのための環境管理システムの改善に関する情報を、市民に積極的に公開するとともに、その意見を反映させつつ、組織としての能力を持続的に高めていかねばならない。他方で、企業がリスク管理に関する知識をより多く獲得し、リスク管理能力を向上させれば、行政の知識もその分だけ豊かになるため、より実効的な基準設定が可能となるだけではなく、新たな状況にフレキシブルに対応しうる能力も向上することになる。そして、この点こそが、規制的手法の機能不全を補完するものとしての環境監査に求められていることであるといいうる(6)。

周知のように、ISO規格とEMASとの決定的な差異は、まさにこの点に存在する(7)。その意味では、ISO規格は、規制的手法の限界を補うものとしての制度的枠組において、少なくとも法的には、必ずしも十分とはいえない。すなわち、行政にも企業にもリスクという不確実な状況に対応しうる能力が要求されるとともに、環境保全のための法的仕組それ自体が、それらの能力向上を可能とするフレキシビリティを備えたものであることが求められるからである。

さて、このように、ISO規格それ自体は、規制的手法の不備を補うものとして、法的には重大な制度的問題点を内包していると考えられるが、以下では、自治体のISO規格の認証取得につき、主として環境保全のための手法という観点から、若干の批判的検討を加えることとする。

二　自治体におけるISO認証取得の法的意義と問題点

(1)　自治体行政活動の環境への影響

自治体による持続可能な発展への取組みを積極的に推進しているイギリスでは、一九九五年四月より、いわゆる「自治体EMAS」が実施されているが、そこでは、自治体の行政活動による環境への影響として、直接的影響

（direct effect）とサービス影響（service effect）という区別がなされている。直接的影響とは、自治体が一事業者として活動することによる環境への影響で、エネルギーや水の消費、交通輸送機関の利用、資源や物品の購入・消費、廃棄物や汚染物質の排出などによって、直接的に環境に与える影響をいう。他方、サービス影響とは、自治体の政策や施策による影響で、大気汚染の規制、自治体のリサイクル、ゴルフコース等の計画への許認可による地下水脈への影響、消費者へのグリーン製品の宣伝などがこれに含まれる(8)。

このうち、直接的影響については、自治体は、企業と同様に、一事業者として資源やエネルギーを消費するため、削減目標を立ててそれを達成することは、行政活動全般での環境負荷の低減につながる。たとえば、従来使用してきた製品を、環境への負荷が少ない製品に切り替えるだけでも環境保全に資することになるし、環境問題への自治体職員の意識が向上すれば、効率的な行政運営が可能となるだけではなく、用紙代や電気代等の経費節減効果も期待できる。また、自治体が環境パフォーマンスの改善に積極的に取り組む姿勢を対外的に示すことによって、自治体の実施する環境保全対策等への市民や企業等の協力が得やすくなる。また、そのことは、環境教育等の実施による啓発効果をもたらすことにもなろう。そして更に、自治体がＩＳＯについてのノウハウを有することになれば、企業等に対するＩＳＯ認証取得の助言・指導も可能となるし、自治体の取引先としてＩＳＯ規格の認証取得の有無を選定基準とすることもできる。

⑵　自治体によるＩＳＯ認証取得の目的と問題点

ところで、わが国の自治体として最初にＩＳＯを認証取得した千葉県白井町（現白井市）は、その目的として、ＩＳＯ規格に基づく環境管理システムの構築によって、行政事務遂行に伴う環境負荷の低減が図られること、環境保全への継続的取組が職員の環境問題に関する意識改革を促し、担当事務への環境配慮の取組みが期待できること、更には、職員自らが率先実行することにより、住民や事業所への啓発効果が期待できること、といった点を掲げ、具体的には、事務用紙使用量の一〇％削減、再生品材の調達率の向上、除草剤使用量の一〇％削減による土壌汚染の防止といった取組みを実施している。また、上越市では、行政事務作業の効率化、企業への環境対策の積極的な普及・推進、資源エネルギーの無駄遣いの見直し、そして、滋賀県工業技術総合センターの場合にも、ＩＳＯ規格の認証取得のためのノウハウを蓄積して、県内の中小企業に対しての取得支援を行うことなどが、取得目的として掲げられている(9)。この点は、これから取得を予定している自治体でも、ほぼ同様とみてよい。

このように、自治体のＩＳＯ規格の認証取得には多くのメリットが考えられるし、これまでに認証取得した自治体の取得目的にこれらの点が掲げられていることは、その限りでは理由のあることといいうる。

しかし、翻って考えるに、これらはＩＳＯ規格の認証取得と、どのように結びつくのであろうか。

たとえば、埼玉県川越市では、一九九六年四月から、「川越市一％節電運動」を実施して、市の施設において業務に支障のない範囲での節電を呼びかけ、具体的には、業務時間外には不必要な照明を消す、エレベーター使用を最小限にする、事務の効率化を図り「ノー残業デー」を徹底する、ＯＡ機器等を長時間使用しないときには主電源を切る、冷暖房の設定温度を調節する、ムダ削減のために職員自らが考えて行動する、などの取組みがなされている。これによって、運動開始直後の一九九七年度には、対一九九五年度比で、電力量では六・〇三パーセントの減量、電気料金にして三・八三％の減額という実績が示されている。また、一九九七年七月～九月には、「エコ・カジュアルマンス」と称して、冷房設定温度を一度上げるとともに、職員は原則としてノーネクタイ、白のポロシャツ・ワイシャツの着用を促すことで、前年同月間比で電力使用量が一・二四％の節約になったという(10)。

ＩＳＯ認証取得の目的として前述のようなものを掲げること、および、それを具体的に実施することよって、環境保全のための実際的な効果がもたらされることを決して否定するものではないことを断ったうえで、あえて指摘するならば、川越市の例からも明らかなように、取得目的の多くは、実は、ＩＳＯ規格に準拠せずとも達成しうるものであるし、ＩＳＯ規格の本来的趣旨とは直接的には結びつかないともいえるのである。このことは、イギリスにおいても、すでに環境自治体として先進的な取組みを実施していることで知られる自治体が、必ずしも自治体EMASの枠組みに参加していない、あるいは、参加の必要性を感じていないということからも明らかである[11]。

(3)　環境保全手法としてのISO規格

ただ、この点は、ISO規格とEMASとの法的性格の違いによるものとみることもできる。すなわち、EMASがECの規則（regulation）として制定され、法体系の中に明確に、そして、行政による環境保全手法の一つとして位置づけられているのに対して、ISO規格は、企業等が自主的に環境管理システムを構築する際のツールとしての性格を有するにすぎない。したがって、ISO規格の認証取得は、それがビジネス上のパスポートとして、企業経営や取引きに影響したり、規制緩和や入札の際の条件とされることはありうるが、行政上の環境保全手法としての性格づけは、少なくとも法的には稀薄だからである。

環境監査制度には、もともと、環境問題への市民意識の高揚、それに伴う市民自らのライフ・スタイルの見直し、そして、それに見合った商品の選択、およびそれを製造する企業の選択という状況が前提として存在し、その結果、製造工程や製品の環境親和性が企業活動の重要な要因となり、企業が自主的かつ積極的に社会的責任を果たさざるをえなくなっているのである。そして、その場合に重要なのが、企業間の競争であったり、企業およびその製品に対する市民や消費者の信頼である。企業は、ここで、環境問題への取組みについての市民の信頼を得るべく、他企業の取組みを意識しながら、それに積極的に関わらざるをえない[12]。

しかし、自治体の場合には、このような前提が必ずしも明確とはいえない。したがって、自治体のISO認証取得を市民による信頼の獲得に結びつけるためには、そこでの取組みを検証し、評価する仕組みが求められることになる。EMASでは、前述のように、情報の開示という要素がその役割を果たすが、ISO規格については、少なくとも制度的な要請としては、この要素が欠如しており、それを担保する手段は存在しないことになる。イギリスで、ＥＭＡＳに準拠して自治体ＥＭＡＳを推進したり、ＥＵ諸国の行政が、企業の支援や規制緩和等について、ＩＳＯではなくＥＭＡＳで対応しているのは、もちろんＥＵではＥＭＡＳこそが通用力を有するという当然の事情はあるものの、情報の開示という要素こそが環境監査の命綱であるとの認識が、そこに存在するからでもある。この点、わが国の自治体の場合には、ＩＳＯ規格によらざるをえないが、その場合には、情報公開法（条例）や行政手続法（条例）との密接な結びつきの下に、その導入を図る必要があろう。

⑷　自治体によるＩＳＯ認証取得の法的意義

自治体の行政活動による環境への影響のうち、サービス影響は、自治体の政策や施策が人々に何らかの影響を及ぼした結果として、間接的に環境に与える影響をいうが、その影響は直接的影響よりも格段に大きく、しかも、その範囲が広範かつ多様である点において重要である。しかし、その影響の把握は、極めて困難である。なぜなら、その影響を定量的に捉えるための手法が、少なくとも現時点では確立されていないためである。

したがって、たとえば大気汚染の規制が、被規制者や地域住民、更には地域全体にいかなる影響を及ぼすのか、あるいは、その影響が、いつ、どのようなものとして顕在化するのかさえも把握することができない。そして、そのことは、規制そのものを、いかなる基準に基づいて、誰に、どのような内容で実施するのかさえも確定できないものとしてしまう。そうすると、ここで求められるのは、大気汚染を可能な限り減少させるべきであるという課題に対して、その根本的な解決策を提示することではなく、現時点において可能な環境改善の施策を提示するとともに、たえず新たな科学技術や経験知を導入することによって、「環境保護の継続的改善」を示すことにある。(13)

そのためには、行政の施策によって具体的にどのような影響が生ずるかについての情報や知識を、行政と企業、および市民との多様な交渉過程を通じて獲得し、それに基づいて規制のための新たな指標を創出しうるような枠組みが求められる。イギリスの自治体ＥＭＡＳにおいて、「継続的な改善」と「重大な環境問題すべての把握」とが環境パフォーマンスの指標とされているのは、まさにそのためである。そこには、規制的手法の実効性の欠如という状況と、それを補完する「新たな」手法としての役割が存在するのであり、そのような趣旨・目的の下に環境監査という手法が登場してきていることを、まず何よりも認識すべきであるし、ここにこそ、環境監査という環境保全手法の法的意義が存していると考えられる。

おわりに

自治体のＩＳＯ規格への取組みについては、自治体の規制権限や行政組織などとの関連でも、法的に検討すべき個別の課題は多い。ただ、環境監査をも含めて、環境保全のために新たに提唱されている手法は、そのいずれもが、規制的手法の機能不全を前提とし、それを補完すべく登場したものであって、それが規制的手法の外側に、全く独自の手法として位置づけられるものではないこと、したがってまた、その実効性をより一層確実なものとするためには、規制のための法的仕組の中にそれを位置づける必要があることを、とりあえずは確認しておきたい。ＩＳＯ認証取得へ向けての自治体の真摯な取組みが、環境保全のための貴重な一里塚であること、あるいは、ＩＳＯ認証取得が住民や事業者による環境保全活動への啓発となることを、決して過小に評価すべきではない。ただ、法理論的にみる限り、自治体においては、ＩＳＯ認証取得それ自体が目的となるわけではなく、サービス影響との関わりで、それを従来の規制主義的枠組の中に位置づけてこそ、ＩＳＯ認証取得が意味のあるものとなる。

（1）　自治体におけるＩＳＯ認証取得およびそれへ向けての取組みの状況については、環境監査研究会のホームページ（http://www.earg-japan.org/old_hp/info.html）を参照。

（2）　行政法学における「規制」および「規制法」の意義については、髙橋信隆「環境リスクとリスク管理の内部化――ＥＣの環境監査制度の法的意義と実効性」立教法学四六号（一九九七）九一頁以下（本書一六二頁以下）。

（3）法概念としてのリスクと、リスク管理手法としての環境法の役割について、髙橋、前掲註(2)九六頁以下（本書一六七頁以下）。
（4）大塚直「都市環境問題をめぐる『法と政策』──環境法学の観点から」『現代の法4（政策と法）』岩波書店（一九九八）六五頁、九三頁。
（5）髙橋・前掲注(2)一〇七頁（本書一七六頁）。
（6）髙橋信隆「環境監査の法制化と理論的課題──ECの環境監査規則を素材として」熊本法学八二号（一九九五）三六頁以下（本書四八頁以下）。
（7）ISO規格とEMAS、更にはBS七七五〇との異同につき、髙橋信隆「環境監査の構造と理論的課題(上)──ドイツ環境監査法を素材として」立教法学四八号（一九九八）八頁以下（本書六二頁以下）。
（8）奥真美『ECの環境法制度と環境管理手法』東京市政調査会（一九九八）七八頁。
（9）自治体におけるISO認証取得の目的・意義等については、東京市町村自治調査会『環境自治体ISO一四〇〇一をめざして』イマジン出版（一九九八）、監査法人トーマツパブリックセクターグループ編『自治体ISO一四〇〇一入門』中央経済社（一九九八年）。
（10）これについては、川越市のホームページ（http://www.city.kawagoe.saitama.jp）に詳しい。
（11）奥・前掲書八二頁。
（12）髙橋・前掲註(2)一一九頁以下（本書一九〇頁以下）。
（13）髙橋信隆、「環境監査の構造と理論的課題（下）──ドイツ環境監査法を素材として」立教法学四九号（一九九八）、五二頁以下、七〇頁以下（本書一二二頁以下）。

【追記】二〇〇四年六月、いわゆる環境配慮促進法（「環境情報の提供の促進等による特定事業者等の環境に配慮した事業活動の促進に関する法律」）が制定され、自治体の長は、毎年度、当該年度の前年度におけるその所掌事務に係る環境配慮等の状況をインターネットの利用その他の方法により公表するよう努めることとされた（七条）。あくまで努力義務にとどまるものではあるが、環境報告書の作成・公表という形でこれに対応する自治体が、今後、増えていくことも予想される。そこで、これに取り組もうとする自治体においては、環境情報の公表に備えて「効果的な内部環境保全システム」を確立することが必要とされ、したがってまた、自らの所掌事務や事業活動の遂行に伴う環境パフォーマンスの検証と情報の開示という二つの要素を結びつけるべきことが、法的制度的に求められている状況にある。このため、このような法的制度的な仕組みとのかかわりで、自治体によるＩＳＯ認証取得をどのように位置づけるべきか、あらためて検討が必要とされている。

7

環境アセスメントの法的構造

——ドイツの環境親和性審査法を素材として

はじめに
一　ＥＣ指令
二　ＥＣ指令の国内法化
三　環境親和性審査法の内容
おわりに

はじめに

中央公害対策審議会および自然環境保全審議会は、昨年（一九九二年）一〇月二〇日、「環境基本法制のあり方について」と題する答申[1]（以下「答申」という）を環境庁長官に提出した。それは、公害対策基本法と自然環境保全法との二つを柱とするこれまでの環境法制およびそれに基づく政策を、「公害の防止、自然環境の保全のため一定の役割を果たしてきた」と評価しつつも、今日的課題に対処していくためにはそのような枠組みではもはや十分とはいえず、それに代わる新たな基本法制の整備が必要であるとして、「環境政策の基本的な理念とこれに基づく基本的施策の総合的枠組みを含む基本法」の制定を提案するものである。

答申にはいくつかの重要な内容が含まれているが、その中でもとくに「環境影響評価の活用」に関する部分は、環境アセスメントをめぐるこれまでの法制化作業の状況[2]に鑑みるとき、極めて注目すべきものといえる。すなわち、そこでは、「環境政策の新たな枠組みを示す環境基本法制においては、現行措置の実態や事業者の自主的取組を踏まえつつ、環境影響評価の重要性・考え方を盛り込むことが重要である」とし、国および地方公共団体が「施策の策定及びその実施に当たり、環境保全について配慮することが必要である」と述べて、環境アセスメント法制への積極的認識を示しているからである。

もっとも、このような認識が現実にいかなる内容をもって法制化されるかは未だ不透明な部分が多く、むしろ基本法案の全体の趣旨からは、その実現は困難であるとの感さえ免れない[3]。すなわち、事業者（国等が事業者となる場合を含む。）にあっては、「事業活動の段階に応じて、その特性・具体性の程度を勘案しつつ」また「製品等の使用又は廃棄」については、「その研究開発、設計段階において自ら評価を行うことにより」環境保全のための配慮を行い、そして、環境影響評価の具体的な実施に関しては「経済社会情勢の変化等を勘案しながら必要に応じて現行の措置を見直していくことが適当との意見が大勢であった」として、環境アセスメント制度導入に関して経済界や通産省（当時）からの反発が激しかったことを自ら認める内容となっているからである。

今後の環境行政のあり方を考えるとき、各種事業・措置の環境へ与える影響を評価・調査する制度的枠組が不可欠であることは、多くの都道府県で環境アセスメントが制度化されつつあることからも明白であり、それはあたかも公害の激甚化に国の法律が後追い的で有効に機能せず、それに対する緊急避難的措置として「横だし・上乗せ条例」が登場してきたかつての状況と酷似しており、ここで国の法制化がなお先送りされるならば、まさに取り返しのつかない状況をもたらすことにもなりかねないことを、まず何よりも認識せねばならない。

ところで、ドイツ連邦環境庁（Umweltbundesamt）は、一九九〇年に「環境法典—総論」（Umweltgesetzbuch - Allgemeiner Teil）なる研究報告書(4)（以下、「教授草案」という）を提出した。ドイツにおける環境法制は、わが国と同様に、質的にも量的にも多大な変容を伴いつつ成長し続けているが、教授草案はその集大成ともいうべきものであり(5)、そこにはドイツにおける環境法の基本的構造とそれを支える理念を随所に窺い知ることができる。そのような中にあって、とりわけ「環境影響審査」（Umweltfolgenprüfung）に関する規定（三一～四九条）は、いまだ環境アセスメント法の制定を果たすことができずにいるわが国の環境法制にとっても、極めて興味深い内容を有している。もっとも、ここに示されている内容は、教授草案において初めて登場してきたものではなく、一九九〇年二月のヨーロッパ共同体の指令（Richtlinie）の国内法化のために制定された環境親和性審査法の内容とその制定および運用の過程を踏まえたものである(6)。

そこで、本稿においては、ドイツにおける現行の環境アセスメント制度である環境親和性審査法の内容およびその審査手続の基本構造を検討し、わが国におけるアセスメント法制化における一つのあるべき方向性を模索してみたい。

（1）　答申の内容については、たとえば、ジュリスト一〇一五号（一九九三）三〇頁以下などにその全文が掲載されているので参照されたい。

（2）　周知のとおり、わが国においては、かねてより環境アセスメント制度の重要性と必要性が各方面から指摘されるとともに、中央公害対策審議会の答申や、それをうけての法案の策定にまで至ったが、産業界はもとより、公害反対運動団体や自然保護団体からの支持をも得ることができないまま、継続審議という形でその成立が先送りされ、現在は、「環境影響評価の実施について」という閣議決定（昭和五九年八月二八日）に基づく運用にとどまっている。その間、建設省が自らの所管事務について、「建設省所管事業に係る環境影響評価の実施について」（昭和六〇年四月一日）という事務次官通知の中で「建設省所管事業に係る環境影響評価実施要綱」を定めて具体的対応を図っているほか、他省も所管の各事務ごとに環境影響評価を実施すべき旨の通知等を出している。また、法律上も、港湾法や公有水面埋立法などが環境影響評価について規定している。しかし、これらの制度については、(イ)事業者に対する法的拘束力がない、(ロ)行政指導であるため、各官庁の判断に任される部分が大きく、環境重視の立場からの指導が徹底できない、などの問題が指摘されている。閣議決定の内容、各省の通知、および自治体での制度化の動向等については、環境庁企画調整局『詳解環境アセスメント』ぎょうせい（一九九二）ほかを参照。

（3）　答申をうけて今国会に提出された政府の環境基本法最終案では、環境影響評価に関しては、「国は、土地の形状の変更、工作物の新設その他これに類する事業を行う事業者が、その事業の実施に当たりあらかじめその事業に係る環境への影響について自ら適正に調査、予測又は評価を行い、その結果に基づき、その事業に係る環境の保全について適正に配慮することを推進するため、必要な措置を講ずるものとする。」（一九条）と規定し、その推進を明記してはいるものの、法制化については触れられていない。

なお、もう一方の焦点であった環境税については、最終案では、それを導入するかどうかについて言及せず、「国は、負荷活動を行う者に対し適正かつ公平な経済的な負担を課すことによりその者が自らその負荷活動に係る環境への負荷の低減に努めることとなるように誘導することを目的とする施策が、環境の保全上の支障を防止するための有効性を期待され、国際的にも推奨されていることにかんがみ、その施策に関し、これに係る措置を講じた場合における環境の保全上の支障の防止に係る効果、我が国の経済に与える影響等を適切に調査し及び研究するとともに、その措置を講ずる必要がある場合には、その措置に係る施策を活用して環境の保全上の支障を防止することについて国民の理解と協力を得るように努めるものとする。」（二一条二項一文）とのいわば準備規定（朝日新聞西部版一九九三年三月一〇日）にとどめ、更に、環境基本計画については、とりあえずその策定が義務づけられたものの、経済計画や国土総合開発計画など「他の国の計画は環境基本計画との調和が保たれるようにしなければならない」（環境庁原案）という条項は、一部の省庁の反対で削除された（一四条参照）。以上については、公害・地球環境問題懇談会編『環境基本法ってなあに』合同出版（一九九三）参照。

（4） 教授草案は全一一章一六九条からなるが、その内容は次のとおりである。

第一章　総則（Allgemeine Vorschriften）（一―六条）
第二章　環境義務および環境権（Umweltpflichten und Umweltrechte）（七―一八条）
第三章　計画（Planung）（一九―三〇条）
第四章　環境影響審査（Umweltfolgenprüfung）（三一―四九条）
第五章　直接的制御（Direkte Steuerung）（五〇―七六条）
第六章　間接的制御（Indirekte Steuerung）（七七―一〇二条）
第七章　環境情報（Umweltinformation）（一〇三―一〇九条）
第八章　環境責任および環境損害に対する賠償（Umwelthaftung und Entschädigung für Umweltschäden）（一一〇―一三〇条）
第九章　諸団体の関与、手続の公開（Beteiligung von Verbänden, Öffentlichkeit von Verfahren）（一三一―一四四条）
第一〇章　立法および規則制定（Rechtsetzung und Regelsetzung）（一四五―一六二条）
第一一章　公的機関の組織、管轄、環境義務（Organisation und Zuständigkeit, Umweltpflichtigkeit der öffentlichen Hand）（一六三―一六九条）

教授草案の内容および解説については、M. Kloepfer/E. Rehbinder/E. Schmidt-Aßmann unter Mitwirkung von P. Kunig, Umweltgesetzbuch - Allgemeiner Teil, Berichte 7/90 des Umweltbundesamtes, 2. Aufl., 1991（= zit. UGB-AT）; vgl. H.-J. Koch, Auf dem Weg zum Umweltgesetzbuch, Der Professoren-Entwurf des Allgemeinen Teils eines Umweltgesetzbuches（AT-UGB）, NVwZ 1991, S. 953ff.; H.-J. Koch, (Hrsg.), Auf dem Weg zum Umweltgesetzbuch: Symposium über den Entwurf eines AT-UGB (Forum Umweltrecht, Bd. 7), 1992. なお、本草案策定後、各専門分野の担当者によりそれを具体的に発展させるべくすでに委員会が設置され、一九九三年半ばまでには各論（Besonderer Teil）の草案策定を目指しているという。Koch, NVwZ 1991, (Fußn. 4) S. 953; M. Kloepfer u.a., Zur Kodifikation des Allgemeinen Teils eines Umweltgesetzbuches (UGB-AT), DVBl. 1991, S. 339ff.

（5） 教授草案の策定に至るまでの議論の成果として、以下のものが刊行されている。M. Kloepfer, Systematisierung des Umweltrechts, Berichte 8/78 des Umweltbundesamtes, 1978; M. Kloepfer/K. Meßerschmidt, Innere Harmonisierung des Umweltrechts, Berichte 6/86 des Umweltbundesamtes, 1986.

（6） 教授草案における環境影響審査に関する規定は、基本的には後述する現行の環境親和性審査法の規定を継承し、部分的に変更したものにとどまっている。草案の起草者は、ここで、現行法の環境影響審査義務の国家の決定への拡大、手続を確定する環境影響説明（Umweltfolgenerklärung）の独立機関による専門的鑑定の実施、そして公衆の関与（Öffentlichkeitsbeteiligung）を拡大させることによって、現行法をより効果的に運用できると考えているようである。

一 EC指令

1 EC指令の成立

(a) ドイツ連邦共和国（以下、「ドイツ」という）においては、一九九〇年八月、環境親和性審査に関するECの指令[7]（以下、「EC指令」という）を国内法化するために、「環境親和性審査法」[8]（Gesetz über die Umweltverträglichkeitsprüfung）が施行された。[9]

環境親和性審査（環境影響評価）は、一九六九年のアメリカ国家環境政策法（National Environmental Policy Act = NEPA）にその淵源を有するが、その一〇二条は、人間の環境に重大な影響を及ぼしうるような措置に関して、全ての行政庁に環境影響評価（Environmental Impact Assessment）を実施すべきことを義務づけている。[10] この制度は、今日、アメリカほど厳格な方法および内容をもって規定している国はないものの、環境政策およびそのための法制度上の基本原理として多くの国々で採用されつつあるし[11]、未だ法制化されるに至っていない国々においても、その重要性および必要性は十分に認識されているところである。

(b) このような中にあって、EUは、すでに環境影響評価の制度や行政手法を有していたアメリカおよびカナダに触発されるように、一九七〇年代半ば以来その制度化に積極的な姿勢を示してきたが、他方で、加盟諸国が環境影響評価に関して独自の制度や規定を整えるべく準備を始めていたことも、圏域全体に統一的な枠組みの設定を重要な任務とするEUにとっては、環境影響評価制度の創設を急務とするための無視しえない事情であった。[12] そのような動向の中で、ＥＵはその制度化にあたり二つの目標を追求しようとした。すなわち、一つは、一九七三年以来四次にわたって作成されてきた環境行動計画[13]（EC's Environment Action Programme ; EG-Aktionsprogramme für den Umweltschutz）で常に中心的な原理とされてきた事前配慮原則（Vorsorgeprinzip）をＥＵ法の各領域に具体化していく作業であり、他は、加盟国に異なるシステムが強制されることに伴う混乱とそれによるＥＣ指令の歪曲化を回避することであった[14]。環境親和性審査に関する指令も、それらをめぐって一〇年余の議論を経た後にようやく成立したものであったが、本指令は、一九七六年に既に同様の制度を実施していたフランス[15]以外の加盟国に、環境影響評価に関する新たな立法を迫ったという点において、他のＥＣ指令と比べてもその影響するところが極めて大きなものであった[16]。

２　ＥＣ指令の内容および意義

(a)　ＥＣ指令による環境親和性審査は、基本的には、環境への影響をできる限り早い時期に（frühzeitig）、かつ包括的な形で（umfassend）調査し、記述し、評価しようとするものであり、その目標は、前述のように、事前配慮原則の徹底による環境保全の最適化（Optimierung des Umweltschutzes）とＥＣ指令の歪曲化の回避にあった[17]。

ＥＣ指令は、起業案（Vorhaben）の環境へ及ぼす影響を独自の手続において審査し、なおかつその手続を具体的な決定過程において適切に履践しうるような手続のあり方を示しているが、そこでは具体的に三つの手続的な局面が考えられている。すなわち、(イ)当該プロジェクトによってもたらされうる環境への重大な影響の確認、記述および評価[18]、(ロ)聴聞手続などによる包括的な情報の提供と当該手続への公衆の参加[19]、および、(ハ)最終的な決定に際しての考慮、内容の告知、そして決定の理由づけである[20][21]。ここでは、もちろん環境の質に関する目標値やそのためのデータ、あるいは到達すべき限界値などが具体的な数値等をもって示されているわけではないが、人間、動植物、土地、水、大気、気候、景観などへの起業案の影響について、その相互作用（Wechselwirkung）をも含めて審査すべきことが明確に示されている。[22] そして、EC指令によれば、審査手続は、事業を実施しようとする者がプロジェクトおよびその環境への影響を記した報告書を作成し、それを所轄行政庁に送付することによって開始されるが、所轄行政庁は、それを他の関係行政機関に送付するとともに、[23] 住民に公示することによって意見表明の機会を与えねばならない。[24] 更には、特別な状況の下では、他のEU加盟国の参加が認められることもある。[25] このようにして明らかにされた全ての情報は、プロジェクトの許否に関する決定に際して考慮されねばならない。[26] そして、決定内容は関係住民に告知され、加盟国にも知らされる。[27]

ところで、EC委員会（Kommission）の草案においてはより広範な起業案および措置が環境親和性審査の対象となるべく起草されていたが、審議の過程でその対象が縮減され、発電所や空港および遠距離道路などの具体的な起業案およびプロジェクト（Projekt）との関係でのみ環境親和性審査が語られるにすぎないものとされ、草案に含まれていた計画（Plan）あるいは行動計画（Programm）などの一般的・抽象的措置に関しては、その対象から除かれている。具体的にどのようなものが審査の対象となりうるかについては、EC指令の附属書（Anhang）に示されているが、そこでは、必ず審査の対象となるもの[28]（石油精製施設、火力および原子力発電所、放射性廃棄物処理施設、製鉄所、化学関連施設、道路、鉄道、空港など）と、加盟国の実態に合わせてその判断を各国に任せるもの[29]（農業、鉱業、エネルギー産業、金属加工業、ガラス製造業、食料品製造・加工業、繊維・皮革・木製品製造業など）の二種類が規定されている。[30]

(b)　さて、環境親和性審査に関するEC指令は、EUの全ての加盟国が環境に重大な影響を及ぼしうる事業を実施し、あるいはそれに係る起業案の許容性について判断しようとするときの環境法上の審査手続を共通に確定することを目指したものであった。しかしながら、そこには、手続の表面的な流れや審査の対象となる施設については規定が存するものの、具体的な審査基準や、いかなる方法によって環境への影響を予測し、評価するのかといった科学技術的な側面に関しては、何ら触れるところがない。また、EC指令の前文では、単に加盟国間の環境行政に関する手続を調和させるだけではなく、当該決定の質をも向上させるよう努めるという内容をもって事前配慮原則が明確にされているにもかかわらず、審査の結果が当該起業案の許容性判断に対して最終的にいかなる意味をもつのかといった点に関しても、具体的に触れた箇所はない。では、EC指令は、加盟各国の環境親和性審査に関して現実にいかなる意義を有するのであろうか。

環境親和性審査に関するEC指令は、他の指令と同様に、一般的かつ抽象的なものであり、環境への影響を審査するシステムそれ自体としては決して完結したものとはいえない。それは、むしろ、環境親和性審査に際してのいくつかの重要な要素を記述したものにすぎないし、したがってまた、加盟国が指令それ自体によって自らの審査手続を効果的なものとするにはあまりにも不十分な、断片的規律にとどまっている。もっとも、それが審査に関しての最小限の要請を定めているにすぎないこと、したがってまた、その適用領域や審査の手続の具体的あり方に関し、各国ごとのより厳格な規定の余地を残していること[31]、そしてその意味では、すでに各国の既存の法律の中に散在する環境親和性審査類似の制度を再考し、更に充実したものに発展させるための契機をもたらしたことにもなり、それゆえ、内容的には極めて限られたものを含むにすぎないが、各国の環境政策に及ぼす影響とその重要性、とりわけ各国がこれまで以上に事前配慮原則を徹底させねばならない旨を明確にした点は、決して過小に評価されるべきものではない[32]。そして、このような視点からEC指令の意義を考察するとき、それが環境親和性審査に関して二つの機能を区別すべきであることを明らかにしたことは、極めて重要であろう。すなわち、環境親和性審査は、それが各起業案の環境へ及ぼす影響を、事前の手続において、更には関係行政機関や公衆の参加の下に調査し、記述し、評価しようとするものである点において、本来的に手続的手法であることはいうまでもない。そして、そのような手続の結果として、審査結果が包括的に示され、起業案の環境へ及ぼす影響の総体としての評価が所轄の行政機関によって行われる状態となりうるのである。そして、そのような状況を勘案するならば、他方で、それが実体法的な内容を有することもまた確認しておくことが必要となる。その観点からは、審査は、起業案がたとえば水や大気などの特定の保護対象に対していかなる影響を及ぼすかという認識の問題となり、環境への影響はまさに総体としての、すなわち総合的な各環境媒体にまたがったものとしての影響の内容それ自体が問題となる。したがって、起業案の最終的な許容性判断に際しては、単に環境親和性審査手続を履践したということのみが重視されるわけではなく、それについて権限を有する行政庁（許認可庁）は当該審査手続で得られた結論に内容的に立ち入った議論をしなければならないことになる。

（7）Richtlinie des Rates vom 27. Juni 1985 über die Umweltverträglichkeitsprüfung bei bestimmten öffentlichen und privaten Projekten (85/337/EWG), ABl. Nr. L 175 vom 5. 7. 1985, S. 40 [= zit. UVP-Richtlinie]. この内容については、vgl. A. Weber, Die Umweltverträglichkeitsrichtlinie im deutschen Recht: eine Studie zur Umsetzung der Richtlinie des Rates vom 27. Juni 1985 über die Umweltverträglichkeitsprüfung bei bestimmten öffentlichen und privaten Projekten (85/337/EWG), Osnabrücken rechtswissenschaftliche Abhandlung, Bd. 14, 1989, S. 371ff. ＥＣ指令の効果については、vgl. A. Weber/U. Hellmann, Das Gesetz über die Umweltverträglichkeitsprüfung (UVP-Gesetz), NJW 1990, S. 1625., S. 1632f.

（8）この法律は、ＥＣ指令を国内法化するための法律（Gesetz zur Umsetzung der Richtlinie des Rates vom 27. 6. 1985 über die Umweltverträglichkeitsprüfung bei bestimmten öffentlichen und privaten Projekten vom 12. Feb. 1990, BGBl. I S. 205 -UVPG-）の中にその一部として含まれる基幹法（Stammgesetz）とでもいうべき部分（Art. 1; §§ 1-21）[= zit. UVP-Gesetz] を指す。Vgl. Art. 14 UVP-Gesetz.

（9）制定経緯の詳細については、vgl. Weber (Fußn. 7).

（10）ＮＥＰＡが全ての行政庁にその作成を義務づけている環境影響説明書（Environmental Impact Statement = EIS）の作成要件および内容については、Ｒ・Ｗ・フィンドレー／Ｄ・Ａ・ファーバー（稲田仁士訳）『アメリカ環境法』木鐸社（一九九二）二七頁以下に詳しく紹介されている。また、日本科学者会議編『環境アセスメントの復権――二一世紀の環境づくりのために』北大図書刊行会（一九八五）一六四頁以下、村田哲夫「環境影響評価の法理」杉村還暦『現代行政と法の支配』有斐閣（一九七八）三九九頁以下参照。

（11）各国における環境アセスメント制度については、山村恒年『環境アセスメント』有斐閣選書（一九八〇）二八二頁以下参照。

(12)　ＥＵの環境政策については、福田耕治「ＥＣにおける環境行政――環境影響評価の制度化を中心として」駒沢大学政治学論集二七号（一九八八）七一頁、東京海上火災保険株式会社編『環境リスクと環境法（欧州編）』有斐閣（一九九二）、および、田村悦一「欧州共同体の環境政策の展開」前掲註(10)杉村還暦四二一頁以下など参照。

(13)　ＥＵでは、一九七三年一一月に環境に関する初めての環境行動計画（第一次ＥＣ環境行動計画）を発表して以来、過去四度にわたる環境行動計画を策定し、それに沿って環境政策を実施してきた。そして、一九九三年からは、二〇〇〇年までを計画期間とする第五次環境行動計画がスタートしているが、それは "Towards Sustainability" と題され、持続可能な開発をその柱としている。ＥＵの環境政策については、福田・前掲註(12)、および田村・前掲註(12)四二一頁以下参照。

なお、環境行動計画は、法的には単に政策的な見解の表明という程度の意味しか有せず、ＥＵの環境政策的措置の法的基礎となりうるものでもない。したがって、それがＥＵおよび加盟国を拘束するのは、それらの自由意思による自己拘束によるものと理解されている。Vgl. G. Ress, Europäische Gemeinschaften, in: O. Kimminich u. a. (Hrsg.), HdUR I, 1986, Sp. 448ff., 461ff.

(14)　ＥＵの環境法は、その多くが指令（directive ; Richtlinie）という形式をとっているが、それらは各加盟国において国内法化されない限りは現実の効果を発揮しない。その点では、同じくＥＣ法の中でも一般的な効力（allgemeine Geltung）を有し、そのすべての要素について拘束力を有する（verbindlich）、そしてすべての加盟国に直接適用される規則（Verordnung）とは異なり、副次的な法（sekundäres Gemeinschaftsrecht）である（vgl. W. Erbguth/A. Schink, Gesetz über die Umweltverträglichkeitsprüfung, Kommentar, 1992, Einl. Rdn. 37, S. 48）ともいいうる（なお、Verordnung は、ドイツの法令用語としては「命令」と訳出されるのが通例であるが、ＥＣ関係文書では一般に「規則」regulation と訳されているので、ここでもそれに拠った。これにつき、田沢五郎『ドイツ政治経済法制辞典』郁文堂［一九九〇］参照）し、それが現実に国内法化されない限りは効力を有しないという意味では、国際法上の条約にも類似する。指令は、一定期間内に加盟国によって国内法化することが義務づけられるが、その方法は各国に任されているため、国内の立法手続が遅れたり、指令の内容を正確に反映しないなどの問題が生ずる。これまでにも、各国政府が自然の環境影響評価を怠ったことによる苦情が多発し、ＥＣ委員会自らが事業の中止を申し入れた例などが報告されているという。これについては、東京海上火災保険株式会社編・前掲書註(12)三五頁以下、五六頁など参照。

(15)　フランスにおいては、一九七六年七月一〇日の自然保護法（Loi sur la protectionde la nature）で、自然環境に害を及ぼすおそれのある開発事業については、すべて環境影響調査（étude d'impact）を実施しなければならないとされている。詳細については、ミッシェル・プリウル（野村豊弘訳）「環境影響評価について――フランス法、ヨーロッパ共同体法、国際法」ジュリスト九八六号三七頁以下、および、ミッシェル・プリウルほか「フランスにおける環境影響評価制度（鼎談）」ジュリスト九八六号四三頁以下など参照。

(16) 以上につき、vgl. W. V. Kennedy, Umweltverträglichkeitsprüfung I, in: O. Kimminich u. a. (Hrsg.), HdUR, Bd. II, Sp. 882ff.; T. Bunge, Umweltverträglichkeitsprüfung II, ebenda, Sp. 892ff.

(17) Weber (Fußn. 7), S. 207

(18) Vgl. Art. 5 UVP-Richtlinie.

(19) Vgl. Art. 6 u. 7 UVP-Richtlinie.

(20) Vgl. Art. 9 UVP-Richtlinie.

(21) 以上につき、vgl. Weber (Fußn. 7), S. 7ff.

(22) Vgl. Art. 3 UVP-Richtlinie.

(23) Art. 6 Abs. 1 UVP-Richtlinie.

(24) Art. 6 Abs. 2 u. 3 UVP-Richtlinie.

(25) Art. 7 UVP-Richtlinie.

(26) Art. 8 UVP-Richtlinie.

(27) Art. 9 UVP-Richtlinie.

(28) Anhang I. Projekte nach Art. 4 Abs. 1.

(29) Anhang II. Projekte nach Art. 4 Abs. 2.

(30) なお、ここでは農業が必要的審査事項から除外されているが、今日の農業をめぐる諸状況およびその環境保全上の意義に関する諸議論からすると問題があろう。

(31) Art. 13 UVP-Richtlinie. もっとも、現実には、各国の国内法化の立法手続が遅れるということはともかくとして、国内法が制定されても、それがＥＣ指令の内容を正しく反映していないという問題が生じているという。東京海上火災編・前掲書註(12)二九頁参照。

(32) Vgl. R. Dohle, Anwendungsprobleme eines Gesetzes zur Umweltverträglichkeitsprüfung (UVP-Gesetz), NVwZ 1989, S. 697ff., 699; A. Gallas, Die Umweltverträglichkeitsprüfung im immissionsschutzrechtlichen Genehmigungsverfahren, UPR 1991, S. 214ff., 215.

二　EC指令の国内法化

1　当時の法状況

(a)　ドイツにおいては、他のEU加盟国の多くがそうであったように、環境親和性審査に関するEC指令の国内法化が義務づけられた当時、それを明確に規定した法律はほとんど存在しなかったといわれる。[33] もっとも、審査を実施すべきものとされているプロジェクトのほとんどのものについては、すでにそれに類する規定が各部門別の法律の中に存在していたし、とりわけ遠距離道路、廃棄物処理施設、あるいはインミッシオン防止法により許可を要する施設などについては、その許可手続は基本的にはEC指令の要請に合致するものであった。したがって、法的には当時すでに、各プロジェクトが環境へいかなる影響を及ぼすかということを各部門別の法律に基づいて各々の行政機関が判定するための基本的枠組は整えられていたといってよい。しかし、それにもかかわらず、あるいはそれ故にこそ国内法化のための立法手続は困難を極めることになる。

(b)　すでに述べたように、ドイツにおいても一九九〇年にEC指令を国内法化すべく環境親和性審査法が制定された。ところで、環境親和性審査に関するEC指令は一九八八年七月二日までに各加盟国において国内法化されるべきことが義務づけられていたが、ドイツにおいては、連邦議会の議決が一九八九年一一月、そして連邦参議院の同意をもって公布されたのが一九九〇年二月（八月施行）であったから、いずれにしてもその期限を大幅に徒過するものであった。国内法化が遅れた理由については憶測も含めてさまざまな説明がなされているが、一つには、国内の環境に関わる各部門別の法律が、前述のごとく、基本的にはEC指令の要請に適合するような内容をその中に含んでいるために新たな立法化を必要とせず、せいぜい行政規則のレヴェルでのみ具体的対応を迫られるにすぎないという認識があったこと、そして、それゆえにEC指令が決議されるときにもそのような認識もしくは予測の下にそれに同意したこと、しかしながら、それに反して、国内法化の期限切れ近くになってはじめて新たな立法化による適合が求められていることが明らかとなった、といった事情が指摘されている。[34] すなわち、比較的整備された当時のドイツにおける環境法制の状況を前提として、環境親和性審査についても、基本的には既存の許認可手続もしくは計画確定手続の枠内で実施すべきことが当然のごとく予定され、およびそれをもってＥＣ指令の国内法化に関する義務を果たしうると考えられていたのである。

ドイツにおける環境法制は、周知のごとく、各法分野ごとに多様な視点および理念に基づいて特色ある立法化が図られてきたし、そのことが各々の環境問題に極めて効果的に対処しうるドイツ環境法制の大きな特徴でもあった。そのことは、環境親和性審査についてもいいうることで、後述の計画確定手続や多段階的行政手続などによって各部門別の法分野ごとにその実態に合わせた手続のあり方が模索され、形成されてきたのである。したがって、そのことを前提とするならば、環境親和性審査についても、ＥＣ指令の要請に適合しうるような形で各部門別法について必要最小限の規定を補うだけで、十分それに対応しうるはずであった。しかし、そのような予測に反して、新たな立法化とそのための全体として調和のとれたより詳細な構想が求められることになるが、そのことは少なくともこれまでの法状況とは大きく異なるもので、いわばドイツの整備された法制度が国内法化を大幅に遅らせる要因にもなったのである。

(c)　環境親和性審査は、ＥＣ指令によれば、特定のプロジェクトが人間（Mensch）、動植物（Fauna und Flora）、土地（Boden）、水（Wasser）、大気（Luft）、気候（Klima）および景観（Landschaft）等に及ぼす直接および間接の影響を確認し（identifizieren）、記述し（beschreiben）、評価する（bewerten）ものであるが、[35] すでに述べたように、このような手続自体はこれまでにも各部門別の法律でそれに類するものが実施されてきた。このことを前提とした上でＥＣ指令に基づいて新たな立法化を図るということは、これまで各環境媒体ごとにそれにふさわしいと考えられる形式および内容をもって実施されてきた審査手続を統一的な視点から再構成するということに他ならない。そこで、EC指令を国内法化するにあたっては、既存の法制度は、少なくともEC指令がその射程においている規定に関しては、その変更もしくは再検討を迫られることになるが、それが統一的な原則に基づいて行われるということに着目するならば、それはドイツにおいてはまさに全く新しい法的手法の創造とさえいいうるものでもあった。したがって、EC指令の国内法化は、実質的には、環境保全に関わる全ての手続、あるいは他の行政手続についても妥当しうるような内容を有する法律を制定することをも意味していた(36)。環境親和性審査法それ自体の制定のみではなく、それに関わるいくつかの法律もEC指令に適合させるべく改正されている(37)のは、そのためである。

2　国内法化のための基本方針

環境親和性審査に関するEC指令の国内法化に際してはさまざまな問題が議論の対象となったが、概ね以下のような基本方針に沿ってその立法化が試みられている。

(1)　既存の手続への統合

(a)　本法は、まず、環境親和性審査手続を既存の行政手続および規則制定手続を前提として、それらの手続に統合して実施すべきことを意図している。換言すれば、環境に影響を及ぼす起業案に関して、当該許可手続もしくはそれに先行する事前手続において、当該手続の構成要素（Bestandteil）として審査が実施されるべきことが予定されているのである(38)。それは、その手続的側面に関していうならば、既存の法律による手続およびそのための行政機関を変更し、もしくはそれらを新たに構築することを意図しているわけではない。

ところで、ドイツにおけるこのようなアプローチの仕方は、同じくEC指令を国内法化したフランスやイタリアなど(39)とは、明らかに異なっている。すなわち、それらの国では、環境親和性審査が独立の手続として実施されることが予定されているのに対して、本法では、それが各プロジェクトで必要とされる許認可および計画確定手続（Planfeststellungsverfahren）において、それらの手続を前提として、もしくはそこに統合される形で実施されることされているからである。したがって、その限りではアメリカの環境アセスメント手続に類似したものとなっている。[40] ドイツにおいては、すでに各許認可手続や計画確定手続において環境親和性審査に相当する独自の手続を実施し、更には後述のごとく、大規模施設の多くについては、その正式の手続が履践される以前に国土整備計画との整合性を審査する国土整備手続の網がかぶせられているという状況[41]に鑑みると、それらに適合した形で、換言するならば既存の制度に大きな混乱を生じさせずに環境親和性審査を国内法化するためには、右のような実施の仕方が最善の方法であったともいいうる。[42]

(b)　そこで、次に、環境親和性審査について既述のような手法を採用したことに伴って、それが独自の許可要件および手続において環境保全のための手法をも規定している各部門別の法律、とりわけ連邦インミッシオン防止法（Bundes-Immissionsschutzgesetz）など既存の法律といかなる関係に立つのか、とりわけそれらが本法との関係で具体的にどのような対応を迫られたのかについて考察を加えておきたい。

(イ)　環境親和性審査は、まず、空港や発電所などの特定のプロジェクトが環境に及ぼす影響の審査を義務づけるもの、すなわち原則として具体的なプロジェクトの許容性判断に際してその審査を義務づけるものである。[43] そして、すでに述べたように、[44] ＥＣ指令を国内法化するための法律（以下、「国内化法」という）は、その第一条に基幹法（Stammgesetz）（以下、「環境親和性審査法」もしくは「本法」などという）といわれるものを含み、そこにＥＣ指令に沿った内容の環境親和性審査に関する規定を置いている。そして、本法三条およびその附属書（Anhang）には環境親和性審査を必要とする具体的な起業案が列挙され、更に国内化法二条以下に変更を要する部分についての規定が置かれている。[45] そのような変更の中でも、とりわけ公衆の関与（Öffentlichkeitsbeteiligung）の適用領域が拡大されたことは重要である。これについては後述する。

(ロ)　これに対して、鉱業法上の許可に関しては、本法の中核をなす規定の多くがその適用を排除されている。[46] もっとも、その代わりに、連邦鉱業法（Bundesberggesetz）の改正法[47]においては、集中的な環境親和性審査を有する計画確定手続が採用されている。[48]

また、遺伝子工学法[49]（Gentechnikgesetz）の場合には、本法の全ての規定の適用を排除しているという点において、鉱業法よりも更に徹底している。すなわち、遺伝子工学法上の許可は、従来、連邦インミッシオン防止法に基づいて行われることとされてきたし、その限りでは、同法と同様に本法が適用されるはずであったが[50]、改正により環境親和性審査のあり方は遺伝子工学法自体によって規律されることになった。本法制定時に遺伝子工学法上の許可をもその対象としてその中に含めるかどうかについては多くの議論が存したし、遺伝子工学法上の許可が本法の規律対象とされている連邦インミッシオン防止法上の許可とその目的および性質において類似していることを勘案すると、それに対する適用を除外することは環境親和性審査の統一性を危うくしかねないという指摘もあり、そのような理由から、本法がそれに適用されないことを残念がる意見も多い[51]。いずれにしても、このような規定の仕方は、官庁間の縄張り争いの現れであり、この分野での環境親和性審査の意義を大きく減じることにもなろう。

更に、国土整備法（Raumordnungsgesetz）も本法の制定に伴って改正され、環境親和性審査に関する独自の規定[52]が置かれることになった。これにより、正式の手続に先行する国土整備手続（Raumordnungsverfahren）において環境親和性審査が実施されることとなり、そこで国土整備計画（Raumordnungsplan）との整合性が審査されることになっている。ただ、ここでも後の許可手続で実施される環境親和性審査との関係が問題となる。本法にもそれについての配慮は一応存するが[53]、とりわけ大規模なプロジェクトに関しては、国土整備手続およびそこでの環境親和性審査の比重が増大することとなろう[54]。

2　所轄行政庁

(a)　ところで、巨大プロジェクトを実施しようとする場合には、多くの許認可手続が煩雑なほどまでに繰り返されるのが通例である。事業が大規模化、複雑化することに伴って調整すべき利害も錯綜するために、手続自体もそれに対応すべくさまざまな変容を迫られるのは必然でもある。そして、手続のこのような複雑化、不透明化に加えて、近年では複雑な許認可手続の実効性それ自体に対しても、さまざまな問題が投げかけられている[55]。すなわち、そこで行われる許認可は、たとえそれが環境への配慮を意図したものではあっても、各々の許認可の段階ごとに、しかも大気汚染や水質汚濁といった特定の媒体と結びつけられた影響のみを審査するものにならざるをえない。そのため、何よりもプロジェクトに伴う環境への影響の審査が各々の許認可手続へと振り分けられてしまい、手続の煩雑さの割にはその成果が十分に得られない、という問題点が指摘されていた[56]。

更に、それは、許認可手続それ自体の問題にとどまらず、関係人の権利保護にとっても無視しえない状況を生ぜしめる。すなわち、許認可申請人やとりわけ第三者利害関係人は、当該手続のどの段階で、いかなる基準に基づいて、どのような決定がなされたかを知ることが極めて困難であるため、自らの権利利益の救済を法的手段をもって訴えようとするときに、はたしてそれが当該許認可手続の審理対象であるかどうかに細心の注意を払わねばならないことになるからである[57]。そして、それればかりではなく、環境への総体としての影響を単一の手続において包括的な形で審査することができず、ある特定の事業や施設をめぐる環境問題を手続の各段階ごとに異なった方法および内容をもって、しかもある媒体から他の媒体へとめまぐるしく移り変わるという状況の中で審査しなければならないことにもなる。その意味では、このような事態は、行政機関にとっても、同一事項を各段階ごとに審査する危険、すなわち二重（重複）審査の危険性を常に内包しているという点において、はなはだ迷惑なものであった[58]。

そこで、ＥＣ指令の国内法化に際してとくに考慮されたのが、環境親和性審査を実施する行政機関およびその手続の一本化・単純化と、具体的プロジェクトに即した、しかも各環境媒体もしくは対象ごとに細分化されない手続のあり方であった[59]。

(b)　ところで、現実の法制度のあり方と環境親和性審査が本来的に有する意義とを調和的に解決し、以上のような手続の複雑化・不透明化に伴う問題を解消するために、とりわけ行政機関および手続を一本化・単純化する方法として、従来より許可手続の集中化という手法がとられてきた。それは、計画確定手続における集中効[60]（Konzentrationswirkung）といわれるものであるが、そこでは法律により計画確定手続による旨の定めがあれば、当該事業に関しては他の法律が命じる他の行政機関の許可、同意等が一切不要となり、そのことによって当該事業に関連する行政手続が一本化されることになる。このような手法は、現在は、空港、鉄道、遠距離道路さらには放射性廃棄物貯蔵施設の設置手続などについて用いられている。この制度によれば、したがって、錯綜する許認可制度や利害調整の複雑化などに伴う諸問題を一挙に調整し、解決することができることになる。

もっとも、この制度に関してはさまざまな問題も指摘されており、手続の一本化・単純化によって問題が全て解決されるわけではない。詳細は省略するが、とりわけ環境親和性審査との関連では、各部門別法ごとの独自の許認可手続とそれに付随する環境親和性審査に類する手続の存在を前提としたときには、既存の多くの許認可手続をすべて再構成しなければならないほどの大きな変革をもたらすことにもなる。そこで、現実には、多くの許認可を必要とするような大規模プロジェクトに関しては、所轄の行政庁を決め、それが他の全ての行政庁に代わって調査枠や提出された書類などについて審査を行うという、いわば必要最小限の方策を採用するにとどまらざるをえなかった。[61]このような手法は、一方では、計画確定手続における集中効の妙味を生かし、他方ではそれに伴う諸問題、すなわち手続の一本化によって複雑な利害調整を一挙に、なおかつ合目的的に解決することが可能かという疑問にこたえるための、いわば妥協的なものであったといいうるが、それは、同時に、近年の大規模施設についての行政手続のあり方と、[62]その方向性において符合している。

ただ、この場合には、調査の範囲をどのように設定するか、調査の対象を予めどのように決定するか、更には環境への影響をいかに説明するかなど、これまで各許認可庁に任されていたものを統一的にいかに実施するかが問題となるし、それらの審査に基づく評価をめぐっても、それが最終的に起業案の許否を判断する各許認可庁に対していかなる種類の拘束力を有するのか、議論の分かれるところである。[63]しかし、いずれにせよ、各起業案の最終的な許容性判断に際してその環境親和性審査に基づく結果をどのように考慮するかは、審査手続が既存の行政手続に組み入れられたということもあって、当該許認可庁に任されている。これについては、後に再論する。

⑶ 部門別法との関係

本法によれば、各部門別の法律が環境親和性審査に関して独自に詳細に規定し、なおかつそれが本法に反しないものであるときには、それらの法律が優先的に適用されるという、いわゆる補充的規律の立場を採用している[(64)]。審査を既存の手続に組み入れて実施することとしている本法の立場を前提にするならば、このような規定の仕方は至極当然のことではあるが、ただ本法の他の規定をみても環境親和性審査についての具体的・実体的規定は存しないので、部門別法に代わって本法が適用される場合に、その前提としての補充の必要性がいかなる場合に生ずるのかが具体的事例との関連で問題となりうる[(65)]。

また、このような本法の立場は、申請人がどのような書類を提出するかによっても何らかの変更が必要となる。いかなる種類および程度の書類が提出されるべきかという問題は、一見それほど重要ではないようにも思えるが、本法が適用されるかどうかに関わるものであることを考慮すると、行政実務にとっては無視しえない問題でもある。ただ、ここでも書類提出に関していかなる要請がはたらくかは不明確であり、本法が審査についての実体的な要請を含んでいないこともあって、結局は、各部門別法の規定によらざるをえないことになろう[(66)]。

(33) Vgl. Hess. Gesetz über die Vermeidung, Verwertung und Beseitigung von Abfällen, vom 11. 12. 1985 (GVBl. 1986, I S. 17).

(34) この点についての詳細は、vgl. R. Bartlsperger, Leitlinien zur Regelung der gemeinschaftsrechtlichen Umweltverträglichkeitsprüfung unter Berücksichtigung der Straßenplanung, DVBl. 1987, S. 1; M. Beckmann, Die Umweltverträglichkeitsprüfung und das rechtssystematische Verhältnis von Planfeststellungsbeschlüssen und Genehmigungsentscheidungen, DÖV 1987, S. 944; T. Bunge, Die Umweltverträglichkeitsprüfung von Projekten: Verfahrensrechtliche Erfordernisse auf der Basis der EG-Richtlinie vom 27. Juni

1985, DVBl. 1987, S. 819; J. Cupei, Umweltverträglichkeitsprüfung (UVP): Die Richtlinie des Rates der Europäischen Gemeinschaften, DVBl. 1985, S. 813; E. Schmidt-Aßmann, Zur Umsetzung der EG-Richtlinie über die Umweltverträglichkeitsprüfung vom 27. Juni 1985 in gestuften Verfahren des nationalen Rechts, insbes. in Raumordnungsverfahren, DVBl. 1987, S. 826; A. Weber, Zur Umsetzung der Umweltverträglichkeitsrichtlinie im deutschen Recht, UPR 1988, S. 206ff.; Weber (Fußn. 7).

(35) Vgl. Art. 3 UVP-Richtlinie.

(36) 以上につき、vgl. Gallas, UPR 1991 (Fußn. 32), S. 214ff., 215.

(37) Gesetz zur Änderung des Raumordnungsgesetzes vom 11. Juli 1989 (BGBl. I S. 1417) ; Gesetz zur Änderung des Bundesberggesetzes vom 12. Feb. 1990 (BGBl. I S. 215).

(38) § 2 Abs. 1 UVP-Gesetz.

(39) ＥＵ加盟諸国の立法化の動向については、東京海上火災編・前掲書註(12)参照。

(40) Vgl. § 2 Abs. 1 S. 1 UVP-Gesetz.

(41) 国土整備手続については、vgl. R. Steinberg, Das Nachbarrecht der öffentlichen Anlagen: Nachbarschutz gegen Planfeststellungen und sonstige Anlagen der öffentlichen Hand, 1988, および、山田洋「西ドイツにおける国土整備手続」西南学院大学法学論集二二巻二＝三号（一九〇〇）二三七頁（同『大規模施設設置手続の法構造』信山社（一九九五）二四〇頁以下所収）など参照。

(42) H. D. Jarass, Umweltverträglichkeitsprüfung bei Industrievorhaben, 1987, S. 114.

(43) Vgl. G. Ketteler/K. Kippels, Umweltrecht: Eine Einführung in die Grundlagen unter besonderer Berücksichtigung des Wasser-, Immissionsschutz-, Abfall- und Naturschutzrechts, Schriftenreihe Verwaltung in Praxis und Wissenschaft, Bd. 31, 1988, S. 86.

(44) 前註(8)参照。

(45) すなわち、関連条項改正法（Artikelgesetz）といわれる国内化法には、廃棄物法（Abfallgesetz: Art. 2)、原子力法（Atomgesetz: Art. 3)、連邦インミッシオン防止法（Bundes-Immissionsschutzgesetz: Art. 5)、水管理法（Wasserhaushaltsgesetz: Art. 5)、連邦自然保護法（Bundesnaturschutzgesetz: Art. 6)、連邦遠距離道路法（Bundesfernstraßengesetz: Art. 7)、連邦水路法（Bundeswasserstraßengesetz: Art. 8)、連邦道路法（Bundesbahngesetz: Art. 9)、旅客運輸法（Personenbeförderungsgesetz: Art. 10)、航空交通法（Luftverkehrsgesetz: Art. 12）などの重要な法律を変更するための条項が置かれている。

(46) 本法一八条によると、鉱業法上の許可手続に適用されるのは、一～四条、一五～二二条に過ぎない。

(47) 前掲註(37)参照。

(48) Vgl. §§ 57a, 57b BBerG. すなわち、鉱業法上の計画確定手続は本法の要請にほぼ適合しており、したがって、その限りでは本法一八条の規定（前掲註(46)参照）は必要ではなかったともいえる。なお、鉱業法上の環境親和性審査に関しては、vgl. E. Kremer, Umweltverträglichkeitsprüfung im Bergrecht: Anmerkungen zur vierten Änderung des Bundesberggesetzes, NVwZ 1990, S. 736ff.; G. Kühne, Die Einführung der Umweltverträglichkeitsprüfung im Bergrecht, UPR 1989, S. 326ff.

(49) Gesetz zur Regelung von Fragen der Gentechnik vom 20. Juni 1990 (BGBl. I S. 1080).

(50) 連邦インミッシオン防止法と遺伝子工学法との類似性はつとに指摘されているところではあるが、本文で述べたような許可手続のあり方も、それを前提とした取扱いであるといえよう。遺伝子工学法については、高橋滋「ドイツ遺伝子工学法の諸問題」法学研究二三号（一九〇〇）七一頁以下、および同「ドイツ遺伝子工学法の諸問題（再論）」市原古稀記念論集『行政紛争処理の法理と課題』法学書院（一九九三）二一七頁以下、とくに二二一頁参照。

(51) Vgl. W. Erbguth, Der Entwurf eines Gesetzes über die Umweltverträglichkeitsprüfung: Musterfall querschnittsorientierter Gesetzgebung aufgrund EG-Rechts ?, NVwZ 1988, S. 969ff., S. 975f.; H. Soell/F. Dirnberger, Wieviel Umweltverträglichkeit garantiert die UVP?: Bestandsaufnahme und Bewertung des Gesetzes zur Umsetzung der EG-Richtlinie über die Umweltverträglichkeitsprüfung, NVwZ 1990, S. 705ff., 706.; R. Steinberg, Bemerkungen zum Entwurf eines Bundesgesetzes über die Umweltverträglichkeitsprüfung, DVBl. 1988, S. 995ff., S. 996f.; auch Kühne, UPR 1989 (Fußn. 48), S. 327. それは、確かに、とりわけ環境法を統一的・調和的に構築しようとする近年の傾向とは異なるものといえる。Vgl. M. Kloepfer, Umweltrecht, 1989, § 1 Rdn. 39.

(52) § 6a ROG. 前註(37)参照。

(53) § 16 UVP-Gesetz.

(54) 山田洋「大規模施設設置と行政手続——ドイツ行政手続法の課題」公法研究五三号（一九九一）一九〇頁（同・前掲書註(41)一頁以下所収、八頁）は、住民参加との関連でこのことに触れ、「問題は、本法が……先行する内部手続、たとえば道路の路線決定や国土整備手続においても環境影響評価を実施するとしていることで、この結果、これらの手続においても環境問題に限るとはいえ住民参加が実施されることとなろう。そうなると、これらの従来の内部手続が法的にも住民参加手続化し、大規模施設設置の行政過程におけるその比重が一層大きくなることも予想される。むしろ、国土整備手続などが大規模施設設置についての住民参加の主戦場となっていくことも考えられ（る）。……こうした方向は、早期に実効性のある住民参加を実現するという観点からは望ましい方向といえようが、反面、これらの先行手続と計画確定手続等との相互関係が不明確であるなど、大規模施設設置の行政過程の明確化という観点からは多くの問題を残しているといえる」と指摘する。もっとも、土地利用計画（Flächennutzungsplan）や地区詳細計画（Bebauungsplan）については、それが通常は具体的プロジェクトに関わるものではなく、それゆえに本法あるいはEC指令の射程範囲を超えるものであるために、本法の適用はないというのが通説である。これについては、後述三1参照。

(55) 行政手続の複雑化・不透明化、およびそれに伴う諸問題を指摘するものとして、vgl. G. Gaentzsch, Konkurenz paralleler Anlagengenehmigungen, NJW 1986, S. 2787ff.

(56) Vgl. Beckmann, DÖV 1987 (Fußn. 34), S. 944ff., S. 953.

(57) この点について、詳細は、Jarass (Fußn. 42), S. 29ff.

(58) 以上につき、山田・前掲註(54)公法研究五三号一八六頁参照。

(59) Vgl. Dohle, NVwZ 1989, S. 697ff.

(60) 計画確定手続における集中効については、山田洋「計画確定決定の集中効——西ドイツ行政手続法の現状と課題」雄川献呈『行政法の諸問題（中）』有斐閣（一九九〇）五八三頁、五八七頁以下（同・前掲書註(41)一一五頁以下所収）参照。

(61) § 14 UVP-Gesetz. このような規定の仕方にとどまったことに対する批判として、G, Winter, Die Vereinbarkeit des Gesetzentwurfs der Bundesregierung über die Umweltverträglichkeitsprüfung vom 29. 6. 1988 mit der EG-Richtlinie 85/337 und die Direktwirkung dieser Richtlinie, NuR 1989, S. 197ff., S. 202f.

(62) これについては、後述三1参照。

(63) これらの諸問題については、後述三を参照。

(64) § 4 UVP-Gesetz. この点については、vgl. Weber (Fußn. 7), S. 449.

(65) Vgl. Winter, NuR 1989 (Fußn. 61), S. 202.

(66) Vgl. Dohle, NVwZ 1989 (Fußn. 32), S. 704; Soell/Dirnberger, NVwZ 1990 (Fußn. 51), S. 707.

三　環境親和性審査法の内容

1　対象となる事業および手続

さて、これまでは、EC指令を国内法化するための前提および基本方針、更にはそれらをめぐる諸問題について言及してきたが、以下では、これまでの部分と多少重複するところはあるが、成立した環境親和性審査法の内容の特徴的な点について検討を加えることとする。そこで、まず初めに、本法がどのような事業を対象とし、更にはいかなる手続をもって実施されるべきことを予定しているのかについて概観しておきたい。

(1)　対象事業および適用範囲

(a)　いかなる起業案について環境親和性審査が実施されねばならないかについては、本法にほぼ網羅的に記載されている[67]が、基本的にはほとんどの起業案について環境親和性審査を実施すべきことが予定されているといっても過言ではない。ただ、注意を要するのは、前述のごとくそれが独立の審査手続においてではなく、各部門別法律における当該起業案の具体的な許容性判断との関わりで、しかもそこで対象とされている具体的な施設との関わりで審査が実施されるべきものとされているため、多くの、しかも内容や性質において異なる許可等を要するような大規模プロジェクトに関しては、各々の法律ごとの、あるいはまた各々の許可ごとの個別的な審査が実施されるにとどまり、プロジェクトや施設それ自体の総体としての包括的な環境親和性審査は、少なくとも法律の文言上は予定されていない。この点に関しては、当然のごとく、その実効性に疑問が示されている[68]。

(b)　環境親和性審査が実施されるのは、EC指令に掲げられているほとんどの起業案であるが、新規事業だけではなく、施設等の変更に際しても、それが環境への重大な影響を伴うときには審査が義務づけられている[69]。また、通常の行政手続だけではなく、地区詳細計画の策定・変更等の場合にも、それによって環境親和性審査を義務づけられている起業案を実現することが可能となるときには、審査を行うべきこととされている[70]。更に、後続の行政手続を拘束し、事実上その手続を先取りするような行政内部の事前手続も、ここでの対象とされている[71]。これについては後述する。

⑵　対象となる手続

(a)　環境親和性審査は、すでに述べたように、既存の各部門別の許認可手続に組み込まれて実施されることになっているので、国内法化に際しては、実際にどのような手続において審査がなされねばならないかを明確にする必要があった。これは、本法の適用領域を明らかにする意味を有することはもちろんではあるが、それだけではなく、既存の許認可手続との関連で本法による環境親和性審査がどのように位置づけられ、各々の許認可手続および決定をどの程度拘束するのかということを明らかにするためにも、極めて重要な問題である。

環境親和性審査は、まず、法律に掲げられている各起業案[72]の許容性を最終的に決定し、申請者にその実施を認容する手続において実施される[73]。ここには、もちろん新規の許可だけではなく、変更許可に関する手続も含まれることは前述のとおりである[74]。また、当該許可に予備決定（Vorbescheid）が伴う場合やそれがいくつかの部分許可（Teilgenehmigung）に分かれているときには、環境親和性審査も、環境に及ぼす影響をその都度の段階ごとに審査し、評価することになるが[75]、各段階の審査は最終的には全体としての共通の環境親和性審査としてまとめられねばならない[76]。もっとも、予備決定や部分許可を伴ういわゆる「多段階的行政手続」（gestuftes Verwaltungsverfahren）の場合には、「暫定的肯定的全体評価」（vorläufiges positives Gesamturteil）としてプロジェクトの基本構想が正式の手続以前に実質的に決定され、環境への影響についても何らかの形での審査や評価がそこで実施されているのが通常であるから、審査の大部分もそれらの手続において行われなければ現実的な意味はないことになる[77]。このような手続のあり方は、近年ドイツにおいて盛んに用いられているものであるが[78]、それは環境親和性審査に関しても、その意義をより際立たせることになるだけではなく、後述の住民参加との関連でも重要である。そしてまた、実際のあり方としても、後続の許認可手続において先行手続での環境親和性審査が基礎とされるべきは当然のことであろう[79]し、環境的利益が軽視されないためにもできる限り早い段階での環境親和性審査の実施が要請されることになる。

(b)　更に、これとの関連で、環境親和性審査は起業案の許容性を最終的に判断する手続においてのみ必要不可欠のものとされているわけではなく、それを事実上拘束する事前のいわゆる予備的決定（vorbereitende Entscheidung）の手続においても要求されている[80]。たとえば、道路や空港建設については、それらの計画確定手続に先行する道路法上の路線決定（Linienbestimmung）や航空法上の許可がなされることによって、立地や基本構想が事実上決定してしまう。本法は、このような先行する手続や行政内部の手続についても環境親和性審査を実施することとしており[81]、この場合には、審査は先行する手続における概括的なものと後続の計画確定手続におけるより詳細な審査とに分けられることになるが、先行手続における審査の結果は後の最終的な手続に承継されることになる[82]。同様のことは、国土整備手続についても規定されており、もちろんこの場合にも、後続の起業案の許容性を最終的に判断する手続において先行する国土整備手続における審査結果を考慮する義務がある[83]。

このように、法制度上の建て前はともかくとして、現実には正式の手続に先行する手続や行政内部の手続で、当該プロジェクトの立地や基本構想などの重要な決定が行われることが多いし、国土整備手続も事実上の立地決定のための手続として機能している。そして、このような手続状況を前提とする限り、環境親和性審査についても全く同様のことがいえるわけで、正式の最終的な手続をまって、その段階で初めて十分な審査を実施するというのでは、手続の実態に沿わないばかりか、審査の実効性も期待しえない。ただ、このような審査手続の階層化に対しては、後続の正式の手続を形骸化させるものであるという批判[84]があることも指摘しておきたい[85]。

2　具体的な審査段階

本法によれば、環境親和性審査の手続は、概ね三つの段階に大別することができる。すなわち、審査の基礎資料の作成、行政庁および公衆の関与、そして審査結果の説明・評価・顧慮である。

(1)　審査の基礎資料の作成

まず、最初の手続段階である審査の基礎資料の作成は、予定調査枠の通知と起業者の書類の作成とから成る。

① 予定調査枠の通知（Unterrichtung über den voraussichtlichen Untersuchungsrahmen）

(a) このうち、予定調査枠の通知[86]は、環境親和性審査を実施するにあたっての不可欠の要請であり、それはＮＥＰＡとの関連でいうならば、審査の対象範囲を決定し、かつそこで論じられるべき重要な論点を決定するために行われる「スコーピング（範囲の画定）[87]」（scoping）に他ならない。スコーピングとは、環境親和性審査のための基礎資料の作成が必要であると判断された場合に、そこで検討されるべき重要問題や扱われるべき問題の範囲を画定するためのプロセスであるが、ドイツ法においては、従来、スコーピングという手続はそれほど知られたものではなかった[88]。しかし、同じく環境親和性審査を義務づけられているプロジェクトであっても、その種類や規模、性質は多岐にわたるし、たとえそれが同じようなプロジェクトであっても、それをめぐる諸状況に応じて、環境への影響は決して一様ではない。そのため、各プロジェクトごとに、その特殊性に配慮しながら審査のための基礎資料を作成していくことになるが、その場合の最も重要な手続をなすのがスコーピングであるといいうる。

そもそも審査に際して全ての視点について完全に調査することなどは不可能であるし、したがってまた、審査はとりわけ問題となりうる論点に関して、それを十分詳細に検討しうるような方法および内容をもって実施されることが望ましいし、効果的でもある。このような手続としてのスコーピングは、それゆえにまた、現実の行政庁の人的・物的組織の状況を前提とするとき、おそらくはそれにふさわしい手続のあり方であろうし、他方、申請者にとっても、自らが提出する資料を画定された範囲に合わせて作成しうるという意味において、極めて有用な手続といいうる。そしてまた、公衆も、そのようなスコーピングによって参加の機会が明確な範囲と内容をもって示されることによる利益を享受しうることにもなろう。

しかしながら、他方で、スコーピングの実施如何によっては、公衆の知ることのできない情報が極めて多くなるという危険も、常に存在する。それゆえ、スコーピングは、単に審査範囲の画定という全審査手続の一段階にすぎないわけでは決してなく、それ自体が環境親和性審査の成否そのものをも左右する極めて重要な手続段階であるといいうる。

(b) とはいうものの、NEPAの規定などと比べると、スコーピングに関する本法の規定は、未だ不十分なものにとどまっている。すなわち、起業案の通知があったときには、所轄の行政庁は、その都度の計画段階に応じて、および提出された書類に基づいて、審査の対象・範囲および方法、その他審査の実施のために重要な諸問題について申請者と話し合うこととされており[89]、それは、確かにスコーピングを実施することを明記し、審査手続の一段階としてそれを明確に位置づけた点では画期的ではあるが、他の行政庁および公衆の関与に関してはそれを義務づける規定にはなっておらず、関与の可否そのものについては当該行政庁が自由に選択しうる表現にとどまっているか[90]らである。

② 起業者の書類(Unterlagen des Trägers des Vorhabens)

(a) 次に、申請人により必要書類が提出されるが、環境親和性審査との関連でどのような書類が提出されるべきかについては、本法で詳細に規定されている[91]。そして、EC指令の場合においても同様であったが、本法は提出すべき書類を二つのグループに区別して取り扱っている。すなわち、あらゆる場合に必ず提出されねばならないもの[92]と、特定の要件の下でのみ提出を要するもの[93]である。

このうち、必ず提出を要する書類は、起業案の立地点(Standort)、その種類および規模(Art und Umfang)、土地の必要性(Bedarf an Grund und Boden)などについての申述を含むもので、それらは従来もすでに許認可手続において申請人によって提出すべきとされていたものである。そこでは、プロジェクトはできるだけ詳細に記述されていなければならないし、汚染の原因やその程度および残留物質等についても説明されていなければならなかったが、この点に関する要請は環境親和性審査手続においても同様に求められることになろう。

ただ、注意を要するのは、本法においては環境親和性審査にあたって「起業案の環境へ及ぼす影響」(Auswirkungen des Vorhabens auf die Umwelt)の記述が要求されているが[94]、ここでの「影響」(Auswirkung)とは、単なる汚染原因（Emission）やインミッシオン（＝汚染効果［Immission］）そのものではなく、汚染行為によって惹起された環境に対するさまざまな効果（Wirkungen）であると考えられる。[95] そうすると、これまでの実務においては申請人に汚染物質や原因の説明のみを要求し、その説明に基づいて許認可庁自らが当該手続においてそれによる汚染の程度を計算し、その影響を判断してきたが、[96] 本法の趣旨からは、汚染物質や原因を説明しただけの書類では不十分であるということになる。[97] とりわけ、汚染物質の排出に伴う環境への影響の分析は、許認可申請に先立って申請人自らの手によってなされねばならないことになる。申請人にこのような内容を含む書類まで要求することによって申請そのものが遅れたりするなど、申請人に多くの危険と困難を強いることにもなりうるが、申請書類は公衆にとっては重要な、しかも必要不可欠な情報源であるし、他方では、公衆にとっては、汚染原因や物質そのものの説明だけではなく、その排出に伴う実際の汚染やそれによる諸影響こそが最大の関心事でもあるので、そのことからも以上のような手続のあり方は正当化されうることになる。[98]

次に、第二グループの書類は、それが具体的場合において当該プロジェクトの許容性の判断にとって必要不可欠なものであり、なおかつそれを提出することを申請人に期待しうるときにのみ提出されるものである。この種の書類は、本法によれば、[99] そこで用いられる技術工程の最も重要な特徴や、一般的な知識の状況および審査方法を考慮した上での環境およびその構成要素についての記述などであり、いわば当該申請人のノウハウとでもいうべきものである。[100] なお、起業者が当該起業案についての選択肢を検討したときには、起業案が環境に与えると予想される影響をとくに考慮して、各選択肢に関する見通しと当該起業案選択の理由を示さねばならないとされているが、義務的な規定にはなっていない。[101]

(b) さて、以上のように、いかなる書類が提出されるかは公衆にとっては極めて重要な関心事であるが、それ故にこそ複雑で学術的に高度なものが多数提出されれば十分であるとは必ずしもいえないのであって、少なくとも公衆に理解しやすいように整理された形での書類が提出されることが本来的には望ましい。したがって、その点を法律が明確にしておくこと[102]、換言すれば、書類の提出という手続段階を環境親和性審査の第一の段階として明確に位置づけることが必要となり、その趣旨に沿った手続の運営が求められることになるが、実務においてこの点がどれだけ意識的に扱われているかは、必ずしも明確ではない。なお、必ず提出を要する書類であるかどうかをどのように判断するか、およびそれ自体が審査の対象となるのかどうかについても問題となろう[103]。

⑵ 行政庁および公衆の関与（Beteiligung）

⒜ 審査の第二段階は他の行政庁および公衆を審査手続に関与させ、申請人によって提出された書類に対して意見を述べる機会を保証することである。

このうち、当該プロジェクトが自らの権限領域に関わる他の行政庁を関与させることに関しては、これまでにも実務上実施されてきたところであった[104]。そのようなこともあって、本法においても、それを簡単に確認する規定にとどまっている[105]。また、従来必ずしも明確ではなかった他のEU加盟国の行政庁の関与に関しても、起業案により国境を越えた影響が生ずるおそれのある場合について、本法でその法的基礎が明示されている[106]。

⒝ 次に、公衆（Öffentlichkeit）および専門家の関与については、それが環境親和性審査手続の最も重要な要素であることに関してはすでに共通の認識が存在するし、現に審査手続を有する多くの国々でそのための制度が整備されていることもまた周知のとおりである[107]。そして、それらの経験からも、関与のあり方が審査手続そのものの成否にとって極めて重要であることは明かである。起業案の申請に際しては、申請人はより厳格な研究と調査に基づいて作成した書類を提出し、所轄の行政庁も審査方法等については慎重かつ公正を期するのが通常であろうが、それでもなおデータの分析および評価が十分になされえない場合も起こりうる。そのような瑕疵は、公衆および専門家の関与によって治癒されうるものとなりうるし、当該起業案を変更する代替案の提示もそのことを通じて可能となる。

ところで、審査手続への他の行政庁の関与がこれまでにも認められてきたことは前述のとおりであるが、それに対して公衆の関与については、個別の法律の手続規定に任されてきた。もちろん、行政手続法が制定されたことにより、当該プロジェクトにより影響を受ける者については関与の権利が共通に認められているが[108]、それは住民の私的な権利保護との関連で位置づけられてきていることに若干の注意が必要である。もちろん、ここでもそれは私的権利保護と全く無関係ではありえないが、審査手続の実質的公正性の確保および行政庁の適正な決定のための情報源を広く確保するという目的との関連では、公衆の関与は決して十分な形で位置づけられてきたとはいい難い。そこで、このような公衆の関与に関する従来からの基本的理解が本法といかなる関係に立つのかを確認することは、環境親和性審査手続における関与の意義を考えるうえで極めて重要である。

そこで、本法の規定についてみると、そこでは隣接住民および公衆の関与、とりわけその聴聞手続（Anhörungsverfahren）については、計画確定手続について妥当する行政手続法の規定が準用されているが[109]、それによれば、当該手続に関与して意見を述べる権利を有するのは起業案によりその利益に影響を受ける者に限られるとされているし[110]、計画確定手続における閲覧権（Einsichtsrecht）も、これまでの支配的見解によれば、利害関係人（Betroffene）にのみ存するとされている[111]。関与の意義は、ここでは明らかに利害関係人の権利利益の保護に資するための手続として理解されているが、このような理解は公衆（Öffentlichkeit）の関与を規定するEC指令の意図との関係で若干の留保が必要となる[112]。本法が敢えて公衆の関与を規定した趣旨を考慮するならば、行政手続法の規定は[113]、少なくとも環境親和性審査手続に関しては、EC指令と一致した形での解釈が求められることになろう[114]。

(3)　審査結果の記述・評価・顧慮

環境親和性審査の最後の段階は、起業案が環境に対して及ぼす影響を記述し、評価し、顧慮することであるが、まず何よりも、前述の各段階を踏まえて起業案の環境への影響が包括的な形で記述されなければならない[116]。

(a)　①　影響の記述（Darstellung）

記述にあたって基礎となるのは、申請者が提出する各種の書類、更には他の関係行政庁の意見、第三者および公衆の申述、そして所轄行政庁が自ら実施した調査である。[117] したがって、ここで記述されねばならないのは、本法に掲げられている保護対象（Schutzgüter）、すなわち人間、動植物、水、大気など[118]への全ての直接的および間接的な影響ということになるが、ここには、これまでドイツ環境法においては明確に保護の対象とはされてこなかった気候（Klima）も含まれていることは前述のとおりである。更に、記述に際しては相互作用（Wechselwirkung）、すなわち、たとえば大気が水などの他の環境媒体に及ぼす影響のように、ある特定の環境媒体を保護しようとする措置の結果として他にどのような影響が生ずるか、あるいはそもそもある環境媒体への負荷が他の媒体へのいかなる負荷を伴うかなどについて、とくに考慮する必要があるとされている。[119] これまでの許認可手続においては、このような相互作用については必ずしも十分な配慮はなされてこなかったが、それはいうまでもなく、各々の媒体について各々の行政庁が権限を有していたからに他ならない。

(b)　また、ここで注目すべきは、環境影響の包括的な記述のために法律が定めている期限である。すなわち、本法によれば、それは聴聞手続の実施後一ヶ月以内に行われるべきものとされている。[120] しかし、はたして一ヶ月という期限が妥当なものなのかどうか、とくにそれが実現できるのかどうかに関しては、立法者もそれほど容易なことではないと認識していたらしく、「できる限り」（möglichst）遵守すべきことを要求するにとどまっている。[121]

(c)　なお、環境への影響の包括的な記述は、ある特別の文書（Dokument）に含まれていなければならないものではなく、起業案の最終的な許容性を決定する際の理由の中に示されていればよいとされている。この点においても、ドイツの環境親和性審査は諸外国のものとは異なるが、[122] これは審査手続が独立のものとしてではなく、既存の各許認可手続を前提としてその中に組み入れられていることによるものであろう。もっとも、このような方法が全ての環境親和性審査に妥当するわけではなく、たとえば起業案が最終的に許容されるために多くの許認可を必要とするような場合には、環境への影響を一つの特別の文書をもって記述しなければならないのは当然である。もちろん、この点に関しては法律上明確に規定されているわけではないが、このような場合、包括的な記述については所轄の行政庁が、そして具体的な許認可手続においてその記述をどのように考慮するかについては当該許認可庁がそれぞれ権限を有しているから、包括的に記述された文書が、所轄行政庁から各許認可庁へと伝達されねばならないことになろう。[123]

② 環境影響の評価（Bewertung）

(a) 次の段階は、起業案の環境へ及ぼす影響を評価することである。[124] 記述された環境への影響をどのように評価するかという点に関しては、審査手続を既存の許認可手続に振り分けたこともあって、原則としては起業案の許容性を最終的に決定する許認可庁がその権限を有するが、それは起業案について多くの許認可を必要とする場合についてもあてはまる。そのような場合には、許容性を最終的に判断する行政庁は自らの所掌事務領域に関わる評価を行うだけでは不十分であって、総体としての評価（Gesamtbewertung）を行わねばならないが、[125] それに対して、主催行政庁（federführende Behörde）は、許容性を決定する行政庁と協働してその責務を果たす、いわば調整的機能を行使しうるにすぎないとされている。[126] すなわち、主催行政庁は、具体的には評価のための手続を開始したり、手続の適正な進展および終結のために配慮する役割を担うことになるが、最終的な決定権能は許容性を判断する行政庁に存することとなる。なお、関係行政庁間の判断が一致しない場合にどのようにすべきかという問題については法律上は何らの規定も置かれていないが、この場合には、おそらく、それらに共通の上位機関が決しなければならないであろう。

なお、この場合にも評価がいかなる文書によって行われねばならないかが議論となりうるが、起業案の総体としての評価は、その許容性を最終的に決定する理由の中で示されることになろう。ただ、多くの許認可を必要とする起業案については、前述の環境影響の記述の場合と同様に、一つの特別の文書をもって示される必要があろう。[127]

(b)　次に、いかなる基準に従って評価が行われるべきかについて、本法は、各部門別の法律上の要請に従うべきことを明言しているが、[128]その場合でも、部門別法律上の各種要請の解釈に際しては、事前配慮（Vorsorge）の要請など本法の目的等を十分に考慮しなければならないのは当然である。[129]もっとも、現実には各部門別の法律がそれらの要請を取り込むことができる場合に限ってそのような解釈が行われることになり、したがって各法律および法分野ごとに具体的な判断が必要となるが、結論的にいうならば全ての部門別法が十分にそれを可能とするわけではない。[130]本法による事前配慮の要請などを考慮しなければならないとはいっても、その法律上の文言は内容的にも極めて曖昧であるため、それを具体化する法規命令や行政規則等の制定をまたなければその趣旨を各部門別法の解釈に十分な形で反映させることができないなど、おそらくはそのままでは現実の適用には耐えることはできないからである。[131]それゆえ、そのような具体化が行われない限り、[132]評価の基準は各部門別の法律による定めに従わざるをえないことになる。ただ、本法は、具体的な評価の基準・手続等に関し行政規則を制定しうる旨の規定を置いている[133]ので、それに基づいて評価基準等が明確に示された場合などにはそれに従うことになるし、将来的にはそのような方向を意図しているものと思われるが、そこに含まれる不確定概念等に伴う諸問題は、なお残ることになろう。

(c)　ところで、「評価」（Bewertung）については、それが後述の環境影響の「顧慮」（Berücksichtigung）と何をもって区別するのか、という問題との関わりで更なる考察を必要とする。なぜなら、本法においては、評価および顧慮という双方の審査段階についてその相違を明確にすることなく同一の条項内に規定し、[134]両者をあたかも共通の審査段階であるかのごとく扱っているが、そのような規定の仕方は他の規定との関係でその整合性が問われることになりうるからである。すなわち、本法の他の条項[135]によれば、顧慮は、起業案の最終的な許容性を判断する際に、その権限を有する行政庁によって各々の許容性決定の枠内で行われるべきことが予定されているのに対して、評価そのものは、全ての許認可庁の総体としての行為として行われねばならないとされているからであり、ここでは両者は概念的に明らかに区別されているのである。この点は政府草案においても同様であって、その立法理由では評価と顧慮とは異なった審査段階をなすものとして位置づけられている。[136]

そこで、本法の構造を前提とするならば、評価と顧慮とを内容的にも区別して論じる必要が生じてくることになるが、法律上は評価基準に関してだけではなく顧慮の基準に関しても、各部門別法もしくは本法一条および二条の目的規定等によるべき旨を指示しているので、[137]この点からも内容的に両者を区別することは極めて困難であるといえる。もっとも、政府草案の理由書においては、評価の対象は起業案や施設が環境に対して及ぼす影響ということに限られているので、それを手がかりとして両者を区別することは可能であろう。すなわち、政府草案を前提とするときには、他の公益および私益等の各種関係利害は、顧慮の段階で初めて取り扱われることになるからである。[138]換言すれば、評価に際しては、環境それ自体への影響に関わる各種要請のみが登場してくるのに対して、各種の具体的な利害への影響などのその他の要請については、起業案の最終的な許容性判断との関連で、顧慮の段階で初めて顧みられるということになろう。

もっとも、このような抽象的な区別の仕方が、具体的場合においてどれほど有効であるかは、やはり問題なしとしない。すなわち、各部門別法は、通常、環境そのものに関わるいわば生態学的な側面だけではなく、その多くはそれ以外の環境の改変に伴う具体的利害の評価をも念頭に置いた、両者を統合した単一の基準のみを規定している[139]ことが多いのであって、評価と顧慮は、それを手続的に区別して扱うべきことが要請されているにもかかわらず、実質的にも現実の問題としても区別することは極めて困難であるからである。両者のこのような区分の不明確性は行政規則のレベルで独自の基準を示すことによって解消することが望ましいが、グレーゾーンはやはり残されるであろう。

③　影響の顧慮（Berücksichtigung）

環境親和性審査は、起業案の許容性を最終的に決定するにあたりその環境に対して及ぼす影響を考慮することによって終了する[140]が、それは、これまでに述べてきた環境への影響の包括的な記述（Darstellung）とその総体としての評価（Bewertung）に基づいて行われる。起業案について多くの許認可を必要とするような場合には、具体的な許認可項目との関連で、総体としての評価からいかなる結論が引き出されうるかを、各々の許認可庁が判断することになる。[141] ここでは、前述のように、環境に対するさまざまな作用に伴って各種利害がいかなる影響を受けるかが中心的な論点となるが、その前提が環境に関わる起業案によるものであることはもちろんであるから、その限りでは前述の評価について妥当するものと同様の視点に従った決定が求められることになる。ただ、環境親和性審査手続それ自体は起業案の許容性を決定する手続ではないから、評価の場合と異なって、起業案そのものの許否との関わりで顧慮という審査段階がいかなる方法および内容をもって踏まれるべきかが問題となる。すなわち、許認可庁は基本的には起業案そのものが許容されるかどうかを判断するのであるから、環境親和性審査との関連ではその手続によって得られた結論以外の、すなわち環境に関わるものとは別の考慮要素をその判断に際して対置させるべきかどうかを確定する任務が残されることになるが、いずれにしても環境に関わる要素とそれ以外の要素との比較衡量が必要とされる場合には、それは起業案の最終的な許容性決定の必然的な前提であるから、その点に関しては許容性を決する行政庁が比較衡量の権限を有することになる。

このようなことからも、ドイツにおける環境親和性審査手続が、従来からの各部門別法上の基準を変更しようとするものではなく、あくまでもそれらの基準の適用を前提として、それをより一層効果的に適用できるようにするための手続として考えられていることが明らかになる。換言すれば、それは既存の基準の適用に先行する包括的な情報解析の手続であるともいいうる。

(67)　本法三条一項では、どのような起業案について環境影響評価が実施されねばならないかについて規定しているが、その附属書（Anhang）では、各部門別法に基づく施設等の許容性判断に際してそれがなされるべきことが指示されている。
(68)　Vgl. Winter, NuR 1989 (Fußn. 61), S. 199. なお、教授草案三二条一項四文は、「ある起業案の許容性が複数の手続によって決定される場合には、個々の手続において行われる部分審査（Teilprüfung）は、環境に対する全ての影響の総合評価へと統合されるものとし、そこには相互作用（Wechselwirkung）および総体としての負荷（Gesamtbelastung）の評価をも含むものとする」と規定し、本法に対しての批判に応える形となっている。

(69) § 2 Abs. 2 Nr. 4 UVP-Gesetz. なお、教授草案三二条二項二号二文でも、「起業案の重大な変更は、それが環境に対し付加的なまたはその他重大な影響を及ぼしうるものである場合には、ここでいう起業案であるものとする」と規定し、起業案の変更に際しても環境親和性審査が実施されることを明らかにしている。

(70) §§ 2 Abs. 3 Nr. 3 u. 4, 17 UVP-Gesetz. なお、教授草案三二条三項は、環境影響審査（Umweltfolgenprüfung）を実施する諸決定を列挙しているが、そこには、計画確定（Planfeststellung）や建設法典（Baugesetzbuch）に基づく建設管理計画（Bauleitplan）も明示されている。もっとも、建設管理計画については、その環境影響審査を一般的な形で導入することが意図されているわけではない。すなわち、建設管理計画の策定等に関する手続は、それ自体すでに環境影響審査としての要素を内包しているということもあって、教授草案では、「建設管理計画が策定され、変更されもしくは補完される場合には、建設管理計画手続の枠内において、起業案に関連する建設管理計画の決定についての環境影響審査が、計画段階に応じて実施されなければならない」（四八条一項）という規定の仕方にとどまっている。

建設管理計画は、確かに環境に関する利益をも含めて包括的な計画原理に基づくものではあるが、それが建設起業案の実施を可能とするかどうかという判断に関わるという意味では、本来的に侵害計画（Eingriffsplanung）としての性格を有する。実務上も環境利益については過小評価されてきた面がある。したがって、この限りでは、建設管理計画に包括的な環境影響審査が行われる必要があるが、手続上その点のみを強調するとその横断的計画（Querschnittplanung）としての性格が損なわれかねないという配慮もあって、教授草案では、建築施設の総体として建設管理計画の手続の対象となる起業案にのみ環境影響審査を要求している。以上につき、Vgl. Kloepfer, u. a. (Fußn. 4), S. 239.

(71) § 2 Abs. 3 Nr. 2, § 15, § 16 UVP-Gesetz; vgl. § 46 Abs. 4 UGB-AT.

(72) 前註(67)参照。

(73) § 2 Abs. 3 Nr. 1 UVP-Gesetz. なお、教授草案三二条三項一号では、「起業案の許容性に関する行政庁の決定」として、承認（Bewilligung）、許可（Erlaubnis）、認可（Genehmigung）、同意（Zustimmung）および計画確定（Planfeststellung）が挙げられている。

(74) Siehe Anlage 3 zu § 3 UVP-Gesetz. 前註(69)参照。

(75) § 13 UVP-Gesetz. 教授草案四四条一項では、「予備決定および第一次部分許可もしくはそれに準じた部分許可は、計画段階に応じた環境影響審査の実施の後においてのみ付与される。環境影響審査は、この場合においては、その都度の計画段階で認められる全起業案の環境への影響に関しては暫定的なものであり、また、予備決定もしくは部分許可において最終的に決定される起業案の一部が及ぼす影響に関しては最終的なものである」と規定している。

(76)　§ 2 Abs. 1 S. 4 UVP-Gesetz.

(77)　Jarass (Fn. 42), S. 41f. このことは、一三条一項で第一次部分許可（erste Teilgenehmigung）、一三条二項でその他の部分許可を列挙していることからも明白である。

(78)　山田・前掲註(54)公法研究五三号一八九頁以下参照。

(79)　§ 13 Abs. 2 UVP-Gesetz. Vgl. Weber/Hellmann, NJW 1990 (Fußn. 7), S. 1631. 教授草案四四条二項は、「それ以後の部分許可もしくはそれに準じた部分許可に際しては、環境影響審査は、起業案が環境に対して及ぼす付加的なまたはその他重大な影響に限られるべきものとする」と規定し、更に四六条四項も、「後続の許可決定手続においては、環境影響の審査は、起業案が環境に及ぼす付加的またはその他重大な影響に限ることができる。先行手続における環境への影響の評価は、起業案の許容性に関する決定に際して考慮されねばならない」と規定している。

(80)　§ 2 Abs. 3 Nr. 2 UVP-Gesetz. 教授草案四六条一項は、「起業案に関係する手続であって以下に掲げるもの（先行手続）においては、起業案のその都度の計画段階に応じて、環境影響審査が実施されなければならない」として、連邦遠距離道路法（Bundesfernstraßengesetz）、旅客運送法（Personenbeförderungsgesetz）、連邦水路法（Bundeswasserstraßengesetz）、航空法（Luftverkehrsgesetz）による手続を挙げている。また、四九条二項は、「立地確保計画（Standortsicherungsplan）が国土整備法五条一項二文による国土整備の部門別の部分計画（fachlicher Teilplan）として策定される場合には、当該手続内において、起業案に関連する決定に関し、計画段階に応じた環境影響審査が実施されなければならない」と規定している。

(81)　§ 15 UVP-Gesetz.

(82)　§ 15 Abs. 4 UVP-Gesetz; vgl. § 46 Abs. 4 S. 2 UGB-AT.

(83)　§ 16 Abs. 2 UVP-Gesetz; vgl. § 47 Abs. 3 UGB-AT.

(84)　Dohle, NVwZ 1989 (Fußn. 32), S. 699ff.

(85)　以上につき、山田・前掲註(54)公法研究五三号一九〇頁以下参照。

(86)　§ 5 UVP-Gesetz; vgl. § 36 UGB-AT.

(87)　ＮＥＰＡによれば、スコーピングは、環境影響説明書（Environmental Impact Statement = EIS）の作成決定判断の後に、その中で決定されるべき問題の範囲や重要問題の確定のために、予め環境保護団体や関係行政機関などと相談し、意見を聴きながら問題点を絞っていく手続である。この手続の採用にあたっては、当初、産業界からの反対論も存したが、最終的に産業界が歩み寄ったことによって、環境保護団体や専門家などの共通の支持を受けて成立した。これによって、行政機関と公衆は、より早い段階でより効果的な起業案の検討をすることが可能となったといわれる。スコーピングについては、フィンドレーほか・前掲書註(10)三四頁参照。

(88) 連邦インミッシオン防止法に基づく第九命令（Neunte Verordnung zur Durchführung des Bundes-Immissionsschutzgesetzes (Grundsätze des Genehmigungsverfahrens) - 9. BImSchV, vom 18. Feb. 1977 (BGBl. I S. 274) の二条などが、その僅かな例であろうか。

(89) § 5 UVP-Gesetz; vgl. § 36 Abs. 1 S. 1 UGB-AT.

(90) この点に関する批判として、Soell/Dirnberger, NVwZ 1990 (Fußn. 51), S. 707. これに対し、教授草案の規定は、「所轄の行政庁は、……承認団体に対し、……予定調査枠についての草案を通知すべきものとする（soll...mitteilen)」（二項一文）、「所轄の行政庁は、一ヶ月以内に、鑑定庁および当該の起業案によって所掌の事務領域に影響を受ける行政庁の意見を求めるべきものとする（soll … einholen)」（三項）、「所轄の行政庁は、……陳述および意見表明を考慮して予定調査枠を確定し、これを当該起業者に通知すべきものとする（soll … unterrichten)」（四項）と、それぞれ義務的な規定の仕方となっており、これまでの規定が「秘密手続」（Geheimverfahren）であった（Kloepfer, u. a. (Fußn. 4), Anm. zu § 36 UGB-AT, S. 241）ことと比べると、手続への参加に格段に配慮した規定となっている。

(91) § 6 UVP-Gesetz; vgl. § 37 UGB-AT.

(92) § 6 Abs. 3 UVP-Gesetz.

(93) § 6 Abs. 4 UVP-Gesetz. この区分は、教授草案においても維持されている。Vgl. § 37 Abs. 2 u. 3 UGB-AT.

(94) § 6 Abs. 3 Nr. 4 UVP-Gesetz.

(95) 教授草案は、「この法律において、汚染効果（Immissionen）とは、汚染行為によって惹起された、環境に対する諸影響効果をいう」と規定し、この趣旨を明記している（§ 2 Abs. 5 UGB-AT）。

(96) Jarass (Fußn. 42), S. 51ff.

(97) 許認可庁がその影響等を判断することの問題性については、かねてより指摘されていたところであった。Vgl. Weber/Hellmann, NJW 1990 (Fußn. 7), S. 1360.

(98) Jarass (Fußn. 42), S. 47f.

(99) § 6 Abs. 4 UVP-Gesetz.

(100) 教授草案によれば、「用いられる技術過程の最も重要な特徴についての記述」（三七条二項三号）、「一般的な知識の状況および一般的に認められた審査方法を考慮した上での、環境およびその不可分の構成要素についての記述であって、起業案の許容性を決定するにあたり重要な、当該起業案が環境に及ぼす影響の確認および判断にとって必要であるもの」（三七条二項四号）、および「申述をまとめるにあたり生じた諸々の困難、たとえば技術上の欠陥または知識の欠如についての指摘」（三七条二項九号）については、その提出が不可能であるかまたは起業者にとり受忍しえないものである場合には、当該書類を提出しなくともよい（三七条三項）とされている。

(101)　教授草案では、「起業者が選択肢を検討したかまたその検討が事物の性質上必要であるものである限り、起業案が環境に与えるものと予想される影響を特別に考慮した上での、起業案の立地点に関する最も重要な選択肢についての見通し並びに本質的な選択理由についての申述」についての書類も必ず提出を要するとされている。§ 37 Abs. 2 Nr. 7 UGB-AT.

(102)　本法および教授草案でも、提出書類のほとんどのものについて「一般的に理解しうる要約」（allgemeineverständliche Zusammenfassung）が付加されねばならない旨規定されている。§ 6 Abs. 3 S. 2 UVP-Gesetz; § 37 Abs. 2 S. 2 UGB-AT.

(103)　これについては、vgl. W. Hoppe/G. Püchel, Zur Anwendung von Art. 3 und 8 EG-Richtlinie zur UVP bei der Genehmigung nach dem Bundes-Immissionsschutzgesetz, DVBl. 1988, S. 1ff., 6; Bunge, DVBl. 1987（Fußn. 34）, S. 821ff., S. 823; Kloepfer, u. a.（Fn. 4）, S. 242.

(104)　Vgl. § 73 Abs. 2 VwVfG.

(105)　§ 7 UVP-Gesetz. なお、教授草案も、「所轄の行政庁は、鑑定庁並びに当該起業案がその所掌事務領域と関わる行政庁の意見を求めるものとする。」（§ 38 S. 1 UGB-AT）と規定するにとどまる。

(106)　§ 8 UVP-Gesetz. なお、教授草案でも「国境を越えた関与」（Grenzüberschreitende Beteiligung）として規定されている（§ 40 UGB-AT）。

(107)　各国の制度に関しては、日本科学者会議編・前掲書註(10)一六四頁以下、および山村・前掲書註(11)二八二頁以下など参照。

(108)　Z. B. § 73 Abs. 4 VwVfG.

(109)　§ 73 Abs. 3-7 VwVfG.

(110)　§ 9 Abs. 1 S. 2 UVP-Gesetz.

(111)　この点についての詳細は、Weber/Hellmann, NJW 1990（Fußn. 7）, S. 1630.

(112)　Art. 6 Abs. 2 UVP-Richtlinie.

(113)　以上につき、Weber/Hellmann, NJW 1990（Fußn. 7）, S. 1630. 同様の問題は、教授草案についても生じよう。Vgl. § 39 UGB-

AT. もっとも、教授草案の解説では、参加が利害関係人だけに限らず承認団体（anerkannter Verband）についても認められていることから、これまでの状況とは異なることを力説している。Vgl. Kloepfer, u. a. (Fn. 4), Anm. zu § 39 UGB-AT, S. 244.

(114)　§ 73 Abs. 3 S. 1 VwVfG.

(115)　なお、団体（Verband）および市町村（Gemeinde）の関与については、支配的見解によれば、それ自体に制度上認められた特別の利益ではなく、その構成員の利益が主張される限りでは、「起業案によりその利益に影響を受ける者」（§ 73 Abs. 4 VwVfG）には含まれないとされている（vgl.Kopp, VwVfG, § 73 Rdn. 26 m. w. N.）。しかしながら、そのような解釈がＥＣ指令の意図していることと一致するかどうか、問題となりうるところである。少なくとも環境親和性審査に関しては、利害関係性（Betroffenheit）の判断は、当該起業案との関連で特別の利害を有するかどうかだけではなく、当該起業案に関して議論すべき立場にあるかどうかという観点からなされることが望ましい。その場合には、環境保護をその任務とする団体等も利害関係を有するとされる余地があろう。ドイツにおいてはかねてより、法的に保護された利益と単なる事実上の利益という区別によって訴権の存否を議論する傾向があったが、このような傾向は、他のＥＵ諸国、とりわけフランス、イギリス、オランダなどと比べ、その理解の遅れが指摘されてきたところであった。そのため、環境親和性審査との関連で、団体も含めた公衆一般の関与の機会について議論されるべきであるという指摘が多い。以上については、Winter, NuR 1989 (Fußn. 61), S. 201.

(116)　§ 11 UVP-Gesetz.

(117)　§ 11 S. 1, 2 UVP-Gesetz. なお、教授草案では、「所轄の行政庁は、……（起業者が提出する）書類、……行政庁の意見ならびに……公衆の申述に基づき、当該起業案が……相互作用および総体としての負荷をも含む保護対象に及ぼす影響について、包括的な記述および評価を作成するものとする」とし、記述（Darstellung）と後述する評価（Bewertung）とを合わせて「環境影響説明」（Umweltfolgenerklärung）と表現している（四二条一項）。また、それは所轄行政庁自らの最終報告書（Abschlußdokument）であるが、計画確定手続における聴聞機関の見解や国土整備手続における国土整備庁の見解と同様、起業者および個人に対しては何等の直接的な法的効果を有するものではなく、いわば内部的効果（interne Wirkung）を有するにすぎない（四二条一項三文）。記述と評価をまとめた意味をも含めて、教授草案についての詳細は、Kloepfer, u. a. (Fn. 4), S. 245.

(118)　Vgl. § 2 Abs. 1 S. 2 UVP-Gesetz.

(119)　§ 11 S. 1 UVP-Gesetz.

(120)　§ 11 S. 3 UVP-Gesetz.

(121)　もっとも、そうであるとすれば、本法が義務的な規定（Soll-Regelung）となっていることも再考の余地があろう。なお、教授草案では、「環境影響説明の草案は、意見を求めるため、鑑定庁に対し送付されるものとする。意見は一ヶ月以内に述べられなければならない。」（四二条二項）という規定の仕方になっている。

(122) なお、ドイツ法のこのような立場は、ＥＵ法との関係では何ら問題はないという。詳細については、vgl. Bartlsperger, DVBl. 1987 (Fußn. 34), S. 4, 9; Soell/Dirnberger, NVwZ 1990 (Fußn. 51), S. 707.

(123) この点については、本法に関する政府の立法理由書に触れられている。Vgl. Weber (Fn. 7), S. 456f.

(124) § 12 UVP-Gesetz.

(125) § 14 Abs. 2 S. 1 UVP-Gesetz.

(126) § 14 Abs. 2 S. 2 UVP-Gesetz; vgl. § 45 Abs. 2 S. 1 UGB-AT.

(127) Vgl. § 11 S. 4 UVP-Gesetz.

(128) § 12 UVP-Gesetz; vgl. Dohle, NVwZ 1989 (Fußn. 32), S. 704; Weber/Hellmann, NJW 1990 (Fußn. 7), S. 1628.

(129) Vgl. §§ 1, 2 Abs. 1 S. 2 u. 4 UVP-Gesetz. 教授草案も、「評価に際しては、……環境影響審査の目的、現行の環境基準ならびに現行法による決定の可能性枠について考慮されなければならない」（四二条三項）と、本法と同様の趣旨を規定する。Vgl. Kloepfer, u. a. (Fn. 4), S. 246; Stellungnahme des Rates von Sachverständigen für Umweltfragen, DVBl. 1988, S. 21ff., 26f.; Hoppe/Püchel, DVBl. 1988 (Fußn. 103), S. 1ff.; Dohle, NVwZ 1989 (Fußn. 32), S. 704; Weber/Hellmann, NJW 1990 (Fußn. 7), S. 1628.

(130) Vgl. Dohle, NVwZ 1989 (Fußn. 32), S. 704; Erbguth, NVwZ 1988 (Fußn. 51), S. 973; Jarass (Fn. 42), S. 95f.; Soell/Dirnberger, NVwZ 1990 (Fußn. 51), S. 709; Steinberg, DVBl. 1988 (Fußn. 51) S. 999; Weber/Hellmann, NJW 1990 (Fußn. 7), S. 1631; Winter, NuR 1989 (Fußn. 61), S. 203f.

(131) 連邦インミッシオン防止法上の配慮原則につきこのことを検討したものとして、vgl. BVerwGE 69, 34f.

(132) 本法に評価のための具体的かつ明確な基準が存在しないことに対する批判として、Dohle, NVwZ 1989 (Fußn. 32), S. 704.

(133) § 20 UVP-Gesetz.

(134) § 20 UVP-Gesetz.

(135) § 14 Abs. 2 UVP-Gesetz.

(136) 政府草案の理由書においては、評価は決定準備（Entscheidungsvorbereitung）のための手続段階であり、その対象が包括的な記述（一一条）におけるリスク査定（Risikoabschätzung）であるとされているのに対して、顧慮は、起業案の最終的な許容性決定に不可分の構成要素であって、顧慮の対象は、査定に基づくリスクの評価（Risikobewertung）であるとされている。

Vgl. Weber (Fn. 7), S. 458.

(137) § 12 UVP-Gesetz.

(138) 同様のことを指摘するものとして、Hoppe/Püchel, DVBl. 1988 (Fußn. 103), S. 2; H.-J. Peters, Rechtliche Maßstäbe des Bewertens in der gesetzlichen UVP und die Berücksichtigung in der Entscheidung, NuR 1990, S. 103f.; R. Wahl, Thesen zur Umsetzung der Umweltverträglichkeitsprüfung nach EG-Recht in das deutsche öffentliche Recht, DVBl. 1988, S. 87.

(139) Hoppe/Püchel, DVBl. 1988 (Fußn. 103), S. 3; Peters, NuR 1990 (Fußn. 138), S. 104f.

(140) § 12 UVP-Gesetz. なお、教授草案でも、環境影響審査の結果の顧慮（Berücksichtigung des Ergebnisses der Umweltfolgenprüfung）に関しては、「所轄の行政庁は、起業案の許容性につき、環境影響説明を考慮した上で、現行法の基準に従い決定を行う。」（四三条）と簡潔に規定するのみである。

(141) Vgl. § 14 Abs. 2 UVP-Gesetz.

おわりに

(a) 以上、ドイツにおける環境親和性審査（環境影響評価）について、主に環境親和性審査法の基本的な構造とそれが予定している審査の基本的仕組を紹介してきた。したがって、そこでの詳細な手続のあり方等に関しては、ほとんど考察を加えていない。もちろん、それらの検討が不要であると考えているわけではないが、わが国における環境アセスメント法制化の現状を考慮するとき、まず何よりも、その基本的枠組をどのように形づくるかが当面の課題として設定されねばならず、そのためには、最小限の要請としてそれに関してどのようなものが求められるかを明確にしておくことが肝要であると考えたからに他ならない。すなわち、わが国においては、環境アセスメントについては、その重要性および必要性が認識されているにもかかわらず、それが未だ法制化されていない現状に鑑みるとき、その法的根拠を明確にすることこそ今日求められているからである。そのことが、結局は、現在各自治体等で実施されているアセスメント制度をも活性化させることにもつながりうると考えられる。(142)

そこで、最後に、ドイツ環境親和性審査法の基本的立場と意義、および若干の問題点を指摘するとともに、わが国における法制化のあるべき基本的方向性を示しておきたい。

(b)　ドイツ環境親和性審査法は、基本的には、三つの側面からその概要を特徴づけることができる。

まず第一は、早期性（Frühzeitigkeit）の原則である。起業案が環境に対して及ぼす影響をできる限る早い時期に認識・評価し、その許容性を判断する際にそれを十分考慮すべきことに関する要請は、環境親和性審査の最も基本的な要請である。大規模プロジェクトについては多くの計画および決定のプロセスを経ることが要求され、それは通常、基本構想、基本計画、具体的計画、実施計画、実施といった手順で具体化・実現されていくが、現在わが国で実施されている環境アセスメント制度では、その多くは計画の実施の段階、すなわち一連のプロセスの最終的な段階で行われている。しかし、先にも指摘したように、ほとんどのものについては最終決定に至る以前の予備決定や行政内部の決定によってすでに起業案の重要な内容が確定しているために、審査の結果として環境への重大な影響が明らかになったとしても、計画や事業内容等の変更が困難であったり、関係者がそれに消極的態度を示すことが少なくない。この点、アメリカでは「できるだけ早い時期」をめぐって論議が行われ、判例が形成されてきているし、わが国においても、近年、計画アセスメントに関する議論が登場し、それを条例をもって実施しようとする自治体[143]も存するが、ドイツにおける早期性の原則も、実質的にはそのような方向を確認したものであるといいうる[144]。許認可手続に先行する手続や行政内部の手続についても審査が要求されているのは、その具体的表現であろう。環境アセスメントが事業実施を前提とした「免罪符」にならないためだけではなく、代替案の検討等を可能にするためにも、審査の早期性は厳格な実質を伴いつつ要請されねばならない[145]。

第二に、総体としての評価（Gesamtbewertung）の原則である。従来の許認可手続においては、環境媒体もしくは保護対象ごとに個別的な審査が行われてきたし、わが国の環境アセスメントにおいては、開発が環境全体へ及ぼす影響にはほとんど配慮せずに、たとえば天然記念物などの貴重な動植物だけを保護すれば十分であるといった内容のものさえみられるが、本法では、人間や動植物、土地、水、大気など全ての保護対象に対するあらゆる影響を、その相互作用をも含めて審査の対象とすることを意図している[146]。環境アセスメントは、それ自体あるべき環境の質等について具体的な目標値や限界値を示すものではなく、それはドイツ環境親和性審査法においても同様であるし、むしろそれらは各部門別の法律に規定されるべき性格のものである。したがって、各法律に規定された事項を遵守していればある一定水準の環境の質は維持できるはずであるが、すでに述べたように、問題はそれだけにとどまらない。すなわち、各部門別の法律で規定されている目標値等を遵守しただけでは当該起業案が全体としてどの程度の環境への負荷を生ぜしめるか、なお明らかとはならないからである。そこで、環境アセスメントの実施に関しては、各個別法規による規制を何らかの形で総合化・統合化するための制度的仕組が必要となる。それが、ここで考えられている総体としての評価という枠組みである。総体としての評価は、この場合、合理的判断の形成のための前提条件であるから、それは単に手続的側面からの総体化だけではなく、実体的な意味でも総体的でなければならず、具体的には調査や評価をできる限り公正に実施するための情報の総合化として理解されるべきことになる。したがって、ここではいうまでもなく、早期性の原則とも相俟って公衆の参加が重要な役割を果たすことは、すでに述べたとおりであるし、この場合の参加も、単に個別具体的な私的権利保護のためのものだけではなく、科学的・客観的で公正な内容を有する判断を形成する前提としての「情報提供参加[147]」であることが、必然的に要請されることとなる。そして、この点に関しては、ドイツ環境親和性審査法が若干の不徹底さを残していることは前述のとおりである。

そして最後に、既存の行政手続の尊重である。すなわち、環境親和性審査は、ここではそれを独立の手続として実施すべきことが予定されているわけではなく、起業案の許容性を決定する既存の行政手続に組み込まれる形で実施すべきものとされている[148]。各起業案は、その規模および事業内容等によってそれが環境に与える影響も異なり、したがって審査すべき項目もそれぞれの許認可事項に合わせて、それぞれの手続の特色およびその趣旨・目的等を生かしながら柔軟に対応すべきことが望まれる。そして、そのことは、環境アセスメント制度自体が当該プロジェクトや起業案の許容性を判断する手続ではないということとも符合するし、その意味では、ドイツ環境親和性審査法が既存の許認可手続を前提とし、そこに組み込まれる形で実施されるべきことを予定していることは妥当な方法であったということができる。ただ、問題は、すでに指摘したように起業案の実質的な許容性に関する判断等については、正式の許認可手続が開始される以前に予備決定や行政内部の決定という形で確定されている場合が多く、それに対する配慮を怠ると環境親和性審査は実質的にはほとんどその意味をなさなくなってしまうという点を、現実の問題としてどのように認識し、制度化するかということにある。この点、ドイツ法は、国土整備手続や計画確定手続との関係で特別の規定を置いてそのことへの対応を図っているが、現実的にはやはり問題が残るであろう。ここでは、環境行政組織のあり方をも含めて、総合的な環境行政のあり方がより積極的に模索されなければならないと同時に、この問題は、実は環境という概念それ自体および環境問題の問題性をどのようなものとして認識するかという、きわめて根源的な部分への必然的な回帰とそれに基づく法制度の基本的改革を要請することになるのである。(149)

(c) 環境問題は、今日、地球規模の環境問題をも含めてさまざまな形で議論が展開されているが、それは実態としてはファッション的な要素をもって論じられていないわけでもない。しかし、それが身近なゴミ問題であろうとあるいは地球環境といったグローバルな問題であろうと、その実体がわれわれの生き方に関わっているという意味においては共通しており、環境問題というものの中でわれわれ自身の生き方そのものが問われている。したがって、自分自身の生き方を抜きにしたところに環境問題は存在しないし、もちろんその解決策も見えてこない。(150) したがって、環境親和性審査(環境アセスメント)も、単に起業案の環境への影響を評価し、それを起業案の許容性判断に際して考慮するという手続的なものにとどまらないものをそこに含んでいることを、われわれはまず認識すべきである。それは、われわれの生き方あるいはその方向性を探るための合意形成のための手続的手法であると同時に、生き方そのものをも決する実体的判断でもあるのである。この意味において、ＥＣ指令およびドイツ法がその実態的要素をかなりの程度意識して審査のあり方を論じている点は、極めて重要である。それ故にこそ、他方で、そのようなものとしての環境アセスメント制度が未だに法制化されず、今般の環境基本法案においてもその取扱いに消極的な姿勢にとどまっているわが国の現状をみるとき、その将来に限りない不安を抱かざるをえないのである。

なお、付言するに、本文でもたびたび触れたように、ドイツにおいては環境法典の制定が本格的な議題として登場している。右の叙述においては主にその条文を引用するのみで、その具体的な検討をするまでには至らなかったが、そこでの議論がこれまでのドイツ環境法の経験に基づくいわば集大成としての意義を有していることに鑑みるとき、その具体的検討なくしてドイツの法および理論状況を語ることはできず、それは環境親和性審査（環境影響審査）についても同様である。その他の重要な環境法上の諸問題、すなわち環境基本計画、国家等の環境保全に対する責任およびそのための行為手法などについては、今後の課題としたい。

(142) 原田尚彦『環境法』弘文堂（一九八一）一九七頁以下は、国の環境影響評価法（未成立の環境影響評価法案が成立した場合）と自治体の環境影響評価条例との関係について検討を加えている。
(143) 川崎市における環境アセスメントなどがその例である。なお、礒野弥生「環境アセスメントをめぐる諸問題」ジュリスト一〇一五号（一九九三）六九頁参照。また、最近明らかとなった環境庁の諮問機関である「環境影響評価技術検討会」の報告書最終案では、事業実施による環境への影響を軽減するには、立案段階といった計画段階から環境に対する配慮が求められるとし、貴重な動植物など自然環境の調査項目では、事業の立地場所の選定等の極めて初期の段階での決定が環境影響の大小を左右することが多く、後の対策で影響を軽減することは困難であるので、立地の計画・構想の段階で十分な配慮が行われるべきであるとしている。朝日新聞西部版一九九三年五月四日参照。
(144) Vgl. § 1 UVP-Gesetz.
(145) 以上につき、山村・前掲書註(11)二一二頁以下参照。
(146) Vgl. z. B. § 1 Nr. 2 u. § 2 Abs. 1 UVP-Gesetz.
(147) 礒野・前掲註(143)七〇頁以下参照。

(148)　§2 Abs. 1 UVP-Gesetz.

(149)　これについては、畠山武道「新しい環境概念と法」ジュリスト一〇一五号（一九九三）一〇六頁以下が極めて示唆に富む。

(150)　髙橋信隆「畠山武道『アメリカの環境保護法』（書評）」農林水産図書資料月報（農林統計協会）四三巻九号（一九九二）四頁以下参照。

【追記】　本稿は、一九九三年九月に公表したものであるが、その後、わが国においても、環境影響評価法（平成九年法律第八一号）が制定されたことは周知の通りである。本来であれば、その内容に合わせて改訂すべきではあるが、環境アセスメントに係るドイツおよびEUの考え方に基本的な変更はなく、かつ、現在でも参考とすべき点が多いこと、更には、本書三五一頁以下の「環境親和性審査と処分の効力」と密接に関わる内容を有していることもあり、字句等の若干の修正を除き、あえてそのままの形で掲載することとした。環境影響評価法の制定経緯や逐条解説については、環境庁環境影響評価研究会『逐条解説環境影響評価法』ぎょうせい（一九九九）を参考にされたい。

8

環境親和性審査と処分の効力

――ドイツおよびＥＵの裁判例を素材として

はじめに

(1)　法律によって環境アセスメントの実施が義務づけられている事業につき、それが実施されなかった場合、もしくは、実施されたにもかかわらず瑕疵があった場合に、当該起業案の立地予定地に隣接して居住する住民が、許認可等の取消訴訟の本案審理において環境影響評価法の手続違反等を主張しうることは当然としても、実際にそのことを理由として許認可等の取消しを求めることができるかという問題については、わが国の環境影響評価法には明文の規定が存しない。[1]

そのような中にあって、たとえば横浜地判平成一三年二月二八日判決[2]は、神奈川県環境影響評価条例における環境影響予測評価の制度は県知事および事業者の手続的義務を定めたにとどまり、評価内容の当否については司法審査が及ばないと判示しているが[3]、最高裁では、この種の論点に対する判断は未だ示されておらず、また、学説上も、環境影響評価法と訴訟との関係はほとんど議論がなされていないといってよい。環境影響評価法が行政手続法に比肩しうる手続法であることを勘案すると、今後、それらをめぐる本格的議論が期待されるところである。[4]

(2)　ところで、環境アセスメント手続と取消訴訟との関係に係るいくつかの論点については、とりわけアメリカの国家環境政策法（National Environmental Policy Act : NEPA）およびそれを詳細化した規則をめぐる訴訟の動向に関してすでに多くの紹介・分析がなされており、わが国の環境影響評価法の解釈にも貴重な示唆を与えてくれる。[5]

他方、ドイツにおいては、一九九〇年八月、環境アセスメントに関するEC指令[6]を国内法化するために環境親和性審査法[7]（Gesetz über die Umweltverträglichkeitsprüfung）が施行されたが[8]、その後、EUにおいては、一九九七年三月三日に、右指令を改訂した新たな環境アセスメントに関する指令[9]（以下、「EC指令」というときにはこれを指す）が公布され、およそ二〇〇に及ぶ起業案（Vorhaben）につき環境アセスメントの実施が義務づけられたが[10]、ドイツでは二〇〇一年のいわゆる「関連条項改正法」[11]（Artikelgesetz）によりEC指令を国内法化し、そのことにより、環境アセスメントの実施を義務づけられた手続は、かなりの数にのぼっている。それゆえ、EUおよびドイツにおいても、環境アセスメントの重要性は、ほぼ共通の認識を獲得しているとみて差し支えないが、このような動向に伴い、環境アセスメントの実施が法律上明確に要求されているにもかかわらず、それが実施されなかった場合、もしくは、その実施が不十分であった場合に、当該起業案に利害関係を有する第三者が自らの権利を主張し、その取消しを求めることができるかという問題に、次第に関心が高まりつつある。[12]

この点、ドイツにおいては、以下に紹介するように、すでに連邦行政裁判所において統一的な見解が示されているにもかかわらず、[13]それが各州の上級行政裁判所の判決[14]とは微妙なニュアンスの差異を呈していたり、更には、学説上の批判[15]にさらされるなど、確固たる地位を占めるには至ってはいないが、とりわけ、後述のように、連邦行政裁判所の判決が第三者の権利保護につき極めて抑制的な内容であるという点に疑問や批判が集中している。しかも、連邦行政裁判所の判決は、EC指令をめぐる近年の欧州裁判所の判決[16]とも異なっているのが現状である。

(3)　そこで、本稿では、環境アセスメント手続の瑕疵と第三者の権利保護の問題[17]につき、主としてドイツの判例およびそれに批判的な学説の議論、更にはEC指令に係る欧州裁判所の近年の判決を紹介しつつ、わが国の環境影響評価法における議論の素材を提供したい。[18]

なお、Umweltverträglichkeitsprüfung という語には、一般には「環境影響評価」という訳語が充てられることが多いが、この語以外にも Umweltfolgenprüfung といった語も使用されることがあるため、以下では、それらとのニュアンスの差異を表現するために、「環境親和性審査」（法律名は「環境親和性審査法」）の訳語を充てることとする。[19]

（1）　環境影響評価法二三条以下では、免許権者等が申請に係る起業案を審査するに際して、環境影響評価書の記載事項に基づき、環境保全についての適切な配慮がなされたかどうかを審査し、免許拒否処分や免許等に必要な条件を付することができるものとしている。これは、一般に横断条項といわれるものであるが、それによる限りは、個別の法規に環境配慮条項がなくとも、処分庁は環境影響評価の結果を尊重して起業案を不許可とすることはできることになる。しかし、裁判において第三者がそれを主張し、処分等の取消しを請求する場合には、後にみるように、因果関係の存否などが争点となる。本文において明文の規定がないというのは、この意味においてである。なお、環境影響評価法の国会での審議過程においても、この点に関する議論はなされていないようである。小幡雅男「国会審議から見た環境影響評価法に基づく基本的事項、指針（主務省令）の制定内容――地域環境管理計画、代替案、評価項目、条例との関係を中心として」畠山武道・井口博編『環境影響評価法実務』信山社（二〇〇〇）五七頁参照。

　他方、環境庁環境影響評価研究会『逐条解説環境影響評価法』ぎょうせい（一九九九）一八〇頁は、「横断条項を設ける趣旨からみて、地域住民の健康被害を生じさせることが明らかな場合など、重大な環境保全上の支障が明らかに見込まれる場合には、行政庁は免許等を拒否しなければならないものと解される」としている。ただ、ここでも、処分取消訴訟との関係については言及されていない。

（2）　判例地方自治二五五号五四頁。

（3）　判決では、原告らが、相模川水系建設事業に係る環境影響予測評価手続において、予測評価案に記載された環境影響予測評価が杜撰であったにもかかわらず、県知事が審査書においてそれを指摘しなかった違法がある旨を主張したのに対して、神奈川県環境影響評価条例の規定によると、「同条例における環境アセスメントの制度は、県知事及び事業者の手続的義務を定めたにとどまり、環境影響予測評価の内容については、これを公衆に公告縦覧し、公聴会を開催し、又はアセス審査会に諮問する等してこれらの批判のもとにさらし、一般の意見を取り込む方法を採ったものと解するのが相当である。環境評価の内容の当否についてはアセス条例が規定を設けてはいないのであるから、その点には司法審査が及ばないと解される」としている。そして、原告らが貴重種の調査手続自体に懈怠があったとした点については、「調査の際に仮に一部の動植物の存在を過失により見落としていたとしても、直ちに調査自体をしていない場合と同列に論ずることはできない」とし、更に、環境に対する影響の予測および評価に問題点があるという主張に対しては、「本件事業の違法原因としては主張自体失当であり、予測と評価の内容面における当否は、本訴とは別の場において判断されるよりほかにない」と判示する。

（4）　畠山武道「環境影響評価法と取消訴訟の原告適格」塩野古稀『行政法の発展と変革下』有斐閣（二〇〇一）二二三頁以下、二五二頁。

（5）　畠山・前掲註（4）二二三頁以下、およびそこに掲載の諸論稿参照。

（6）Richtlinie des Rates vom 27. Juni 1985 über die Umweltverträglichkeitsprüfung bei bestimmten öffentlichen und privaten Projekten (85/337/EWG), ABl. Nr. L 175, S. 40. この内容については、vgl. A. Weber, Die Umweltverträglichkeitsrichtlinie im deutschen Recht: eine Studie zur Umsetzung der Richtlinie des Rates vom 27. Juni 1985 über die Umweltverträglichkeitsprüfung bei bestimmten öffentlichen und privaten Projekten (85/337/EWG), Osnabrücken rechtswissenschaftliche Abhandlung, Bd. 14, 1989, S. 371ff. ＥＣ指令の効果については、vgl. A. Weber/U. Hellmann, Das Gesetz über die Umweltverträglichkeitsprüfung (UVP-Gesetz), NJW 1990, 1625ff., S. 1632f.

（7）この法律は、ＥＣ指令を国内法化するための法律（Gesetz zur Umsetzung der Richtlinie des Rates vom 27. Juni 1985 über die Umweltverträglichkeitsprüfung bei bestimmten öffentlichen und privaten Projekten vom 12. Februar 1990, BGBl. I S. 205 - UVPG-）の中にその一部として含まれる基幹法（Stammgesetz）とでもいうべき部分（Art. 1; §§ 1-21）を指す。この法律の詳細な紹介として、髙橋信隆「環境アセスメントの法的構造――ドイツの環境親和性審査法を素材として」熊本大学教育学部紀要（人文科学）四二号（一九九三）一三頁以下（本書三〇一頁以下）参照。

（8）制定経緯の詳細については、vgl. Weber/Hellmann, NJW 1990 (Fußn. 6), S. 162.

（9）Richtlinie 97/11/EG des Rates v. 3. März 1997 zur Änderung der Richtlinie 85/337/EWG über die Umweltverträglichkeitsprüfung bei bestimmten öffentlichen und privaten Projekten, ABlEG Nr. L 73, S. 5.

（10）Vgl. dazu A. Schink, Auswirkungen des EG-Rechts auf die Umweltverträglichkeitsprüfung nach deutschem Recht, NVwZ 1999, S. 11ff; ders., Umweltverträglichkeitsprüfung: offene Konzeptfragen, DVBl. 2001, S. 321ff; ders., Umweltverträglichkeitsprüfung in der Bauleitplanung, UPR 2004, S. 81ff.; B. Becker, Überblick über die umfassende Änderung der Richtlinie über die Umweltverträglichkeitsprüfung, NVwZ 1997, S. 1167ff.

（11）Gesetz zur Umsetzung der UVP-Änderungsrichtlinie, der IVU-Richtlinie und weiterer EG-Richtlinien zum Umweltschutz v. 27. Juli 2001, BGBl. I S. 1950. 改訂されたＥＣ指令の意義については、vgl. z. B. Schink, NVwZ 1999 (Fußn. 10), S. 11ff.; F. -J. Feldmann, Die Umsetzung der UVP-Änderungsrichtlinie in deutsches Recht, DVBl. 2001, S. 589ff.; H. -J. Koch/H. Siebel-Huffmann, Das Artikelgesetz zur Umsetzung der UVP-Änderungsrichtlinie, der IVU-Richtlinie und weiterer Umweltschutzrichtlinien, NVwZ 2001, S. 1081ff.; R. Enders/M. Rainald, Zur Änderung der Gesetzes über die Umweltverträglichkeitsprüfung durch das Artikelgesetz zur Umsetzung der UVP-Änderungsrichtlinie, DVBl. 2001, S. 1242ff.; M. Krautzberger/J. Stemmler, Die Neuregelung der UVP in der Bebauungsplanung durch die UVPG-Novelle 2001, UPR 2001, S. 241ff.; G. Günter, Das neue Recht der UVP nach dem Artikelgesetz, NuR 2002, S. 317ff.

(12)　この問題は、わが国の環境影響評価法においても重要な課題である。たとえば、大塚直『環境法（第二版）』有斐閣（二〇〇六）二三六頁は、環境影響評価法の残された課題の一つとして、「許認可等との関係では、アセスメントの法的意義を十分なものにするために、アセスメントの評価の結果を許認可等に反映させることに一定の拘束力をもたせることを検討する必要があるものと思われる」と指摘する。

(13)　Vgl. BVerwG, Beschl. v. 23. 2. 1994, NVwZ 1994, 688; BVerwG, Beschl. v. 2. 8. 1994, NVwZ 1994, 1000; BVerwG, Urt. v. 8. 6. 1995, BVerwGE 98, 339 = NVwZ 1996, 381; BVerwG, Urt. v. 25. 1. 1996, BVerwGE 100, 238 = NVwZ 1996, 788; BVerwG, Urt. v. 21. 3. 1996, BVerwGE 100, 370 = NVwZ 1996, 1016.

(14)　Vgl. z. B. VGH München, Urt. v. 5. 7. 1994, NuR 1995, 274; VGH München, Urt. v. 31. 1. 2000, DVBl. 2000, 822.

(15)　Vgl. z. B. R. Steinberg, Chancen zur Effektuierung der Umweltverträglichkeitsprüfung durch die Gerichte? DÖV 1996, S. 221ff.; W. Erbguth/A. Schink, UVPG, 2. Aufl., 1996, Einl. Rdn. 129b, S. 162f.; W. Erbguth, Das Bundesverwaltungsgericht und die Umweltverträglichkeitsprüfung, NuR 1997, S. 261ff.; ders., Entwicklungslinien im Recht der Umweltverträglichkeitsprüfung -UVP-RL - UVPÄndRL - UVPG - SUP, UPR 2003, S. 321ff.; A. Schink, Die Umweltverträglichkeitsprüfung - eine Bilanz, NuR 1998, S. 173ff.; F. Schoch, Individualrechtsschutz im deutschen Umweltrecht unter dem Einfluß des Gemeinschaftsrechts, NVwZ 1999, S. 457ff.

(16)　EuGH, Urt. v. 16. 9. 1999, DVBl. 2000, 214; EuGH, Urt. v. 7. 1. 2004, NVwZ 2004, 593. これらの判示内容については、後に触れる。

(17)　ここでの関心は、従来「手続の瑕疵と処分の効力」として議論されてきたものであり、前註（1）で述べたとおり、原告適格を認められた周辺住民等の第三者が、許認可等の本案審理において環境アセスメントを実施していないなどの手続違反を主張しうるかどうか、どのような方法・程度でそれを主張すればよいかという問題である。その前提としての原告適格の問題については、畠山・前掲註（4）に詳しい。

(18)　わが国の学説および裁判例については、いずれ機会を改めたい。

(19)　たとえば、環境法典教授草案三一条以下ではUmweltfolgenprüfungの語が用いられている。Vgl. z. B. M. Kloepfer/E. Rehbinder/E. Schmidt-Aßmann, unter Mitwirkung von P. Kunig, Umweltgesetzbuch: Allgemeiner Teil, Berichte 7/90 des Umweltbundesamtes, 2. Aufl., 1991, S. 223ff.; vgl. auch E. Rehbinder, Umweltfolgenprüfung, in: H.-J. Koch (Hrsg.), Auf dem Weg zum Umweltgesetzbuch, 1992, S. 58ff.; H. Soell, Umweltfolgenprüfung, ebd., S. 70ff.

一　環境親和性審査法の構造と第三者保護

1　序　論

(1)　ドイツ基本法一九条四項によれば、公権力の行使により自己の権利を侵害された全ての者に裁判で争う途が開かれているが、その訴えは、原告が自らの権利を侵害されたと主張しうるときにのみ許容される[20]。ここで要求されている権利が、当該行政法規および関連法規が公益のみではなく、少なくとも原告の個別的利益の保護をも目的としているときに認められるとされている点はわが国の場合と同様であるが[21]、それは結局、当該法規の解釈如何によることになる[22]。その際、問題となるのは、ＥＣ指令を国内法化した法規範についてであるが、一般には、当該国内法規の解釈に際してはその基礎となったＥＣ指令の規定内容、その制定趣旨および立法理由も考慮されねばならないと解されており[23]、その限りにおいては、環境親和性審査が実施されなかったり不十分なものであったときの第三者保護が問題とされる場合には、ドイツ環境親和性審査法およびその付属法令のみではなく、ＥＣ指令の規定も、ここでの考慮の対象に加えられることになると考えてよい。

(2)　ところで、原子力発電所（Kernkraftwerk）の許可に関する憲法訴願（Verfassungsbeschwerde）の許容性が争われた連邦憲法裁判所一九七九年一二月二〇日決定[24]、いわゆるミュルハイム・ケルリッヒ決定（Mülheim-Kärlich-Beschluß）は、行政手続への参加と基本権との関係につき、控訴審が原子力法上の許可手続は行政の情報収集を目的としたものであって付近住民等の第三者の権利保護を目的としたものではないと決定したのに対して、基本権保護は手続の整備を通しても十分に実現されねばならず、それゆえ、基本権は、すべての実体法のみではなく、それが実効的な基本権保護にとって重要である限りにおいては手続法（Verfahrensrecht）にも影響を及ぼす、と述べている。

したがって、この決定によれば、個人の権利は手続規定からも生ずることになるであろうから、行政庁が重要な手続規定に違反したり、それを無視することは、基本権侵害になりうる。本稿における直接の関心は、環境親和性審査が実施されなかった場合もしくは不十分であった場合における第三者の権利保護という点にあるが、環境親和性審査法は、環境親和性審査を独立の手続としてではなく、それを既存の許可手続等に組み入れ、環境影響の評価を起業案の許可に際して考慮することとしているので[25]、ミュルハイム・ケルリッヒ決定は環境親和性審査手続との関わりでも極めて重要な意義を有することになろう。

2　環境親和性審査の実体法上の意義

(1)　環境親和性審査の主たる関心事は、開発計画等の起業案の許容性を最終的に決定するに先立って、起業案の環境それ自体への影響をできる限り早期に（möglichst frühzeitig）記述（Darstellung）し、評価（Bewertung）し、更には代替案を検討するなどして、それらの結果を最終的な意思決定に反映させることにある[26]。

このことの意味については、これまでにも連邦行政裁判所の判決で確認されてきたところではあったが、たとえば連邦行政裁判所一九九六年一月二五日判決[27]は、アウトバーン（Autobahn）建設に際して法律上要求されている環境親和性審査が実施されなかったことが計画確定裁決（Planfeststellungsbeschluß）の取消しに至るかどうかが争われた事例につき、原審が、環境親和性審査には手続的な意義を超えて実体的な機能が承認されるべきであり、その不実施は実体法（ここでは遠距離道路法（Fernstraßengesetz））に違反し、計画確定裁決は取り消されるべきであるとしたのに対して、概ね以下のように述べる。

すなわち、ＥＣ指令は実体法の規律内容を含むものではなく、ドイツ環境法もＥＣ指令により実体的要件が加重されるわけではない。環境親和性審査の結果が考慮されねばならないという要請は、審査の結果が許認可等の決定内容に必然的に影響を及ぼすことを意味するものではないし、加盟国が実体的要件を加重することまで義務づけられているわけでもない。その限りでは、環境親和性審査は、結果に対しては中立的（ergebnisneutral）である。EC指令は、行政庁が環境親和性審査の結果を許認可等に際してその考慮に含めることを要求しているに過ぎず、そのことからいかなる結論を引き出すべきかといったことまでは定めていない、と。

したがって、連邦行政裁判所の見解によれば、EC指令および環境親和性審査法は、実体法上の許認可等の要件を厳格化することなく、手続的に特別の要求を課したものに過ぎず、その意味では、環境親和性審査は、さしあたりは純然たる手続手法（reines Verfahrensinstrument）としての性格を有するということになるのであろう[28]。

(2) とはいうものの、環境親和性審査は、確かに右の連邦行政裁判所判決が指摘するように実体法上の要件を加重したり、それを変更するものではないとしても、そこでの評価は起業案の許容性を判断する際の利害調整のために用いられることになろうし、環境親和性審査法一二条にいう比較衡量（Abwägung）や顧慮（Berücksichtigung）に際しての各利害の重要性判断のために実施されるものであるから、それを許認可等の実体的要件と完全に切り離して理解することは困難ともいいうる。その実体的要素の存在が繰り返し指摘されているのは、まさにそれ故である。更には、環境影響の調査に係る環境親和性審査法の規定は、一方では手続法としての性格を有するものの、他方では、計画上の比較衡量を行うに際しての各環境利害の調査・評価にも用いられるという意味で、いわば双面的な（januskôpfig）性格を有しているとの指摘[29]も、まさにそのことを勘案したものといいうる。

この点は、とりわけ上級行政裁判所の裁判例において折に触れて確認されてきたところであるが、たとえば、遠距離道路計画（Fernstraßenplanung）の計画確定裁決（Planfeststellungsbeschluß）に先行して環境親和性審査が実施されなかったことが原告らの実体的権利を侵害するかどうかが争われた事案につき、ミュンヘン上級行政裁判所一九九三年一〇月一九日判決[30]は、次のように述べる。

すなわち、環境親和性審査手続が十分に実施されなかったことによる手続的瑕疵は、実際には決定内容に影響を及ぼしうるのであるから、その意味では原告らの権利を侵害することになる。それゆえ、環境親和性審査手続と計画決定の内容との結びつきに注意が払われねばならない。環境親和性審査法の規定する各手続、すなわち書類の収集（Sammlung der Unterlagen）、公衆の参加（Einbeziehung der Öffentlichkeit）、環境影響の包括的記述（zusammenfassende Darstellung der Umweltauswirkungen）、決定に際しての顧慮（Berücksichtigung）などは、純然たる手続的規律を超えて、実体的決定を準備する際の規定（Bestimmungen bei der materiellen Entscheidungsvorbereitung）としての機能を有する、と。更に続けて、同判決は、利害の調整・評価が部門別計画庁の決定プログラム（Entscheidungsprogramm der Fachplanungsbehörde）、すなわち比較衡量の要請（Abwägungsgebot）に含まれているという理由から、環境親和性審査は実体法上の判断に影響を及ぼすとし、その手続なくしては行政庁の決定とはいえないし、それを実体法の規範構造へ反映させることなしには計画確定等における法の具体化も存在しない[31]、という。

ミュンヘン上級行政裁判所は、右の理由により、法律上要求されている環境親和性審査が実施されなかったときには比較衡量の瑕疵であると結論づけているが、連邦行政裁判所の見解は、それとは明らかに対立する。たとえば連邦行政裁判所一九九六年三月二一日判決[32]は、原審が、環境親和性審査は当該法律に基づいて環境利害が適切に調査・評価されることを保証しているのであり、それが実施されないのは比較衡量の瑕疵であるとしたのに対して、概ね以下のように述べる。

すなわち、ＥＣ指令および環境親和性審査法は、環境影響の調査および評価に関しては、確かに特定の手続を規定し、計画確定を必要とする起業案について特定の方法で比較衡量を実施するよう定めてはいるが、しかし、そのことによって、従来であればそれほど重要視されなかったような環境利害を今後は重要なものとして扱ったり、あるいは、環境利害の価値を法律によって高めたり、上位に位置づけるといったように、比較衡量に採用される利害に対する要求事項が実体法的に加重されるわけではない。それゆえ、環境親和性審査に際しての瑕疵が直ちに、そして具体的手続で実施された調査を顧みずに比較衡量をしたことがそれ自体として瑕疵になるという原審の見解は、連邦法とは一致しない、と。

(3) さて、このような立論の差異が第三者の権利保護に関してどの程度異なる結果を導くかについては、後に改めてみていくこととするが、その前に、環境親和性審査法のいかなる規定に第三者保護的性格が認められる可能性があるかについて、予め概観しておきたい。

3 環境親和性審査法の第三者保護的性格

(1) 環境親和性審査法によれば、審査はいくつかの手続上の措置に分けることができる[33]。審査手続は、まず、評価の対象および範囲を画定し、かつ、そこで論じられるべき重要な論点を明らかにするための、いわゆるスコーピング[34]（Scoping）といわれる予定調査範囲の画定[35]（Bestimmung des voraussichtlichen Untersuchungsrahmens）から開始され、それに続いて、申請者（起業者）による書類の提出[36]（Vorlage der Unterlagen）が行われる。次に、他の行政庁および公衆（Öffentlichkeit）を手続に関与させ、申請者の提出した書類に対して意見を述べる機会が保障される[37]。更に、行政庁は、申請者の提出した書類、および、他の行政庁や公衆の意見等に基づいて、環境影響の包括的記述（zusammenfassende Darstellung）をしなければならない[38]。そして最後に、行政庁は、環境への影響を評価（Bewertung）し、起業案の許容性を決定するに際して、その評価を顧慮（Berücksichtigeng）しなければならないとされている[39]。

そこで、環境親和性審査法の規定が第三者保護的性格を有するかどうかを考察する場合には、右の各手続ごとに区別して議論がなされねばならないが、以下では、学説および判例の簡単な紹介に止めたい。

(2) まず、調査範囲の画定と起業者による書類の提出については、それに引き続いて実施される調査（Untersuchung）により環境への重大な危険性を見落とさないようにすること、および、環境への影響を不必要な観点によらずに事前に判断することができるようにすることに、その存在意義を見いだすことができよう。そのため、学説上は、これらの規定は後の調査や評価手続のためのいわば手続準備的機能（verfahrensvorbereitende Funktion）を有するに過ぎず、それ自体としては第三者保護的効果を有しないという理解で、ほぼ一致している。[40]

同様の見解は、連邦行政裁判所一九九五年六月八日判決[41]においても示されている。すなわち、起業者が環境親和性審査法六条で要求されている書類を手続の開始時に提出しておらず違法であるとする原告の主張に対して、手続のその後の流れの中で、環境への影響およびその回避もしくは縮減の可能性を判断するために更なる調査の必要性が判明したというだけでは、同条が侵害されたということにはならないし、起業案の公表、更には他の行政庁の関与や利害関係人の聴聞といったその後の手続は、まさに、起業者によって当初認識されていなかった環境への影響、その回避もしくは縮減の可能性を解明するとともに、更なる調査が必要かどうかのきっかけをつくるものであるから、提出書類の不足は、後の手続の流れの中で埋め合わせることができ、それがなされているときには手続全体およびその結論の違法性を招来しない、と。[42]

(3)　次に、他の行政庁や公衆の関与については、環境親和性審査手続およびそれに係る規定が具体的な法律関係を形成する効果を有するかどうか、したがってまた第三者保護的な効果を有するかどうかが、規定の構造それ自体として問題となる。

この点に関しては、一九九六年の連邦行政裁判所の二つの判決[43]が指摘するように、そもそも環境親和性審査法の規定は許認可等の要件を規定する実体法上の規範とは異なるし、それゆえ、そこでの他の行政庁や公衆の関与に関する規定も、さしあたりは、審査権限を有する行政庁が環境への影響を包括的に記述し、その影響を評価し、それらに基づいて起業案の最終的な許容性を判断するための情報基盤（Informationsbasis）を改善する目的を有するに過ぎないと理解するならば、それらは、本来的には第三者保護的機能を有するものではないということになろう。[44]

しかしながら、学説上は、とりわけ公衆の関与（Öffentlichkeitsbeteiligung）については、その目的は右にとどまらないことを指摘する者が多い。すなわち、環境親和性審査法の各規定は、建設法、水法、インミッシオン防止法などの第三者保護的な規範とは異なり、確かに、本来的には第三者保護的機能を有するものではないが、起業案が環境へ及ぼす影響は、結局のところは個人の権利利益を侵害することにもなるため、環境親和性審査は、起業案の環境への影響をできるだけ早期に、かつ包括的に認識し、それを決定に取り入れるという本来的な目的と並んで、早めの権利保護にも役立つのであるから、その意味では、環境親和性審査法は「ある程度の」(gewisse) 実体法的内容をそれ自体に包含する手続規定ということができるし、したがって、そこには、主たる手続 (Hauptverfahren) である許認可手続とは切り離すことのできない構成要素 (unselbständiger Bestandteil) が含まれている[45]、というのがその理由である。

それゆえ、このような理解を前提にすれば、環境親和性審査手続への公衆の関与は、行政庁が起業案の許容性を判断するための情報基盤の整備および改善にとどまらず、利害関係人への情報提供としての側面も有するし、更にはまた、利害関係人が異議手続 (Einwendungsverfahren) において自らの利害関係性を主張したり、起業案の許容性決定にとって重要な事実を述べる機会を付与するところにも、その意義が存在していることになろう[46]。そうすると、利害関係を有することの主張および起業案それ自体に対しての異議は、許認可等の決定手続の終了後に取消訴訟等を通じて初めて主張しうるわけではなく、決定手続それ自体においてすでにその機会が付与されていることにもなるため[47]、いわゆる「繰り上げられた権利保護」(vorgezogener Rechtsschutz) の機会を付与することも、公衆が関与することの重要な意義として理解することができる[48]。すなわち、ここには権利保護の緩和 (Erleichterung) および前倒し (Vorverlagerung) とでもいうべきものが存在することになるが、起業案による環境への影響が個人の権利利益にも影響を及ぼしうることを考慮するならば、それは、計画確定手続やインミッシオン防止法上の許可手続における公衆関与にのみ特有のものではなく、環境親和性審査手続においても認められるべきだからである[49]。

(4) なお、これとの関連で、法律上は起業案の環境へ及ぼす影響を包括的に記述することが義務づけられているにもかかわらず、それに反して、行政庁がそれをしなかった場合に、そのことが第三者の権利を侵害することになるかどうかが問題とされることがある[50]。

これにつき、必ずしも第三者の権利保護との関係に明確に言及しているわけではないが、連邦行政裁判所一九九二年一〇月三〇日決定(51)は、環境親和性審査法一一条一文により行政庁は起業案の影響を包括的に記述しなければならないとされてはいるものの、それを公表することまでは要求されておらず、また、同四文によれば、環境への影響の包括的な記述は、ある特別の独立した文書（Dokument）に含まれていなければならないものではないから、その記述は起業案の許容性を最終的に決定する際の理由づけ（Begründung）において、したがって計画確定裁決それ自体において示されていればよい、とする。

それに対して、学説は、一方で、少なくとも法文上は利害関係人が包括的に記述された文書を要求する権利まで認めているわけではないので、所轄官庁が環境影響の結果に関してまとまった記述をしなかった場合であっても、そのことによって第三者の権利が侵害されたとはいえないとしているが、他方では、環境親和性審査法一二条は起業案の環境へ及ぼす影響を評価する行政庁の義務を規定しているが、そこに示されている評価基準が個人に実体的な権利を承認している場合には、その規定は個人の権利保護にも役立つことになるため、その限りでは、当該規定は、実質的には権利者の法的地位を手続法的に強化したものと理解されている(52)。

（20）　§ 42 II VwGO.

（21）　M. Beckmann, Rechtsschutz Drittbetroffener bei der Umweltverträglichkeitsprüfung, DVBl. 1991, S. 358ff., S. 359; M. Ruffert, Dogmatik und Praxis des subjektiv-öffentlichen Rechts unter dem Einfluß des Gemeinschaftsrechts, DVBl. 1998, S. 69ff.; Schoch, NVwZ 1999 (Fußn. 15), S. 458; G. Winter, Individualrechtsschutz im deutschen Umweltrecht unter dem Einfluß des Gemeinschaftsrechts, NVwZ 1999, S. 467ff.; BverwG, Urt. v. 6. 10. 1989, BVerwGE 82, 343 = UPR 1990, 28.

（22）　Beckmann, DVBl. 1991 (Fußn. 21), S. 359; Erbguth/Schink, UVPG (Fußn. 15), Einl. Rdn. 117, S. 154. なお、周知のように、小田急高架化訴訟に係る最高裁平成一七年一二月七日大法廷判決は、鉄道の連続立体交差化を内容とした都市計画事業認可の取消訴訟における事業地周辺に居住する住民の原告適格を承認するにあたり、「東京都においては、環境に著しい影響を及ぼすおそれのある事業の実施が環境に及ぼす影響について事前に調査、予測及び評価を行い、これらの結果について公表すること等の手続に関し必要な事項を定めることにより、事業の実施に際し公害の防止等に適正な配慮がされることを期し、都民の健康で快適な生活の確保に資することを目的として」東京都環境影響評価条例が制定されているのであるから、「都市計画の決定又は変更に際し、環境影響評価等の手続を通じて公害の防止等に適正な配慮が図られるようにすることも、その趣旨及び目的とするものということができる」と判示し、それを踏まえて、原審が「上告人らは、いずれも本件鉄道事業の事業地の周辺地域に居住するにとどまり、事業地内の不動産につき権利を有しないところ、都市計画事業の事業地の周辺地域に居住するにとどまり事業地内の不動産につき権利を有しない者については、事業の認可によりその権利若しくは法律上保護された利益が侵害され又は必然的に侵害されるおそれがあると解する根拠が認められない」という理由で原告適格を否定したのに対して、環境影響評価の対象となっている地域に居住する住民については、「本件鉄道事業が実施されることにより騒音、振動等による健康又は生活環境に係る著しい被害を直接的に受けるおそれのある者に当たると認められるから本件鉄道事業認可の取消しを求める原告適格を有する」とした。この判示内容が、許認可等の本案審理との関係でいかなる意味を有するかは今後の判例の展開および学説の検討に委ねることとするが、環境アセスメント手続と取消訴訟との関係を明らかにしつつ原告適格の問題を判断したことには大きな意義が存すると考えられる。

(23)　A. Epiney, Dezentrale Durchsetzungsmechanismen im gemeinschaftlichen Umweltrecht, ZUR 1996, S. 229ff., S. 230.

(24)　BVerfG, Urt. v. 20. 12. 1979, BVerfGE 53, 30 = DVBl. 1980, 356. この判決については、vgl. D. Rauschning, Verfassungsbeschwerde gegen atomrechtliche Errichtungsgenehmigung, DVBl. 1980, S. 831ff.; K.-P. Dolde, Grundrechtsschutz durch einfaches Verfahrensrecht? NVwZ 1982, S. 65ff.; J. Schwab, Rechtskontrolle im Umweltschutzrecht nach dem Vorbild amerikanischer Verwaltungskontrollen, UPR 1987, S. 94ff.

(25)　§ 2 I 1 UVPG. 環境親和性審査法では、既存の許認可および計画確定手続（Planfeststellungsverfahren）を前提として、もしくはその手続に統合される形で、環境親和性審査手続が実施されることとされている。それは、本法制定当時、すでに各許認可手続や計画確定手続において環境親和性審査に相当する独自の手続が実施され、更には、大規模施設の多くについては、その正式の手続が履践される以前に国土整備計画との整合性を審査する国土整備手続（Raumordnungsverfahren）の網がかぶせられていたために、それらに適合した形で本法が制定されたという経緯がある。換言すれば既存の制度に混乱を来すことなく環境親和性審査を国内法化するためには、このような方法が最善であると考えられたことによる。これについては、髙橋・前掲註（7）一八頁以下（本書三一六頁以下）参照。

(26)　Vgl. VGH München, NuR 1995 (Fußn. 14), 274; vgl. auch Schink, NuR 1998 (Fußn. 15), S. 178.

(27)　BVerwGE 100 (Fußn. 13), 238.

(28) M. Schmidt-Preuß, Der verfahrensrechtliche Charakter der Umweltverträglichkeitsprüfung, DVBl. 1995, S. 485ff., S. 490; E. Hien, Die Umweltverträglichkeitsprüfung in der gerichtlichen Praxis, NVwZ 1997, S. 422ff., S. 425; A. Schink, Umweltverträglichkeitsprüfung - Verträglichkeitsprüfung - naturschutzrechtliche Eingriffsregelung - Umweltprüfung, NuR 2003, S. 647ff., S. 649.

(29) Erbguth, NuR 1997 (Fußn. 15), S. 265; Schink, NuR 1998 (Fußn. 15), S. 173; ders., NuR 2003 (Fußn. 28), S. 649; vgl. auch Beckmann, DVBl. 1991 (Fußn. 21), S. 360; ders., Die integrative immissionsschutzrechtliche Genehmigung, NuR 2003, S. 715ff., S. 719.

(30) VGH München, Urt. v. 19. 10. 1993, NuR 1994, 244; vgl. VGH München, NuR 1995 (Fußn. 14), 274.

(31) 同様の見解を示す裁判例として、vgl. OVG Koblenz, Urt. v. 29. 12. 1994, ZUR 1995, 146. これらの裁判例に賛同する見解として、vgl. Steinberg, DÖV 1996 (Fußn. 15), S. 227, 批判的な見解として、vgl. Schmidt-Preuß, DVBl. 1995 (Fußn. 28), S. 490.

(32) BVerwGE 100 (Fußn. 13), 370.

(33) 詳細は、vgl. H. Soell/F. Dirnberger, Wieviel Umweltverträglichkeit garantiert die UVP? NVwZ 1990, S. 705ff., S. 707; Weber/Hellmann, NJW 1990 (Fußn. 6), S. 1627; H. D. Jarass, Grundstrukturen des Gesetzes über die Umweltverträglichkeitsprüfung, NuR 1991, S. 201ff., S. 204f.; N. Kollmer, Die verfahrensrechtliche Stellung der Beteiligten nach dem UVP-Gesetz, NVwZ 1994, S. 1057; R. Enders/M. Krings, Zur Änderung des Gesetzes über die Umweltverträglichkeitsprüfung durch das Artikelgesetz zur Umsetzung der UVP-Änderungsrichtlinie, DVBl. 2001, S. 1242ff., S. 1249f.; Schink, NuR 2003 (Fußn. 28), S. 650f.; A. Scheidler, Die Umweltverträglichkeitsprüfung bei Rodungen und Erstaufforstungen, NuR 2004, S. 434ff., S. 437. なお、髙橋・前掲註(7)二三頁以下（本書三二七頁以下）参照。

(34) 代表的なＮＥＰＡのスコーピングについては、Ｒ・Ｗ・フィンドレー／Ｄ・Ａ・ファーバー（稲田仁士訳）『アメリカ環境法』木鐸社（一九九二）三四頁以下参照。

(35) § 5 UVPG.

(36) § 6 UVPG. なお、環境親和性審査法では、提出すべき書類を、必ず提出を要するものと、特定の要件の下でのみ提出を要するものの二つに分けている。このうち、前者は、起業案の立地点（Standort）、種類および規模（Art und Umfang）、土地の必要性（Bedarf an Grund und Boden）などについての申述を含むものであるが、それらは、従来もすでに許認可手続において申請人により提出されるべきとされていたものである。後者は、当該プロジェクトの許容性判断にとって必要不可欠とされるものであり、その提出を申請人に期待しうるときにのみ提出される。具体的には、起業案に用いられる技術の特徴等のいわば申請人のノウハウに関わるものである。この点に関する詳細および問題点については、髙橋・前掲註(7)二四頁以下（本書三二九頁以下）参照。

（37） §§ 7, 8 bzw. 9, 9a UVPG. 髙橋・前掲註（7）二五頁以下（本書三三一頁以下）参照。

（38） § 11 UVPG. 髙橋・前掲註（7）二六頁以下（本書三三三頁以下）参照。

（39） § 12 UVPG. 髙橋・前掲註（7）二七頁以下（本書三三四頁以下）参照。

（40） T. Bunge, Die Umweltverträglichkeitsprüfung von Projekten - Verfahrensrechtliche Erfordernisse auf der Basis der EG-Richtlinie vom 27. Juni 1985, DVBl. 1987, S. 819ff., S. 825; R. Dohle, Anwendungsprobleme eines Gesetzes zur Umweltverträglichkeitsprüfung (UVP-Gesetz), NVwZ 1989, S. 697ff., S. 705; Weber/Hellmann, NJW 1990 (Fußn. 6), S. 1632; Beckmann, DVBl. 1991 (Fußn. 21), S. 361; Kollmer, NVwZ 1994 (Fußn. 33), S. 1059.

（41） BVerwGE 98 (Fußn. 13), 339.

（42） 本判決に賛同するものとして、vgl. Beckmann, DVBl. 1991 (Fußn. 21), S. 362; Erbguth/Schink, UVPG (Fußn. 15), Einl. Rdn. 117, S. 154.

（43） 前註（13）参照。

（44） 同様の指摘をするものとして、vgl. z. B. U. Hösch, Das bayerische Gesetz zur Umsetzung der UVP-Richtlinie, NVwZ 2001, S. 519ff., S. 522; Schmidt-Preuß, DVBl. 1995 (Fußn. 28), S. 494.

（45） Kollmer, NVwZ 1994 (Fußn. 33), S. 1058.

（46） 公衆関与の目的をこのように捉えたうえで第三者の権利保護を考察するものとして、vgl. Erbguth/Schink, UVPG (Fußn. 15), Einl. Rdn. 118, S. 155f.

（47） Vgl. Beckmann, DVBl. 1991 (Fußn. 21), S. 361; Kollmer, NVwZ 1994 (Fußn. 33), S. 1058; M. Schmidt-Preuß, Integrative Anforderungen an das Verfahren der Vorhabenzulassung: Anwendung und Umsetzung der IVU-Richtlinie, NVwZ 2000, S. 252ff., S. 259; Scheidler, NuR 2004 (Fußn. 33), S. 437.

（48） Erbguth/Schink, UVPG (Fußn. 15), Einl. Rdn. 118, S. 156; Kollmer, NVwZ 1994 (Fußn. 33), S. 1058.

（49） Erbguth/Schink, UVPG (Fußn. 15), Einl. Rdn. 118, S. 155. なお、行政手続を通じての権利保護の前倒しについて、一般的には、前註（24）のミュルハイム・ケルリッヒ決定を参照。

（50） § 11 S. 1 UVPG.

（51） BVerwG, Beschl. v. 30. 10. 1992, UPR 1993, 62.

（52） 以上につき、A. Scheidler, Rechtsschutz Dritter bei fehlerhafter oder unterbliebener Umweltverträglichkeitsprüfung, NVwZ

2005, S. 863ff., S. 865.

二　裁判例にみる第三者保護の要件

1　連邦行政裁判所の判例

(1)　連邦行政裁判所の確立された判例によれば、手続規定を遵守しなかったことそれ自体は、計画確定裁決の取消しには至らない。

たとえば、水法（Wasserrecht）上の行政手続規定の第三者保護的効果が争われた連邦行政裁判所一九八一年五月二九日判決(53)は、それが認められないことは当法廷が繰返し明らかにしてきたとしつつ、更に続けて次のように述べる。

すなわち、水法上の計画確定手続に関する規定は、当法廷の判決によれば、計画確定手続に参加する第三者には当該手続内で独自に主張しうる法的地位を与えていないだけではなく、起業者がその手続を自発的に申請せず、もしくは、起業者により申請された手続を行政庁が計画確定手続として実施しなかった場合に、当該起業案により実質的に影響を受けるであろう第三者に計画確定手続の実施を求める権利が認められるという考えには、なおさら加担してはならない。それに加えて、水法上の計画確定規定には第三者保護的な効果、および、当該規定によって利益を受ける人的範囲を明確に推論しうるだけの構成要件的メルクマールが欠如しているだけではなく、そこには、計画確定手続の実施を求める第三者の請求権を、誰に、どのような方法で主張しうるかという規定すら含まれておらず、あるいは、解釈によってもそれを明らかにすることはできない。手続法上の第三者保護のためには、それらの規定が必要不可欠だからである。その限りでは、第三者の請求権が計画確定手続を申請している起業者に向けられていること、もしくは、第三者が行政庁に対して当該手続の実施を主張しうることが、少なくとも法律上の明確な規定によって直接導き出されねばならない、と。

⑵　もっとも、多くの裁判例は、それにとどまることなく、第三者の権利を保護するためには、右の点に加えて手続的・形式的瑕疵が起業案の許容性決定に実際に影響を及ぼしうるものであることが必要であることを指摘する。(54)

たとえば、核技術施設（kerntechnische Anlagen）の近隣に居住する者の原告適格が争われた連邦行政裁判所一九九一年六月七日判決(55)は、原子力法（Atomgesetz）の手続規定は、起業案により潜在的に影響を受ける第三者に対して、その利害を許可手続において主張し、それにより当該施設の操業に抵抗する可能性を開いている限りにおいては第三者保護的（drittschützend）であるとする一方で、原子力法上の手続規定に違反したときには、その手続的瑕疵が原告の実体法上の地位に影響を及ぼす場合に限り訴えが認められる、とする。

更に、既存道路の拡張による騒音被害につき、遠距離道路法（Fernstraßengesetz）による計画確定裁決に際して環境親和性審査の結果を考慮しなかったことが比較衡量の瑕疵といえるかどうかが争われた連邦行政裁判所一九九六年三月二一日判決(56)は、自然保護法上の侵害規制に対する違反（Verstoß gegen die naturschutzrechtliche Eingriffsregelung）は、それが保護措置や補償を請求する原告の所有権主張の原因である（kausal）ときにのみ、およびその限りでのみ、住民は計画確定裁決に対する取消請求権を有する、としている。

ここで要求されている因果関係（Kausalzusammenhang）は、判例によれば、具体的事例の状況に応じて、手続的瑕疵がなければ計画庁が別の決定をしたかもしれないという具体的な可能性の存する場合にのみ認められるが、連邦行政裁判所は、手続的瑕疵についてのこのようないわゆる因果関係判決（Kausalitätsrechtsprechung）を、環境親和性審査の場合にもそのまま転用してきた。(57)すなわち、環境親和性審査法は、他の部門別法律の手続規定と同様に、独立の手続的地位を与えられてはおらず、(58)それゆえ、環境親和性審査規定に違反した場合であっても、手続的瑕疵がなければ別の決定をしたかもしれないという具体的可能性が存する場合にのみ、決定として問題視されることになる、と。(59)したがって、判決のこのような考え方に従う限りは、原告の訴えが認容されるためには、環境親和性審査が十分に実施されなかったことと決定内容との間に因果関係が存在することを、具体的に明らかにしなければならないことになる。[60]

(3)　右のように、連邦行政裁判所の判決は、第三者の権利保護という点からは極めて制限的な内容をもつものといわざるをえないが、それにとどまらず、環境親和性審査法の規定を考慮しなかったことが特定の要件の下では手続的瑕疵すら帯びないと評価されることがあるとしている点では、更なる制限的内容を含んでいることに注意が必要である。

すなわち、ＥＣ指令によれば、収集された環境データを適切に処理し、それを環境親和性を評価する際の確実な基礎として使用しなければならないが、その点からするならば、環境親和性審査法一一条に規定するような包括的記述は、まさにその目的に適った方法ということになるはずである。しかし、連邦行政裁判所一九九七年四月一〇日判決[61]は、起業案の環境親和性を適切に評価するという目標は決してこのようなやり方によってのみ達成しうるわけではなく、重要なことは計画庁が比較衡量において各種の重要な利害を考慮したかどうかにあり、それゆえ、正式の環境親和性審査が実施されなかったということが、直ちに利害関係者の権利侵害に結びつくわけではない[62]、という。したがってまた、連邦行政裁判所一九九六年一月二五日判決[63]が指摘するように、正式の環境親和性審査が実施されないことが直ちに比較衡量の瑕疵と結びつくわけではないし、それについては比較衡量の要請の視点から改めて吟味されねばならないのであるから、比較衡量の瑕疵と同義であるわけではない、ということになる。

(4)　以上、要するに、連邦行政裁判所の判決は、手続が事実上実施されているなど、環境親和性審査法やＥＣ指令の要求事項にとりあえず適合しているような場合には、それが環境親和性審査法の規定を考慮しないものであったとしても、それが直ちに手続違反になるものではないとし、それゆえ、第三者は、手続的瑕疵が存在する場合であっても、もしそれがなければ別の決定がなされたであろうという具体的可能性が存する場合にのみ、手続的瑕疵の存在を効果的に主張しうるとしている。[64]

そこで、次に、連邦行政裁判所のこれらの判決を踏まえて、各州の上級行政裁判所の判断傾向も概観しておくこととしたい。

2 上級行政裁判所の判例

(1) まず、連邦行政裁判所の判決を引き合いに出しつつ環境親和性審査手続の実施を求める第三者の権利を否認しているのが、リューネブルク上級行政裁判所二〇〇四年二月一一日決定[65]である。それによれば、ＥＣ指令にも環境親和性審査法にも第三者保護的な効果を認めることはできないし、むしろ、それらの意義および目的は、そこに規定する手続規定によって環境への効果的な事前配慮（wirksame Umweltvorsorge）を行うことにあるにすぎず、特定の人的範囲の保護（Schutz eines bestimmten Personenkreises）を目的とするものではない、という。

同様に、ミュンスター上級行政裁判所二〇〇二年七月一日決定[66]も、概ね以下のように判示する。すなわち、環境親和性審査法は、その規律内容によれば特定の人的範囲の保護に仕えるべく規定しているわけではないし、相隣法上重要な（nachbarrechtsrelevant）第三者保護を取りなしてもおらず、それは、許認可等の実体的決定に先行して、手続法上の要求事項としての環境親和性審査が行われるべきことを規律しているにすぎない。したがって、環境親和性審査法に違反しなければ許認可等の決定が第三者に好ましい結果となった可能性が存したかもしれないということは、この関連では重要ではないし、たとえ環境親和性審査が必要不可欠だと仮定しても、そして、環境親和性審査法の規定が第三者保護的効果を認めようとするものであったとしても、そのような主張は功を奏さない。なぜなら、第三者保護的な手続規定の場合であっても、国内法上は因果関係に依存しない（kausalitätsunabhängig）訴えの可能性は与えられておらず、ＥＣ指令上もそのような可能性は示されていないからである、と。このようなことから、同決定は、風力エネルギー施設（Windenergieanlage）の連邦インミッシオン防止法上の許可に際して環境親和性審査が実施されなかったことのみを主張する訴えは認められないとしている[67]。

このような傾向は、決して近年の裁判例に限られたものではなく、環境親和性審査法施行後の比較的初期の判決にもみられるところであり、たとえばマンハイム上級行政裁判所一九九二年八月七日判決[68]は、環境親和性審査が個人の権利保護のために用いられるものではなく、効果的な環境事前配慮を目的としたものであるとしつつ、個人は環境親和性審査手続の実施を求める請求権を有しないと結論づけている。

⑵　しかし、他方で、これらとは異なる判決も散見される。

たとえば、ある特定の起業案に関連した地区詳細計画（Bebauungsplan）の策定手続において、起業案自体の環境親和性審査が実施されなかったことが地区詳細計画の違法性を招来するかどうかが争われたミュンヘン上級行政裁判所二〇〇四年六月二一日判決[69]は、環境親和性審査は起業案の環境影響の調査、記述、評価という三段階で実施されるが、各段階の措置は独立しているわけではなく、環境親和性審査のすべての手続は地区詳細計画策定手続（Bebauungsplanaufstellungsverfahren）に統合されるのであるから、環境親和性審査は実体法にも影響を与えるとしつつ、要求されている「規定上の環境親和性審査」（Regel-Umweltverträglichkeitsprüfung）の不履行およびその不十分な実施は、手続的瑕疵であるとする。

更に、遠距離道路法上の計画確定裁決の違法性が争われたコブレンツ上級行政裁判所一九九四年一二月二九日判決[70]は、環境親和性審査の機能との関連で、環境親和性審査法の手続を遵守することは、「手続を通じての正当性の保証」（Richtigkeitsgewähr durch Verfahren）という意味において、環境親和性審査法の実体的な要求事項を遵守している証拠でもある、としている。この判決は、連邦行政裁判所をはじめとする多くの裁判例と同様に、正式の（förmlich）環境親和性審査が実施されなかったこと自体によっては訴権を認める根拠にはならないとしているのであるが、環境親和性審査と許認可等の実体的決定との結びつきを考慮して、法律上要求されている環境親和性審査の瑕疵が比較衡量の瑕疵を示すかもしれないと推論し、結果的には、その瑕疵が原告の権利侵害になると結論づけている点に特徴がある。[71]

(3) さて、これらの判決、とりわけコブレンツ上級行政裁判所により示された「手続を通じての正当性の保証」ということの意義を連邦行政裁判所の否定的な判決との関連でどのように理解すべきかは、全体としての裁判制度との関わりも含めて問題ではあるが、たとえば、次のような見解が示されている。

すなわち、たとえ環境親和性審査法がEC指令を国内法化したものに過ぎないとしても、「手続を通じての正当性の保証」ということの独自の意義は、当該起業案の環境親和性を評価するための方法や基準に関して存在する不確実な部分を再検討するというところにあり、したがって、環境親和性審査の採用により、たとえ実体法上は基本的な変化がもたらされないとしても、既存の部門別計画手続（Fachplanungsverfahren）は特有の環境経済的な（umwelt-ökonomisch）手続的措置および決定領域を含むことになったと考えるべきであろう、と。[72] それゆえ、この考え方によれば、法律上の規定に従って環境親和性審査が実施されていれば他の決定がなされたかもしれないという可能性を排除できない場合には、許認可等の判断は取り消されねばならないということになるのであろう。ただ、この点に関しては、それらの判決においても、あくまでも当該具体的事例との関わりにおいてではあるが、環境親和性審査が実施されていたならば他の決定がもたらされたかもしれないという想定は締め出されねばならないという理由から、環境親和性審査が実施されていないといった手続違反を拠り所とする第三者の主張は認められないとして、結果的には連邦行政裁判所と同様の結論になっている。

3 学説による批判

(1) 右にみてきたように、連邦行政裁判所の判決は、環境親和性審査を実施するに際しての手続的瑕疵と許認可等の実体的決定との因果関係を重視し、当該瑕疵が存在しなければ別の決定がなされたであろうという具体的可能性が認められる場合にのみ、手続的瑕疵の存在を実効的に主張しうる、というものであった。それに対して、学説上は、もちろんそれに賛同する主張も散見される[73]ものの、概ね厳しい批評がなされている。[74]

そこで、以下では、判例に批判的な見解を中心に、その概要を紹介したい。

⑵　批判的見解の矛先は、まず何よりも、連邦行政裁判所が採用している出発点、すなわち、環境親和性審査は手続法の要素以外のものは含まないとする点に向けられている。

それによれば、環境親和性審査法の規定は、一方では確かに手続法としての性格を表現するものではあるが、しかし他方で、環境親和性審査は比較衡量を実施するに際しての各種環境利害の調査にも役立ちうるし、比較衡量過程において各種利害が法令等で定められたとおりに調査され、評価されるべきであるという環境親和性審査法の要求は、その意味では、決して手続法としての性格にとどまるものではなく、実体法上の要求事項をも表現したものとして理解されるべきである、という。(75)

この点に関しては、右と同様に、環境親和性審査においては起業案が環境へもたらす実際の影響が審査されるべきであるから、そこでは環境影響審査（Umweltfolgenprüfung）が問題となるに他ならず、環境親和性審査の手続を通して、とりわけその環境への影響を考慮して、当該起業案が現実に実施されるべきかどうか、および、いかなる方法および内容で実施されるべきかを判断し、最終的な決定がより改善された受け入れ可能なものとなるのであり、その際、時には、環境への影響がその手続によって初めて認識されることもあろうし、あるいはまた、そこで初めてそれらを考慮する機会が与えられることもあるのであるから、手続法としての環境親和性審査は、実体法上の内容にも影響を及ぼす、という指摘もある。(76)

それゆえ、これらの理解によれば、環境親和性審査は、確かに実体的な決定基準を変更するものではないが、しかしながら、そこでの評価が比較衡量における具体的考慮の基準となることを勘案すると、そこには実体的な要素も含まれるということになるのであろう。

⑶　批判的見解は、更に、連邦行政裁判所の因果関係理論にも触れる。そして、手続上の瑕疵が重大であるかどうかを判断する際に用いられている最終的決定との因果関係の審査という方法が何らの法律上の根拠も有しないこ

と、および、環境親和性審査が実施されていたならば別の決定がなされていたかもしれないという具体的可能性を原告が説明することはほとんど無理であるとしたうえで、判決の考え方に拠ったときには、第三者の権利保護の可能性はほとんど存在しなくなってしまうであろうという懸念を示している。[77] 更には、判例理論のように最終的決定が変更される具体的可能性を要求した場合には、そこでの因果関係の存否を抽象的に判断するだけでは済まなくなるため、結果的には裁判所によって「代替的環境親和性審査」(Ersatz-UVP) が実施されねばならないことになるが、それは権力分立原理との関係で容易ならぬ事態であり、憲法に適合しないおそれがある、ともいう。[78]

(4) 右のうち、憲法上の疑問の当否はさておき、それを環境親和性審査法の規定の仕方との関連で理解をすれば、概ね以下のようになろう。

まず、環境親和性審査が起業案の許容性決定のための行政庁の手続の一部であることは環境親和性審査法二条一項一文においても明記されており、そのことからすれば、それが独立した手続手法とはいえないであろうし、更に、同二文において環境親和性審査が起業案の人間等へ及ぼす影響を調査し、評価するという内容を含むと規定されていることをも併せ考慮すると、あくまで一般論としてではあるが、環境親和性審査法の個別の規定が第三者の法的地位を承認していることに疑いを差し挟む余地はないようにもみえる。また、九条以下の公衆の関与 (Beteiligung der Öffentlichkeit) の規定も、二条一項三文の規定とともに、それが早い段階での第三者の権利保護を目的としたものと位置づけることができるし、更には、一二条において、環境親和性審査に基づく起業案の環境への影響の評価が、当該起業案の許容性判断に際しての比較衡量要素とされていることからも、連邦行政裁判所の判決に対する批判は、概ね当を得ているとも考えられる。

とはいえ、すでにみてきたように、連邦行政裁判所は、環境親和性審査が十分に実施されず、もしくはそもそも実施されなかった場合の第三者の権利保護については、極めて抑制的な、もしくは消極的な姿勢を貫いている。多くの批判にもかかわらず連邦行政裁判所がそのような結論に固執する理由は必ずしも定かではないが、判決文に現れている限りで推測するに、その背景には、環境親和性審査法がEC指令を国内法化したものにすぎないこと、そして、まさにEC指令それ自体が環境親和性審査と起業案の許容性決定との関係を明確にしていないこと、したがってまた、当該手続はあくまでも手続法にすぎず、実体的要件を加重するものではないし、決定基準でもない、という認識が存在しているように思われる。(79) そうすると、そもそも、EC指令が第三者に対して具体的な法的地位を付与しているのかどうかを検討することが必要となる。

ここでは、その詳細を論ずる余裕はないが、以下では、EC指令の解釈すなわち環境親和性審査に瑕疵が存する場合の第三者保護に係る最近の欧州裁判所の判決を概観しておくことにしたい。

4　EC指令の解釈と欧州裁判所の判例

(1)　ここでは、まず、欧州裁判所の判決に触れる前に、連邦行政裁判所がEC指令に関していかなる解釈を示しているかについて、さしあたり確認をしておきたい。

繰り返すように、連邦行政裁判所は、環境親和性審査法の第三者保護的効果につき極めて抑制的な姿勢を堅持しているが、それにとどまらず、EC指令についても、その第三者保護的効果を否定している。たとえば、連邦行政裁判所一九九六年一月二五日判決(80)は、概ね以下のように述べる。

すなわち、まず、EC規則に反して正式の環境親和性審査が実施されなかったことが実体法違反になるとした原審判決に対して、それは手続法上の意義を超えて、「手続を通じての正当性の保証」や「環境利害の手続による実現」（Prozedualisierung der Umweltbelange）といった標語によって環境親和性審査に実体的機能を承認しようとするものであって不当であり、このような見方は訂正されねばならない。環境法は、EC指令により実体法上の強化が図られたわけではなく、むしろ共同体法の規律は実体法上の準則化を断念し、環境親和性審査の結果が「許可手続の枠内で」（im Rahmen des Genehmigungsverfahrens）考慮されねばならないとすることによって、実体的決定に先立つ手続法上の要求事項に限定する規定の仕方をしているのであるから、環境親和性審査の結果を決定内容に反映させることがＥＣ指令制定者の意思であると解釈することはできない。すなわち、施設等の最終的な許容性判断において環境利害をどの程度考慮すべきかの基準は示されていないのであるから、ＥＣ指令から実体的な決定基準を導き出すことは不可能であり、その限りでは、ＥＣ指令は、結果に対しては中立的（ergebnisneutral）である。ＥＣ指令は、許容性を判断する行政庁が環境親和性審査の結果をその考慮に含めることを要求しているに過ぎず、しかし、そこからいかなる結果を引き出すべきかについて指示してはいない、と。

そして更に、右を踏まえて、同判決は以下のように続ける。

すなわち、ＥＣ指令の規定には個人の権利に関する内容を認めることはできないし、むしろ、ＥＣ指令は、六条二項により利害関係を有する公衆に起業案の実現以前に意見を述べる機会が与えられるよう配慮されねばならないと規定している限りで、特定可能な人的範囲のために、国家に対して意見を述べる権利を定めているにすぎず、それゆえ、その規定内容によれば、計画確定裁決に付着する瑕疵は、起業案に対する原告の疑念を決定プロセスに差し挟む機会を与えられなかったことに由来するものではないことになる。加盟国はいかなる要件の下で共同体法違反を主張しうるかを決定するが、その際、国内裁判所は、共同体法の実施が国内法の場合と同一の要件に基づいて可能であるときには共同体法に従って行動するのであり、国内法によって共同体法秩序で予定されている権利の行使が実際にうまくいかないような高いハードルを設けてはならないことはもちろんである。このことはとりわけ、共同体法上の規律が生命・健康の保護に役立つすべての場合に、利害関係人には共同体法の遵守を裁判上審査を求める可能性が開かれねばならないことになる。しかしながら、このような視点は、正式の環境親和性審査がなされていないことのみを理由として必然的に原告に権利保護を保障することにはならず、それがなされないことが別の決定をもたらしたかもしれないという具体的可能性が存するときにのみ手続的瑕疵が重要なのであり、そのような考えによっても権利保護が制限されるわけではない、と。

(2)　連邦行政裁判所によるこのようなＥＣ指令の解釈に対しては、利害関係人にはＥＣ指令に規定されている手続の実施を求める直接かつ独自の権利が付与されているという裁判例も散見され、とりわけ上級行政裁判所レヴェルでは、連邦行政裁判所とは異なる判断もみられることは、既に指摘したとおりである(81)。

他方で、学説上も見解が分かれており、一方では、ＥＣ指令は環境親和性審査が実施されなかったか、もしくは不十分にしか実施されなかったという理由のみでは、第三者に対してその実施を求める権利や計画決定の取消しを求める権利など、その具体的な権利侵害とは無関係に独自に主張しうる手続的地位を与えているわけではなく、その意味では、ＥＣ指令は第三者効を有しない純粋に手続法的性格（rein verfahrensrechtlicher Charakter ohne Drittwirkung）を有するに過ぎないという見解(82)もみられるが、それに対しては、ＥＣ指令には第三者保護的効果が認められるという主張(83)が存在することも、すでに確認したとおりである。

そのこともあって、この問題に対する欧州裁判所の明確な判断が望まれていたところであったが、そのような中にあって、欧州裁判所は、近年、第三者の権利保護に関して従来の同裁判所の判決を確認するとともに、より明確に当該問題に対しての立場を明らかにしている。

そこで、以下では、直近の欧州裁判所の判決を紹介するとともに、そのドイツ法への影響を素描しておきたい。

(3)　欧州裁判所二〇〇四年一月七日判決(84)は、鉱業許可の新規付与に際して環境親和性審査を実施しなかったというイギリスの事例につき、まず、個人がＥＣ指令の規定を援用しうるかどうかという点に関しては、従来の同裁判所の判決(85)を確認しつつ、第三者の権利への単に好ましくない影響というだけではＥＣ指令を援用するよう求める権利を個人に認めることはできないという見解は正当化されず、個人は場合によってはＥＣ指令を引き合いに出して自らの権利を主張することができるとし、更に続けて次のように述べる。

すなわち、環境親和性審査が実施されなかった場合の是正義務（Verpflichtung, dem Unterlassen einer Umweltverträglichkeitsprüfung abzuhelfen）については、確立された判例(86)によれば、加盟国は、ＥＣ条約一〇条に定められている公正な協力原則（Grundsatz der loyalen Zusammenarbeit）により、共同体法に反する違法な結果を除去する義務があり、それは加盟国のすべての行政庁に課されている。それゆえ、その権限の枠内ですべての必要な措置を行うことは、加盟国の所轄官庁の責務であり、それが果たされることによって、プロジェクトは環境への重大な影響に配慮しているかどうかを考慮して審査される(87)。同様に、加盟国は、環境親和性審査がなされないことにより生ずるすべての損害を補填する義務がある。加盟国に認められている手続的自律の原則（Grundsatz der Verfahrensautonomie）によれば、手続の詳細は加盟国の国内法秩序に属する事項ではあるが、しかしながら、その手続は、国内における同様の事実関係を規律する手続よりも不利であってはならず（＝同等性原理［Äquivalenzprinzip］）、そしてまた、共同体法秩序により付与されている権利の行使を実際に不可能にしたり、過度に困難にするものであってはならない（＝実効性原理［Effektivitätsprinzip］）(88)。この枠組みにおいては、すでに付与されている許可を取り消す可能性が国内法上存するかどうか、もしくは、当該プロジェクトにEC指令の要求事項に従って環境親和性審査を受けさせるために許可の効力を中断する可能性が存するかどうか、あるいは、当該プロジェクトにより生ずる損害の補填を要求する可能性が個人に存するかどうかを確定することは、国内裁判所の所管事項である、と(89)。

⑷　以上のように、欧州裁判所の判決は、環境親和性審査が実施されなかった場合の第三者の権利保護については好意的な立場を明らかにしているが、更に、欧州裁判所一九九九年九月一六日判決(90)は、EC指令と国内法との関連を考えるうえで重要である。

すなわち、EC指令四条二項によれば、指令の附属書（Anhang）Ⅱに列挙されているプロジェクトは、加盟国の判断により必要な場合には審査を受けなければならないが、その目的のために、加盟国は、審査を受ける特定のプロジェクトを決定し、あるいは、そのための基準等を策定することができる。この場合の裁量は、EC指令二条一項に定められている義務により制限され、とりわけ環境への重大な影響を伴うプロジェクトについては、その種類、規模もしくは所在地ごとに、その影響が調査されねばならない。この規定は、加盟国に対して、EC指令に列挙されている特定のプロジェクトをEC指令によりもたらされた環境親和性審査手続から除外する権限を与えてはいないし、国内法あるいは当該プロジェクトの個別審査に基づいて、特殊なプロジェクトをその手続から遠ざける権限も与えていない。更には、加盟国の立法者もしくは行政がEC指令四条二項および二条一項により彼らに認められている裁量を逸脱した場合には、個人は、国家機関に対して、加盟国の裁判所においてこれらの規定を援用することができるし、そのことを通じて、これらの規定と一致しない国家の規定や措置を考慮しないこともできる、と。

⑸　さて、右からも明らかなように、欧州裁判所は、第三者には起業案の環境親和性審査の実施を求める請求権がEC指令において付与されているとしており、ドイツの裁判例とは明らかに異なる方向性が確立されているとみてよい。[91]

（53）　BVerwG, Urt. v. 29. 5. 1981, BVerwGE 62, 243 = DÖV 1981, 719.
（54）　本文で紹介する判例以外に、vgl. BVerwGE 62 (Fußn. 53), 243; BVerwG, Urt. v. 15. 1. 1982, BVerwGE 64, 325 = DVBl. 1982, 359; BVerwG, Urt. v. 30. 5. 1984, BVerwGE 69, 256 = NVwZ 1984, 718; BVerwG, Urt. v. 5. 12. 1986, BVerwGE 75, 214 = NVwZ 1987, 578; BVerwG, Urt. v. 27. 9. 1990, BVerwGE 85, 348 = NVwZ 1991, 364; BVerwG, Urt. v. 20. 5. 1998, NVwZ 1999, 67.
（55）　BVerwG, Urt. v. 7. 6. 1991, BVerwGE 88, 286 = DVBl. 1992, 51.
（56）　BVerwGE 100 (Fußn. 13), 370.
（57）　BVerwG, Beschl. v. 30. 10. 1992, UPR 1993, 62; BVerwG, NVwZ 1994 (Fußn. 13), 690; BVerwGE 98 (Fußn. 13), 339; BVerwGE 100 (Fußn. 13), 238; BVerwG, Urt. v. 10. 4. 1997, BVerwGE 104, 236 (244) = NVwZ 1998, 508.
（58）　BVerwGE 98 (Fußn. 13), 339, 361.
（59）　多くの判例でこのような表現が用いられているが、代表的なものとして、BVerwGE 100 (Fußn. 13), 238, 252.
（60）　連邦行政裁判所の裁判例をこのように理解し、紹介するものとして、Erbguth, NuR 1997 (Fußn. 15), S. 264; Schink, NuR 1998 (Fußn. 15), S. 179; Schoch, NVwZ 1999 (Fußn. 15), S. 458.
（61）　BVerwGE 104 (Fußn. 57), 242. Vgl. Steinberg, DÖV 1996 (Fußn. 15), S. 229; Hien, NVwZ 1997 (Fußn. 28), S. 426.
（62）　BVerwGE 104 (Fußn. 57), 236.

（63） BVerwGE 100 (Fußn. 13), 238.

（64） 以上につき、Scheidler, NVwZ 2005 (Fußn. 52), S. 865f.

（65） OVG Lüneburg, Beschl. v. 11. 2. 2004, NuR 2004, 403.

（66） OVG Münster, Beschl. v. 1. 7. 2002, NVwZ 2003, 361.

（67） OVG Münster, NVwZ 2003 (Fußn. 66), 363.

（68） VGH Mannheim, Urt. v. 7. 8. 1992, NuR 1993, 277f.

（69） VGH München, Urt. v. 21. 6. 2004, DVBl. 2004, 1123.

（70） OVG Koblenz, Urt. v. 29. 12. 1994, ZUR 1995, 146.

（71） なお、ミュンヘン上級行政裁判所一九九四年七月五日判決も、正式の（förmlich）環境親和性審査は遠距離道路法上の実体的な（materiell）環境親和性審査に必要不可欠であるとして、同様の結論を導き出している。VGH München, UPR 1994 (Fußn. 14), 460. Vgl. Steinberg, DÖV 1996 (Fußn. 15), S. 227; Schink, NuR 1998 (Fußn. 15), S. 178.

（72） Steinberg, DÖV 1996 (Fußn. 15), S. 227.

（73） Vgl. Schmidt-Preuß, DVBl. 1995 (Fußn. 28), S. 485ff.; ders., NVwZ 2000 (Fußn. 47), S. 252ff.

（74） Vgl. z. B. Steinberg, DÖV 1996 (Fußn. 15), S. 221ff., S. 228; Erbguth, NuR 1997 (Fußn. 15), S. 261ff., S. 265; Schink, NuR 1998 (Fußn. 15), S. 173ff.

（75） Erbguth, NuR 1997 (Fußn. 15), S. 265.

（76） Schink, NuR 1998 (Fußn. 15), S. 173.

（77） Erbguth, NuR 1997 (Fußn. 15), S. 265f.; Schink, NuR 1998 (Fußn. 15), S. 173 も同旨。

（78） Erbguth, NuR 1997 (Fußn. 15), S. 266.

（79） これに対しては、もちろん、ＥＣ指令が第三者に対して具体的な法的地位を付与しているという理解を前提として、連邦行政裁判所の見解によってはＥＣ指令により承認されている法的地位を否定しかねないという疑義が、学説上主張されている。Steinberg, DÖV 1996 (Fußn. 15), S. 230; Erbguth, NuR 1997 (Fußn. 15), S. 266; Schoch, NVwZ 1999 (Fußn. 15), S. 458; vgl. auch Erbguth, UPR 2003 (Fußn. 15), S. 324.

（80） BVerwGE 100 (Fußn. 13), 238.

（81） Vgl. VGH München, DVBl. 2000 (Fußn. 14), 822.

（82） Vgl. Schmidt-Preuß, DVBl. 1995 (Fußn. 28), S. 494; Hien, NVwZ 1997 (Fußn. 28), S. 425.

(83) Vgl. Beckmann, DVBl. 1991 (Fußn. 21), S. 364; Steinberg, DÖV 1996 (Fußn. 15), S. 230; Epiney, ZUR 1996 (Fußn. 23), S. 234; Ruffert, DVBl. 1998 (Fußn. 21), S. 74; Schoch, NVwZ 1999 (Fußn. 15), S. 466.

(84) EuGH, NVwZ 2004 (Fußn. 16), 593.

(85) Vgl. z. B. EuGH, Urt. v. 30. 4. 1996, EuZW 1996, 379; EuGH, Urt. v. 26. 9. 2000, EuZW 2001, 153.

(86) Vgl. EuGH, Urt. v. 19. 11. 1991, EuZW 1991, 758; EuGH, Urt. v. 12. 6. 1990, vgl. ABlEG 1990, Nr. C 163, 7.

(87) Vgl. EuGH, Urt. v. 24. 10. 1996, NuR 1997, 536.

(88) Vgl. EuGH, Urt. v. 14. 12. 1995, NuR 1997, 344; EuGH, Urt. v. 16. 5. 2000, vgl. ABlEG 2000, Nr. C 233, 2.

(89) 以上につき、vgl. Beckmann, DVBl. 1991 (Fußn. 21), S. 365; Schoch, NVwZ 1999 (Fußn. 15), S. 462f.; J. Kerkmann, Wiederaufnahme eines Bergbaubetriebes ohne UVP, DVBl. 2004, S. 1288ff.; Scheidler, NVwZ 2005 (Fußn. 52), S. 867.

(90) EuGH, DVBl. 2000 (Fußn. 16), 214.

(91) 以上につき、Scheidler, NVwZ 2005 (Fußn. 52), S. 867f. 同様の評価をするものとして、vgl. M. Zuleeg, Umweltschutz in der Rechtsprechung des Europäischen Gerichtshofs, NJW 1993, S. 31ff., S. 36f.; Epiney, ZUR 1996 (Fußn. 23), S. 233; M. Ruffert, Subjektive Rechte und unmittelbare Wirkung von EG-Umweltschutzrichtlinien, ZUR 1996, S. 235ff.; Schoch, NVwZ 1999 (Fußn. 15), S. 458f.; Winter, NVwZ 1999 (Fußn. 21), S. 467.

おわりに

(1)　環境親和性審査という手法は、開発計画等の起業案を決定するに先立って、当該起業案による環境への影響を事前に調査・評価し、代替案を検討し、それらの情報を公表し、公衆に意見表明の機会を付与し、それらを踏まえて最終的な意思決定に反映させる手続的手法であると、一般には理解されている。その意味では、環境親和性審査手法の採用は、当然のごとく、その実施が義務づけられている決定において第三者の権利保護の可能性を高めるであろうという期待と結びつくことになる。

しかしながら、右にみてきたように、連邦行政裁判所は、一貫して、そのような期待もしくは予測を裏切る結論を導き出している。[92] そこでは、環境親和性審査は単なる手続手法に過ぎないと理解されており、それゆえ、正式の環境親和性審査が実施されたかどうかは、訴えの成否にとっては、そもそも重要ではないということになる。

そこで、以下ではとりあえず、これまでにみてきた連邦行政裁判所の判決の内容およびその論拠を確認するとともに、それが共同体法上の近年の傾向との関連でどのように評価されるべきかについて、簡単にコメントしておきたい。[93]

(2) 第三者の権利保護にとって厳しい姿勢を貫いている連邦行政裁判所の判断根拠は、環境親和性審査を単なる手続手法に過ぎないとみていることにあるが、そこでは、たとえば前述のミュンヘン上級行政裁判所が、環境親和性審査が実施されず、もしくは不十分である場合に、それを比較衡量の欠缺を示すものと結論づけるために、「手続を通じての正当性の保証」という視点をもちだしているのに対して、それを認めていない。それどころか、手続的瑕疵と決定内容との間に因果関係が存在することを要求し、当該瑕疵が存しなければ計画庁が別の決定をしたかもしれない具体的可能性が存在しなければ決定の取消等を認めていない。しかし、そのことを第三者が裁判において説明し、証明することは極めて困難であるため、判決のこのような結論に従う限りは、環境親和性審査の瑕疵は、実体的判断にはほとんど影響しないことになる。

以上のように、連邦行政裁判所の判決、とりわけそこで援用されている因果関係理論によれば、環境親和性審査が実施されなかったとしても、通常は、そのことによって実体的決定には何らの影響も及ぼさないことになる。しかしながら、環境親和性審査は、一定の手続法上の要求をすることによって、そしてまた、それによって得られた評価を許認可等の決定に反映させることを通して、より良い環境保全を達成することをその目的としている。それゆえ、環境親和性審査に際しては、ＥＣ指令の前文からも明らかなように、人間の健康を保護すること、および、環境の改善を通じて人間生活の質を向上させることこそが重要であるという理解に立つならば、まさしく欧州裁判所の指摘するように、一定の手続法上の要求事項を遵守することによって個人の利益が保護されるという結論が導かれることになろう。

現在のＥＵの法体系の下では、連邦行政裁判所の判決を欧州裁判所判決と一致させることは必ずしも要求されてはいないものの、今後、連邦行政裁判所が欧州裁判所の判断を踏まえてどのような判断を示すのか、その動向が注目されるところである。更に、連邦行政裁判所の判断は、近年の共同体法上のさまざまな展開との関係でも、見直しを迫られることになろう。とりわけ、たとえばオーフス条約(94)（Aarhus-Konvention）によれば、環境情報へのアクセス、意思決定における市民参加および司法へのアクセスを求める権利が全ての人の権利として国連欧州経済委員会で採択されるに至ったが、第三者保護についてのこのような共同体法上の展開および欧州裁判所の最近の判決を考慮すると、連邦行政裁判所の因果関係判決に対する批判的論調は、今後ますます高まっていくことが予想される。

(92)　このことを指摘するものとして、vgl. Schink, NuR 1998 (Fußn. 15), S. 179.

(93)　以下については、vgl. Scheidler, NVwZ 2005 (Fußn. 52), S. 868.

(94)　Übereinkommen über den Zugang zu Informationen, die Öffentlichkeitsbeteiligung an Entscheidungsverfahren und den Zugang zu Gerichten in Umweltangelegenheiten. Vgl. M. Zschiesche, Die Aarhus-Konvention - mehr Bürgerbeteiligung durch umweltrechtliche Standards?, ZUR 2001, 177ff.; A. Epiney, Zu den Anforderungen der Aarhus-Konvention an das europäische Gemeinschaftsrecht, ZUR 2003, 176ff.; Th. v. Danwitz, Aarhus-Konvention: Umweltinformation, Öffentlichkeitsbeteiligung, Zugang zu den Gerichten, NVwZ 2004, 272ff. なお、詳細は、国連欧州経済委員会のホームページ（http://www.unece.org/env/pp/welcome.html）参照。

9

循環型社会の法システム

一　循環型社会の夜明け？
二　循環型社会の形成に向けた法制度の整備状況
三　循環基本法の特徴と問題点
四　循環基本法の性格および内容
五　循環型社会への転換に向けて

一　循環型社会の夜明け？

われわれ人類が前世紀に高度に展開させてきた「大量生産・大量消費・大量廃棄」型の経済社会活動は、一方で、われわれの生活に極めて大きな恩恵をもたらしたが、他方で、それが物質循環の輪を断ち、その健全な循環を阻害するという側面も有しており、そのような活動様式が、われわれの生存基盤たる環境に対して負荷を与え続けることにもなっている。大量生産・大量消費・大量廃棄型の社会から循環型社会への転換は、いまや時代的要請といいうるが、このような中にあって、わが国では、二〇〇〇年六月に「循環型社会形成推進基本法」（以下、「循環基本法」という）が成立し、循環型社会の形成へ向けての動きが具体化することとなった。もっとも、それが「循環型社会の夜明け」(1)ともいうべき制度的転換点として位置づけうるかどうかは、なお若干の留保が必要である。

他方、循環型社会の形成に向けた法制度としては、一九九四年のドイツのいわゆる「循環経済・廃棄物法」（Gesetz zur Förderung der Kreislaufwirtschaft und Sicherung der umweltverträglichen Beseitigung von Abfällen）（以下、「ドイツ循環経済法」という）がよく知られている。そこでは、再利用あるいは除去すべきすべての「廃棄物」（Abfall）をトータルに把握して、これらを可能な限り市場経済のサイクルの内部に留める方策をとる一方で、再利用の不可能なもののみを最終処分の対象とするなど、より徹底した循環型社会への転換を指向している。したがって、それは、形式的には従来からの廃棄物法制の延長線上にはあるものの、内容的には狭義の廃棄物問題にとどまらず、資源・エネルギー・環境等を含めた社会経済構造の中に廃棄物を位置づけている点に特徴がある。それは、ドイツの廃棄物政策の長年にわたる試行錯誤の到達点を示すものであると同時に、各国の廃棄物法制の模範とまでいわれており、わが国の循環基本法もドイツ循環経済法の影響を受け、内容的にも共通のものが含まれていることは、各方面より指摘されているところである。しかしながら、循環基本法およびそれに関連する個別法がもたらしている現実を直視するとき、ドイツにおける実績に遠く及ばないこともまた、周知のごとくである。同じく循環型社会への転換を指向し、規定内容としても共通のものを含むにもかかわらず、両者の差異はどこから生ずるのであろうか。

そこで、以下では、これまでの廃棄物・リサイクル法制およびそれらを統合化すべく成立した循環基本法の特徴および問題点を概観し、更には、わが国の循環基本法とドイツ循環経済法との比較を通して、循環型社会の形成へ向けていかなる視点や制度が望まれるかを素描することとする。(2)

二　循環型社会の形成に向けた法制度の整備状況

ここでは、まず、循環型社会の形成に向けたわが国の法制度の整備状況について概観しておきたい。(3)

1　循環基本法の概要

本法は、まず、二条一項において「循環型社会」を定義する。それによれば、「循環型社会」とは、「製品等が廃棄物等となることが抑制され、並びに製品等が循環資源となった場合においてはこれについて適正に循環的な利用が行われることが促進され、及び循環的な利用が行われない循環資源については適正な処分が確保され、もって天然資源の消費を抑制し、環境への負荷ができる限り低減される社会」をいう。ここで指向されている天然資源の消費抑制と環境負荷の低減を図るための手段・方法としては、本法が列記するもののほかに、自然エネルギーの利用促進、森林や農地等も含めた自然環境の保全等、さまざまなものがあるが、そのような中にあって本法が廃棄物等の発生抑制や循環資源の適正利用等に焦点を当てたのは、本法制定時における廃棄物処理の現状を直視し、廃棄物の適正処理およびリサイクルの推進こそが喫緊の課題として認識されていたからに他ならない。そして、実は、このことが本法の性格さらには実効性を大きく左右することにもなる。これについては、後述する。

本法は、次に、循環型社会を形成するうえで対象となる物を、有価・無価を問わず「廃棄物等」として一体的に捉え、製品等が廃棄物等となることの抑制を図るべきこと、発生した廃棄物等についてはその有用性に着目して「循環資源」として捉え直し、その循環的利用（再使用、再生利用、熱回収）を図るべきことを規定する（二条二項、三項）。それゆえ、観念的にはすべての廃棄物等が有用性を有しうることに鑑みれば、「循環資源」と「廃棄物等」とは同じものとなる。

本法は、更に、廃棄物・リサイクル対策について、その優先順位を初めて法定化している（五条～七条）。すなわち、発生抑制、再使用、再生利用、熱回収、適正処分という優先順位である。廃棄物等はその循環的な利用であろうと処分であろうと、その過程でエネルギーをはじめとする多量の資源が必要となり、廃棄物等の処理に伴う環境への負荷がゼロになるわけではないことを勘案すると、環境への負荷を低減するためには廃棄物等を発生させないことが最も効果的である。本法が環境負荷の低減のためにまず何よりも発生抑制に取り組むべきことを明らかにしたことは、その意味では重要である。しかしながら、本法の規定はともかく、発生抑制の具体的方策が不十分であることも指摘せざるをえない。これも後述する。

本法は、また、各主体の責務との関連で、事業者および国民の排出者責任を明らかにするとともに、拡大生産者責任を明確に規定した点が大きな特徴である（九条～一二条）。これについても、それぞれの問題点とともに後に論ずる。

本法では、そのほかに、循環型社会形成推進基本計画の策定を政府に義務づけ（一五条、一六条）、循環型社会の形成に関する国または地方公共団体が講ずべき基本的施策についても具体的に規定する（一七条～三二条）が、詳細は割愛する。

2　関連する個別法

循環基本法のめざすところは、循環型社会の形成を推進する基本的な枠組みとなる法律を制定することにより、廃棄物・リサイクル対策を総合的かつ計画的に推進するための基盤となる制度を確立するとともに、関連する個別の廃棄物・リサイクル関係法律を整備して、循環型社会の形成への取組みを実効あるものとすることにあった。そこで、循環基本法が成立した第一四七国会では、すでに制定済みであった「廃棄物の処理及び清掃に関する法律」（廃棄物処理法）、「再生資源の利用の促進に関する法律」（再生資源利用促進法）、「容器包装に係る分別収集及び再商品化の促進等に関する法律」（容器包装リサイクル法）、「特定家庭用機器再商品化法」（家電リサイクル法）のうち、前二者を改正する（再生資源利用促進法の改正後の名称は「資源の有効な利用の促進に関する法律」（資源有効利用促進法））とともに、新たに「建設工事に係る資材の再資源化等に関する法律」（建設リサイクル法）、「食品循環資源の再生利用等の促進に関する法律」（食品リサイクル法）、「国等による環境物品等の調達の推進等に関する法律」（グリーン購入法）も成立し、これにより、循環型社会の形成に向けての法制度がとりあえずは整備されたことになる。

三　循環基本法の特徴と問題点

そこで、以下では、循環型社会形成のための望ましい視点もしくは制度のあり方を論ずる前提として、まず、主要な点についてわが国の循環基本法とドイツ循環経済法との簡単な比較を行い、次いで、循環基本法を軸としたわが国における循環型社会関連法制の現実と問題点を指摘し、最後にその要因を探ることとする。

1　循環基本法とドイツ循環経済法との比較

模範とされるべき廃棄物法制としては、前述のように、ドイツ循環経済法が知られている。[4] ドイツにおいても、一九七〇年代以降、廃棄物量の増大、廃棄物処理施設の不足、不法投棄などの問題が顕在化したため、一九七二年の廃棄物処理法から数次の改正を経て現在の法律に至っているが、その変遷は、廃棄物処理→リサイクル→循環経済として特徴づけることができる。

(1)　廃棄物・リサイクル対策の優先順位

ドイツ循環経済法は、天然資源を保全するために循環経済を促進するとともに、環境保全に適合した廃棄物の処分を確保することを目的とするが、廃棄物概念を拡大すると同時に、拡大した廃棄物について循環経済の理念に則した取扱い、すなわち、廃棄物の発生抑制を原則とし、次いで処分に対するリサイクルの優先を規定する。もっとも、この点は、すでに述べたようにわが国の循環基本法でも明記されているところである。ただし、両者には、発生抑制が制度の理念として表明されているにすぎないか、その実効性確保のために制度的裏づけが存するかという、制度の本質に関わる重要な差異が存する。

(2)　排出者責任

ドイツにおいては、従来、廃棄物の処理は公法上の処理業者の責任で行われてきたが、ドイツ循環経済法では、廃棄物の排出者が、技術的・経済的に期待可能な場合において廃棄物の処分に優先してリサイクルの義務を負うとともに、リサイクルされない廃棄物についても適正処分の義務を負うこととしている。また、家庭から出される廃棄物の排出者は、自らリサイクルできない廃棄物を公法上の処理業者に引き渡さねばならないとされ、家庭以外の部門で発生した処分向け廃棄物の排出者も、自らの施設で処分できない廃棄物を公法上の処理業者へ引き渡す義務を負うとされた。

他方、循環基本法でも、事業者の排出者責任として、廃棄物等の排出事業者が、自らの責任において、その排出したものについて適正な循環的利用または処分をすべき責務を規定する（一一条一項）。そして、国として、排出事業者に対する規制などの適切な措置を講ずることとしている（一八条一項）ほか、国民の排出者責任として、国民が循環資源について適正に循環的利用が行われることを促進するよう努めるとともに、その適正な処分に関し国等に協力する責務等を規定する（一二条）。したがって、これに関しても、細部において、もしくは重要な部分において差異はあるものの、その大枠においてはドイツ循環経済法と同様の規定を設けていると評することは、一応可能である。

⑶　拡大生産者責任

そして、排出者責任にもまして重要なのが拡大生産者責任の考え方である。これは、製品を開発、製造、加工、販売等をする者は、製品使用後のリサイクル等に配慮した行動をとる責任を負うべきであるとする考え方であるが、ドイツ循環経済法には、概ね、以下のような規定が置かれている。

すなわち、①製品の製造および使用に際して可能な限り廃棄物が発生しないように、また製品の使用後に発生する廃棄物を適正にリサイクル・処分できるように設計すること、②反復使用でき、耐久性があり、かつ、使用後適正にリサイクル・処分できる製品を開発、製造および流通させること、③製品の製造に際し、廃棄物または二次原料を優先的に投入すること、④有害物質を含有する製品である旨を表示すること、⑤リターナブル、リユースおよびリサイクルの可能性や義務ならびにデポジットについて表示すること、⑥製品およびその使用後に発生する廃棄物を引き取り、リサイクルし、または処分すること、である。そして、この規定をうけて、個別品目について具体的措置を講じる場合には、法規命令で定めることとされているが、現在までに「包装廃棄物令」、「使用済電池令」、「廃車処理令」、「バイオ廃棄物令」、「汚泥令」等が定められている。

他方、わが国の循環基本法でも、①製品等の耐久性の向上や循環的な利用の容易化等のための製品等の設計・材質の工夫（一一条二項、二〇条一項）、②使用済製品等の回収ルートの整備および循環的な利用の実施（一一条三項、一八条三項）、③製品等に関する情報提供（一一条二項、二〇条二項）などについての生産者の責務を規定しているが、これらの責務はいわゆる拡大生産者責任を一般原則として明示したものと説明されるとともに、その内容はドイツ循環経済法とほぼ同様のものであるとの理解が示されている。また、その責務を事業者に具体的に義務づけるためには個別法に拠ることになるが、その例として、①に関しては、資源有効利用促進法の「指定再利用促進製品」や「指定省資源化製品」、②に関しては、容器包装リサイクル法（ガラス製容器、ペットボトル、紙製・プラスチック製容器包装）、家電リサイクル法（エアコン、テレビ、電気冷蔵庫、電気洗濯機）、資源有効利用促進法の「指定再資源化製品」などがあり、これもドイツ循環経済法が法規命令に委ねているのと同様であるとの認識が示されている。(5)

2　循環型社会関連法制の現実と問題点

さて、以上のような一連の法体系の整備にもみられるように、循環型社会への転換の必要性は各国において概ね共通認識になっている。そして、極めて大雑把な表現が許されるならば、わが国の循環基本法は、この分野での最も進んだ法制とされるドイツ循環経済法とほぼ同様の規定を有しているとさえいいうるが、他方で、廃棄物処理やリサイクルの現実をみるとき、ドイツのそれとは決して同視できない問題をはらんでいる。

(1)「循環型社会」の現実

まず、これをペットボトルのリサイクルを例にみると、容器包装リサイクル法の施行をうけて、ペットボトルの回収量やリサイクル率は著しく増加しており、その限りでは同法の成果が顕著に現れている。しかし、その一方で生産量も増大しているために、廃棄されるペットボトルの量（生産量―回収量）は、法が施行される前年である一九九六年が一六万七、八〇八トンであったのが、翌年以降、一九万七、四四五トン、二三万四、三〇七トン、二五万六、三九一トンと増加の一途を辿っており、同様の傾向は、アルミ缶などその他のものについてもみられる。ここには、「大量廃棄・大量リサイクル」という現実が存し、同法が循環型社会への転換に不可欠の発生抑制に結びついていないことは明らかである。(6)同法には、ドイツのように再利用を促すデポジット制度がないとか、回収とリサイクルの数値目標が具体的に設定されていないといった個別の問題点も指摘されているが、[7]より本質的な問題は、そもそも制度それ自体が発生抑制に向けられたものとなっているかどうかにある。各リサイクル関連法をみる限り、それがリサイクル中心の法内容であることは当然のこととしても、そこには少なくとも発生抑制の発想をみることはできない。

循環基本法で構想するような循環型社会を形成するためには、循環が自己目的であってはならず、低環境負荷でなければならない。この意味では、循環基本法に規定する循環型社会の理念を、循環型社会形成推進基本計画で具体化していくことが求められよう。しかし、ここでは、循環基本法の理念が個別法レヴェルでは実現されていないという現実こそが重視されるべきであり、さもなくば、計画で具体化しても実施の段階でそれを実現できないという問題は、依然として残されることになる。

⑵　循環型社会関連法制の問題点

そこで、以上の現実を踏まえて、循環基本法を軸とした循環型社会関連法制の問題点について、従来から指摘されている点を中心に概観しておきたい。[8]

まず、繰返しになるが、各リサイクル法は整備されつつあるが、循環それ自体が自己目的化し、低環境負荷の発想がないために発生抑制にはつながっていない。循環基本法二条では低環境負荷が明確に規定されているものの、それが個別法レヴェルでは実現されていないことに注意を要する。次に、廃棄物に関する法制度とリサイクルに関する法制度が独自に存在することにより、物質循環が二つに分断されていることが指摘される。循環基本法は両者を統合すべく制定されたものであるが、その統合の方法には問題があり、それが循環基本法の理念を実現できない要因の一つとなっている。また、循環型社会形成に向けての役割分担の定め方が不適切で、循環基本法で規定されている拡大生産者責任の理念が個別法の段階で不徹底であるとされる。たとえば、廃棄物処理法は、二〇〇〇年に大きく改正され、排出事業者責任が強化されたが、依然として、「廃棄物」となることを所与としており、より上流への対応はない。更に、一九九八年に制定された中央省庁等改革基本法は、廃棄物対策については環境省に一元化したが、リサイクルに関しては依然として他省との共管になっており、廃棄物とリサイクルの二分法は所管官庁の面でも維持されている。これが循環型社会の形成にとって大きな制約となっていることは間違いない。

さて、問題は、ドイツ循環経済法と同趣旨の循環基本法が制定されたにもかかわらず、なぜ右のような問題が解決されずに残されているかにある。それは、実は、循環基本法の性格に起因するところが大きいと考えられる。

四　循環基本法の性格および内容

1　循環基本法制定の背景と方法

前述のように、廃棄物に関する法制度とリサイクルに関する法制度の二分法により、物質循環が二つに分断され、いわゆる上流問題、はずれ問題、抜け道問題が生じやすいことが指摘されてきたが、この点は、わが国に限らず、多くの国で同様の問題を抱えていた。したがって、そこから生ずる問題を解決するためには、まず何よりも、二つの分断された法制度を統合化する必要がある。その場合、次のような方法が考えられる。一つは、廃棄物およびリサイクルという二種類の法律を統合化して、新たに一つの法制度として体系化することである。ドイツ循環経済法が採用した方法である。他は、従来の廃棄物法制とリサイクル法制はそのまま維持しつつ、それとは別に双方を取り込んだ「枠組法」を制定するという方法である。(9)

わが国の循環基本法は、いうまでもなく後者を採用したが、ここでとりあえず指摘しておくべきことは、その結果として、二分法に起因する従来からの問題は、その多くがほとんど解決されずに残された点である。これまでの法制は、双方の制度が独自に存在することにより、廃棄物処理の理念とリサイクルの理念とが明確に結びついていなかった。したがって、循環基本法の制定は、まさに、それらを低環境負荷を基礎とした循環型社会の形成という目的の下に双方を結びつけようとする、いわば新たな試みであったはずである。しかし、循環基本法が採用した統合化の方法による限り、その理念や目的は、相変わらず個別法を前提として実現していかざるをえず、その意味では、そのような統合化の方法は、そもそも廃棄物処理とリサイクルを統合する理念としての低環境負荷もしくは環境保護という視点が入り込みにくいものであったといいうるであろう。そして、このような方法を採用したことが、循環基本法の性格およびそれを基礎とした循環型社会形成のシステムにも、少なからず影響を及ぼしているとみることができる。

2　循環基本法の性格および現実

(1)　循環基本法の性格

わが国の循環基本法とドイツ循環経済法とは、以上のように、規定内容において同様のものを含むにもかかわらず、その成立の経緯もしくは統合化の方法は明らかに異なる。そして、そのことが法それ自体の性格の差異をもたらすことにもなる。

すなわち、両者の決定的な違いは、ドイツ循環経済法が、いわば「実施法」としての性格を有し、かなり詳細な規定を置いているのに対して、循環基本法が「枠組法」としての性格を有している点にある。このことにより、循環基本法の具体的内容は各個別法に依存することになるが、実際には、循環基本法で示された循環型社会形成の理念が、実施法としての各個別法にそのまま反映されているわけではない。むしろ、循環基本法の理念と各個別法の現実には乖離があるともいいうる。なぜなら、循環基本法の制定は廃棄物とリサイクルの制度として存していた各個別法を環境保護という視点から統合化する試みであったが、循環基本法において低環境負荷を基礎とした循環型社会への転換を宣言しても、その具体的内容は、もともと廃棄物・リサイクル対策の制度であった各個別法に依存せざるをえず、その意味では、いわば純粋な環境保護とは若干視点の異なる制度に依拠して低環境負荷を基礎とした循環型社会を形成すること自体に、そもそも無理があったといわざるをえないからである。

更に、この点は、循環基本法の「特異な基本法[10]」としての性格からも導かれる。「基本法」と称する法律は、通常は「上位法」としての性格や位置づけが与えられているが、循環基本法は、その目的規定で「環境基本法の理念に則り、循環型社会の形成の基本原則を定め」ると規定するように、環境基本法の下位法として位置づけられている。このことは、環境基本法が「循環型社会の形成」を環境政策の一部として位置づけているからに他ならないが、そのことにより、循環基本法には資源・エネルギーの適正な循環・効率性を確保することによって全体としての環境政策に寄与しようとするものとの性格が付与されることになる。具体的には、廃棄物・リサイクル対策の分野に関して環境基本法の一翼を担い、環境基本法の示す理念の実現に寄与する役割を果たすこととされている[11]のであるが、もしそうであるならば、低環境負荷を基礎とした循環型社会の形成という視点から廃棄物・リサイクルの法制度を統合化し、新たな法制度として体系化すべきであった。しかし、実際には、環境法の一部もしくは各論としての位置づけが希薄な個別法によってその役割を担うこととなるために、ここでは、それが意図的かどうかはともかくとして、循環それ自体が自己目的化しており、法文の文言にもかかわらず、低環境負荷を基礎とした循環型社会の形成という視点は、その性格上、当初から希薄であった。その意味では、「特異な基本法」としてのあり方が法制度上望ましいかどうかはともかく、循環基本法は環境基本法の一翼さえも担っていないと言わざるをえない。

それに対して、ドイツ循環経済法は、実施法として、低環境負荷を基礎とした循環理念を具体的規定として盛り込んだ法律となっている。確かに、その詳細は、この法律に基づく法規命令で規定することになっており、その限りでは、その関係はわが国の循環基本法と各個別法のそれに類似してはいるが、法規命令そのものは循環経済法に基づいて制定されるものであるから、その内容は循環経済法の循環理念をそのまま反映もしくは徹底するものになっている。

そして、このような両者の性格の差異が、同一の概念を用いていても、具体的にはその内容に大きな違いが生ずる原因になる。すなわち、循環基本法で規定する発生抑制の原則や排出者責任、そして拡大生産者責任などの主要な内容も、統合化の方法やその「特異な基本法」としての性格からくる制約を免れることはできないからである。

⑵ 循環基本法の内容

まず、循環基本法はリサイクルよりも発生抑制を優先させている。しかし、発生抑制の仕組みを具体的に規定した個別法は存在しないために、循環基本法の理念は実現されない。たとえば、それに関連する廃棄物処理法の規定をみても、「廃棄物の発生抑制」および「廃棄物の減量」の文言は存在するものの、製品そのものの発生抑制を規定した条項はない。また、資源有効利用促進法も、その前身である再生資源利用促進法の内容および性格を受け継いでいるということもあるが、あくまでもリサイクル中心の規定になっており、発生抑制の意図は希薄である。その結果として、前述のように、各個別法によりリサイクルの実績は上がりつつも、発生抑制の具体的仕組が個別法に存在しないために、大量生産・大量リサイクルという現実を生じさせることになる。これは、前述の統合化の方法が、廃棄物およびリサイクルに関する既存の法制を前提としたものであったために、循環基本法に低環境負荷の発想がなかったか、もしくは十分にそれを盛り込むことができなかった、あるいは、文言上はとりあえず盛り込んではみたものの、そのような統合化の方法ではそもそも無理があったためではないかと考えられる。循環基本法の理念はともかく、既存の法制を前提とする限り発生抑制を具体的に実現することが困難なのは、ある意味では当然のこととといいうる。

次に、排出者責任については、とりわけ廃棄物の処理を第三者に委託した場合の排出者の責任に関しては、循環基本法にも個別法にも明確な規定はない。そして、何より重要なのは、循環基本法の目的が発生抑制をも含めた循環型社会の形成にあるとしたら、廃棄物の排出・循環など、いわゆる下流部門の整備を排出者や委託を受けた第三者の責任とするだけではなく、それを生産者に求める仕組みも必要となると考えられる。しかし、廃棄物処理法や各リサイクル法には、もともとそういう発想はない。ドイツ循環経済法が、処理の第三者委託によって排出者が免責されないことを明文化するにとどまらず、生産者についても、回収した廃棄物につきリサイクルや適正処分の責任を負うとするとともに、その責任が第三者委託によっても消滅しないことを原則としている点は、循環型社会の形成を標榜するに際して大いに参考とすべきである。[12]

また、拡大生産者責任についても、循環基本法では製品や容器等の設計の工夫、引取り、循環的な利用等を明確化しているが、そのための「必要な措置」については、各個別法の規定に委ねられている。実際には、各リサイクル法で対処することになるが、その実質は、いうまでもなくリサイクルを中心に考えた拡大生産者責任ということになる。そして、前述のように、そのリサイクルの実態は、大量生産・大量消費を前提としたものであるため、ここでの生産者の責任も、「大量にリサイクルすること」に他ならない。それゆえ、循環基本法の拡大生産者責任の考え方は、環境負荷を減らすためのインセンティヴとしては機能しにくいものとなっている。循環経済法を頂点としたドイツの法体系が循環型の社会・経済構造の変革をめざすという統一的な理念の下に有機的に結合し、法規命令により生産者の義務内容を明確にし、経済界の自主規制の手法を制度化し、更には定量的目標設定をするなどして循環経済法の拡大生産者責任の理念を徹底していることとは、大きな違いがある。[13]

(3)　循環型社会関連法制の実施体制

最後に、循環基本法が廃棄物・リサイクル対策の法制を前提とし、いわば「枠組法」として成立したことは、循環理念の実現に向けた具体的対策および実施の段階での環境省の役割・責任そして権限を、結局は不明確かつ曖昧なものとしていることも指摘しなければならない。確かに、前述のように、廃棄物対策は環境省に一元化されたが、資源の循環的利用をめざす各リサイクル法は、依然として環境省と他省との共管のままになっている。これは、まさに従来からの各法制を前提として循環基本法が成立したことの当然の帰結である。その結果、循環基本法制定の意図とは別に、結局は廃棄物とリサイクルの従来からの二分法をそのまま維持する結果となっているし、循環型社会の形成という理念に向けて環境省が一元的に権限を行使できない仕組みになっている。ドイツ連邦環境省がすべてを一元的に所管し、循環型経済社会システムの構築をめざすドイツ循環経済法の立場とは明らかに異なる。

五　循環型社会への転換に向けて

ドイツにおいては、現在、環境法典（Umweltgesetzbuch）の制定に向けての作業が着々と進行中であるが、わが国の環境基本法に該当するような環境行政を統一するような法律は存在せず、循環経済法やインミッシオン防止法など、いくつかの主要な法律を中心として環境行政が進められている。ただ、それらの個別法およびそれに基づく行政が、いずれも環境法あるいは環境行政の一部もしくは各論として位置づけられ、議論されていることを見逃してはならない。

そもそも、今日的意味でのドイツ環境法の展開は一九七一年の連邦政府による環境行動計画（Umweltprogramm）の提案に始まり、基本法二〇a条に国家目標規定として環境保護を規定したことにその到達点をみることができるが、そこでは一貫して原因者負担原則（Verursacherprinzip）、事前配慮原則（Vorsorgeprinzip）、協働原則（Kooperationsprinzip）という基本原則についての議論が集中的に行われてきた経緯があるし、それらが個別法の規定の中に具体的な文言として反映されている。ドイツにおいて既存の法制を統合化して新たに循環経済法として体系化することができた背景には、その前身である廃棄物処理法以来、廃棄物行政およびそれに関する法制度を環境法の一部もしくは各論として位置づけ、常にそれらの基本原則に基づく整備が行われ、実施されてきたという事情が存したことを忘れてはならない。[14] そして、そのことが現在の実績となって現れていることはもちろん、連邦環境省による一元的な政策遂行をも可能としていると考えられるのである。同じく発生抑制を規定しても、それを環境行政の一環として実施するのと産業行政の一環として実施するのとでは大きな違いがある。

わが国でも、近年、環境基本法や循環基本法をはじめ、環境保護へ積極的に取り組む姿勢を随所にみることができるが、以上で素描したわが国の循環基本法をめぐる現状を垣間見るとき、環境関連法律を統一する理念や基本原則が欠如しているか、もしくはその理念・原則に基づいた個別法の整備が遅れているように感じられる。環境省が一元的に権限を行使できない現状も、まさにそのこと故ではなかろうか。

(1)　環境省編『平成一三年版循環型社会白書』(以下、「白書」という)ぎょうせい(二〇〇一)は、「循環型社会の夜明け――未来へと続く挑戦」というタイトルを掲げているが、そこには循環基本法およびそれと時期を同じくして成立した関連法によって循環型社会を形成しようとする意気込みが感じられる。

(2)　循環基本法およびドイツ循環経済法、さらにはそれに関連する諸法令の内容等については、循環型社会法制研究会編『循環型社会形成推進基本法の解説』(以下、「解説」という)ぎょうせい(二〇〇〇)、環境省編『平成一三年版循環型社会白書』(以下、「白書」という)ぎょうせい(二〇〇一)、浅野直人「循環型社会形成基本法の構成と意義」季刊環境研究一二一号(二〇〇一)三頁、植田和弘ほか監修『循環型社会ハンドブック』(以下、「ハンドブック」という)有斐閣(二〇〇一)、大塚直「循環型社会における法の役割」酒井伸一ほか『循環型社会』有斐閣(二〇〇〇)二五五頁、川名英之『どう創る循環型社会』緑風出版(一九九九)、松村弓彦「ドイツ循環経済及び廃棄物法の示唆」環境法政策学会編『リサイクル社会を目指して』商事法務研究会(一九九九)三一頁などを参照した。

(3)　わが国の現行法制度の概要については、白書九四頁以下が要領よく整理している。

(4)　ドイツ循環経済法の主要な内容および特徴については、松村・前掲註(2)三一頁以下、また、その内容を簡潔にまとめたものとして、白書九〇頁があり、本稿の以下の記述も概ねそれらに拠った。なお、ドイツ循環経済法をめぐる近年の議論については、vgl. M. Reese, Kreislaufwirtschaft im integrierten Umweltrecht, 2000. また、運用の実態については、中曽利雄編訳『循環経済・廃棄物法の実態報告』エヌ・ティー・エス(一九九九)など参照。

(5)　解説七五頁は、「ドイツ循環経済・廃棄物法は、拡大生産者責任を『生産者等の製造物に関する責任』との名の下に位置付けている」が、「その内容は、我が国の循環型社会形成推進基本法が規定するものと大きな違いはないと考えられる」とし、更に、「個々の者にリサイクルを義務付ける具体的な措置を連邦議会の同意を要する法規命令という個別の立法に委ねている点についても、ドイツ循環経済・廃棄物法は我が国の本法と同様である」との理解および認識を示している。

(6)　ハンドブック六頁、七八頁、白書四八頁以下参照。

(7)　たとえば、ハンドブック七八頁など参照。

(8) 以下については、ハンドブック一六八頁以下参照。
(9) 廃棄物・リサイクル問題の原因と問題解決の視点については、大塚・前掲註(2)二五八頁以下。
(10) 浅野・前掲註(2)四頁は、「循環基本法の特異性」について論じる。もっとも、そこでは、循環基本法の法体系上の位置づけが述べられているにすぎない。
(11) 解説二六頁。
(12) 松村・前掲註(2)三五頁。なお、二〇〇〇年の廃棄物処理法改正により、排出事業者が適法に第三者に処理委託したとしても、一定の場合には排出事業者を措置命令の対象とする旨の規定（一九条の六）が追加され、そのことをもって排出者責任の強化であるとの評価がなされているが、個別法に明確な規定はないとする本文の記述に矛盾するものではないと考えられる。
(13) 松村・前掲註(2)三三頁以下。
(14) 環境法典の編纂作業においても、この点は常に意識されており、それらの基本原則が法文中に明記される見通しである。委員会草案については、vgl. Bundesministerium für Umwelt, Naturschutz und Reaktorsicherheit (Hrsg.), Umweltgesetzbuch (UGB-KomE): Entwurf der Unabhängigen Sachverständigenkommission zum Umweltgesetzbuch beim Bundesministerium für Umwelt, Naturschutz und Reaktorsicherheit, 1998, S. 111f., S. 454ff. 更に、二〇〇八年五月の環境法典参事官草案（Referentenentwurf）に含まれる環境原則の意義・内容および位置づけを論ずるものとして、髙橋信隆「環境法上の基本原則と法典化への課題——ドイツ参事官草案を素材として」立教法学八〇号（二〇一〇）三五二頁以下参照。

〔事 項 索 引〕

【さ行】

【わ行】

〈著者紹介〉
髙橋信隆（たかはし・のぶたか）
1952年　山形県生まれ
1983年　立教大学大学院法学研究科博士後期課程修了・
法学博士
立教大学法学部助手，熊本大学教育学部助教授，
熊本大学法学部教授を経て，
1996年　立教大学法学部教授（現在に至る）

〈主要論文〉
「計画の行為形式に関する一考察（一）・（二・完）」
立教法学22号（1984）・24号（1985）
「環境法上の基本原則と法典化への課題——ドイツ
参事官草案を素材として」立教法学80号（2010）

学術選書
60
環境法

環境行政法の構造と理論

2010（平成22）年11月25日　第１版第１刷発行
5860-8:P432 Y12000E -012:050-015

著　者　髙　橋　信　隆
発行者　今井　貴　渡辺左近
発行所　株式会社　信山社
〒113-0033 東京都文京区本郷 6-2-9-102
Tel 03-3818-1019　Fax 03-3818-0344
info@shinzansha.co.jp
笠間才木支店 〒309-1611 茨城県笠間市笠間 515-3
笠間来栖支店 〒309-1625 茨城県笠間市来栖 2345-1
Tel 0296-71-0215　Fax 0296-72-5410
出版契約 2010-5860-8-01010　Printed in Japan

印刷・製本／松澤印刷・渋谷文泉閣
ISBN978-4-7972-5860-8 C3332 分類 323.916-a007 環境法・行政法

◇学術選書◇

32	半田吉信	ドイツ新債務法と民法改正	8,800円
33	潮見佳男	債務不履行の救済法理	8,800円
34	椎橋隆幸	刑事訴訟法の理論的展開	12,000円
35	和田幹彦	家制度の廃止	12,000円
36	甲斐素直	人権論の間隙	10,000円
37	安藤仁介	国際人権法の構造Ⅰ〈仮題〉	続刊
38	安藤仁介	国際人権法の構造Ⅱ〈仮題〉	続刊
39	岡本詔治	通行権裁判の現代的課題	8,800円
40	王　冷然	適合性原則と私法秩序	7,500円
41	吉村徳重	民事判決効の理論(上)	8,800円
42	吉村徳重	民事判決効の理論(下)	9,800円
43	吉村徳重	比較民事手続法	近刊
44	吉村徳重	民事紛争処理手続の研究	近刊
45	道幸哲也	労働組合の変貌と労使関係法	8,800円
46	伊奈川秀和	フランス社会保障法の権利構造	13,800円
47	横田光平	子ども法の基本構造	10,476円
48	鳥谷部茂	金融担保の法理	近刊
49	三宅雄彦	憲法学の倫理的転回	続刊
50	小宮文人	雇用終了の法理	8,800円
51	山元　一	現代フランス憲法の理論	続刊
52	高野耕一	家事調停論(増補版)	続刊
53	阪本昌成	表現権論	続刊
54	阪本昌成	立憲国家の原理〈仮題〉	続刊
55	山川洋一郎	報道の自由	近刊
56	兼平裕子	低炭素社会の法政策理論	6,800円
57	西土彰一郎	放送の自由の基層	近刊
58	木村弘之亮	所得支援給付法	近刊
59	畑　安次	18世紀フランスの憲法思想とその実践	近刊
2010	高瀬弘文	戦後日本の経済外交	8,800円
2011	高　一	北朝鮮外交と東北アジア:1970-1973	7,800円

信山社

価格は税別